普通高等教育“十四五”规划教材

爆 破 工 程

主　编　金爱兵
副主编　赵怡晴　孙　浩

北 京
冶 金 工 业 出 版 社
2024

内容提要

本书系统介绍了爆破工程的基本概念与基本原理、常见起爆器材与方法以及爆破技术进展等内容。全书分为11章，包括爆破工程概论、炸药和爆炸的基本理论、常用工业炸药、起爆方法与起爆器材、爆破工程地质、岩石爆破原理、地下爆破、露天深孔爆破、控制爆破、爆破数值模拟技术和爆破安全技术等。

本书可作为高等学校采矿工程、土木工程等相关专业的教材，也可供爆破设计与施工等领域的科研人员及工程技术人员参考。

图书在版编目(CIP)数据

爆破工程/金爱兵主编．—北京：冶金工业出版社，2021.4(2024.8重印)
普通高等教育“十四五”规划教材
ISBN 978-7-5024-8750-8

Ⅰ.①爆… Ⅱ.①金… Ⅲ.①爆破技术—高等学校—教材 Ⅳ.①TB41

中国版本图书馆CIP数据核字（2021）第052198号

爆破工程

出版发行	冶金工业出版社	**电　话**	(010)64027926
地　址	北京市东城区嵩祝院北巷39号	**邮　编**	100009
网　址	www.mip1953.com	**电子信箱**	service@mip1953.com

责任编辑 郭冬艳 宋 良 美术编辑 郑小利 版式设计 禹 蕊
责任校对 李 娜 责任印制 禹 蕊
北京虎彩文化传播有限公司印刷
2021年4月第1版，2024年8月第3次印刷
787mm×1092mm 1/16；17印张；412千字；259页
定价45.00元

投稿电话 (010)64027932 投稿信箱 tougao@cnmip.com.cn
营销中心电话 (010)64044283
冶金工业出版社天猫旗舰店 yjgycbs.tmall.com
（本书如有印装质量问题，本社营销中心负责退换）

前　言

随着国民经济的快速发展，我国工程爆破领域在技术、工艺、器材、基础理论和计算机应用等方面取得了举世瞩目的成就。目前，爆破技术已广泛应用于露天与地下开采、水利水电、公路、铁路和建筑等工程项目。

本书的教学目的是希望学生掌握爆破工程的基本概念、基本理论和基本方法；熟悉各类爆破工程设计、施工与安全技术；了解工程爆破领域的工艺、设备、理论等最新进展；培养爆破安全意识、爆破工程的设计能力和分析、解决爆破工程实例的能力。本书贯彻实时性、完整性和实用性等原则，力求适应教育部“高等教育面向21世纪教学内容和课程体系改革计划”的要求。

全书共分为11章：第1章介绍了炸药与爆破器材的发展历史以及爆破工程的分类；第2章介绍了炸药的氧平衡、起爆与感度、爆轰理论、爆炸性能等炸药爆炸的基本概念与理论；第3章系统介绍了起爆药、单质猛炸药、混合炸药和新型工业炸药等常用工业炸药的分类和基本特点；第4章介绍了电力起爆、导爆索起爆、塑料导爆管起爆和数码电子雷管起爆等起爆方法和相应的起爆器材；第5章介绍了岩石性质与分级、地质结构与构造、地质条件对爆破的影响以及爆破对地质环境的影响等爆破工程地质相关内容；第6章介绍了岩石中的爆炸应力波、岩石爆炸破坏基本理论、爆破的内外部作用以及装药量计算原理等岩石爆破原理；第7章介绍了地下工程爆破中的巷道、井筒掘进爆破以及地下浅孔与深孔爆破；第8章在介绍爆破台阶要素与炮孔布置的基础上，详细介绍了露天深孔爆破中的深孔爆破参数、装药结构与起爆顺序、露天深孔爆破施工工艺以及深孔爆破新技术；第9章详细介绍了控制爆破、光面爆破、预裂爆破和微差爆破等控制爆破；第10章介绍了爆破数值模拟的发展、常用方法与软件；第11章介绍了爆破危险源及其分类、爆破安全控制以及爆破安全管理原则。

本书由金爱兵任主编，赵怡晴、孙浩任副主编；各章节编写分工为：第1、2、3、5、6、7章由金爱兵编写，第4、8、9章由赵怡晴编写，第10、11章由孙浩编写；全书由金爱兵统稿。北京科技大学研究生李浩、李海、朱东风、唐坤林、刘策、巨有、苏楠、尹泽松、汪杰、赵会杰等，为本书的资料收集、编排与校核等工作付出了长时间的艰辛劳动。本书的编写和出版，得到了北京科技大学教材建设基金的资助；在此一并表示衷心的感谢！

在编写过程中，参阅了国内外有关文献，在此谨向所有文献作者表示衷心的感谢！

由于编者水平有限，书中不妥之处，诚请读者批评指正！

编　者
2020 年 11 月

目　　录

1　爆破工程概论 ………………………………………………………………………… 1

1.1　炸药的发展历史 ………………………………………………………………… 1
1.2　爆破器材的发展历史 …………………………………………………………… 2
1.3　爆破工程分类 …………………………………………………………………… 2
习题………………………………………………………………………………………… 4

2　炸药和爆炸的基本理论 ……………………………………………………………… 5

2.1　炸药和爆炸的基本概念 ………………………………………………………… 5
2.1.1　爆炸及其分类 ………………………………………………………………… 5
2.1.2　化学爆炸三要素 ……………………………………………………………… 5
2.1.3　炸药及其分类 ………………………………………………………………… 6
2.1.4　炸药化学反应基本形式 ……………………………………………………… 10
2.2　炸药的氧平衡 …………………………………………………………………… 12
2.2.1　氧平衡的概念 ………………………………………………………………… 12
2.2.2　氧平衡的计算 ………………………………………………………………… 12
2.2.3　氧平衡的分类 ………………………………………………………………… 13
2.3　炸药的热化学参数 ……………………………………………………………… 15
2.3.1　爆热 …………………………………………………………………………… 15
2.3.2　爆温 …………………………………………………………………………… 17
2.3.3　爆压 …………………………………………………………………………… 18
2.3.4　爆容 …………………………………………………………………………… 18
2.4　炸药的起爆和感度 ……………………………………………………………… 19
2.4.1　炸药的起爆 …………………………………………………………………… 19
2.4.2　炸药的感度 …………………………………………………………………… 21
2.5　炸药的爆轰理论 ………………………………………………………………… 26
2.5.1　波的基本概念 ………………………………………………………………… 26
2.5.2　冲击波的基本方程和特性 …………………………………………………… 29
2.5.3　炸药的爆轰 …………………………………………………………………… 30
2.6　炸药的爆炸性能 ………………………………………………………………… 35
2.6.1　爆速 …………………………………………………………………………… 35
2.6.2　爆力 …………………………………………………………………………… 40
2.6.3　猛度 …………………………………………………………………………… 42

2.6.4 殉爆距离 …… 43
2.6.5 管道效应 …… 44
2.6.6 聚能效应 …… 48
习题 …… 49

3 常用工业炸药 …… 51

3.1 起爆药 …… 51
3.1.1 传统起爆药 …… 51
3.1.2 新型起爆药 …… 54
3.1.3 起爆药发展趋势 …… 57
3.2 单质猛炸药 …… 57
3.2.1 梯恩梯（TNT） …… 57
3.2.2 黑索金（RDX） …… 57
3.2.3 奥克托今（HMX） …… 58
3.2.4 太安（PETN） …… 59
3.2.5 硝化甘油（NG） …… 60
3.3 混合炸药 …… 60
3.3.1 粉状硝铵炸药 …… 60
3.3.2 含水硝铵炸药 …… 65
3.4 新型工业炸药 …… 69
3.4.1 钝感炸药 …… 69
3.4.2 低密度炸药 …… 71
3.4.3 黏性粒状铵油炸药 …… 72
3.4.4 膨化硝铵炸药 …… 73
3.4.5 岩石粉状铵梯油炸药 …… 74
3.4.6 粉状乳化炸药 …… 75
习题 …… 75

4 起爆方法与起爆器材 …… 77

4.1 电力起爆法 …… 77
4.1.1 工业电雷管 …… 77
4.1.2 电雷管主要性能参数 …… 80
4.1.3 电雷管的性能试验 …… 81
4.1.4 起爆电源 …… 82
4.1.5 电爆网路 …… 84
4.2 导爆索起爆法 …… 86
4.2.1 导爆索 …… 86
4.2.2 导爆索爆破网路 …… 87
4.2.3 导爆索起爆法的特点 …… 88

4.3　塑料导爆管起爆系统 …… 89
4.3.1　塑料导爆管 …… 89
4.3.2　导爆管的稳定传爆原理 …… 89
4.3.3　导爆管起爆系统 …… 90
4.3.4　导爆管爆破网路 …… 90
4.3.5　导爆管起爆法特点 …… 93
4.4　数码电子雷管起爆法 …… 93
4.4.1　数码电子雷管结构 …… 93
4.4.2　数码电子雷管的工作原理 …… 93
4.4.3　数码电子雷管的分类 …… 95
4.4.4　数码电子雷管起爆网 …… 96
4.5　新型起爆器材 …… 98
习题 …… 99

5　爆破工程地质 …… 100

5.1　岩石性质及分级 …… 100
5.1.1　岩石物理性质 …… 100
5.1.2　岩石力学性质 …… 102
5.1.3　岩石分级 …… 107
5.2　地质结构构造 …… 110
5.2.1　概述 …… 110
5.2.2　岩体结构面类型 …… 110
5.3　地质条件对爆破的影响 …… 112
5.3.1　岩石性质对爆破作用的影响 …… 112
5.3.2　地形条件对爆破作用的影响 …… 113
5.3.3　结构面对爆破作用的影响 …… 116
5.3.4　水文地质条件对爆破作用的影响 …… 121
5.3.5　特殊地质条件下的爆破问题 …… 121
5.4　爆破对地质环境的影响 …… 123
5.4.1　爆破对围岩的影响 …… 123
5.4.2　爆破对边坡稳定性的影响 …… 125
5.4.3　爆破对水文地质条件的影响 …… 127
习题 …… 127

6　岩石爆破原理 …… 128

6.1　岩石爆破破坏基本理论 …… 128
6.1.1　爆炸应力波反射拉伸破坏理论 …… 128
6.1.2　爆轰气体准静态膨胀作用理论 …… 129
6.1.3　爆轰气体和应力波共同作用理论 …… 130

6.1.4　岩石爆破的损伤力学理论 …… 130
6.2　爆破的内部作用和外部作用 …… 131
6.2.1　爆破的内部作用 …… 131
6.2.2　爆破的外部作用 …… 132
6.3　利文斯顿爆破漏斗理论 …… 133
6.3.1　爆破漏斗 …… 133
6.3.2　利文斯顿爆破漏斗理论 …… 134
6.3.3　利文斯顿爆破漏斗理论的实际应用 …… 137
6.4　装药量计算原理 …… 138
6.4.1　体积公式 …… 138
6.4.2　面积公式 …… 140
6.4.3　炸药单耗 …… 141
习题 …… 142

7　地下爆破 …… 144

7.1　平巷掘进爆破 …… 144
7.1.1　炮孔分类 …… 144
7.1.2　掏槽方式与炮孔布置 …… 145
7.1.3　爆破参数的确定 …… 149
7.1.4　炮孔的起爆顺序与微差时间 …… 152
7.2　井筒掘进爆破 …… 153
7.2.1　竖井工作面和炮孔布置 …… 153
7.2.2　竖井爆破参数的确定 …… 154
7.2.3　竖井爆破的起爆方法 …… 156
7.2.4　天井掘进爆破 …… 156
7.3　地下采场浅孔爆破 …… 158
7.3.1　炮孔排列形式 …… 158
7.3.2　炮孔直径和深度 …… 158
7.3.3　最小抵抗线和炮孔间距 …… 159
7.3.4　炸药单耗 …… 159
7.3.5　装药和堵塞 …… 159
7.3.6　炮孔起爆顺序及微差时间 …… 160
7.4　地下采场深孔爆破 …… 160
7.4.1　深孔炮孔布置 …… 160
7.4.2　爆破参数 …… 161
7.4.3　深孔爆破工艺 …… 164
7.4.4　大直径深孔爆破 …… 164
7.5　一次成井技术 …… 166
7.5.1　爆破成井的方法 …… 166

7.5.2　爆破一次成井方法与比较 …… 166
7.5.3　中深孔爆破一次成井参数计算 …… 167
习题 …… 171

8　露天深孔爆破 …… 172

8.1　爆破台阶要素与炮孔布置 …… 172
8.1.1　台阶要素 …… 172
8.1.2　钻孔形式 …… 172
8.1.3　布孔方式 …… 173
8.2　深孔爆破参数 …… 173
8.2.1　台阶高度与坡面角 …… 173
8.2.2　孔径 …… 174
8.2.3　孔深与超深 …… 174
8.2.4　底盘抵抗线 …… 174
8.2.5　孔距与排距 …… 175
8.2.6　堵塞长度 …… 176
8.2.7　炸药单耗 …… 176
8.2.8　炮孔装药量 …… 176
8.3　装药结构与起爆顺序 …… 177
8.3.1　装药结构 …… 177
8.3.2　深孔起爆顺序 …… 179
8.4　露天深孔爆破施工工艺 …… 182
8.4.1　钻孔作业 …… 182
8.4.2　爆破作业工艺 …… 183
8.5　深孔爆破新技术 …… 185
8.5.1　大区多排孔毫秒爆破技术 …… 185
8.5.2　宽孔距、小抵抗线毫秒爆破技术 …… 185
8.5.3　预装药技术 …… 186
习题 …… 186

9　控制爆破 …… 187

9.1　微差爆破 …… 187
9.1.1　微差爆破原理 …… 188
9.1.2　合理微差爆破间隔时间的确定 …… 190
9.1.3　多排孔微差爆破 …… 191
9.1.4　孔内微差爆破 …… 195
9.2　挤压爆破 …… 196
9.2.1　挤压爆破原理 …… 196
9.2.2　挤压爆破参数 …… 197

9.2.3 地下深孔挤压爆破 …… 199
9.2.4 露天台阶挤压爆破 …… 201
9.2.5 挤压爆破的评价 …… 202
9.2.6 挤压爆破工艺中应注意的特殊技术问题 …… 202
9.3 光面爆破 …… 202
9.3.1 光面爆破的定义 …… 202
9.3.2 光面爆破的机理 …… 203
9.3.3 光面爆破参数 …… 204
9.3.4 光面爆破的施工方法 …… 207
9.4 预裂爆破 …… 208
9.4.1 预裂爆破的定义 …… 208
9.4.2 预裂爆破的主要参数计算 …… 208
9.4.3 影响预裂爆破效果的主要因素 …… 209
9.5 拆除爆破 …… 209
9.5.1 拆除爆破原理 …… 210
9.5.2 拆除爆破设计 …… 213
9.5.3 拆除爆破设计参数 …… 215
9.6 聚能爆破技术 …… 216
9.6.1 聚能爆破技术 …… 216
9.6.2 影响聚能爆破威力的因素 …… 218
习题 …… 219

10 爆破数值模拟技术 …… 220

10.1 爆破数值模拟发展简述 …… 220
10.2 岩石爆破数值模拟方法 …… 221
10.2.1 动力有限元法 …… 221
10.2.2 离散元法 …… 222
10.2.3 复合分析方法 …… 222
10.3 岩石爆破数值模拟常用软件 …… 223
10.3.1 非线性动力学软件 LS-DYNA …… 223
10.3.2 颗粒流软件 PFC …… 226
10.4 岩石中爆炸的数值模拟 …… 230
10.4.1 岩体模型及破坏准则 …… 230
10.4.2 基于 LS-DYNA 的爆破模拟 …… 233
10.5 基于 PFC^{2D} 的微差爆破模拟 …… 234
习题 …… 236

11 爆破安全技术 …… 237

11.1 爆破危险源及其分类 …… 237

11.2　爆破安全控制 …… 238
11.2.1　爆破地震效应 …… 238
11.2.2　爆破空气冲击波 …… 243
11.2.3　爆破飞石和有毒气体 …… 250
11.2.4　外来电流的危害及预防 …… 253
11.3　爆破安全管理原则 …… 256
习题 …… 257

参考文献 …… 258

1 爆破工程概论

爆破工程技术是一门相当古老的学科，有着悠久的发展历史。爆破工程技术是利用炸药的爆炸能量，使爆破对象发生变形、破碎、移动和抛掷，达到预期目标的一门技术。其理论基础是炸药及其爆炸理论、应力波理论、固体强度理论、岩石动力学等，涉及内容十分广泛。爆破工程技术不仅在土木工程施工中得到了广泛应用，而且在采矿、水利水电、国防、军事等众多领域中也得到了广泛应用。在未来一定时期内，爆破工程技术仍将是岩石开挖的主要手段，因此，学好本课程具有重要的意义。

1.1 炸药的发展历史

人类对爆炸的研究与应用源于我国黑火药的发明和发展。早在公元 809 年唐代清虚子发明了黑火药，其主要由硫黄、硝石和木炭 3 种成分配制而成。最初，黑火药主要用于制造烟花爆竹等。12 世纪，南宋开始将其用于军事。13 世纪中期，黑火药由我国传入欧洲，用于军事和烟花爆竹等。17 世纪初，西欧、北美一些国家相继用黑火药进行爆破作业。1627 年匈牙利人将黑火药用于采矿工业，与原来的火烧法破裂岩石相比，黑火药爆破岩石的效率大为提高，自此进入工程爆破的时代。

现代炸药的合成始于 18 世纪。1799 年雷汞的出现标志着现代炸药的诞生。1867 年 Nobel 发明了硝化甘油炸药——第一代工业炸药。1925 年 Olsson 和 Norrbein 成功研制了铵梯炸药——第二代工业炸药。第二代工业炸药具有更安全、更经济、更高效的特点，由此，世界工业炸药进入了以廉价硝酸铵为主体的硝铵类炸药新时期。20 世纪 60 年代开始应用的多孔铵油炸药，比普通铵油炸药抗水性能高、工艺简单、成本更低。1956 年 Melvins Cook 在加拿大成功研制了浆状炸药——第三代工业炸药。第三代工业炸药成功解决了硝铵炸药的防水问题，威力大、安全性高、成本低以及防水性是第三代工业炸药的优势。20 世纪 70～80 年代水胶炸药及乳化炸药——第四代工业炸药问世。第四代工业炸药威力更大，抗水性能更好。与此同时也生产了可以用于有瓦斯和煤尘爆炸危险矿井的安全炸药，包括粉状硝酸铵系列安全炸药和水胶、乳化系列的煤矿安全炸药。

目前我国的工业炸药主要有胶质炸药、铵梯炸药、铵油炸药（包括改性铵油炸药、膨化硝铵炸药）、浆状炸药、水胶炸药、乳化炸药、液体炸药及工业耐热炸药等。

目前，工业炸药的发展方向大体有三个：

一是朝着无梯化方向发展，即采用无梯粉状炸药取代现有的铵梯炸药。

二是在含水炸药方面重点发展乳化炸药，改进乳化炸药的生产技术，提高工艺装备水平，发展连续化全自动化生产工艺，提高生产效率和稳定产品质量。

三是根据特种爆破的需要，研究、开发不同品种新型炸药。德国慕尼黑大学的研究人员 Tomas Koraput 和 Carles Miro Sabat 利用四氮唑类物质制造了新型环保炸药，与现有炸药相比，爆炸威力更大，不易被意外引爆，产生更少毒副产品。现有的黄色炸药梯恩梯（TNT）、三次甲基三硝基胺（RDX）等炸药含有很多碳，爆炸后会产生大量有毒气体。而这类新型炸药的爆炸能源主要来自氮，新型炸药爆炸后只会产生少量氰化氢气体，而且如果在炸药中加入氧化剂，不仅能避免产生氰化氢，还能加强爆炸威力。

1.2 爆破器材的发展历史

爆破器材的出现略晚于炸药，1831 年 William Bickford 发明了以黑火药为药芯的导火索。1867 年 Nobel 发明了以雷汞为起爆药的火雷管。1919 年以太安为药芯的导火索被研制出来。20 世纪 20 年代初研制出了二硝基重氮酚作为雷管用起爆药，同时成功研制了瞬发电雷管。1927 年在瞬发雷管的基础上成功研制了秒延期电雷管。1946 年成功研制了毫秒延期电雷管。20 世纪 60 年代瑞典诺贝尔公司研制出非电导爆管，我国 80 年代开始研制并推广使用。20 世纪 70 年代美国首先成功研制电磁雷管，我国于 80 年代开始研制并使用。20 世纪 90 年代又相继研制出激光雷管、电子雷管等，同时也成功研制了更为安全的无起爆药雷管。

新中国成立初期，我国只有 3 个品种的铵梯炸药和秒延期雷管，1959 年生产出抗水型铵梯炸药，1960 年开始生产毫秒电雷管，1966 年开始生产铵油炸药，1970 年以后，在研制和引进的基础上开始生产浆状炸药、乳化炸药和水胶炸药，同时开发生产了非电导爆系统。

我国是爆破器材生产和消耗大国，已经建立了比较完整的爆破器材生产、流通和使用体系。我国的起爆材料在满足和保证工程爆破需要的同时，在品种、质量和精度上不断提高。目前已有适用于各种工程条件下的导火索、导爆索、瞬发雷管、毫秒延期电雷管、非电导爆雷管等不同规格的系列产品。国内也有电子雷管产品，其延期间隔为 5ms，有 63 个段别，在工程爆破中起到了重要的作用。

全国现有爆破器材生产企业 146 家，其中雷管生产企业 55 家。2010 年工业炸药产量达到 351 万吨，工业雷管产量达到 24 亿发，工业索类火工品产量达到 1.5 亿多米，油气井用、地震勘探用及特种爆破的爆破器材也有相当的规模。我国已于 2008 年 1 月 1 日起停止生产导火索、火雷管和铵梯炸药，自 2008 年 6 月 30 日起停止使用。这标志着我国爆破器材在科学发展观的指导下，进入了一个依靠技术进步、提升民爆产品质量的发展新阶段。

1.3 爆破工程分类

爆破工程是研究爆炸对临近介质破坏的一门学科。现代爆破工程所研究的爆炸一般是指炸药的化学爆炸，即研究炸药爆炸对临近介质的做功或破坏。工程爆破是将爆破运用于实际工程建设的一门技术。如今，爆破工程已经从传统的岩土爆破渗透到了国民经济建设的各个领域，在国民经济建设的众多领域发挥了巨大作用，产生了良好的社会、经济效益，甚至已超越了常人对爆破的传统理解和认识。现代爆破工程的主要研究内容如图 1-1 所示。

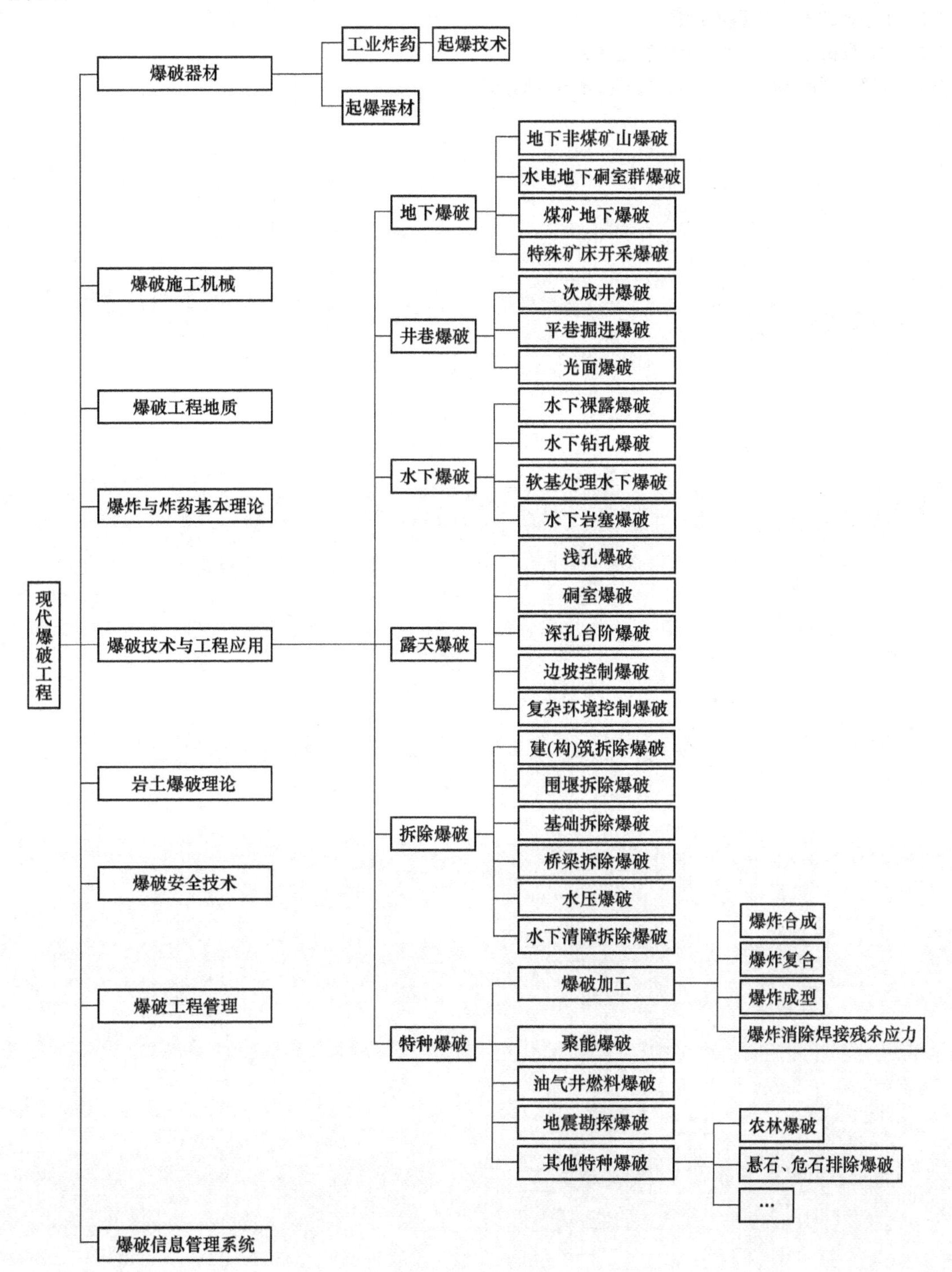

图 1-1 爆破工程分类

习 题

1-1 工程爆破主要有哪些方法？

1-2 现代爆破工程涵盖的主要内容是什么？

1-3 按照不同的爆破作业性质，爆破技术分为哪几类？

2 炸药和爆炸的基本理论

炸药爆炸时极其迅速地释放能量，对周围岩石产生压力，从而使岩石发生破坏和抛移，以达到爆破作业的目的。炸药有很多种，爆破对象更是千变万化，要选择和运用不同性能的炸药来灵活应对特定的爆破目标。因此，要保障爆破安全，准确控制爆破效果，优化爆破工程的技术经济指标，就需要研究有关炸药爆炸的基本理论，掌握炸药爆炸过程中发生的各种现象及其基本规律。

2.1 炸药和爆炸的基本概念

2.1.1 爆炸及其分类

自然界有各种各样的爆炸现象，如汽车爆胎、燃放鞭炮、锅炉爆炸、原子弹爆炸等。爆炸时，往往伴有强烈的发光、声响和破坏效应。从广义的角度来看，爆炸是指物质的物理形态或化学性质发生急剧变化，在变化过程中伴随能量的快速转化（内能转化为机械压缩能），且使原来的物质或其变化产物及周围介质产生运动，进而产生的机械破坏效应。

按引起爆炸的原因不同，可将爆炸划分为物理爆炸、化学爆炸和核爆炸三类：

（1）物理爆炸。由物理原因造成的爆炸，爆炸物质的物理状态发生了变化，但其化学成分没有变化。例如锅炉爆炸、氧气瓶爆炸、轮胎爆胎等都是物理爆炸。

（2）化学爆炸。由化学反应造成的爆炸，爆炸物质的分子结构发生了变化，有新的物质生成。炸药爆炸、井下瓦斯或煤尘与空气混合物的爆炸、汽油与空气混合物的爆炸等，都是化学爆炸。岩石的爆破过程是炸药发生化学爆炸做机械功、破坏岩石的过程。

（3）核爆炸。由核裂变或核聚变引起的爆炸，爆炸物质的原子结构发生了变化。核爆炸释放出的能量极大，相当于数万吨甚至数千万吨三硝基甲苯（TNT，俗称“梯恩梯”）爆炸释放的能量，爆炸中心区温度可达数百万甚至数千万摄氏度，压力可达数十万兆帕以上，并辐射出辐射性很强的各种射线。目前，在工程爆破中，核爆炸的应用范围仍十分有限。

2.1.2 化学爆炸三要素

炸药爆炸是一种化学爆炸现象，其化学反应过程极为迅速，并在反应过程中生成大量气体产物，释放出大量热量。放热、反应速度极快、生成大量气体产物是炸药爆炸现象必备的三个基本特征，亦称为炸药爆炸三要素。

（1）放热。爆炸过程中持续释放出大量热能是炸药爆炸反应的重要特征。如果没有足够的热量放出，化学变化就不可能自行传播，爆炸也就不能产生和持续，同时也无从对外界做功。吸热反应或放热不足，都不能形成爆炸。常用工业炸药爆炸时放出的热量一般为

2300~5900kJ/kg。

（2）反应快速。炸药的爆炸反应速度极快，可以在极短的时间内将反应生成的大量气体产物加热到数千摄氏度，压力猛增到几万乃至几十万个大气压，高温高压气体迅速向四周膨胀做功，便产生了爆炸现象。炸药的爆炸反应通常是在数十万分之一至数百万分之一秒内完成的。例如，1kg 球状梯恩梯药包完全爆炸的时间仅为十万分之一秒左右。在极为短暂时间内，爆炸反应可以达到很高的能量密度，这也是形成化学爆炸的重要条件。正是由于爆炸反应速度快、用时极短，故可以忽略过程中热传导和热辐射作用的影响。

爆炸过程的高速度决定了炸药能够在很短时间内释放大量能量，由于单位体积内的产能密度极高，从而具有强大的对外界做功的威力，这是爆炸反应区别于燃烧及其他化学反应的一个显著特点；相反，如果炸药的化学反应速度很低，过程中产生的热量通过热传导和热辐射不断散失，就不可能形成威力强大的爆炸。例如，煤的燃烧虽然不断向外界释放热量，但在一般条件下不能形成爆炸。

（3）生成大量气体产物。炸药爆炸产生的大量气体产物是炸药对外界做功的重要媒介物。炸药爆炸产生的能量的大部分以高温高压气体产物的膨胀转化为机械功。如果物质的反应热很大，但不生成气体产物，也就不会形成爆炸。例如，铝热剂反应

$$2Al+Fe_2O_3 \Longrightarrow Al_2O_3+2Fe \tag{2-1}$$

其单位质量的产热值比梯恩梯高，并能形成 3000℃ 高温而使生成物呈熔化状态，但由于没有气体生成物，故不能形成爆炸。1kg 工业炸药爆炸生成的气体量一般可达 700~1000L。

2.1.3 炸药及其分类

炸药是在一定条件下能发生急剧化学反应，在有限空间和极短时间内迅速释放大量热量、生成大量气体，并显示爆炸效应的化合物或混合物。从狭义上看，它是爆炸做功的主体，包括猛炸药和起爆药，主要化学变化形式为爆轰或者说主要利用其爆轰性能。从广义上看，火药、烟火剂也属于炸药的范畴，但主要利用其燃烧性能。

炸药的物质种类繁多，它们的组成、物理性质、化学性质和爆炸性质各不相同。通常有两种分类方法，一种是按炸药的用途分类，另一种是按其组成和分子结构分类。另外，也有按照物质状态等其他方法分类的。

2.1.3.1 按炸药的用途分类

根据用途不同，炸药可分为起爆药、猛炸药、火药和烟火剂四大类。

A 起爆药

起爆药是一种对外界作用十分敏感的炸药。起爆药在较小的外界能量（如机械能或热能）作用下就能引发化学反应，并能在极短的时间内由燃烧转变为爆轰。起爆药主要用于引发其他炸药的爆炸，常用于制造各种起爆器材和点火器材，如雷管等。起爆药能直接在外界作用下引发爆炸，因此也被称为初级炸药、始发炸药或第一炸药。

单质起爆药是指单一组分的起爆药。常用的有雷汞［$Hg(ONC)_2$］、叠氮化铅［$Pb(N_3)_2$］、二硝基重氮酚［$C_6H_2(NO_2)_2N_2O$］、四氮烯［$C_2H_8ON_{10}$］、硝酸肼镍［$Ni(N_2H_4)_3(NO_3)_2$］、斯蒂酚酸铅［$C_6H(NO_2)_3O_2Pb$］等。

混合起爆药是由两种或两种以上的起爆药采用共沉淀或共结晶方式组成的混合物。常

用的混合起爆药有D.S共沉淀起爆药（叠氮化铅与斯蒂酚酸铅混合物）、K.D共晶起爆药（碱式苦味酸铅与叠氮化铅复盐）、Y.D共沉淀起爆药（乙撑二硝胺铅与叠氮化铅混合物）。

高能钝感起爆药包括GTG（高氯酸三碳酸肼合镉（Ⅱ））、CP（2-高氯酸（5-氰基四唑酸）亚氨铬钴）、BNCP（高氯酸·四氮·双（5-硝基四唑合钴（Ⅲ）））、YE（乙二胺二高氯酸盐半水合物）。

近年来，为了避免敏感药剂的应用，已经发明了以点火药作为“起爆药”的非起爆药药剂，装入金属管壳中，使炸药产生燃烧而后转为爆轰。此外，还可以通过金属桥膜或含能桥膜通电爆炸后产生离子体，直接驱动飞片撞击钝感炸药引发爆炸制作无起爆药雷管。

B 猛炸药

猛炸药的化学反应形式主要是爆轰，爆炸时对周围介质有猛烈的破坏作用，猛炸药因此而得名。在一般用量和正常条件下，普通激发冲量不能引起猛炸药发生爆轰。工程中使用猛炸药时，通常需借助起爆药的爆轰冲能激发其产生爆炸，因此有时也称猛炸药为高级炸药、次发炸药和第二炸药。

猛炸药在军事上主要用作各种弹药的爆炸装药和制造爆破器材；在民用中主要用于采矿、采石、筑路、建筑工程等爆破工程以及各种爆炸加工。

猛炸药的生产和使用量很大，为了确保生产和使用中的安全，有实际使用价值的猛炸药必须具有以下特点：

（1）对机械和热作用不太敏感。

（2）简单的能量激发作用不能使其爆炸。

（3）爆炸后有较大的爆炸能量等。

（4）其他性能及成本的要求。

常用的单质猛炸药主要有梯恩梯（TNT）、黑索金（RDX）、奥克托今（HMX）、太安（PETN）、特屈儿（TE）、六硝基芪（HNS）、硝化甘油（NG）、硝基胍（$CH_4N_4O_2$）、六硝基六氮杂异伍兹烷（CL20）、二硝基呋咱基氧化呋咱（DNTF）等。

常用的混合炸药主要有钝化黑索金（A系列）、梯黑炸药（B系列）、高分子混合炸药（C系列），包括含铝混合炸药、液体混合炸药、工业炸药（铵梯炸药、铵油炸药、水胶炸药、乳化炸药）、燃料空气炸药（FAE）及温压炸药等。

C 火药

火药的化学反应形式主要是燃烧。火药可以在没有外界助燃剂（如氧）的参与下，在较大压力范围内保持有规律的燃烧，放出大量气体和热能，对外做抛射功和推送功，因此火药常用作发射武器的能源，如火炮的发射药、火箭发动机的推进剂。其主要代表有：

（1）黑火药或有烟火药。它是我国古代的四大发明之一，是现代炸药的前身，由硝酸钾、木炭和硫磺按一定比例混合而成。它曾经有起爆药、发射药和猛炸药三重作用，不仅用于古代军事，也曾被广泛用于工程爆破，对人类文明起过较大的作用。由于黑火药易于点燃、能够迅速燃烧、点火能力强、性能稳定等，目前仍广泛用于制作导火索、点火药、传火药等。

（2）单基火药。单基火药又称硝化棉火药，它的组成中有近95%的硝化棉，另外5%

左右为非爆炸性组分，主要用作枪、炮的发射药。

(3) 双基火药。这种火药有两种主要成分，除硝化棉外还有硝化甘油或硝化乙二醇，硝化甘油和硝化乙二醇是硝化棉的溶剂，它们挥发性很小，因此这类火药又称为难挥发溶剂火药。这类火药主要用作迫击炮、加农榴弹炮等炮用发射药。

(4) 多基火药。这种火药是在双基火药的基础上发展起来的。如在双基火药中加入硝基胍制得的三基发射药；又如为适应大口径远射程火炮的需要，在双基火药中加入硝基异丁基甘油酸酯或偶唑；甚至在火药中加入黑索金或奥克托今等高能炸药。

(5) 高分子复合火药。它是以高分子化合物为黏合剂和可燃剂，以固体氧化剂为基本成分的一种火药。由于氧化剂等固体成分被机械地分散于高分子黏合剂中，故该类火药又叫作异质火药。此外，由于它只用作火箭的发射装药，故又称为复合固体推进剂。

复合火药的基本成分有氧化剂（常用高氯酸铵）、有机黏合剂、高能添加剂（铝粉、硼粉）、增塑剂、固化剂、抗老剂、催化剂和工艺添加物等，原料品种多、来源广、燃速可调、能量高、制造方便，广泛应用于火箭、导弹、航天飞机等战术或战略武器中。

D 烟火剂

烟火剂的主要化学反应形式是燃烧，在军事或民用方面主要利用烟火剂燃烧时产生的烟火效应（声、光、热、烟）。它通常由氧化剂、有机可燃物或金属粉及少量黏合剂等混合而成，用于装填特种弹药或烟火器材，产生特定的烟火效应。在军事上应用于诱饵弹、烟幕弹、照明弹及无源光电干扰遮蔽等特种弹上，在民用上用于烟花爆竹、气体发生剂、气体动力切割、烟雾灭虫、汽车安全气囊、笛声和哨声发声药剂等。

起爆药、猛炸药、火药和烟火剂四种药剂都具有爆炸性质，在一定条件下都能发生爆炸甚至爆轰，因此统称为炸药。

2.1.3.2 按炸药的组成及分子结构分类

按炸药的组成及分子结构，可以将炸药分为单质炸药和混合炸药两大类。在单质炸药中，主要按化合物的分子结构分类，而混合炸药主要侧重于对所含的猛炸药分类。

A 单质炸药

单质炸药又称为爆炸化合物，是仅含有一种化合物的爆炸物质。这种化合物是相对稳定的化学系统，在一定的外界作用下，能导致分子内键断裂，发生迅速的化学反应，生成新的热力学稳定的产物。

这类炸药多数是含氧的有机化合物，能进行分子内化学反应。单质炸药的不稳定性与分子具有特殊爆炸性质的基团有关。具有这种爆炸性质的基团主要有以下几类：

(1) $—C\equiv C—$基，存在于乙炔衍生物中，如乙炔银 [Ag_2C_2]、乙炔汞 [Hg_2C_2] 等。

(2) $—N=C=$基，存在于雷酸盐及氰化物中，如雷汞 [$Hg(ONC)_2$]、雷银 [$AgONC$] 等。

(3) $—N=N—$、$—N=N\equiv N$基，存在于偶氮化合物和叠氮化合物中，如叠氮化铅 [$Pb(N_3)_2$]、叠氮化银 [AgN_3] 等。

(4) $—N—X_2$基，存在于氮的卤化物中，如氯化氮 [NCl_3]、二碘氢氮 [NHI_2] 等。

(5) $—O—Cl—O_2(O_3)$ 基，存在于无机氯酸盐或高氯酸盐、有机氯酸酯或高氯酸酯中，如氯酸钾［$KClO_3$］、高氯酸铵［NH_4ClO_4］、高氯酸甲酯［CH_2OClO_3］等。

（6）—O—O—基，存在于过氧化合物和其臭氧化合物中，如过氧化三环酮［$((CH_3)_2COO)_3$］等。

（7）—N＝O 基，存在于亚硝基化合物和亚硝酸盐（酯）中，如环三亚甲基三亚硝胺［$(CH_2NNO)_3$］等。

（8）—NO_2基，存在于硝基化合物和硝酸盐（酯）中，如硝酸铵［NH_4NO_3］、三硝基甲苯［$C_6H_2(NO_2)_3CH_3$］、硝化甘油［$C_3H_5(ONO_2)_3$］等。

在最常用的单质炸药中，常常将含有—C—NO_2基团的化合物称为硝基化合物，如梯恩梯（TNT）等；将含有—O—NO_2基团的化合物称为硝酸酯化合物，如太安（PETN）；将含有—N—NO_2基团的化合物称为硝胺化合物，如奥克托今（HMX）等。

B　混合炸药

混合炸药又称为爆炸混合物，它是由 2 种或 2 种以上化学上独立存在的组分构成的系统，混合炸药在炸药领域中占有极重要的地位，可以说工业上使用的炸药绝大部分都是混合炸药。混合炸药大多是针对某种用途设计的，它们的物理、化学和爆炸性能是多种多样的，配方、原料和工艺过程也各不相同，其品种繁多，对其分类很困难。在此仅介绍几种常用的混合炸药。

（1）硝铵炸药。它是以硝酸铵为主要成分的爆炸混合物，是目前工业炸药的主要品种。由于硝酸铵价格低廉、来源广泛，无论在民用还是军用上，硝铵炸药都是重要的爆炸能源。硝铵炸药现在已经演化出铵梯炸药、铵油炸药、浆状炸药、水胶炸药、乳化炸药、膨化硝铵炸药、粉状乳化炸药等多个品种。

（2）梯黑炸药。它是由梯恩梯和黑索金以不同比例组成的混合炸药，是当前应用最广泛的一类混合炸药。它通常以熔融态进行铸装，因此也是熔铸炸药的典型代表。

英、美等国家称梯黑炸药为赛克洛托儿（Cyclotol），其中梯恩梯、黑索金、蜡以 40∶59∶1 组成的梯黑炸药称为 B 炸药。根据性能要求和使用对象的不同，梯黑炸药可组成一族不同配比的混合炸药，梯恩梯与黑索金两组分的配比有 30∶70、40∶60、45∶55、50∶50、80∶20，等等。

（3）钝化黑索金。它是一种由黑索金与钝感剂按照一定比例组成的粉、粒状混合炸药。常用配方为黑索金与钝感剂按照 95∶5 组成，一般以压装法进行装药。美国称这类炸药为 A 炸药。

（4）含铝混合炸药。它是在配方中加入铝等高能成分，以显著提高炸药的能量或威力的一类混合炸药，因此含铝炸药由于其高威力成为混合炸药中的一个重要系列。常用含铝炸药有钝黑铝炸药和梯黑铝炸药等。

（5）高分子混合炸药。这是从 20 世纪 40 年代开始发展起来的一种新型混合炸药，是炸药应用上的重大发展。其利用近代高分子技术，使炸药具有各种物理状态，以扩大炸药的使用范围。高分子炸药通常以高能炸药为主体，配以黏合剂、增塑剂、钝感剂等添加剂构成。其按爆炸性能又可分为高爆速、高威力、低爆速等类型。按物理状态可分为高强度、塑性、挠性、黏性、泡沫态等类型。按成型工艺可分为压装、浇注、碾压、热塑型、热固型等。高分子炸药实际上是指组分中含有高分子材料的一类炸药。

（6）液体混合炸药。一般指至少由 2 种物质组成的具有流动特性的爆炸混合炸药，如四硝基甲烷+苯（86.5∶13.5）、硝酸（98%浓度）+硝基苯（72∶28），等等。

（7）燃料空气炸药。它是一种新的爆炸能源，以挥发性的碳氢化合物（如环氧乙烷，低碳的烷、烯、炔烃及其混合物等）或固体粉质可燃物（如铝粉、镁粉）作为燃料，以空气中的氧气为氧化剂，组成爆炸性气溶胶混合物。因其具有独特的优点，近年来在军事应用上受到各国的重视，已经在此基础上开发出油气弹、云爆弹、温压弹和窒息弹等武器。

2.1.4 炸药化学反应基本形式

2.1.4.1 化学反应基本形式

爆炸并不是炸药唯一的化学反应形式，由于环境和引起化学反应的条件不同，一种炸药可能有三种不同形式的化学反应：热分解、燃烧和爆炸。这三种形式进行的速度不同，产生的产物和热效应也不同。

A 热分解

炸药热分解是缓慢的化学反应。在常温条件下，当不受其他外界能量作用时，炸药常常以缓慢的速度进行分解反应。其特征是：分解在整个物质内进行，反应速度主要取决于环境温度，反应规律基本服从阿伦尼乌斯（Arrhenius）定律，即环境温度升高，化学反应速率呈指数增长。在常温条件下，热分解的速度十分缓慢。但当热分解放出的热量大于散热量时，能量就会积聚，随着时间的延续，温度会不断升高，热分解反应也会不断加速，继而引发炸药燃烧，甚至转化为爆炸。历史上曾发生过多起军火库在无外界激发自炸事故，一般是由这种过程引起的。虽然民爆器材储存期较短，但如果炸药入库时温度较高，堆积体积太大，库房不通风，依然存在热分解引发炸药的自燃及爆炸的可能性。

B 燃烧

炸药在热源（例如火焰）作用下会燃烧。但与其他可燃物不同，炸药燃烧时不需要外界供给氧。当炸药的燃烧速度较快，达到每秒数百米时，称为爆燃。

进行燃烧的区域称作燃烧区，又称作反应区。开始发生燃烧的面称作焰面。焰面和反应区沿炸药柱一层层地传下去，其传播速度即单位时间内传播的距离称为燃烧线速度。线速度与炸药密度的乘积，即单位时间内单位截面上燃烧的炸药质量，称为燃烧质量速度。通常所说的燃烧速度指线速度。

炸药在燃烧过程中，若燃烧速度保持定值，就称为稳定燃烧；否则称为不稳定燃烧。炸药是否能够稳定燃烧，取决于燃烧过程中的热平衡情况。如果热量能够平衡，即反应区中释放出的热量与经传导向炸药邻层和周围介质散失的热量相等时，燃烧就能稳定，否则就不能稳定。不稳定燃烧可导致燃烧的熄灭、震荡或转变为爆燃甚至爆炸。

要使燃烧过程中热量达到平衡或燃烧稳定，必须具备一定的条件。该条件由下列因素决定：炸药的物理化学性质和物理结构，药柱的密度、直径和外壳材料，环境温度和压力等。在一定的环境温度和压力条件下，只有当药柱直径超过某一数值时，才能稳定燃烧；而且燃烧速度与药柱直径无关。能稳定燃烧的最小直径称为燃烧临界直径。环境温度和压力越高，燃烧临界直径越小；反之，当药柱直径固定时，药柱稳定燃烧必有其对应的最小温度和压力，该温度和压力称作燃烧临界温度和临界压力，而且燃烧速度随温度和压力的增高而增大。

了解炸药燃烧的稳定性、燃烧特性及其规律，对爆炸材料的安全生产、加工、运输、保管、使用以及过期或变质炸药的销毁都是很有必要的。

C 爆炸

在足够的外部能量作用下，炸药可以每秒数百米甚至数千米的高速进行爆炸反应。爆炸速度增长到稳定爆速时就称为爆轰。如果爆炸速度不能增长到稳定爆速，就会衰减转化为爆燃或燃烧。

爆轰是指炸药以每秒数千米的最大稳定速度进行的反应，是最理想的爆炸。特定的炸药在特定条件下的爆轰速度为常数。广义的爆炸包括爆炸和爆轰。

2.1.4.2 热分解、燃烧和爆炸的区别与联系

A 爆炸与热分解的主要区别

（1）热分解是在整个炸药中展开的，没有集中的反应区域；而爆炸是在炸药局部发生的，并以波的形式在炸药中传播。

（2）热分解在不受外界任何特殊条件作用时，一直不断地自动进行；而爆炸要在外界特殊条件作用下才能发生。

（3）热分解与环境温度关系很大，随着温度的升高，热分解速度将呈指数规律迅速增大；而爆炸与环境温度无关。

B 燃烧与爆炸的主要区别

燃烧与爆炸的传播速度截然不同，燃烧的速度为每秒几毫米到每秒几百米，大大低于声波在炸药中的传播速度；而爆轰的速度通常达每秒几千米，一般大于声波在炸药中的传播速度。

（1）从传播连续进行的机理来看，燃烧时化学反应区释放出的能量是通过热传导、辐射和气体产物的扩散传入下一层炸药，激起未反应的炸药进行化学反应，使燃烧连续进行；而在爆炸时，化学反应区释放出的能量以压缩波的形式提供给前沿冲击波，维持前沿冲击波的强度，然后前沿冲击波冲击压缩下一层炸药激起化学反应，使爆轰连续进行。

（2）从反应产物的压力来看，燃烧产物的压力通常很低，对外界显示不出力的作用；而爆炸时产物压力可以达到10^4MPa 以上，有强烈的力学效应。

（3）从反应产物质点运动方向来看，燃烧产物质点运动方向与燃烧传播的方向相反；而爆炸产物质点运动方向与爆炸传播的方向相同。

（4）从炸药本身条件来看，随着装药密度的增加，炸药颗粒间的孔隙度减小，燃烧速度减小；一般来说，爆轰随着装药密度的增加，单位体积物质发生化学反应时释放出的能量增加，使之对于下一层的炸药的冲压加强，因而爆轰速度增加。

（5）从外界条件影响来看，燃烧易受外界压力和初温的影响。当外界压力低时，燃烧速度很慢；随着外界压力的提高，燃烧速度加快，当外界压力过高时，燃烧变得不稳定，以致转变成爆炸；爆炸基本上不受外界条件的影响。

此外，爆炸与爆轰是两个不同的概念。一般来说，具有爆炸三要素的化学反应皆称为爆炸，爆炸传递的速度可能是变化的；爆轰除了要具备爆炸的三要素之外，还要求传播的速度是恒定的。因而，爆炸一般笼统定义为具有三大要素的化学反应，而爆轰专门定义为以恒定速度稳定传播的爆炸过程。

炸药的三种化学反应形式可以相互转化。在某些条件下，爆炸可以衰减为燃烧，某些工业炸药常常出现这样的转化；反之，缓慢分解也能转化为燃烧，燃烧也可以转化为爆炸。这些转化的条件与环境、炸药的物理和化学性质有关。三种化学反应变化形式之间的转化关系可表示如下。

$$\text{热分解}\xrightleftharpoons{\text{放热量大于散热量}}\text{燃烧}\xrightleftharpoons{\text{燃烧速度加快}}\text{爆炸(爆轰)}$$

2.2 炸药的氧平衡

大多数炸药的爆炸反应为氧化反应，其特点是反应所需的氧元素由炸药本身提供。炸药中氧元素含量多少对炸药的性能、爆炸产物、能量释放以及热化学参数等具有重要影响，因此有必要对炸药中的含氧量进行研究，以获得更好的爆炸效果并减少有毒有害产物。

2.2.1 氧平衡的概念

炸药主要由碳、氢、氮、氧四种元素组成，某些炸药中也含有少量的氯、硫、金属和盐类。对于只含碳、氢、氮、氧四种元素的炸药，则无论是化合炸药还是混合炸药，都可把它们写成通式 $C_wH_xN_yO_z$。通常，化合炸药的通式按 1mol 质量写出，混合炸药的通式按 1kg 质量写出。这样，炸药分子通式中，下标 w、x、y、z 表示相应元素的原子数。四种元素中，C、H 为可燃元素，O 为助燃元素，N 为载氧体，属于惰性元素。

炸药爆炸反应过程，实质是炸药中所包含的可燃元素和助燃元素在爆炸瞬间发生高速度化学反应的过程，反应的结果重新组合成新的稳定产物，并释放出大量的热量。按照最大放热反应条件，炸药中的碳、氢应分别被充分氧化为 CO_2 和 H_2O，这种放热量最大、生成产物最稳定的氧化反应称为理想的氧化反应。是否发生理想的氧化反应与炸药中的含氧量有关，只有当炸药中含有足够的氧时，才能保证理想的氧化反应的发生。

炸药的氧平衡定义：炸药内含氧量与所含可燃元素充分氧化所需氧量之间的差值称为氧平衡。

氧平衡值用每克炸药中剩余或不足氧量的克数或质量分数来表示，单位为%，或 g/g。

2.2.2 氧平衡的计算

氧平衡值是指每克炸药中剩余或不足氧量的克数或百分数，一般用 O_b 表示。习惯上，在正氧平衡数值前冠以“+”号，在负氧平衡数值前冠以“-”号。

2.2.2.1 含碳、氢、氧、氮的单质炸药或混合炸药

此类炸药的实验式为 $C_wH_xO_yN_z$，下标 w、x、y、z 分别代表在一个炸药分子中碳、氢、氧、氮的原子个数。其氧平衡值的计算式为

$$O_b=\frac{\left[y-\left(2w+\frac{x}{2}\right)\right]\times 16}{M_z} \tag{2-2}$$

式中 16——氧的相对原子质量；

M_z——炸药的相对分子质量。

2.2.2.2 含碳、氢、氧、氮及铝、钠等其他元素的混合炸药

在乳化炸药、浆状炸药等现代工业炸药中，除了含有碳、氢、氧、氮元素外，还可能含有铝、钠、钾、铁、硫等其他的元素。此时的氧化最终产物大致如下：

$$C \to CO_2; H \to H_2O; Al \to Al_2O_3; Fe \to Fe_2O_3; Si \to SiO_2; S \to SO_2$$

炸药中若还有含氯的化合物，如氯酸钾、高氯酸铵（钠）等，在计算其氧平衡值时，是将氯考虑为氧化性元素，应生成氯化氢和金属氯化物等产物，而剩余的其他可燃元素则按完全氧化计算。

若以 $C_wH_xO_yN_zX_u$ 表示含铝、硫等炸药的实验通式（X 表示任意一种可燃元素），那么这类炸药的氧平衡值 O_b 可用下式计算

$$O_b = \frac{\left[y - \left(2w + \frac{x}{2} + b_m m_y\right)\right] \times 16}{M_z} \tag{2-3}$$

式中 m_y——该元素的相对原子质量；

b_m——该元素完全氧化时，氧原子数与该原子数之比。

2.2.2.3 组分比较复杂的混合炸药

对组分比较复杂的混合炸药，其氧平衡值为各组分所占的质量分数与其氧平衡值的乘积之和，即

$$O_b = O_{b1}k_1 + O_{b2}k_2 + \cdots + O_{bn}k_n \tag{2-4}$$

式中 O_{b1}，O_{b2}，…，O_{bn}——混合炸药各组分的氧平衡值；

k_1，k_2，…，k_n——混合炸药各组分所占的质量分数。

【例 2-1】 计算梯恩梯 $C_6H_2(NO_2)_3CH_3$ 和硝酸铵 NH_4NO_3 的氧平衡值。

【解】 梯恩梯的通式写为 $C_7H_5N_3O_6$，即有 $w=7$，$x=5$，$y=3$，$z=6$，$M=227g/mol$。

由式（2-2）得梯恩梯的氧平衡值为

$$O_b = \frac{1}{227} \times \left(6 - 2\times7 + \frac{5}{2}\right) \times 16 \times 100\% = -74\%$$

类似地，硝酸铵的通式为 $C_0H_4N_2O_3$，即 $w=0$，$x=4$，$y=2$，$z=3$，$M=80g/mol$，故氧平衡值为

$$O_b = \frac{1}{80} \times \left(3 - 2\times0 + \frac{4}{2}\right) \times 16 \times 100\% = 20\%$$

【例 2-2】 计算阿梅托（其中，梯恩梯质量分数为 50%，硝酸铵质量分数为 50%）炸药的氧平衡值。

【解】 根据式（2-4），其中 $m_1 = m_2 = 50\%$，$O_{b1} = -74\%$，$O_{b2} = 20\%$，故有

$$O_b = \sum m_i O_{bi} = 50\% \times (-74\%) + 50\% \times 20\% = -27\%$$

表 2-1 列出了一些常用炸药和物质的氧平衡值。

2.2.3 氧平衡的分类

根据氧平衡值的大小，可将氧平衡分为正氧平衡、负氧平衡和零氧平衡三种类型。

表 2-1 一些常用炸药和物质的氧平衡值

物质名称	分子式	相对原子（分子）质量	氧平衡值/g·g^{-1}
硝酸铵	NH_4NO_3	80	+0.200
硝酸钠	$NaNO_3$	85	+0.471
硝酸钾	KNO_3	101	+0.396
硝酸钙	$Ca(NO_3)_2$	164	+0.488
高氯酸铵	NH_4ClO_4	117.5	+0.340
高氯酸钠	$NaClO_4$	122.5	+0.523
黑索金	$C_3H_6O_6N_6$	222	-0.216
奥克托今	$C_4H_8O_8N_8$	296	-0.216
二硝基甲苯	$C_7H_6O_4N_2$	182	-1.142
三硝基萘	$C_{10}H_6O_4N_2$	218	-1.393
硝化甘油	$C_3H_5O_9N_3$	227	+0.035
硝化二乙二醇	$C_4H_8O_6N_2$	196	-0.408
高氯酸钾	$KClO_4$	138.5	+0.462
氯酸钾	$KClO_3$	122.5	+0.392
重铬酸钾	$K_2Cr_2O_7$	295	+0.163
梯恩梯	$C_6H_2(NO_2)_3CH_3$	227	-0.740
特屈儿	$C_7H_5O_8N_5$	287	-0.474
太安	$C_5H_8O_{12}N_4$	316	-0.101
铝粉	Al	27	-0.889
镁粉	Mg	24.31	-0.658
硅粉	Si	28.09	-1.139
木粉	$C_{15}H_{22}O_{10}$	362	-1.370
纤维素	$C_6H_{10}O_5$	162	-1.185
石蜡	$C_{38}H_{38}$	254.5	-3.460
矿物油	$C_{12}H_{26}$	170.5	-3.460
轻柴油	$C_{18}H_{32}$	224	-3.420
复合蜡-1	$C_{18}H_{38}$	254.5	-3.460
复合蜡-2	$C_{22\sim28}H_{46\sim58}$	约 392	-3.470
司盘-80	$C_{22}H_{42}O_6$	428	-2.39
M-201	$C_{22}H_{42}O_5$	398	-2.49
十二烷基硫酸钠	$C_{12}H_{25}SO_4Na$	288	-1.83
十二烷基磺酸钠	$C_{12}H_{25}SO_3Na$	272	-2.00
微晶蜡	$C_{39\sim50}H_{80\sim120}$	550~700	-3.43
沥青	$C_8H_{18}O$	394	-2.76
硬脂酸	$C_{18}H_{36}O$	284.47	-2.925
硬脂酸钙	$C_{36}H_{70}O_4Ca$	607	-2.74

续表 2-1

物质名称	分子式	相对原子(分子)质量	氧平衡值/g·g^{-1}
凡士林	$C_{18}H_{38}$	254.5	-3.46
铁	Fe	55.85	-0.286
锰	Mn	54.94	-0.582
乙二醇	$C_2H_4(OH)_2$	62	-1.29
丙二醇	$C_3H_6(OH)_2$	76.09	-1.68
尿素	$CO(NH)_2$	60	-0.80
木炭	C	12	-2.667
煤	$C_{35}H_{34}O_6S$	822.82	-2.559
石墨	C	12	-0.727

(1) 正氧平衡（O_b>0)。若炸药内的含氧量将可燃元素充分氧化之后尚有剩余，则这类炸药称为正氧平衡炸药。正氧平衡炸药未能充分利用其中的含氧量，且剩余的氧和游离氮化合时，将生成氮氧化物等有毒气体，并吸收热量。

(2) 负氧平衡（O_b<0)。若炸药内的含氧量不足以使可燃元素充分氧化，则这类炸药称为负氧平衡炸药。这类炸药因含氧量欠缺，未能充分利用可燃元素，故放热量不充分，并且生成可燃性 CO 等有毒气体。

在负氧平衡中，把含氧量足以把氢氧化为水，但不能将碳氧化成 CO_2和 CO 的严重缺氧状态称为严重负氧平衡，其反应产物有固体碳。

(3) 零氧平衡（O_b=0)。炸药内的含氧量恰好够可燃元素充分氧化生成 H_2O 和 CO_2，这类炸药称为零氧平衡炸药。零氧平衡炸药因氧和可燃元素都能得到充分利用，故在理想反应条件下，能释放出最大热量，且不会生成有毒气体。

炸药的氧平衡对其爆炸性能，如释放的热量、生成气体的组成和体积、有毒气体含量、气体温度、二次火焰（如 CO 和 H_2在高温条件下和有外界供氧时，可以二次燃烧形成二次火焰）以及做功效率等均有影响。

2.3 炸药的热化学参数

炸药的热化学参数主要包括爆热、爆温、爆压和爆容。

2.3.1 爆热

爆热是指在定容条件下，单位质量或 1mol 炸药爆炸时放出的热量，通常用 Q_v表示，单位是 kJ/kg 或 kJ/mol，它是炸药极重要的能量参数。

爆热计算的理论基础是炸药爆炸变化反应式和盖斯定律，通过炸药的生成热，利用盖斯定律计算其爆热。盖斯定律指出，化学反应热效应与反应进行的途径无关，而仅取决于系统的初始状态和最终状态，如图 2-1 所示。

图中状态 1（初态）、状态 2 和状态 3（终态）分别代表元素、炸药、爆炸产物。根据盖斯定律，系统沿第一条途径由状态 1 转变到状态 3 时，反应热的代数和等于系统沿第二

条途径转变（即由状态 1 转变到状态 2 再转变到状态 3）所放出的热量，即

$$Q_{1-3}=Q_{1-2}+Q_{2-3} \tag{2-5}$$

因此炸药的生成热 Q_{1-2} 为

$$Q_{1-2}=Q_{1-3}-Q_{2-3} \tag{2-6}$$

即炸药生成热等于燃烧或爆炸产物生成热减去炸药本身的燃烧热或爆热。炸药的燃烧热或爆热 Q_{2-3} 为

$$Q_{2-3}=Q_{1-3}-Q_{1-2} \tag{2-7}$$

即炸药爆热等于爆炸产物生成热减去炸药本身生成热。生成热是指由单纯物质（元素）生成 1mol 化合物时吸收或放出的热量。炸药的爆炸反应是在瞬间完成的，可以认为在反应过程中药包的体积未变化，爆热可按定容条件计算。部分炸药的实测爆热见表 2-2。

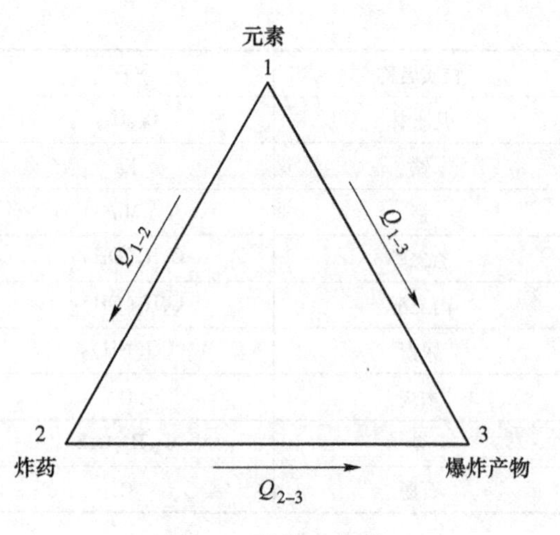

图 2-1　盖斯三角形

表 2-2　部分炸药的爆热实测值

炸　　药	装药密度 ρ_0/g·cm^{-3}	爆热 Q_v/kJ·kg^{-1}
梯恩梯	0.85	3389.0
	1.50	4225.8
黑索金	0.95	5313.7
	1.50	5397.4
硝酸铵/梯恩梯（50/50）	0.90	4309.5
	1.68	4769.8
特屈儿	1.0	3849.3
	1.55	4560.6
硝化甘油	1.60	6192.3
太　安	0.85	5690.2
	1.65	5692.2
硝酸铵/梯恩梯（80/20）	0.90	4100.3
硝酸铵/梯恩梯（40/60）	1.30	4142.2
	1.55	4184.0
雷　汞	1.25	1590.0
	3.77	1715.4

爆热的测定通常用量热弹测量。测量的主体装置为一个优质合金钢的量热弹，置于不锈钢制成的过热桶中，桶外是保温箱。实验时，将待测炸药置于桶中，用雷管引爆待测炸药，量测爆炸前量热桶中蒸馏水的温度 T_0 和爆炸后水的最高温度 T，爆热实测值按下式计算

$$Q_v=\frac{(c_w+c_L)(T-T_0)-q_f}{m_s} \tag{2-8}$$

式中 c_w——所用蒸馏水的总热容，kJ/℃；

c_L——实验装置热容，以当量的水的热容表示，可用甲苯酸进行标定；

Q_v——爆热实测值，kJ/kg；

q_f——雷管爆炸放热量，由实验确定，kJ；

m_s——受试炸药质量，kg。

2.3.2 爆温

炸药爆炸时放出的热量将爆炸产物加热达到的最高温度称为爆温，是炸药的重要参数之一。爆温取决于炸药的爆热和爆炸产物的组成。在实际使用炸药时，需根据具体条件选用不同爆温的炸药。例如，在金属矿山的坚硬矿岩和大抵抗线爆破中，通常希望选用爆温较高的炸药，从而获得较好的爆破效果；而在软岩，特别是煤矿爆破中，常常要求爆温控制在较低的范围内，以防止引起瓦斯、煤尘爆炸，并保证能获得一定的爆破效果。

在爆炸过程中温度变化极快而且极高，单质炸药的爆温一般为3000~5000℃，矿用炸药的爆温一般为2000~2500℃。不言而喻，在如此变化极快、温度极高的条件下，用实验方法直接测定爆温是极为困难的，一般采用理论计算。计算时，假设炸药爆炸是在定容条件下进行的绝热过程，爆炸过程中放出的热量全部用于加热爆炸产物。一般来说，此假设并不完全符合事实，但是由于过程的瞬时性，此假设在一定程度上可以采用。

$$Q_v=\bar{c}_{v,m}t_z \tag{2-9}$$

式中 Q_v——定容下的爆热，J/mol；

$\bar{c}_{v,m}$——在温度由0到t范围内全部爆轰产物的平均热容，J/mol；

t_z——所求的炸药爆温,℃。

平均热容是温度的函数，该函数一般可用级数的形式表示，即

$$\bar{c}_{v,m}=a_1+a_2t_z+a_3t_z^2+\cdots \tag{2-10}$$

式中 a_1，a_2，a_3，…——待测定常数。

在实际计算爆温时，此级数一般只取前两项，认为平均热容与温度呈直线关系，即

$$\bar{c}_{v,m}=a_1+a_2t_z \tag{2-11}$$

将上式代入式（2-9）中，便得

$$Q_v=(a_1+a_2t_z)t_z \tag{2-12}$$

移项处理后可得

$$t_z=\frac{-a_1+\sqrt{a_1^2+4a_2Q_v}}{2a_2} \tag{2-13}$$

用式（2-13）计算爆温时，需要知道爆轰产物的成分或爆炸反应方程式和爆轰产物的热容量。但是，考虑到爆轰产物热容量计算的困难，可利用表2-3求算爆炸反应生成物的平均分子热容。

表 2-3 常见爆炸反应生成物的平均分子热容量 C_v

生成物	双原子气体	水蒸气	CO_2	四原子气体	碳（C）
热容量 c_v/J·mol^{-1}	$20.1+18.8\times10^{-4}t$	$16.7+90\times10^{-4}t$	$37.7+24.3\times10^{-4}t$	$41.8+18.8\times10^{-4}t$	$25.12\times10^{-4}t$

2.3.3 爆压

通常把爆轰波 C-J 面上的压力称为爆轰压力，简称爆压。将炸药在密闭容器中爆炸时，其爆轰产物对器壁所施的压力称为爆炸压力。

炸药在密闭容器中爆炸时，其爆炸压力 p_b 可以利用理想气体状态方程式来计算

$$p_b V_m = n_i R T_b \quad 或 \quad p_b = \frac{n_i R T_b}{V_m} \tag{2-14}$$

式中 R——理想气体常数；

n_i——气体爆轰产物的量，mol；

V_m——密闭容器的容积，L；

T_b——爆温，K。

爆轰压力 $p_{C\text{-}J}$ 的测定方法有很多，较简便、费用较少的是水箱法，即通过测量炸药爆炸后形成的水中冲击波参数来计算爆压。

根据冲击波波阻抗公式，有

$$p_{C\text{-}J} = \frac{1}{2} u_w (\rho_w v_w + \rho_0 v_d) \tag{2-15}$$

式中 ρ_w——水的密度，g/cm^3；

ρ_0——炸药的初始密度，g/cm^3；

v_d——炸药的爆速，km/s；

v_w——炸药爆炸后，在水中形成的冲击波初始速度，km/s；

u_w——冲击波波阵面后水中质点的速度，km/s。

2.3.4 爆容

炸药的爆容（或称比容）是指 1kg 炸药爆炸后形成的气态爆轰产物在标准状况下的体积，常用 V_{b0} 表示，其单位为 L/kg。爆容大小反映生成气体量的多少，是评价炸药做功能力的重要参数。爆容越大，表明炸药爆炸做功效率越高。

爆容通常根据爆炸反应方程式来计算

$$V_{b0} = \frac{22.4 n_z}{m_z} \tag{2-16}$$

式中 n_z——爆轰产物中气态组分的总物质的量，mol；

m_z——爆炸反应方程中炸药的质量，kg；

22.4——标准状况下，气体的摩尔体积。

炸药的爆容既可通过毕海尔（Bichel）弹式大型量热弹测量，也可与测定爆热同时进行。表 2-4 列出了几种常用炸药的爆容实测值。

表 2-4 几种常见炸药的爆容实测值

炸 药	ρ_0/g · cm^{-3}	V_{b0}/L · kg^{-1}	CO/CO_2
梯恩梯	0.85	870	7.0
	1.50	750	3.2
特屈儿	1.00	840	8.3
	1.55	740	3.3
黑索金	0.95	950	1.75
	1.50	890	1.68
太 安	0.85	790	0.5~0.6
	1.65	790	0.5~0.6
RDX/TNT（50/50）	0.90	900	6.7
	1.68	800	2.4
苦味酸	1.50	750	2.1
硝化甘油	1.60	690	—
阿马托（80/20）	0.90	880	—
	1.30	890	—

2.4 炸药的起爆和感度

炸药是一种相对稳定的化学物质，在外界能量激发作用下能发生急剧化学变化。不同的炸药对外界作用的敏感程度是不同的，习惯上把炸药在外界作用下发生爆炸反应的难易程度称为炸药的敏感度，简称炸药的感度。激发炸药发生爆炸反应的过程称为起爆。能够激发炸药发生爆炸变化的能量可以是各种形式，如热能、机械能、冲击波能或辐射能，等等。激发炸药发生爆炸反应的最小外界能量称为起爆能。激发炸药爆炸所需的起爆能越小，炸药的感度越大；反之，激发炸药爆炸所需的起爆能越大，则炸药的感度越小。

2.4.1 炸药的起爆

2.4.1.1 起爆的原因

炸药在没有外界能量激发的条件下是稳定的，不会发生爆炸，只有在一定的爆能作用下，炸药才会发生爆炸，有关炸药稳定性和起爆能之间的关系可以用图 2-2（a）所示的化学反应能栅图予以表示。在无外界能量激发时，炸药处在能栅图中 1 位置，此时炸药处于相对稳定的平衡状态，其位能为 E_1；当受到外界一定的能量作用后，炸药被激发到状态 2 的位置，此时炸药已吸收了外界的作用能量，同时自身的位能跃迁到 E_2，位能的增加量为 $E_{1,2}$；如果 $E_{1,2}$大于炸药分子发生爆炸反应所需要的最小活化能，那么炸药便发生爆炸反应，同时释放出能量 $E_{2,3}$，最后变成爆炸产物，处于状态 3 的位置。炸药爆炸的能栅变化就像在位置 1 处放一个小球，如图 2-2（b）所示，小球此时处在相对稳定状态，如果给它一个外力使它越过位置 2，则小球就立即滚到位置 3，同时还产生一定的动能。从能栅图上可以看到，外界作用的能量 $E_{1,2}$既是炸药发生化学反应的活化能，又是外界用以激发炸药爆炸的最小爆能，因此，$E_{1,2}$越小，该炸药的感度越大；$E_{1,2}$越大，则炸药的感度越小。

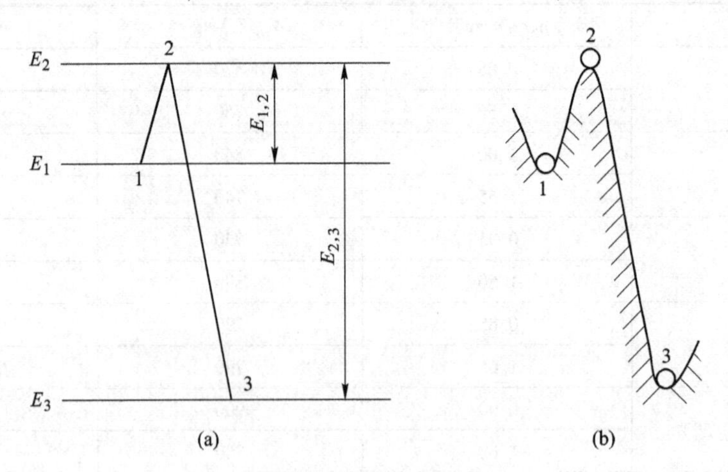

图 2-2　化学反应能栅图

1—炸药稳定平衡状态；2—炸药激发状态；3—炸药爆炸反应状态

2.4.1.2　起爆机理

目前对炸药起爆机理的解释主要有以下三种。

A　热能起爆机理

热能起爆机理的基本要点是：在一定的温度、压力和其他条件下，如果一个炸药物质体系反应放出的热量大于热传导所散失的热量，就能使该体系发生热积聚，从而使反应自动加速而导致爆炸，即爆炸是系统内部温度渐增的结果。炸药在热作用下发生爆炸的过程是一个从缓慢变化转为突然升温爆炸的过程。在炸药爆炸前，存在一段反应加速期，称为爆炸延时期或延迟时间。使炸药发生爆炸的温度称为爆发点，爆发点是指炸药分解自行加速时的环境温度，而非爆发瞬间的炸药温度。爆发点越高，延迟时间越短，两者存在以下关系

$$t_y = c_z e^{\frac{E_z}{RT_s}} \tag{2-17}$$

式中　t_y——延迟时间，s；

c_z——与炸药成分有关的系数；

E_z——炸药的活化能，J/mol；

R——理想气体常数；

T_s——爆发点温度，K。

B　机械能起爆机理——灼热核理论

灼热核理论认为，当炸药受到撞击、摩擦等机械能的作用时，并非受作用的各个部分都被加热到相同的温度，而只是其中的某一部分或几个极小的部分形成热点。例如个别晶体的棱角处或微小气泡处首先达到炸药的爆发温度，使局部炸药首先起爆，快速释放热量，导致爆炸反应迅速传播至全部炸药。这种温度很高的微小局部区域，通常被称为灼热核。对于单质炸药或者含单质炸药的混合炸药来说，其灼热核通常在晶体的棱角处形成。在热点处的炸药首先发生热分解，同时放出热量，放出的热量又促使炸药的分解速度迅速

增加。

炸药在机械作用下，热点产生的可能原因主要包括：

(1) 炸药中的孔隙或气泡在机械作用下的绝热压缩。

(2) 炸药颗粒之间、炸药与杂质之间、炸药与容器壁之间发生摩擦而生热。

(3) 液态炸药（或低熔点炸药）高速黏性流动加热。

研究表明，除炸药质点摩擦外，掺和物的粒度、数量、硬度、熔点及导热性等因素都对灼热核的形成具有重要影响。灼热核形成以后，灼热核的大小、温度和作用时间是决定炸药是否能够发生爆炸反应的重要因素。若使炸药发生爆炸，灼热核必须满足下列条件：

(1) 灼热核的尺寸应尽可能地小，直径一般为 10^{-5} ~ 10^{-3}cm。

(2) 灼热核的温度应为 300~600℃。

(3) 灼热核的作用时间在 10^{-7}s 以上。

此外，超声振动，电子、粒子、中子等高能粒子的轰击，静电放电，强光辐射，晶体成长过程中的内应力等也可促使形成热点。

C 爆炸冲能起爆机理

研究结果表明，均相炸药和非均相炸药的冲击起爆机理存在显著差异。

均相炸药的爆炸冲能起爆过程大致是，主发装药爆炸产生的强冲击波进入均相炸药（如四硝基甲烷），经过一定的延迟以后，便开始在其表面形成爆轰波。这个爆轰波是由主发装药产生的强冲击波冲击压缩的炸药形成的。虽然它开始是跟随于强冲击波的后面，但经一定的距离后，它会赶上冲击波波阵面，并达到稳定爆速。一般来说，均相炸药的爆炸冲能起爆取决于临界起爆压力值，不同炸药的临界起爆压力值是不相同的。

非均相炸药是指物理性质不均匀的炸药。非均相炸药的爆炸冲能起爆机理目前一般认为是热点起爆，即认为起爆冲击波先在非均相炸药中产生大量热点，然后再发展成爆轰。由于非均相炸药不像均相炸药那样将能量均匀分配给整个起爆面上，而是从局部"热点"展开，所以非均相炸药所需的临界起爆压力要比均相炸药小。非均相炸药的爆炸冲能起爆是可以用灼热核理论进行解释的。

2.4.2 炸药的感度

根据外界作用能量形式不同可以将炸药的感度分成若干类型，如热感度、机械感度、冲击波感度等。

2.4.2.1 热感度

炸药在热作用下发生爆炸的难易程度，称为炸药的热感度。炸药热感度通常用爆发点来表示，爆发点是指在一定条件下炸药被加热到爆炸时加热介质的最低温度，显然爆发点越高，说明该炸药的热感度越小。

从炸药的爆炸理论可以知道，要使炸药在热能的作用下发生爆炸反应，必须保证其化学反应过程中放出的热量大于由于热辐射和热传导失去的能量，这样才能保证炸药在爆炸前完成化学反应时自动加速所需要的延滞期，并使反应过程中的速度达到炸药爆炸时相应的临界值，产生爆炸。

由此可见，炸药的爆发点与延滞时间有一定的关系，符合 Arrehnius 关系，即

$$t_{yz}=C_z e^{E_z/(RT_{bf})} \tag{2-18}$$

式中 t_{yz}——延滞时间，s；

C_z——与炸药成分有关的常数；

E_z——炸药活化能，J/mol；

R——理想气体常数；

T_{bf}——爆发点，K。

应该指出由于爆发点与试验条件有密切的关系，因此测定炸药爆发点时，必须在严格且固定的标准条件下进行。影响炸药爆发点的因素，主要有炸药的量、颗粒度、实验程序以及反应进行的热条件和自加速条件等，但在实际测定时，要准确测定炸药每一时刻的爆发点是非常困难的，因此常采用测定炸药 5min、1min，或 5s 延滞期的爆发点，即加热介质的温度，并以此表示炸药的热感度。

测定炸药爆发点的两种方法：

(1) 将一定量的炸药从某一初始温度开始等速加热，同时记录从开始加热到爆炸的时间和介质的温度，爆炸时的加热介质温度即炸药的爆发点。由于这种方法比较简单而且直接，因而在实际工作中广泛采用。

(2) 测定炸药延滞时间与加热介质温度之间的关系，并将实验结果根据 Arrehnius 关系式用曲线表示，由于这种方法准确度较高，因而主要应用在炸药研究工作中。

2.4.2.2 机械感度

炸药的机械感度是指炸药在机械作用下发生爆炸的难易程度。按照机械作用形式不同，炸药的机械感度通常有摩擦感度、撞击感度等。

A 摩擦感度

炸药在机械摩擦作用下发生爆炸的能力称为摩擦感度。测定炸药摩擦感度的仪器有多种，但大多数测定误差较大，精度不高。比较精确的仪器是摆式摩擦仪，也是目前我国常用的仪器，装置如图 2-3 所示。测定时将一定质量的炸药试样（20mg 或 30mg）装入上下滑柱间，通过装置给上下滑柱施加规定的静压力。摆锤重 1500g，摆角可根据炸药的感度取 80°、90°或 96°。释放摆锤，摆锤打击击杆，上下滑柱产生水平相对位移，摩擦炸药试样，判断炸药试样是否爆炸。试验 25 次，按式（2-19）计算炸药试样的爆炸概率 G_p，并用 G_p来表示炸药试样的摩擦感度。

$$G_p=\frac{25\text{ 次试验中发生爆炸的次数}}{25}\times 100\% \tag{2-19}$$

B 撞击感度

在机械撞击作用下，引起炸药爆炸的难易程度，称为炸药的撞击感度。炸药的撞击感度通常借助于立式落锤仪测定，如图 2-4 所示。测定的基本步骤是将一定质量的炸药试样（30mg 或 50mg）放在击发装置内，让一定质量的落锤（10kg 或 2kg）自规定的高度（250mm 或 500mm）自由落下，撞击击发装置内的炸药试样，根据火花、烟雾或声响结果来判断炸药试样是否发生爆炸。撞击 25 次后，按式（2-20）计算炸药试样的爆炸概率 G_z，并用 G_z来表示炸药试样的摩擦感度。

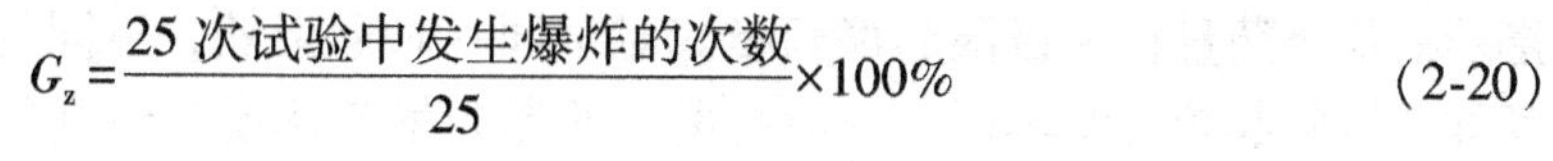

$$G_z=\frac{25\text{次试验中发生爆炸的次数}}{25}\times100\% \tag{2-20}$$

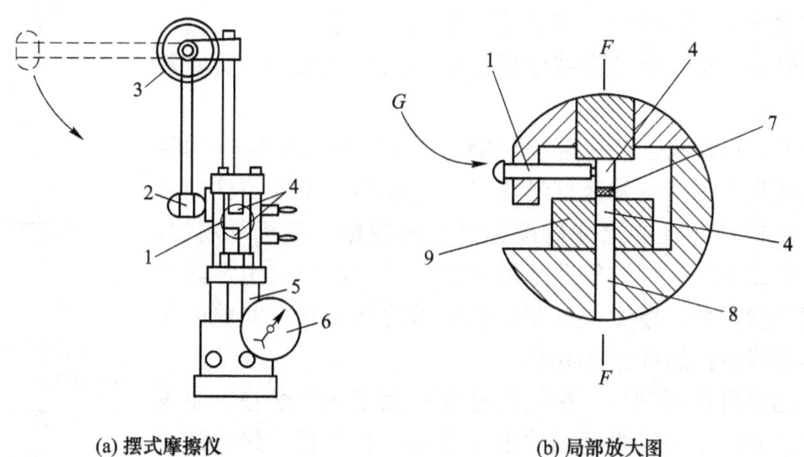

(a) 摆式摩擦仪

(b) 局部放大图

图 2-3 摆式摩擦仪试验示意图

1—击杆；2—摆锤；3—角度标盘；4—上下滑柱；5—油压机；6—压力计；7—炸药试样；8—顶杆；9—滑柱套；F—压力（施加方向）；G—摆锤打击方向

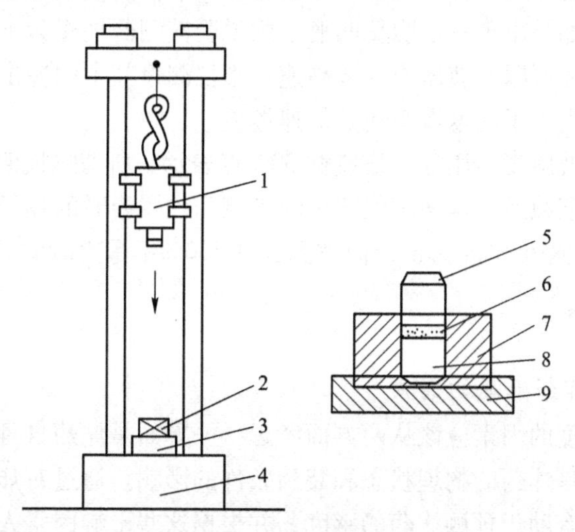

图 2-4 立式落锤仪

1—落锤；2—撞击器；3—钢钻；4—水泥基础；5—上击柱；6—炸药；7—导向套；8—下击柱；9—底座

2.4.2.3 冲击波感度

炸药在冲击波作用下发生爆炸的难易程度称为炸药的冲击波感度。在实际爆破技术中，经常用一种炸药产生的冲击波通过一定的介质去引爆另一种炸药，这就是利用了冲击波可以通过一定介质传播的性质。

爆轰波是一种冲击波，故炸药在爆轰波的作用下发生爆炸的难易程度也可称为炸药的爆轰感度。猛炸药的爆轰感度一般用极限起爆药量来表示，使 1g 猛炸药完全爆轰所需起爆药的最小药量称为极限起爆药量。对于同一种起爆药，不同的猛炸药极限起爆药量不同。一般起爆药的爆轰增长速度愈快（即爆轰增长期愈短），爆速愈大，它的起爆能力也就愈大。

隔板实验是测定炸药冲击波感度最常用的方法之一，实验装置如图 2-5 所示。

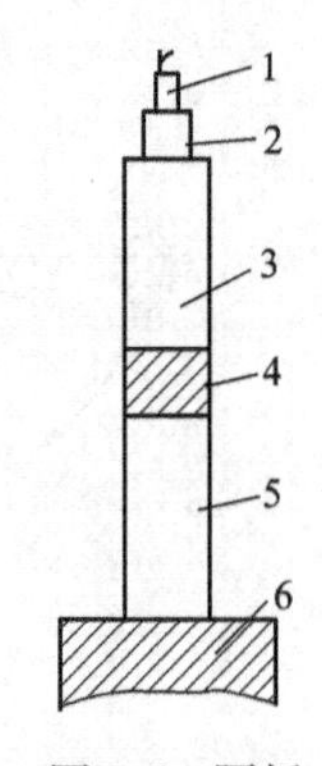

图 2-5　隔板实验示意图

1—雷管；2—传爆药柱；3—主发药柱；4—隔板；5—被测药柱；6—钢座

实验步骤：将雷管、各种药柱和隔板装好，传爆药常选用特屈儿，这主要是为了使主发药柱形成稳定的爆轰。主发药柱的装药密度、药量以及药柱的尺寸应按标准严格控制。隔板可用铝、铜等金属材料或塑料、纤维等非金属材料，其大小应与主发药柱的直径相同或稍大些，厚度应根据实验要求进行变换，实验所用主发药柱和被测药柱的直径应相等。

当雷管起爆传爆药柱后，传爆药柱便引爆了主发药柱，主发药柱发生爆轰并产生一定强度的冲击波通过隔板传播，隔板的主要作用是衰减主发药柱产生的冲击波，调节传入被测药柱冲击波的强度，使其强度刚好能引起被测药柱的爆轰。同时还能够阻止主发药柱的爆炸产物对被测药柱的冲击加热。根据爆炸后钢座的状况判断被测药柱是否发生爆轰，如果实验后钢座验证板上留下了明显的凹痕，说明被测药柱发生了爆轰；如果没有出现凹痕，则说明被测药柱没有发生爆轰；如果出现一不明显凹痕，则说明被测药柱爆轰不完全。另外为了提高判断爆轰的准确性，还可以安装压力计或高速摄影仪测量其中的冲击波参数，根据有关的参数判断被测药柱是发生了高速爆轰还是低速爆轰。

被测药柱的冲击波感度是用隔板值或称 50%点表示。所谓隔板值，是指主发药柱爆轰产生的冲击波经隔板衰减后，其强度仅能引起被测药柱爆轰时的隔板厚度。如果被测药柱能 100%爆轰时的最大隔板厚度为 δ_1，而被测药柱 100%不爆轰时的最小隔板厚度为 δ_2，则隔板值为 $\delta_{50}=\frac{1}{2}(\delta_1+\delta_2)$。

2.4.2.4　影响炸药感度的因素

研究影响炸药感度的因素应该从两方面考虑：一方面是炸药自身的结构和物理化学性质的影响；另一方面是炸药的物理状态和装药条件的影响。通过对炸药感度影响因素的研究，掌握其规律性，有助于预测炸药的感度，并根据这些影响因素人为控制和改善炸药的感度。

A　炸药的结构和物理化学性质对感度的影响

（1）原子团的影响。炸药发生爆炸的根本原因是各组分之间的化学反应，各组分原子或原子团间化学键的破裂和重新组合是化学反应的基础。因此原子或原子团的稳定性和数量对炸药的感度影响很大。此外，不稳定原子团的性质以及它所处的位置也影响炸药的感度。由于氯酸盐或酯（$—OClO_2$）和高氯酸盐或酯（$—OClO_3$）比硝酸酯（$—CONO_2$）的稳定性低，而硝酸酯比硝基化合物（$—NO_2$）的稳定性低，因此，氯酸盐或酯比硝酸酯的感度高，硝酸酯比硝基化合物的感度高，硝铵类化合物的感度则介于硝酸酯和硝基化合物之间。不稳定爆炸基团在化合物中所处的位置对其感度的影响也很大，如太安有 4 个爆炸性基团（$—CONO_2$），而硝化甘油中只有3个爆炸性基团，但由于太安分子中4个（$—CONO_2$）基团是对称分布的，导致太安的热感度和机械感度都低于硝化甘油。对于芳香族硝基衍生物，其撞击感度首先取决于苯环上取代基的数目，若取代基数目增加，则撞击感度增加，相对而言取代基的种类和位置的影响较小。此外，如果炸药分子中具有带电性基团，则对感度也有影响，带正电性的取代基感度高，带负电性的取代基感度低，如三硝基苯酚比三硝基甲苯的感度高。

（2）炸药的生成热。炸药的生成热取决于炸药分子的键能，键能小，生成热也小，生成热小的炸药感度高，如起爆药的生成热较小，而猛炸药大多数生成热较大，因此一般情况下起爆药的感度高于猛炸药。

（3）炸药的爆热。爆热大的炸药感度高。这是因为爆热大的炸药只需要较少分子分解，其所释放的能量就可以维持爆轰继续传播而不会衰减，而爆热小的炸药则需要较多的分子分解，其所释放的能量才能维持爆轰继续传播。因此，如果炸药的活化能大致相同，则爆热大的有利于热点的形成，爆轰感度和机械感度都相应增大。

（4）炸药的活化能。炸药的活化能大则形成活化分子所需要的能量也就大，炸药的感度就低；反之，活化能小，感度就高。但是，由于活化能受外界条件影响很大，所以并不是所有的炸药都严格遵守这个规律。

（5）炸药的热容和热导率。炸药的热容大，则炸药从热点温度升高到爆发点所需要的能量就多，因此，感度就小。炸药的热导率高，就容易把热量传递给周围的介质，从而使热量损失大，不利于热量的积累，炸药升到一定温度所需要的热量增多，所以热导率高的炸药热感度低。

（6）炸药的挥发性。挥发性大的炸药在加热时容易气化，由于气体的密度低，分解的自加速速度低，在相同的爆发点和相同的加热条件下要达到爆发点所需要的能量较多，因此，挥发性大的炸药热感度一般较低，这也是易挥发性炸药比难挥发性炸药发火困难的原因之一。

B 炸药的物理状态和装药条件对感度的影响

炸药的物理状态和装药条件对感度的影响主要表现在炸药的温度、炸药的物理状态、炸药的结晶形状、炸药的颗粒度、装药密度及附加物，通过对这些影响因素的深入研究，可以掌握改善炸药各种感度的方法。

（1）炸药温度的影响。温度能够全面影响炸药的感度，随着温度的升高，炸药的各种感度都相应地增加。这是因为炸药初温升高，其内能增加，形成活化分子所需能量将降低，容易发生爆炸反应。

（2）炸药物理状态的影响。通常情况下炸药由固态转变为液态时，感度将增加。这是因为固体炸药在较高的温度下熔化为液态，液体的分解速度比固体的分解速度大得多；同时，炸药从固态熔化为液态需要吸收熔化潜热，因而液体比固体具有更高的内能；此外，由于液体炸药一般具有较大的蒸气压而易于爆燃，因此，在外界能量的作用下液态炸药易于发生爆炸。例如固体梯恩梯在温度为20℃时，2kg落锤100%爆炸的落高为36cm；而液态梯恩梯在温度为105~110℃时，2kg落锤100%爆炸的落高只需5cm。但是也有例外，如冻结状态的硝化甘油比液态硝化甘油的机械感度大，这是因为在冻结过程中敏感性的硝化甘油液态与结晶之间发生摩擦而使感度增加，因此冻结的硝化甘油更加危险。

(3) 炸药结晶形状的影响。对于同一种炸药，不同的晶体形状其感度不同，这主要是由于晶体的形状不同，其晶格能不同，相应的离子间的静电引力也不相同。晶格能越大，化合物越稳定，破坏晶粒所需的能量越大，因而感度就越小。此外，由于结晶形状不同，晶体的棱角度也有差异，在外界作用下炸药晶粒之间的摩擦程度就不同，产生热点的概率也不同，因而感度存在着差异。

(4) 炸药颗粒度的影响。炸药的颗粒度主要影响炸药的爆轰感度，一般颗粒越小，炸药的爆轰感度越大。这是因为炸药的颗粒越小，比表面积越大，它所接受的爆轰产物能量越多，形成活化中心的数目就越多，也越容易引起爆炸反应。此外，比表面积越大，反应速度越快，越有利于爆轰的扩展。

(5) 装药密度的影响。装药密度主要影响起爆感度和火焰感度。一般情况下，随着装药密度的增大，炸药的起爆感度和火焰感度都会降低，这是因为装药密度增大，结构更密实，炸药表面的孔隙率减小，就不容易吸收能量，也不利于热点的形成和火焰的传播，已生成的高温燃烧产物也难以深入炸药的内部。如果装药密度过大，炸药在受到一定的外界作用时会发生“压死现象”，并出现拒爆，即炸药失去被引爆的能力。

2.5 炸药的爆轰理论

爆轰是炸药发生爆炸反应的一种基本形式。通过对炸药爆轰理论的研究，可以了解并掌握炸药爆炸反应过程中各物理参数的变化规律，为改进炸药性能以及合理地使用炸药提供理论依据。

2.5.1 波的基本概念

2.5.1.1 波

空气、水、岩体、炸药等物质的状态可以用压力、密度、温度、移动速度等参数表征。物质在外界的作用下状态参数会发生一定的变化，物质局部状态的变化称为扰动。如果外界作用只引起物质状态参数发生微小的变化，则这种扰动称为弱扰动；如果外界作用引起物质状态参数发生显著的变化，则这种扰动称为强扰动。

扰动在介质中的传播称为波。在波的传播过程中，介质原始状态与扰动状态的交界面称为波阵面（或波头）。波阵面的移动方向就是波的传播方向。波的传播方向与介质质点振动方向平行的波称为纵波；波的传播方向与介质质点振动方向垂直的波称为横波。波阵面在其法线方向上的位移速度称为波速。按波阵面形状不同，波可分为平面波、柱面波、球面波等。

2.5.1.2 压缩波和稀疏波

受扰动后波阵面上介质的压力、密度均增大的波称为压缩波；受扰动后波阵面上介质的压力、密度均减小的波称为稀疏波或膨胀波。压缩波和稀疏波的产生和传播过程可以形象地用活塞在气缸中的运动过程加以说明，如图 2-6 和图 2-7 所示。在图 2-6 和图 2-7 中，R_i表示气缸内某一点离活塞的距离，p_g表示气缸内气体的压力，t_i表示活塞运动的时间。在瞬时 t_0，活塞处于初始位置 R_0，缸内压力均为 p_0。

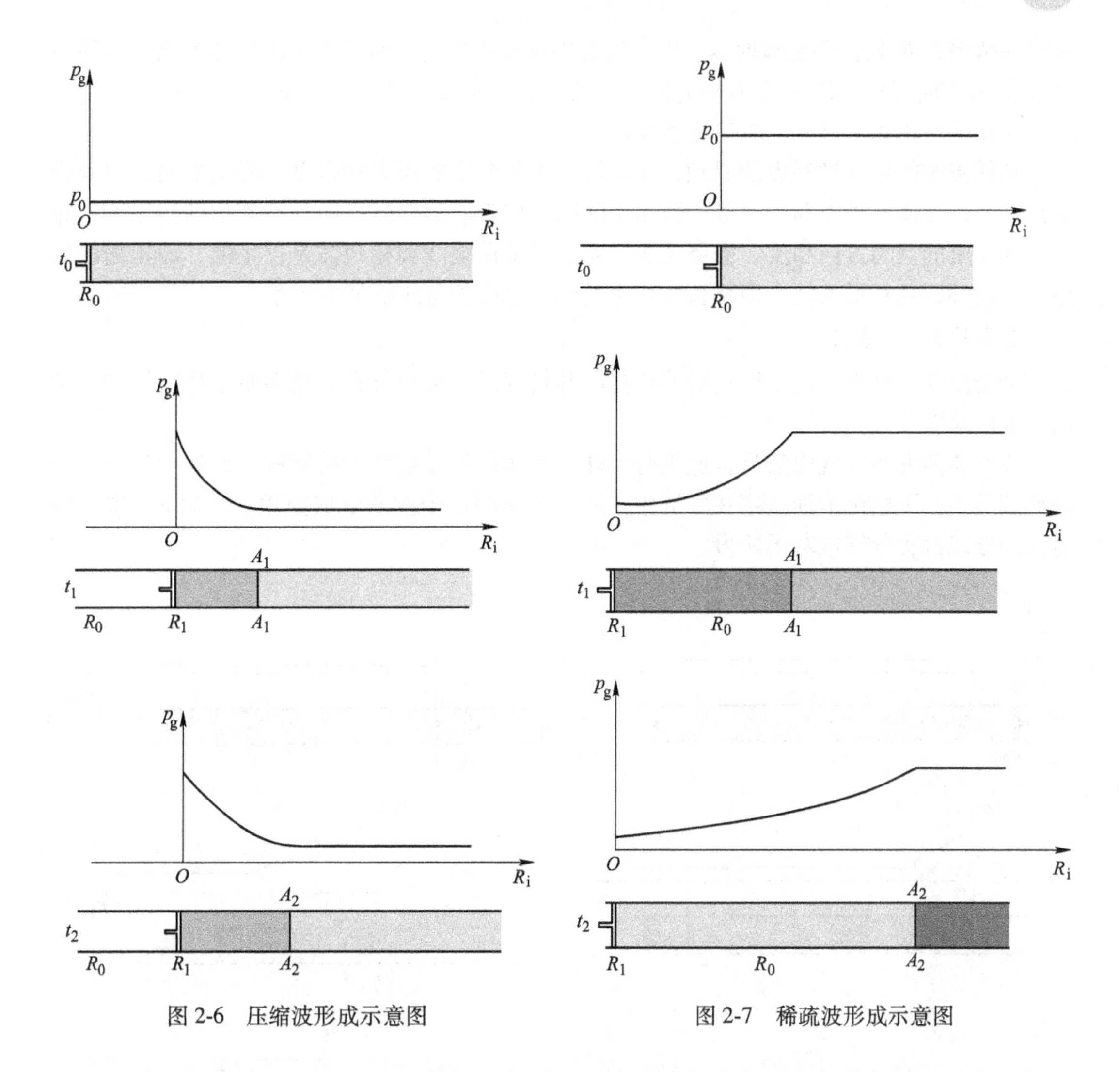

图 2-6　压缩波形成示意图　　　　图 2-7　稀疏波形成示意图

现假设活塞向右加速运动，在瞬时 t_1，活塞移至 R_1（图 2-6），活塞右边的气体被压缩，使区间 R_1—A_1内的气体压力和密度都升高，A_1点右边气体仍保持初始状态，因此在该瞬时，波阵面在A_1—A_1处。假定活塞停在R_1处，则至瞬时 t_2，由于压力差的存在，造成气体继续由高压区向低压区运动，波阵面由A_1—A_1移至A_2—A_2。随着时间的推移，波阵面在气缸中逐层向右传播，就形成压缩波。

从压缩波的形成过程可以看到：在压缩波中，波阵面到达之处介质的压力和密度等参数均增大，介质运动的方向与波传播的方向是一致的。需要注意的是，这二者既有联系又有区别。这里介质的移动是指物质的分子或质点发生位移，而波的传播则是指上一层介质状态的改变引起下一层介质状态的改变。可见，波的传播总要超前于介质的位移。换句话说，波的传播速度总是大于介质的位移速度。

如果在瞬时 t_0，活塞处于 R_0，缸内压力为 p_0（图 2-7），活塞不是向右移动，而是向左移动，则缸内气体发生膨胀。在瞬时 t_1，活塞从 R_0左移至 R_1，原来在 R_0附近的气体移动到 R_0—R_1区间，使邻近 R_0右边气体的压力和密度都下降，该瞬间的波阵面在 A_1—A_1处。

假定活塞停在 R_1 处，则至瞬时 t_2，由于气缸内存在压力差，所以 A_1—A_1 右边的高压气体要继续向 R_1 方向移动，使邻近 A_1—A_1 面气体的压力和密度下降，波阵面由 A_1—A_1 移至 A_2—A_2。这种压力和密度持续衰减的传播就形成了稀疏波。

从稀疏波的形成过程也能看到，稀疏波是由于介质的压力和密度下降引起的，波阵面所到之处，介质的压力和密度等参数是下降的。稀疏波的传播方向与波阵面的传播方向相同，与介质的运动方向相反。需要注意的是，通常压缩波和稀疏波是伴生的，即压缩波的后面一般都跟随有稀疏波，而稀疏波产生的同时也会伴有压缩波的产生。

2.5.1.3 冲击波

冲击波是一种在介质中以超音速传播的并具有压力突然跃升然后慢慢下降特征的一种高强度压缩波。

飞机和弹丸在空气中的超音速飞行、炸药爆炸产物在空气中的膨胀，都是产生冲击波的典型例子。下面仍借助活塞在气缸中的运动来说明冲击波的形成原理，在图 2-8 中把冲击波的形成过程分解成若干阶段。

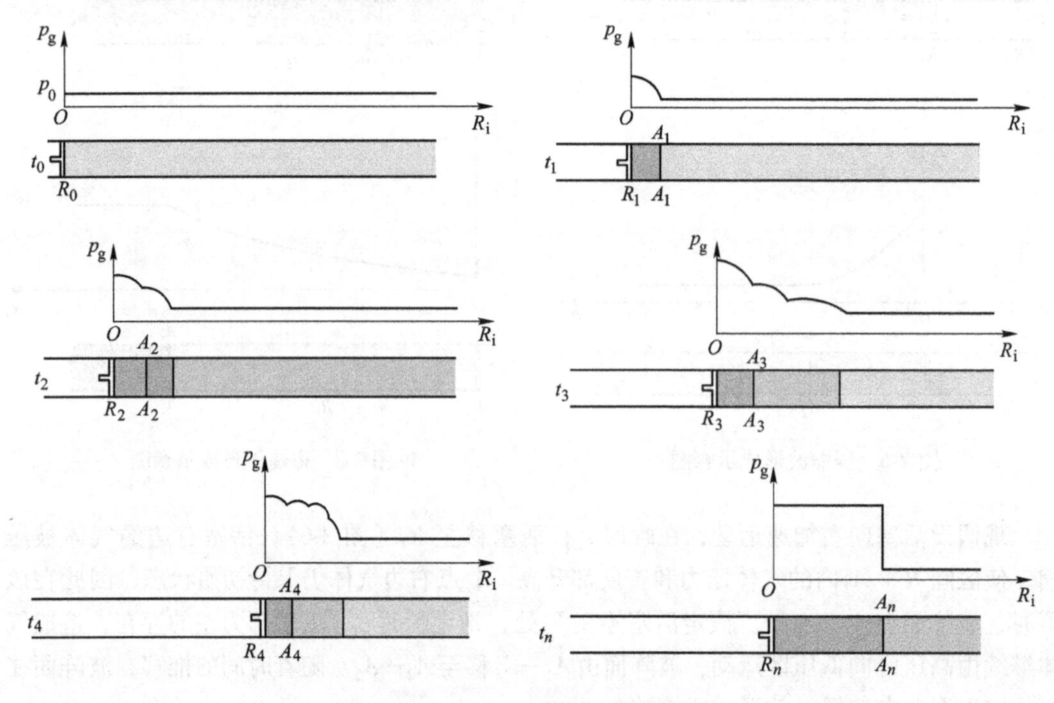

图 2-8 冲击波形成原理示意图

在 $t=t_0$ 瞬间，假设活塞和管中的气体均是静止的，则此时管中的气体未受扰动。

在 $t=t_1$ 瞬间，活塞从静止开始运动，此时，管中位于活塞前端的气体便受到压缩，并产生一个压缩波，该压缩波在未扰动的介质中传播，波阵面在 A_1—A_1，其波的传播速度为原来未扰动气体介质的声速。

在 $t=t_2$ 瞬间，由于活塞继续运动，在活塞前端的气体继续受到压缩，于是产生 2 个压缩波，波阵面为 A_2—A_2。第二个压缩波是在已扰动的介质中进行传播，该已扰动的介质是受第一个压缩波压缩了的空气介质，其介质所处的状态已不再是第一个波传播时的介质状态，已扰动介质的压力和密度都比未扰动介质的压力和密度大。此时，第二个压缩波的传播速度等于已扰动空气介质的声速 c_1，c_1必然大于 c_0，且传播的方向相同。因此，随着时间的延长，第二个压缩波也必然会赶上第一个压缩波并叠加一个较强的压缩波。叠加后波阵面上介质的压力、密度和温度都会升高。

同样的道理，在 $t=t_n$时，由于活塞运动，活塞前端的气体不断被压缩，产生了第 n 个压缩波，此时的波阵面为 A_n—A_n。第 n 个压缩波也是在已扰动的介质中传播的，因此第 n 个压缩波的传播速度 v_{cn}大于 v_{cn-1}，且传播方向也是相同的。第 n 个压缩波必然也能赶上第n-1 个压缩波并进行叠加，最终形成一个强压缩波，并使波阵面 A_n—A_n上的介质参数发生突跃性的变化，即产生冲击波。

从冲击波的形成过程可以看出，介质的状态发生突跃式变化的波就是冲击波。也就是说，冲击波的波阵面是一个突跃面，在这个突跃面上介质的状态和运动参数发生不连续的突跃式变化，其波阵面上状态参数的变化梯度很大。

2.5.2 冲击波的基本方程和特性

2.5.2.1 冲击波基本方程

为了从量上对冲击波进行分析，就要确立冲击波的参数。这些参数之间的关系表现在冲击波的基本方程中。如果已知未扰动介质的压力、密度、温度、介质位移速度（p_q、ρ_q、T_q、u_0），则可以借助这些基本方程计算出冲击波波阵面上的相应参数（p_h、ρ_h、T_h、u_1）和冲击波波速 v_c，以及冲击波波阵面上介质的音速 v_{cy}。

图 2-9 所示为断面一定的圆柱体单元的气体受冲击波压缩前后参数的变化。

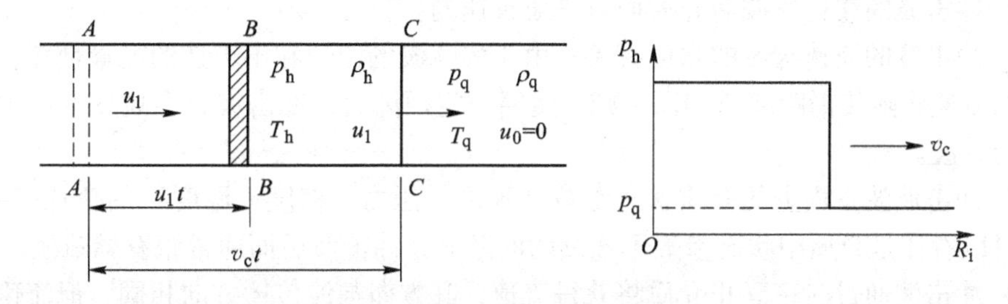

图 2-9 波阵面前后参数示意图

以此为研究对象，根据质量守恒定律、动量守恒定律、能量守恒定律，推导出冲击波基本方程（该组方程仅适用于理想气体）如下

$$v_c = B_0\sqrt{\frac{\rho_h - \rho_q}{B_0 - B_1}} \tag{2-21}$$

$$u_1 = \sqrt{(p_h - p_q)(B_0 - B_1)} \tag{2-22}$$

$$\frac{\rho_h}{\rho_q} = \frac{p_h(K_j+1)+p_q(K_j-1)}{p_q(K_j+1)+p_h(K_j-1)} \tag{2-23}$$

$$v_{cy} = \sqrt{K_j p_h B_1} \tag{2-24}$$

$$T_h = \frac{p_h B_1}{p_q B_0} T_q \tag{2-25}$$

式中　v_c——冲击波波速，m/s；

u_1——介质移动速度，m/s；

ρ_q，ρ_h——介质扰动前、后的密度，kg/m³；

v_{cy}——扰动介质中的音速，m/s；

T_q，T_h——介质扰动前后的温度，K；

p_q，p_h——介质扰动前后的压力，Pa；

B_0，B_1——介质压缩前后的比容，分别等于ρ_q^{-1}，ρ_h^{-1}；

K_j——绝热指数，$K_j=\frac{C_p}{C_V}$，C_p、C_V分别为介质的质量定压热容和质量定容热容。

对于空气，从室温到3000K范围内，有

$$C_V=4.8+4.5\times10^{-4}T_s \tag{2-26}$$

式中　T_s——室温，K。

由以下两式可以求出K_j值

$$C_p=C_V+R \tag{2-27}$$

$$K_j=\frac{C_p}{C_V} \tag{2-28}$$

式中，R为理想气体常数。

2.5.2.2　冲击波特性

根据以上讨论的内容和大量的研究成果，可以把冲击波的基本特性概括为以下几点：

（1）冲击波的波速对未扰动介质而言是超音速的。

（2）冲击波的波速对波后介质而言是亚音速的。

（3）冲击波的波速与波的强度有关；由于稀疏波的侵蚀和不可逆的能量损耗，其强度和对应的波速将随传播距离增加而衰减；传播一定距离后，冲击波就会蜕变为压缩波，最终衰减为音波。

（4）冲击波波阵面上的介质状态参数（速度、压力、密度、温度）的变化是突跃的，波阵面可以看作是介质中状态参数不连续的间断面，冲击波后面通常跟有稀疏波。

（5）冲击波通过时，静止介质将获得流速，其方向与波传播方向相同，但流速值小于波速。

（6）冲击波对介质的压缩不同于等熵压缩；冲击波形成时，介质的熵将增加。

（7）冲击波以脉冲形式传播，不具有周期性。

（8）当很强的入射冲击波在刚性障碍物表面发生反射时，其反射冲击波波阵面上的压力是入射冲击波波阵面上压力的8倍。由于反射冲击波对目标的破坏性更大，因此在进行火工品车间、仓库等有关设计时应尽量避免可能造成的冲击波反射。

冲击波既能在流体（气体、液体）中传播，也能在固体中传播。上述气体中冲击波的特性也基本适用于液体、固体中的冲击波。

2.5.3　炸药的爆轰

2.5.3.1　爆轰波及其结构

炸药被激发起爆后，首先在某一局部发生爆炸化学反应，产生大量高温、高压和高速流动的气体产物，并释放大量的热能。这一高速气流犹如加速运动的活塞，强烈冲击和压缩邻近层的炸药，使得邻近炸药层中产生冲击波，并引起该层炸药的压力、温度和密度产生突跃式升高而迅速产生化学反应，生成爆炸产物并进一步释放热量。因此，可以认为炸药爆炸形成的爆轰波是一种伴有化学反应的冲击波，由于爆轰波在炸药中传播时获得了炸药化学反应时所放出的能量，因此可以抵消它在传播过程中所损失的能量，保证整个过程的稳定性，直到全部炸药反应结束为止，爆轰就是指炸药这种稳定的爆炸现象。

炸药发生爆轰时的化学反应主要是在一薄层内迅速完成的，所生成的可燃性气体则在该薄层内转变成最终的产物。因此，对爆轰过程来说，化学反应起到了外加能源的作用，也可以认为爆轰过程是一个输入化学反应能量的强间断面的流体力学过程，这样就可以利用流体力学和热力学的有关理论对爆轰过程进行理论分析。Chapman 和 Jouguet 提出了一个简单而又令人信服的理论，即爆轰波 C-J 理论。利用 C-J 理论可以预测有关气体的爆轰波参数。C-J 理论基于以下假设：

（1）流动是理想的、一维的，不考虑介质的黏性、扩散、传热以及流动的湍流等性质。

（2）爆轰波波阵面是平面，其波阵面的厚度可忽略不计，它只是压力、质点速度、温度等参数发生突跃变化的强间断面。

（3）在波阵面内的化学反应是瞬间完成的，其反应速率为无限大，且反应产物处于热力学平衡状态。

（4）爆轰波波阵面的参数是定常的。

爆轰波由于有化学反应区，波阵面的厚度明显大于一般的强冲击波。如图 2-10 所示，爆轰波的结构为：

（1）0—0 面为爆轰波波阵面，其前方的炸药尚未受到爆轰波的影响，尚未产生任何扰动，其压力和温度等状态参数与炸药起爆之前完全相同。

（2）0—0 面与 1—1 面之间的炸药处于冲击压缩作用下，其压力、密度和温度上升，但尚未发生化学反应。

（3）在 1—1 面和 2—2 面之间炸药颗粒的压力与温度上升到足够高的水平，炸药处于化学反应状态。假设没有产生侧向扩散效应，则 2—2 面上炸药颗粒的化学反应完成。

（4）仍假设没有产生侧向扩散效应，则 2—2 面之后空间内全部是炸药爆轰的产物。

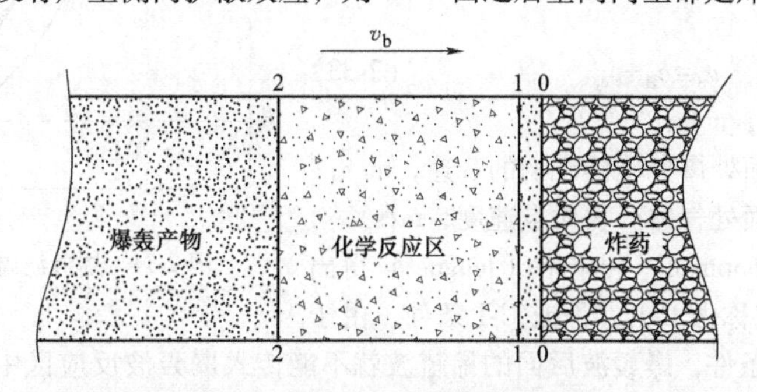

图 2-10 爆轰波波阵面结构示意图

2.5.3.2 爆轰波基本方程

因为爆轰波是一种强冲击波，所以冲击波的基本方程也可以应用于爆轰波，即由质量

守恒定律得

$$\rho_c v_b = \rho_H (v_b - u_H) \tag{2-29}$$

由动量守恒定律可得

$$p_H - p_c = \rho_c v_b u_H \tag{2-30}$$

式中 ρ_c——初始炸药密度，g/cm^3；

ρ_H——反应区物质密度，g/cm^3；

v_b——爆速，m/s；

u_H——爆炸生成气体气流速度，m/s；

p_H——C-J 面上压力，即爆轰压力，MPa；

p_c——初始压力，MPa。

由能量守恒定律得

$$E_H - E_c = \frac{1}{2}(p_H + p_c)(B_{e0} - B_H) \tag{2-31}$$

式中 E_H，E_c——炸药爆轰时和爆轰前的能量，J；

B_{e0}——炸药初始比容，L/kg；

B_H——爆轰波阵面上爆炸产生的气体的比容，L/kg。

考虑到爆轰反应中要放出热量，故有

$$E_H - E_c - Q_v = \frac{1}{2}(p_H + p_c)(B_{e0} - B_H) \tag{2-32}$$

式中 Q_v——爆热，J/mol。

式（2-33）叫做爆轰波雨果尼奥（Hugoniot）方程。图 2-11 中的 p-B 曲线 H_1 叫做爆轰波雨果尼奥曲线，曲线 H_2 为冲击波雨果尼奥曲线。在曲线 H_2 上，相对应的各点存在着各种强度的冲击波；然而在曲线 H_1 上，并不是所有的点都与爆轰过程相对应。根据实验结果，在曲线 H_1 上仅有一个点对应于爆轰波。实验结果表明，在稳定爆轰时存在着如下的关系

$$v_b = c_H + v_{cj} \tag{2-33}$$

式中 v_b——爆速，m/s；

c_H——C-J 面处爆轰气体产物的音速，m/s；

v_{cj}——C-J 面处气体产物质点速度，m/s。

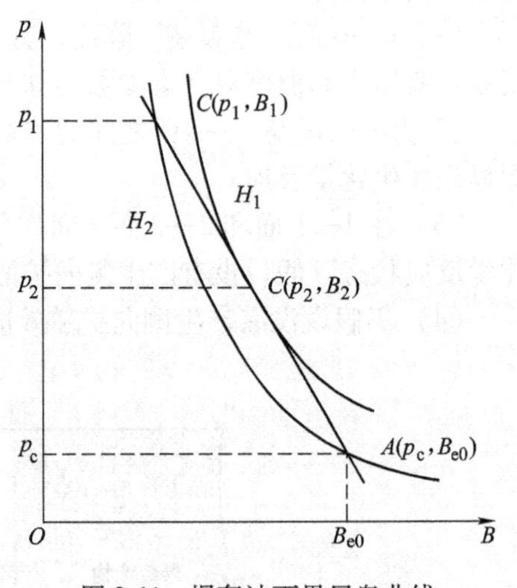

图 2-11 爆轰波雨果尼奥曲线

由查普曼（Chapman）和朱格（Jouguet）得出的公式（2-33）就称做 C-J 方程或 C-J 条件。由于 C-J 面处满足 C-J 条件，爆轰波后面的稀疏波就不能传入爆轰波反应区中。因此，反应区内所释放出的能量就不会发生损失，而全部用来支持爆轰波的稳定传播。

由图 2-11 可知，处在爆轰波前面的冲击波压力 p_1 比 C-J 面上的压力 p_2 还大。原因是在化学反应区内不断生成爆轰气体产物，并随即产生膨胀，因而压力有所下降。p_2 的值因炸药不同而不同，有时比 p_1 略小，有时只有 p_1 的一半。

这里所说的p_2就是前面提到过的C-J面上的压力（爆轰压力）。它与爆炸压力的含义不同，爆炸压力是指根据热力学定律并假定理想气体状态成立时爆炸产生的气体的压力。当m_z(kg) 炸药在V_z(L) 容积空间内爆炸时，爆炸压力可由下式求得

$$p_b = n_z R T_{bw} \frac{m_z}{V_z} \tag{2-34}$$

式中 n_z——每千克炸药爆炸生成气体的摩尔数，mol；

R——理想气体常数；

T_{bw}——爆温,℃；

$\frac{m_z}{V_z}$——炸药装药量与装药容积之比，即装药密度，kg/L。

对于一定的炸药，$n_z R T_{bw}$的乘积为定值，称为炸药力（或比能），以F_z表示，单位是L·MPa/kg。这样，计算爆炸压力的公式又可改写为

$$p_b = F_z \rho_y \tag{2-35}$$

式中 ρ_y——装药密度，kg/L。

用上述理想气体状态方程求得的爆炸压力值一般偏低。这是因为气体分子间的距离比分子本身的直径大得多，因此，在标准状态下，气体的体积是指气体分子距离构成的体积；如果密度较大，气体分子本身所占有的体积（一般称为余容）就不能忽略，因此可供气体分子运动的自由空间相对变小，补充修正这一点的最简单的状态方程就是阿贝尔方程，即

$$p_b(V_d - V_a) = F_z \tag{2-36}$$

式中 V_a——余容，L；

V_d——单位质量炸药所占有的体积，L/kg。

上式也可改写为

$$p_b = \frac{\rho_y F_z}{1 - V_a \rho_y} \tag{2-37}$$

按照理论计算，余容的大小约等于分子体积的4倍乘以阿伏伽德罗常数6.023×10^{23}。通常可以采用它的近似值，即令其等于标准状况下所占有容积的0.001。

2.5.3.3 爆轰波参数

由于爆轰波是冲击波的一种，所以表达爆轰波参数关系的基本方程推导方法亦大致与冲击波相似。对于爆轰波，其基本方程可表示如下：

C-J面上爆轰波产物移动速度

$$v_H = \frac{1}{K+1} v_b \tag{2-38}$$

爆轰压力

$$p_h = \frac{1}{K+1} \rho_y v_b^2 \tag{2-39}$$

C-J面上的爆轰产物的比容

$$B_H = \frac{K}{K+1} B_{e0} \tag{2-40}$$

C-J 面上爆轰产物的密度

$$\rho_H = \frac{K}{K+1}\rho_y \tag{2-41}$$

C-J 面上稀疏波相对爆轰产物的速度

$$c_H = \frac{K+1}{K}v_b \tag{2-42}$$

爆速

$$v_b = \sqrt{[2(K^2-1)Q_v]} \tag{2-43}$$

爆轰温度

$$T_H = \frac{2K}{K+1}T_B \tag{2-44}$$

上述各式中符号的物理意义与冲击波基本方程式中的相应参数相同，T_B 表示爆温，Q_v 表示爆热。对于凝聚炸药，一般取 $K=3$。从这些公式可知：

（1）爆轰产物质点移动速度比爆速小，但随爆速的增大而增大。

（2）爆轰压力取决于炸药的爆速和密度，这是因为这两个因素都会造成爆炸产物密度的增大。

（3）爆轰刚结束时，爆轰产物的密度大于炸药的初始密度。

（4）爆轰温度大于爆温。

在现代技术条件下，爆速 v_b 可以直接准确地测知。设 ρ_0 为已知的炸药密度，利用前述的方程可求得爆轰波其他各参数值。常见的几种单体炸药的爆轰参数见表 2-5。

表 2-5　几种单体炸药的爆轰参数

炸药名称	$\rho_0/g\cdot cm^{-3}$	$\rho_H/g\cdot cm^{-3}$	$v_b/m\cdot s^{-1}$	p_H/Pa	$u_H/m\cdot s^{-1}$
特屈儿	1.59	2.12	6900	1.89×10^{10}	1725
黑索金	1.62	2.16	8100	2.90×10^{10}	2025
太　安	1.60	2.13	7900	2.50×10^{10}	1975
梯恩梯	1.60	2.13	7000	1.96×10^{10}	1750

2.5.3.4　爆轰反应机理

在爆轰波传播过程中，爆轰波前沿的冲击压缩作用于炸药颗粒，使炸药的温度和压力突然升高，从而发生快速短暂的激烈化学反应（一般在 $10^{-6}\sim10^{-8}$s 的时间内完成）。

关于在冲击波作用下引起凝聚炸药爆轰反应的机理有多种解释：一是反应区整体均匀灼热引起化学反应，即整体反应机理；二是局部表面热点灼热引起化学反应，即局部反应机理；三是针对不均匀混合炸药的混合反应机理。

A　整体反应机理

在强冲击波的作用下，波阵面上的炸药受到强烈压缩，炸药温度急剧且均匀升高，炸药化学反应在反应区的整个体积范围内发生。这种反应机理适用于不含气泡或其他掺和物的均匀的单质炸药，例如不含气泡或其他掺和物的液体炸药。在冲击波作用下，邻接波阵面的炸药薄层均匀地受到强烈压缩，温度迅速上升，产生急剧化学反应。由于整个薄层炸药均匀受压、升温而发生反应，因而需要有较强的冲击波来提供较高的压力。

B　局部反应机理

在冲击波的作用下，波阵面上的炸药受到强烈压缩，但受压炸药层升温是不均的。首先是在"起爆中心"开始发生化学反应，进而这种反应扩散到整个反应区。粉状、晶体单质炸药及含有大量微小气泡的液体和胶体炸药的反应机理都属于这一类。

这种反应机理认为，在非均质炸药中，由于冲击波的作用，化学反应首先是围绕"热点"开始的，然后进一步发展至整个炸药薄层。对于粉状、晶体炸药，由于冲击波易在炸药颗粒的棱角处形成应力集中而产生强烈的摩擦作用，因此易形成"热点"。与此相对照，一些低熔点、低硬度的黏性物质（如胶体石墨、石蜡、沥青、硬脂酸、凡士林等）掺入炸药中，则会减弱对炸药的撞击和炸药颗粒间的摩擦，显著减少产生"热点"的机会，使炸药起爆变得更困难。对于含有大量气泡的液体和胶体炸药，气泡的温度可在冲击波的强烈压缩作用下急剧升高，从而形成"热点"，迅速加热邻近的炸药颗粒，引发炸药的爆炸反应。

基于这种反应机理，由于冲击波能量首先集中在一定数量的"热点"处，所以引起炸药薄层化学反应所需要的冲击波压力比均匀灼热时要低得多。换言之，较低的冲击波压力也可以引起炸药的爆炸反应。但是，由"热点"形成到炸药薄层中的全部炸药颗粒发生爆炸反应将需要经历一定的时间，这样就导致非均质炸药化学反应区厚度大而爆速低，炸药颗粒、密度等各种物理因素对爆轰波传播和爆轰波参数的影响较为显著。

C　混合机理

这种机理是非均质混合炸药尤其是固体混合炸药（如硝铵类炸药）所特有的。这种反应不是在炸药的反应区整体内进行，而是在炸药的氧化剂和还原剂分界面上进行的。

工业炸药多为混合炸药，而混合炸药往往含有多种不同性质的成分，这种多成分带来的不均匀性决定其反应具有多阶段的特点。在冲击波波阵面压力作用下，首先是炸药压缩区薄层中各成分颗粒间的强烈撞击和摩擦导致"热点"的形成，然后是炸药薄层在冲击波的强烈压缩作用下发生分解，进而是分解产物互相作用或与尚未分解或尚未气化的成分（如铝粉）发生化学反应，生成最终爆轰产物。

与上述两种机理相比，对于非均质混合炸药尤其是固体混合炸药，由热点形成到炸药薄层中的全部炸药颗粒发生爆炸反应需要经历的时间更长，炸药化学反应区的厚度更大，爆速也就更低，炸药颗粒、密度等各种物理因素对爆轰波传播和爆轰波参数的影响也将更为显著。

2.6　炸药的爆炸性能

2.6.1　爆速

爆轰波沿炸药装药传播的速度称为爆速。爆速是炸药的重要性能指标之一，也是目前唯一能准确测量的爆轰参数。

2.6.1.1　影响爆速的因素

炸药的爆速除了与炸药本身的性质，如炸药组成成分、爆热和化学反应速度有关外，还受装药直径、装药密度和粒度、装药外壳、起爆冲能及传爆条件等影响。从理论上讲，当药柱为理想封闭、爆轰产物不发生径向流动、炸药在冲击波波阵面后反应区释放出的能量全部都用来支持冲击波的传播时，爆轰波以最大速度传播，这时的爆速叫作理想爆速，实际上，炸药是很难达到理想爆速的，炸药的实际爆速都低于理想爆速。影响爆速的因素主要有以下几方面。

A 药包直径的影响

当药柱无外壳爆轰时，由于爆轰产物的径向膨胀，除在空气中产生空气冲击波外，同时在爆轰产物中产生径向稀疏波并向药柱轴心方向传播，形成药柱周边稀疏波干扰区，使药柱周边得不到充分反应，爆炸能量减少，爆轰参数受到影响，下式表明爆速随药柱直径增大而增加

$$v_{药柱}=v_1\left(1-\frac{l_h}{d_{药柱}}\right) \tag{2-45}$$

式中 $v_{药柱}$——药柱的爆速，m/s；

$d_{药柱}$——药柱的直径，m；

v_1——药柱的理想极限爆速，m/s；

l_h——反应区厚度，$l_h=v_{药柱}\Delta t$，m；

Δt——炸药颗粒完成爆炸反应所需要的时间，s。

多数情况下，炸药临界直径 $d_{临}$ 约为反应区厚度 l_h 的 2 倍。因此式（2-45）可写为

$$v_{药柱}=v_1\left(1-\frac{d_1}{2d_{药柱}}\right) \tag{2-46}$$

图 2-12 所示为炸药爆速随药包直径变化的一般规律。它表明，随着药包直径的增大，爆速相应增大，一直到药包直径增大到 d_1时，药包直径虽然继续增大，爆速将不再升高而趋于一恒定值，亦即达到了该条件下的最大爆速。d_1称为药包极限直径。随着药包直径的减小，爆速逐渐下降，一直到药包直径降到 $d_{临}$，如果继续缩小药包直径，即 $d_{药柱}<d_{临}$，则爆轰完全中断。$d_{临}$ 称为药包临界直径。

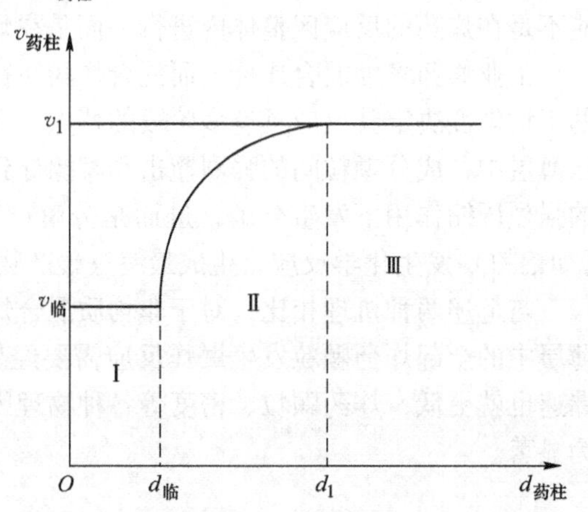

图 2-12 炸药爆速与药包直径的关系示意图
Ⅰ—不稳定爆轰区；Ⅱ—稳定爆轰区；Ⅲ—理想爆轰区

当任意加大药包直径和长度，而爆轰波传播速度仍保持稳定的最大值时，称为理想爆轰。若爆轰波以低于最大爆速的定常速度传播则称为非理想爆轰。

非理想爆轰又可分为两类，图 2-12 中 $d_{临}$ 至 d_1之间的爆轰属于稳定爆轰区，在此区间内爆轰波以与一定条件相对应的定常速度传播。尽管此时爆轰波的传播速度低于炸药的理想爆速 v_1，但因为它是一个恒定值，故称此时爆轰波的传播为稳定传爆。与之相对照，药包直径小于 $d_{临}$ 的区域属于不稳定爆轰区。稳定爆轰区和不稳定爆轰区合称非理想爆轰区。

炸药临界直径和极限直径同爆速一样，都是衡量炸药爆轰性能的重要指标。从爆破工程的角度看，必须避免不稳定爆轰而应力求达到理想爆轰。为此，药包直径不应小于 $d_{临}$，且应尽可能达到或大于 d_1。然而，由于技术或其他条件的限制，矿山实际采用的药包直径往往都比 d_1小，即 $d_{药柱}<d_1$，尤其在使用低感度混合炸药时更是如此。在这种情况下，不可避免地会出现非理想爆轰，尽管达到了稳定爆轰速度，然而化学反应过程中炸药能量没有充分释放出来，造成炸药能量的浪费。

B　外壳直径的影响

药包外壳对传爆过程影响很大，装有坚固的外壳可以使炸药的临界直径减小。例如，硝酸铵的临界直径本是 100mm，但在 20mm 厚、内径 7mm 的钢管中也能稳定传爆。这是由于坚固的外壳减小了径向扩散引起的能量损失。

试验研究表明，对于爆轰压力高的炸药，外壳对 $d_{临}$ 的影响起主导作用的不是外壳材料强度而是材料的密度或质量。爆轰时，密度大的外壳径向约束更强，因此可以减小径向能量损失。对于爆轰压力低的炸药，外壳强度的影响也是重要的。

当药包直径 d 小于极限直径 d_1时，外壳对药包稳定传爆的影响显著，而当 $d>d_1$时，外壳对药包稳定传爆的影响不显著。

C　装药密度的影响

单体猛炸药和工业混合炸药的装药密度，对传爆过程有不同的影响。

图 2-13 所示为梯恩梯爆速变化与装药密度的关系。装药密度增大，爆速也随之增大，呈直线关系，这是单体猛炸药的特性。因此，提高单体猛炸药爆速的主要手段就是增大装药密度。

对于混合炸药则不然，爆速先随装药密度的增大而增加，但在密度增大到某一定值时，爆速达到它的最大值，这一密度被称为最佳密度。此后，随着密度进一步增大，爆速反而下降，而且当密度大到超过某一极限值时，就会发生所谓的“压死”现象，即不能发生稳定爆轰。这一密度称为极限密度$\rho_{限}$，也称为“压死密度”。图 2-14 所示为 2 种不同直径的炸药的爆速随密度变化曲线，在密度分别为 1. 108g/cm^{3}和 1. 15g/cm^{3}时，直径 20mm 和直径 40mm 的药包的爆速达到最大值。

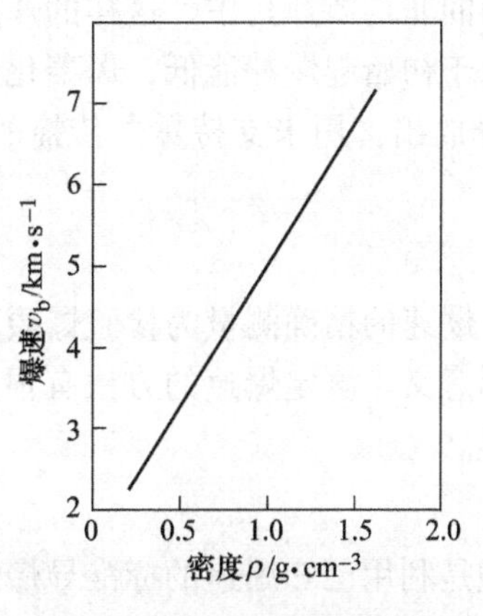

图 2-13　梯恩梯的装药密度对爆速的影响

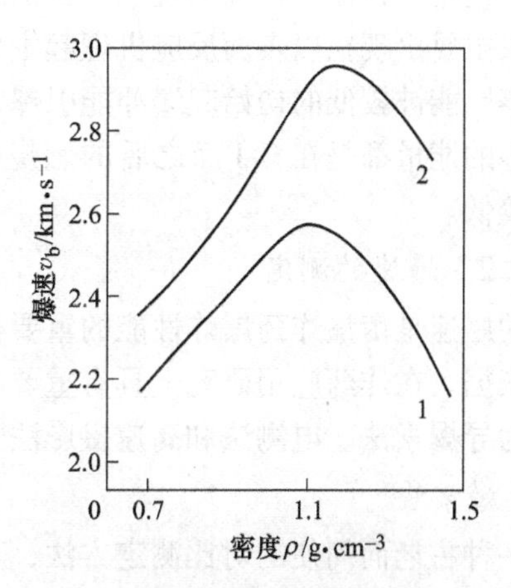

图 2-14　混合炸药装药密度对爆速的影响

1—药包直径 20mm；2—药包直径 40mm

v_b-ρ 关系曲线出现极大值的原因与混合炸药传爆机理有关。在起爆能作用下由氧化剂和还原剂组成的混合炸药的各组分先以不同速度单独进行分解，然后由分解出的气体相互作用完成爆轰反应。这样，除炸药各组分颗粒大小与混合均匀程度有很大影响外，装药密度也是重要因素。装药密度过大，则炸药各组分颗粒间的空隙过小，不利于各组分分解出的气体相互混合和反应，结果导致反应速度下降直至爆轰熄灭。

就一种炸药而言，极限密度并不是一个定值，它受炸药颗粒大小、混合均匀程度、含水量大小、药包直径以及外壳约束条件等因素的影响而变化很大。因此，增大炮孔装药密度虽是提高炸药威力的途径之一，但必须同时采取加大药包直径和炮孔直径，以及加强药包外壳约束条件或加强起爆能等措施，使装药密度在极限密度以下以保证稳定传爆。

D 炸药粒度的影响

对于同一种炸药，粒度不同，化学反应的速度不同，其临界直径、极限直径和爆速也不同，但粒度的变化并不影响炸药的极限爆速。一般情况下，减小炸药粒度能够提高化学反应速度，减小反应时间和反应区厚度，从而减小临界直径和极限直径，提高爆速。

但混合炸药中不同成分的粒度对临界直径的影响不完全一样。其敏感成分的粒度越细，临界直径越小，爆速越高；而相对钝感成分的粒度越细，临界直径增大，爆速反而相应减小；但粒度细到一定程度后，临界直径又随粒度减小而减小，爆速也相应增大。

E 起爆冲能的影响

起爆冲能不会影响炸药的理想爆速，但要使炸药达到稳定爆轰，必须供给炸药足够的起爆能，且激发冲击波速度必须大于炸药的临界爆速。

试验研究表明，不同的起爆能可使炸药形成差别很大的高爆速或低爆速稳定传播，其中高爆速即是炸药的正常爆轰。例如，当梯恩梯（密度 1.0g/cm^3，直径 21mm，颗粒直径为 0.6~1.0mm）在强起爆能起爆时爆速为 3600m/s，而在弱起爆条件下爆速仅为 1100m/s，装药直径为 25.4mm 的硝化甘油，用 6 号雷管起爆时的爆速为 2000m/s，而用 8 号雷管起爆时的爆速为 8000m/s 以上。

低速爆轰是一种比较特殊的现象，目前还难以从理论上加以明确解释。一般认为，低速爆轰现象主要出现在以表面反应机理起主导作用的非均质炸药中，这样的炸药对冲击波作用很敏感，能被较低的初始起爆冲能引爆，但由于初始起爆冲能低，爆轰化学反应不完全，相当多的能量都是在 C-J 面之后的燃烧阶段释放出，用来支持爆轰传播的能量较小，因而爆速较低。

2.6.1.2 爆速的测定

炸药的爆速是衡量炸药爆炸性能的重要标志。爆速的精确测量为检验爆轰理论的正确性提供了依据，在炸药应用研究上具有重要的实际意义。测定爆速的方法有很多种，按其原理可分为导爆索法、电测法和高速摄影法三大类。

A 导爆索法

这是一种古老而简便的对比测定方法，其原理是利用已知爆速的标准导爆索同待测炸药卷相比较，求出待测炸药一段长度内的平均爆速，测定方法如图 2-15 所示。

取一定长度（通常可取 2m 左右）的导爆索，两端分别插入待测药包中的 A、B 两点（距离为 l_{AB}，通常取 200mm）。药包直径 30~40mm，长 300~400mm，一端插入起爆雷管。

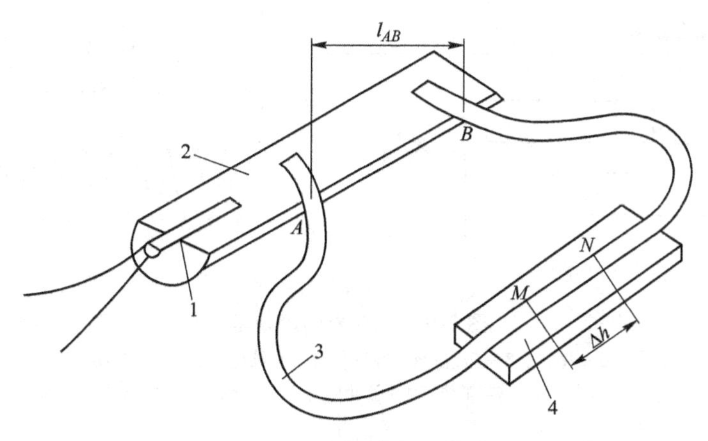

图 2-15 导爆索法测爆速
1—雷管；2—药包；3—导爆索；4—铅板

将导爆索的中点对准铅板（厚 3～5mm，宽约 40mm，长约 400mm）上的刻点标记 M，并用细绳捆住铅板上的导爆索段。起爆后，爆轰波从起爆端沿药包传播，首先到达 A 点，并立即引爆 A 端导爆索。沿药包继续传播的爆轰波经 l_{AB}/v_{cy}（v_{cy}为待测炸药包爆速）时间之后到达 B 点，引起 B 端导爆索起爆。两股爆轰波在导爆索中段相遇时，由于波叠加的结果，在铅板上两波相遇处留下较深爆痕。令爆痕的位置为 N 点，它至导爆索中点 M 的距离为 Δh。从 A 点到 N 点两条不同的爆轰波路径所需时间一样，则

$$t_{AN}=t_{AB}+t_{BN} \tag{2-47}$$

$$\frac{\frac{l_{AB}}{2}+\Delta h}{v_{索}}=\frac{l_{AB}}{v_{cy}}+\frac{\frac{l_{AB}}{2}-\Delta h}{v_{索}} \tag{2-48}$$

化简，得

$$v_{cy}=\frac{l_{AB}}{2\Delta h}v_{索} \tag{2-49}$$

式中 $v_{索}$——导爆索爆速，m/s。

导爆索法测爆速简便易行，无须用贵重仪器，至今仍广泛应用。但此法的准确度不高，相对误差为 3%～5%。为了避免引爆端不稳定爆轰速度带来误差，A 点应选择在离起爆端一定距离处，这个距离可取为药包直径的 3～4 倍。

B 电测法

这种方法是采用电子仪表记录爆轰波在药包中传播的时间，量取相应区间的距离，算出爆速。常用的仪器有光线示波器和数字式爆速仪等。

示波器计时法测试原理框图如图 2-16 所示。在药包 A、B 两点处各插入一对电离探针，探针用细金属导线制成，每对探针的间隙为 1mm 左右。药包起爆后，爆轰波到达 A 点时，爆轰气体产物因电离而具有良好的导电性，使探针导通，通过脉冲信号器上电容放电给示波器输入一个脉冲信号。同样，当爆轰波传播到 B 点时，示波器又获得一个脉冲信号。根据荧光屏上先后显示的 2 个脉冲的间距，对比图 2-16（b），即可算出从第一个脉冲到第二个脉冲所经历的时间。用 A、B 间距离除以记录所得时间即得平均爆速值。

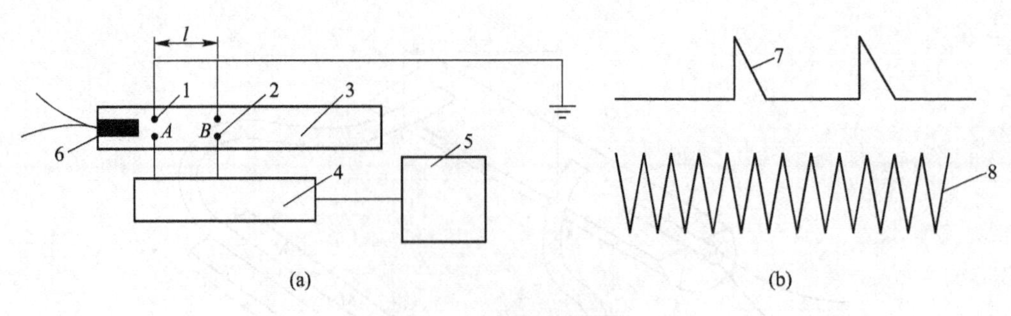

图 2-16 示波器测定爆速

1，2—探针；3—药包；4—脉冲信号发生器电路；5—示波器；
6—雷管；7—脉冲信号；8—时标

数字式爆速仪测爆速法的基本原理同上，不同的是可将获得的电信号输送到有关装置并以数字直接显示爆轰波通过两点间所需时间。这种爆速仪体积小、质量轻、精度高、携带方便，可以一次同时测定多段区间的爆速。

C 高速摄影法

这种方法的原理是利用爆轰瞬间产生的光效应，通过高速摄影装置将爆轰波传播过程记录下来，经分析运算获得爆速值。该方法以高速摄影相机同步进帧照片数量来记录分析爆速和传爆过程，精度较高，试验要求也高，一般用在科研研究中。

目前，光感爆速测试仪被广泛应用。其利用爆轰波传爆过程中产生的强光，通过光电二极管或光电三极管作为光电转换器件，将强光转换成相应的电脉冲信号，送入数字频率计，从而测出两点间光电脉冲的时间历程，即可算出已知距离两点间传爆速度的平均值。采用光爆速测试仪，利用光感探头非接触装置可以获得相应信号，不再需要安插探针，十分便捷。

2.6.2 爆力

炸药总能量称为炸药的威力。在理论上可以用炸药的做功能力近似表示炸药的威力。炸药的做功能力通常以爆炸时生成高温高压的爆炸产物，在对外膨胀时使其邻近的介质变形、破坏、飞散而做的功来表示。

炸药的爆力是指爆炸气体产物膨胀对外界做机械功的能力，它反映了炸药爆轰在介质内部做功的能力，体现炸药爆炸对外界的准静态作用。爆力是衡量炸药爆炸威力大小的一个重要指标。

由于难以对炸药爆炸做功的绝对数值进行测量，常用对比测试的方法来评价炸药的威力。通常采用铅铸扩孔试验法和抛掷爆破漏斗体积对比法来测定炸药的爆力。

2.6.2.1 铅铸扩张值试验法

如图 2-17 所示，铅柱是一个由纯铅铸成的圆柱体，直径和高度均为 200mm；柱体轴心钻孔，孔径 25mm，孔深 125mm。

试验时，将受试炸药 10g 用锡箔纸做外壳制成直径为 24mm 的药柱，一端插入 8 号雷管，另一端插入铅柱轴心孔内，然后用网度为 144 孔/cm^2的筛子筛选后的石英砂填满轴心孔。引爆轴心孔内雷管和炸药后，轴心孔被扩张为呈梨形的空腔，此空腔容积与试验前轴

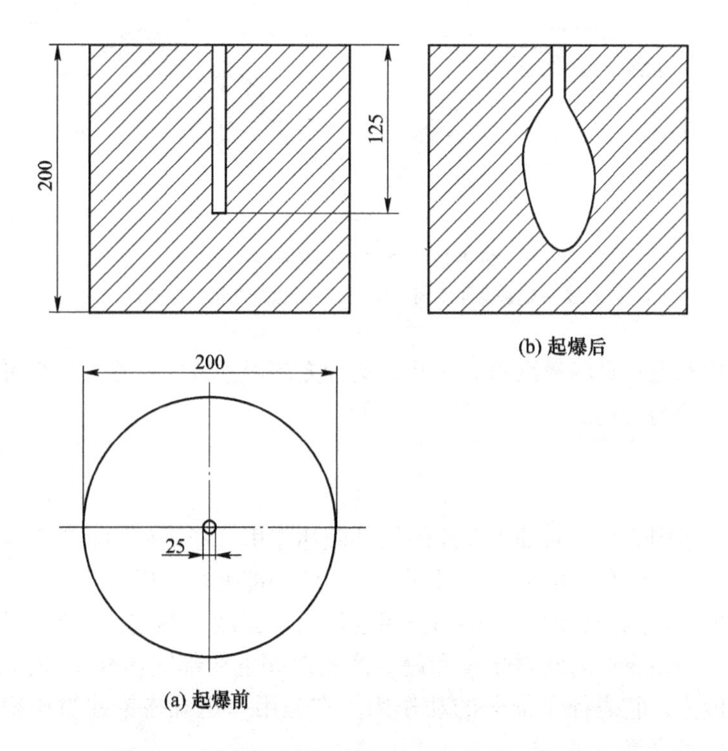

图 2-17 测定炸药爆力的铅铸几何尺寸（三视图）

心孔体积之差 ΔV，即为测试炸药的爆力值，单位为 mL。

因环境温度对铅铸法试验的结果有影响，故规定试验的标准温度为 15℃。对不同的试验环境温度，试验结果需按表 2-6 修正。

表 2-6 铅铸法爆力试验结果的修正系数

环境温度/℃	−15	−10	−5	0	+5	+8	+10	+15	+20	+25	+30
修正系数 k_n/%	+12	+10	+7	+5	+3.5	+2.5	+2	0	−2	−4	−6

2.6.2.2 抛掷爆破漏斗法

试验时在均匀的介质中设置一个炮孔，将一定量的炸药以相同的条件装入炮孔中并进行填塞，引爆后形成一个如图 2-18 所示的爆破漏斗。然后在地平面沿 2 个互相垂直的方向测量漏斗的直径。取其平均值，并同时测量漏斗的可见深度。爆破漏斗的容积可按下式计算

$$V_r = \frac{1}{12}\pi d_v^2 h_v \tag{2-50}$$

式中 V_r——爆破漏斗容积，m^3。

爆破漏斗法是根据炸药在岩土中爆炸后形成的抛掷漏斗坑的大小，来判断炸药的做功能力。当岩土介质、试验条件相同时，抛掷漏斗坑的大小便取决于炸药的做功能力。通常用抛掷单位体积岩土的炸药消耗量作为指标。

这种方法的缺点是岩土性质变化大，即使是同一地点、同一种岩土，其力学性质也不

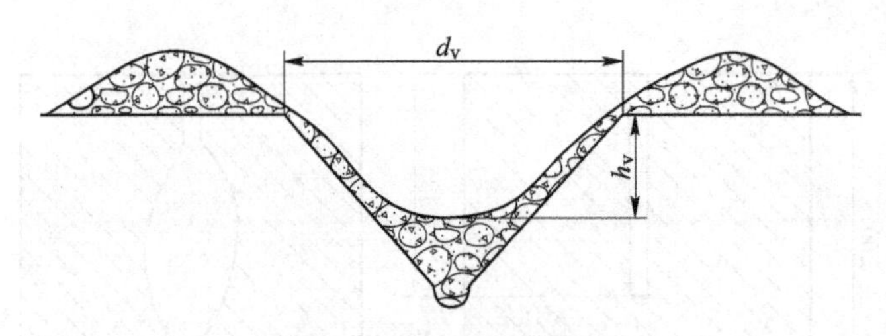

图 2-18　单自由面爆破漏斗

d_v—爆破漏斗底圆直径；h_v—爆破漏斗可见深度

尽相同；漏斗体积也较难测量准确。因此，这种方法误差较大，重复性较差，但这种试验方法测得的指标较为实用。

2.6.3　猛度

爆力相等的不同炸药，对邻近介质的局部破坏作用可能不相同。即使是药量相等的同一种炸药，两个不同装药密度的药包对邻近介质的局部破坏作用也不一样。这种差别主要是由于爆轰波的动作用造成的。这种动作用通常用“猛度”测定值来表示。

炸药的猛度是指爆炸瞬间爆轰波和爆轰产物对邻近局部固体介质冲击、撞碰、压缩、击穿和破碎的能力，它表征了炸药的动作用。它是用一定规格铅柱被压缩的程度来表示的。猛度的单位是毫米。

测定炸药猛度的方法如图 2-19 所示。称取受试炸药 50g（精确到 0.1g），装入内径 40mm 的纸筒内（纸厚 0.15～0.20mm），然后将炸药压制成中心有孔（孔直径 7.5mm，深 15mm）而装药密度为 1g/cm^{3}的药柱。药柱上面放一中心穿孔的圆形纸板，以便插入并固定起爆雷管。用精制铅浇铸一铅柱并车光表面，铅柱高（60±0.5）mm，直径为（40±0.2）mm。铅柱置于厚度不小于 20mm、最短边长不小于 200mm 的钢板上。药包与铅柱之间用厚度（10±0.2）mm、直径（41±0.2）mm 的钢片隔开。药柱、钢片和铅柱的中心应在同一轴线上，用钢板上的细绳固定。分别测量爆炸前后铅柱的平均高度，其高度差即为所求猛度值（mm）。平行做 2 次测定，取其平均值并精确到 0.1mm，平均误差不应超过 1.0mm。

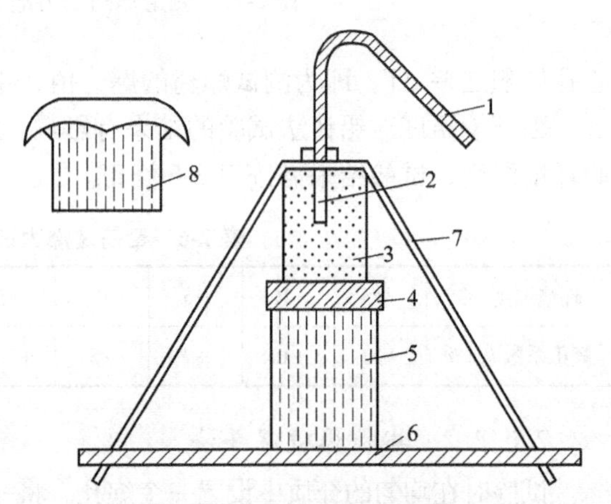

图 2-19　炸药猛度测定方法

1—起爆引线；2—雷管；3—炸药；4—钢片；5—铅柱；6—钢板；7—细绳；8—爆炸后的铅柱

猛度可理解为炸药动作用的强度，显示了炸药做功功率和爆炸冲击波的强度，是衡量炸药爆炸特性及爆炸作用的重要指标。

对某种爆破介质，如果爆炸的总作用采用总冲量来表示，则炸药猛度可用动作用阶段给出的冲量，即爆炸总冲量的先头部分来确定。炸药的密度和爆速愈高，猛度也愈高。

2.6.4 殉爆距离

如图2-20所示，一个主发药包（2）爆炸后，引起与它不相接触的被发药包（3）爆炸的现象，称为殉爆。

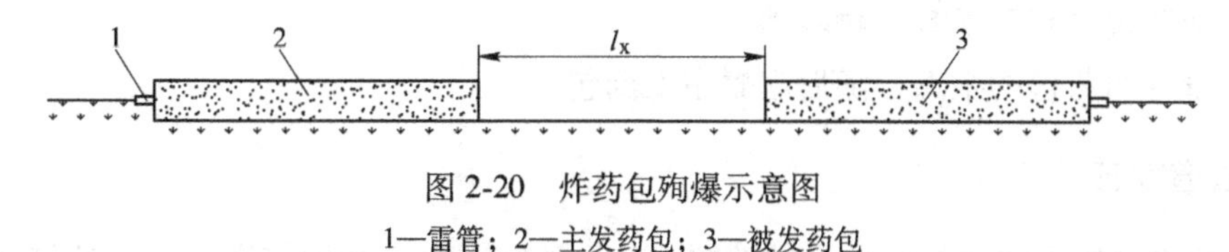

图2-20 炸药包殉爆示意图

1—雷管；2—主发药包；3—被发药包

在一定程度上，殉爆反映了炸药对爆炸冲击波的敏感度。引起殉爆时两装药间的最大距离称为殉爆距离，用字母l_x表示，单位为cm。它表示被发炸药的殉爆能力。在工程爆破中，殉爆距离对于分段装药参数设计、孔网参数选择及盲炮处理等都具有指导意义。在炸药厂和危险品库房的设计中，它是确定安全距离的重要依据。

影响炸药殉爆的因素包括：

（1）主发装药的药量及性质。主发装药的药量越大，且它的爆热、爆速越大时，引起殉爆的能力越大。

（2）装药密度。密度对主发药包和被发药包的影响是不同的。实践证明，主发药包的条件给定后，在一定范围内，被发药包装药密度小，殉爆距离增加。

（3）装药间惰性介质的性质。在不易压缩的介质中，冲击波容易衰减，因而殉爆距离较小。介质越稠密，冲击波在其中损失的能量越多，殉爆距离也就越小。

（4）药量和药径。试验表明，增加药量和药径，将使主发药包的冲击波强度增大，被发药包接收冲击波的面积也增加，殉爆距离也就可以提高。

（5）药包约束条件和连接方式。如果主发药包有外壳，甚至将两个药包用管子连接起来，由于爆炸产物侧向扩散受到约束，自然会增大被发药包方向的引爆能力，因此，殉爆距离显著增大，而且随外壳、管子材质强度的增加而进一步加大。

（6）装药的摆放形式。主发装药与被发装药按同轴线的摆放形式比按轴线垂直的摆放形式容易殉爆。

殉爆测试试验的步骤如下：

用与被测药卷纸浆相当的圆木棒，将实验场地的松土或砂压成大于两个药卷长度的半圆沟，将被测药卷置于其中。主发药卷的前端以8号雷管起爆，插入深度为雷管长度的2/3（图2-20）。被发药卷的前端与主发药卷的聚能穴端对应，两药卷间不得有杂物阻挡。测出药卷间距之后，进行起爆。如确认已殉爆，可加大间距实验，连续3次都殉爆的最大距离（cm），即为该炸药的殉爆距离。

如起爆后，被发药卷留有残药，说明间距过大，应缩短间距复试，直至找到连续发生3次殉爆的最大距离为止。

试验注意事项包括：

（1）一次只许试验一对药包。

（2）结块炸药在起爆前应将插雷管的一端揉松。

（3）试样应从每批炸药中任意抽取，不准重新改制。

（4）对散装炸药，按规定的密度制成直径 32mm、重 100g 的药包进行试验。

（5）聚能穴端与被发药包的平面端相对。

（6）应基本保证两药包中心对正。

（7）两药包之间不得有杂物阻挡。

（8）量好两药包的距离，随后起爆主发药包。

2.6.5 管道效应

管道效应又称为间隙效应和沟槽效应，分为外管道效应和内管道效应。外管道效应是药卷与炮孔间有径向间隙，即不耦合连续装药，由此引起爆轰波传播到某一长度后熄爆的现象。内管道效应是一个圆柱形装药有一个轴向的内沟槽，在爆轰时沟槽里伴有一个强烈影响爆轰过程的系统。封闭在沟槽里的空气受到爆轰气体的推动成为一个高温、高压和陡峭的冲击波阵面压缩层向前运动，此气体压缩爆轰波波阵面前的炸药，由于密度的增大，爆速比初始密度相同的均质无壳柱形装药的爆速大。

2.6.5.1 外管道效应

长期以来，中深孔爆破后炮窝中留有的残药未引起人们的注意，自从采用不耦合装药结构的光面爆破以来，发现残药的现象越来越严重，故引起了学者重视并加以研究。

关于管道熄爆效应的机理，国内外许多研究者曾提出过种种假说，其中较著名的有两种，即“空气冲击波超前压缩药包论”和“爆轰等离子体超前压缩药包或装药表面相互作用论”。此外，国内还有人提出了“空气稀薄波超前撕裂药包，吹散药粒造成熄爆”“管壳破碎加剧爆轰产物膨胀波干扰反应区造成熄爆”和“爆轰热降低”等假说。超前冲击波（不仅仅是空气冲击波，也不一定必须伴有爆轰等离子体）或复合的强压缩波超前压缩未爆装药造成爆轰中断（即爆轰熄灭）的论点是比较切合实际的，因为间隙中是水介质或真空时，也同样产生管道熄爆效应。

A 超前压缩的复合冲击波

国内外大量试验证明，管内约束装药爆炸时，在管道中确实存在着超前强压缩波，它是爆炸冲击波在管道作用下产生的沿管腔（间隙）或其介质传播的比爆轰波更快的一种复合冲击波（当管腔中的介质是空气时，该冲击波才是空气冲击波）。其中固体微粒来自爆轰产物的活化部分以及管壁和药包外皮的飞散物；等离子体来源于爆轰反应区的化学电离作用。但是，当间隙内是水介质时，等离子体将不能通过，因为即使“薄层的水”也能“靠电子俘获过程（同炸药内部发生的过程一样）消灭等离子体”而“消除导电性”。从相关文献中的管内装药爆炸高速扫描摄影可以看到，在有机玻璃管内径向间隙（介质为空气）中高速运行的这种超前压缩波的发光原因是冲击波对气体介质的电离。

正是这种复合的超前强压缩波（以下简称“超前压缩波”）造成不耦合连续装药的爆轰不稳或中断。

B 管道熄爆效应产生的原因及过程

管内装药爆炸将在管道内产生一系列作用而影响不耦合连续装药的正常爆轰，甚至造成爆轰中断，即管道熄爆效应。这种效应是炸药在管道中爆炸后，产生沿管道间隙超前运行的强压缩波对爆轰波前方未爆装药侧向压缩作用的结果。

众所周知，炸药的爆轰是冲击波在炸药中传播引起的。炸药引爆后形成在炸药中传播的冲击波，该冲击波在一定条件下受膨胀波干扰和摩擦等影响而损耗的一定能量，正好由反应区炸药的剧烈化学反应释放出的一定能量所补偿，使冲击波波阵面上始终保持一定的能量，以稳定的爆轰速度向前传播，直至全部装药爆轰结束。

但管内约束的不耦合装药爆炸则与上述地面或空场中装药的爆轰情况不同。管道熄爆效应破坏了化学反应区补偿能量的平衡，超前压缩波对爆轰波波阵面前方装药侧向压缩作用的结果，将使药径变小，装药密度增大，会对爆轰波传播产生严重影响。

a 爆速的变化

装药直径变小，使爆速降低。这是因为装药直径变小则化学反应区体积变小，使反应释放的能量变小，而且装药直径越小，侧向膨胀波由装药侧面传到装药轴线的时间越短，对反应区的干扰相对越大，反应区及反应产物的压力、温度和能量相对降低，因而使反应速度变慢，爆轰速度降低。对于混合炸药，虽然二次反应使放热增加，但由于上述原因仍使爆速降低。当装药直径在其临界直径与极限直径之间时，装药爆速随装药直径变小而变小；当装药直径小于临界直径时，化学反应释放的能量不能维持稳定爆轰，就会熄灭。

装药密度增大，使爆速降低。因为装药密度增大后，不仅爆轰波传播速度增大，侧向膨胀波的传播速度也将增大而加速其对反应区的干扰。因此，在其他条件相同的情况下，随着被起爆的装药密度增大，装药爆炸衰减的可能性也将增大。尤其是对于含有非炸药组分的混合炸药，虽然密度大爆速也会暂时增大，但随着密度的增大药粒间隙变小，中间产物扩散、混合困难，当密度增大到反应困难起主导作用时，则使反应速度越来越慢，所以爆速越来越低。

b 临界爆速的变化

随着装药直径的变小和密度的增大，在使装药爆速降低的同时，装药的声速和临界爆速也都相应提高。这是因为，装药直径变小，则干扰反应区的侧向膨胀波到达装药轴线的时间变短，这就需要冲击波完成化学反应的速度更快，即临界爆速升高。否则，即使在装药轴线处，未等到化学反应完成，侧向膨胀波就已到达。而装药密度变大，侧向膨胀波速度也随之变快。为克服膨胀波的加速干扰，临界直径和临界爆速必须增大。

根据液体动力学爆轰理论，冲击波引起炸药稳定爆轰必须具备如下两个条件：一是冲击波的波速必须大于或等于某定值，即装药条件下的临界爆速值；二是必须有足够的能量补充。管内不耦合连续装药由于超前压缩波的作用，一方面使爆速降低，另一方面又使临界爆速增大。在一定条件下，当变化到爆速低于临界爆速而破坏了化学反应补偿能量的平衡时，则爆轰必然熄灭。或者说，管道熄爆效应一方面使爆轰波前方未爆的装药钝感，另一方面又使起爆能降低，这样变化到一定程度时，必然起爆不了前方装药，导致爆轰中断。

C 炮孔不耦合装药爆炸的特点

对于在临界直径和极限直径之间的不耦合装药，在炮孔中爆炸与在地面空场中爆轰是不同的。实际炮孔中装药爆炸有以下特点：

(1) 连续装药爆轰不稳，在一定条件下发生爆轰中断。这里的“爆轰不稳”是指与该装药在地面无约束条件下的爆轰不同。

1）爆轰不稳定是相对的，受管道条件影响，其爆速产生偏高或偏低现象。

2）爆速是变化的，一定条件下的变化最终会导致爆轰中断。

（2）间隔装药在一定条件下殉爆能力增强。当轴向间隔装药长度合适时，超前压缩波强烈作用区不能造成爆轰中断，这样不仅能克服管道熄爆效应，而且由于管道聚能效应增强了装药的轴向殉爆能力，会使装药的总爆长增加。

D 管道熄爆效应的显现条件和影响因素

a 管道熄爆效应的显现条件

管道内不耦合装药爆炸必然产生管道熄爆效应，其存在是普遍的，但其显现却是有条件的，即必须具备一定的装药条件和管道条件，才能明显显现出装药的爆轰中断。从试验结果上分析，其显现条件大体是：

（1）装药直径在临界直径和极限直径之间。

（2）管（孔）壁材料具有足够的强度和弹性模量（或者说管壁不易破坏和不易弹、塑性变形）。

（3）不耦合装药的径向间隙和不耦合系数在某一范围内。

（4）管道间隙中，在超前压缩波作用区内，没有足够阻碍超前压缩波传播和起压缩作用的介质或固体阻塞。

（5）药包外包装强度较小且没有某些涂物。

（6）装药是某些形态、种类的炸药（如有二次反应的粉状混合炸药、靠热核反应机理爆轰的某些混合炸药等），并且其某些性能参数（如爆速和起爆感度）低于（临界爆破和装药密度高于）某一数值。

单独具备上述条件中的一条或几条，都不能明显造成装药爆轰中断；即使具备了（1）~（6）条全部管道条件，也不是所有炸药都能明显显现出管道熄爆效应，因为某些炸药的性质、形态等决定了装药内因尚不能完全破坏反应区补偿能量的平衡，故相同条件下仍不发生爆轰中断。

b 管道熄爆效应的影响因素

（1）与装药的性质和密度有关。不同性质的装药，在相同管道条件下爆炸产生的管道熄爆效应强度是不同的。试验证明，如果装药是有二次反应的固体混合炸药，其管道熄爆效应强烈，并且威力大、爆速高的装药产生的管道熄爆效应弱而传爆长度大。例如，在相同管道条件下，2 号岩石铵梯炸药比 3 号煤矿许用铵梯炸药传爆长度大，高威力铵梯炸药传爆长度最大，而含水炸药试验 3.60~8.08m 装药长度仍未发生爆轰熄灭。

此外，装药密度、药粒大小等对管道熄爆效应的强弱也有很大影响。例如，对于粉状硝铵类炸药，相同的炸药在相同管道条件下，装药密度大比密度小、受潮硬化的比新出厂的（密度小或适中）产生的管道熄爆效应强烈。

（2）与装药的直径大小有关。管道熄爆效应随装药直径加大而减弱。在临界直径与极限直径之间，装药直径越大，其爆速越高，传爆长度越大。

（3）与管道内的径向间隙大小有关。当径向间隙范围在 0.12~3.00 倍装药直径时，其管道熄爆效应最为明显，其中，当径向间隙为 0.20 倍装药直径时熄爆效应最强烈；当装药与炮孔的径向间隙等于或大于 0.40 倍装药半径时，管道熄爆效应的影响最大。

（4）与装药的不耦合系数大小有关。国内有人通过试验得出，对于我国的 2 号岩石铵梯炸药，其熄爆的不耦合系数范围是：1.12<α<3.71；管道熄爆效应强烈时的不耦合系数范围是：1.12<α<3.82。不耦合系数的影响，反映了装药直径和径向间隙两个因素的综合影响。

（5）与管（孔）壁的性能和强度有关。试验发现，不同管材料，由于其性能和强度不同，产生管道熄爆效应的强度也不同，在松软和弹、塑性较大的管壁内，管道熄爆效应相应减弱；岩石炮孔比煤炮孔内的熄爆效应影响大；而在松软的土壤炮孔内，管道熄爆效应几乎不显现。管道内壁的光洁程度以及是否有某些涂物，对管道熄爆效应的强弱也有一定影响。

（6）与药包外包装的性能和强度有关。药包外皮强度大时，管道熄爆效应弱，具有足够强度的药包外皮或在装药外套有足够强度、间隙很小的套管时，都不发生装药的爆轰中断。

药包外包装涂上黄油、机油等，也可在一定程度上改善或克服管道熄爆效应，加大传爆长度。其原因之一可能是像水的情形一样，靠电子俘获过程“消灭等离子体”，水和油或其高温下的气化物在间隙内虽然不能阻止超前冲击波通过，但却能起阻碍作用而减弱其强度。

（7）与装药结构有关。炮孔的散装药和套管内的耦合装药（不耦合系数 α 等于1）可以克服管道熄爆效应：在一定范围内的轴向间隔装药也能克服或改善管道熄爆效应；在一定间距内套有阻塞圈或对间隙固体堵塞的装药，可有效克服管道熄爆效应造成的爆轰中断。

（8）与间隙中的介质有关。间隙内充满液体物质可以减弱管道熄爆效应，充满固体物质可阻挡超前压缩波的传播而不会造成装药的爆轰中断。例如，间隙内充满水的装药，相同条件下可以增加爆轰长度；在间隙内充满砂土等，则可使装药不发生爆轰中断。

E　克服或改善管道熄爆效应的途径

根据以上分析和管道熄爆效应的显现条件、影响因素，归纳起来，改善或克服管道熄爆效应的途径有以下几方面。

a　合理选用炸药

对于深孔爆破宜选用爆速高、威力大、受密度变化影响小、有良好传爆性能的炸药，如水胶炸药、乳化炸药和高威力（高爆速）炸药等，以增大爆轰长度。

b　改进药卷的规格尺寸和外包装

对于深孔爆破，首先应尽可能增大药卷直径，以提高装药爆速和减小孔内径向间隙（在现有孔径条件下使装药不耦合系数小于1.12）；其次，深孔爆破宜采用大孔径和大药卷，即同时加大孔径和药径，并加大药卷长度，实现炮孔的“单元装药”。这样既便于包装运输，又便于装药操作，缩短装药时间，同时也有利于增大装药传爆长度。

采用不易破碎、产生有毒气体少、抗静电性能好的塑料外皮，不仅可以改善管道熄爆效应的影响，而且可以显著增加药卷的抗水抗湿性，便于运输、储存、发放和使用。

c　选择合理的装药结构和传爆方法

条件允许时可采用无间隙散装药或在间隙内充满泥沙等进行固体堵塞，也可以进行套管装药。对于现有粉状硝铵类炸药小直径成型药卷的不耦合装药，在药卷上套加阻塞圈是一种简便而有效的方法。使用导爆索侧向传爆深孔装药（如光爆周边孔装药）也是一种可行的办法。使用一种导爆管（或一小段导爆索）像中继药包那样轴向传爆深孔装药，是克服管道熄爆效应的一种新方法。

2.6.5.2　内管道效应

内管道效应是在分析一次偶然发生在检修炸药厂的地下管道中的严重爆炸事故时发现的，受此启发，现已成功地开发出具有较大市场的非电导爆管系列产品，目前各国研究者均致力于分析论证导爆管的稳定传爆机理，尚缺乏比较完整的表述。

导爆管是在一内径为1.5mm左右的塑料管内附着一层薄薄的炸药。导爆药内管道效应是一个比较复杂的物理化学过程，管壁能够阻止或减小爆炸产物的侧向扩散，减少侧向能量损失，相当于增大了装药直径的作用；另外，管内易传播空气冲击波。因管的直径小、长度大、外界对其干扰较小而使冲击波在管内易传播，所以管道效应对导爆管的爆轰传播可起到非常有利的作用。

2.6.6　聚能效应

在某种特定药包形状的影响下可以使爆炸的能力在空间重新分配，大大增强对某一个方向的局部破坏作用，这种底部具有锥孔（也称聚能穴）的药包爆炸时对目标的破坏作用显著增强的现象称为聚能效应。

聚能效应的机理可用图2-21进行说明。对比普通装药与聚能装药爆炸后其爆轰产物的飞散过程可知，圆柱形药柱爆轰后，爆轰产物沿近似垂直原药柱表面的方向向四周飞散，作用于钢板部分的仅仅是药柱端部的爆轰产物，作用的面积等于药柱端部面积；而带锥孔的圆柱形药柱则不同，当爆轰波前进到锥体部分时，其爆轰产物则沿着锥孔内表面垂直的方向飞出，由于飞出速度相等、药型对称、爆轰产物主要聚集在轴线上，故汇聚成一股速度和压力都很高的聚能流，它具有极高的速度、密度、压力和能量密度，具有强大的切割、穿透破坏能力。

试验表明，锥孔处爆轰产物向轴线汇集时，有下列两个因素起作用：

（1）爆轰产物质点以一定速度沿近似垂直于锥面的方向向轴线汇集，使能量集中。

（2）爆轰产物的压力本来就很高，汇集时在轴线处形成更高的压力区，高压迫使爆轰产物向周围低压区膨胀，使能量分散。

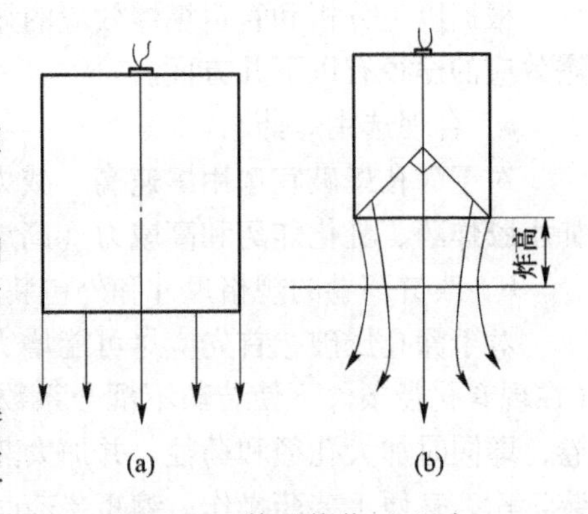

图2-21　普通装药（a）与聚能装药（b）爆轰产物比较

由此可见，由于上述两个因素的综合作用，爆轰产物流不能无限地集中，而在离药柱端面某一距离处达到最大的集中，随后迅速地飞散开。因此必须恰当地选择高度，以充分利用聚能效应。对于聚能作用，能量集中的程度可用单位体积能量，即能量密度E_m来衡量：

$$E_m=\rho_b\left[\frac{p_b}{(n_z-1)\rho_b}+\frac{1}{2}v_z^2\right]=\frac{p_b}{n_z-1}+\frac{1}{2}\rho_b v_z^2 \tag{2-51}$$

式中　E_m——爆轰波的能量密度，kJ/m^2；

ρ_b——爆轰波波阵面的密度，kg/m^3；

p_b——爆轰波波阵面的压力，Pa；

v_z——爆轰波波阵面的质点速度，m/s；

n_z——多方指数。

式（2-50）的右边第一项为位能，占 3/4，第二项为动能，占 1/4。在聚能过程中，动能是能够集中的，位能则不能集中，反而起分散作用，所以只带锥孔的圆柱形药柱其聚能流能量集中程度不是很高，必须设法把能量尽可能转换成动能的形式，才能大大提高能量的集中程度。

在药柱锥孔表面加一个药型罩（如钢、玻璃等）时，可大大提高能量的集中程度。由于罩的可压缩性很小，因此内能增加很少，能量的绝大部分表现为动能形式，这样就可避免高压膨胀引起的能量分散，使能量更为集中；同时，罩壁在轴线处汇聚碰撞时，可使能量密度进一步提高，形成金属射流以及伴随在它后面的运动速度较慢的杵体（图 2-22）。

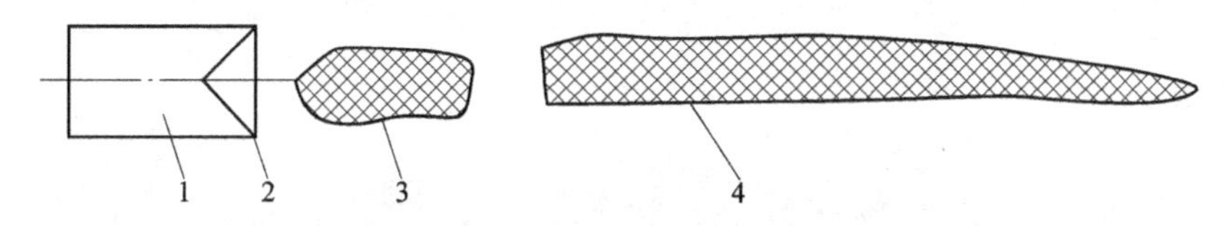

图 2-22　有罩聚能药包的射流与杵体

1—药柱；2—药型罩；3—杵体；4—射流

高速射流打在靶板上，其动量形成高达数十万乃至百万倍大气压的压力，相比之下，靶板材质（钢）的强度就变得微不足道了。由此可见：

（1）聚能效应的产生在于能量的调整、集中，它只能改变药柱某个方向的猛度，而没有改变整个药包的总能量。

（2）由于金属射流的密度远比爆轰聚能流的密度大，能量更集中，所以有罩聚能药包的破甲作用比无罩聚能药包大得多，应用得也更多。

（3）金属射流和爆轰产物聚能流都需要一定的距离来延伸，能量最集中的断面总是在药柱底部外的某点，由此断面至锥底的距离称为炸高。对位于炸高处的目标，破甲效果最好。

习　题

2-1　炸药的基本化学反应形式有哪些，它们之间有什么区别和联系？

2-2　简述单质炸药、混合炸药、起爆药、猛炸药和炸药爆炸的概念。

2-3　简述炸药氧平衡的定义和其分类的判断标准。

2-4　计算硝化甘油（$C_3H_5(ONO_2)_3$）和梯恩梯（$C_6H_2(NO_2)_3CH_3$）的氧平衡。

2-5　在铵油炸药中（硝酸铵（0.2）与柴油（-3.42）的混合炸药），假如用4%木粉作疏松剂，试按零氧平衡设计炸药配方。

2-6　解释炸药的感度概念及其种类。

2-7　冲击波的形成原理是什么？

2-8　反映炸药爆炸性能的指标主要有哪些?

2-9　有哪些因素影响炸药的爆速?

2-10　测试炸药爆力的一般方法有哪些?

2-11　什么是殉爆，主要受哪些因素影响?

2-12　简述爆轰波、爆轰压力、爆轰温度的概念和爆轰波的结构，凝聚炸药的爆轰反应机理。

3 常用工业炸药

区别于一些特殊用途的炸药类型，如军用炸药等，工业炸药是指可大规模生产并广泛应用于采矿、公路、铁路、水电等工程建设中的炸药。工业炸药一般应满足如下要求：

（1）爆炸性能良好，有足够威力以满足各种矿石和岩石爆破要求。

（2）有较低机械感度和适度起爆感度，既能保证生产、储存、运输和使用安全，又能保证顺利起爆。

（3）炸药配比接近于零氧平衡，以保证爆炸产物中有毒有害气体生成量少，不超过安全规定所允许的标准。

（4）有适当稳定的储存期，在储存期内不会变质失效。

（5）原料来源广泛，加工工艺简单，操作安全且价格便宜。

3.1 起 爆 药

起爆药是最敏感的一种炸药，在简单的外界起始冲量作用下，少量的起爆药就能快速引起爆炸变化，用于起爆猛炸药或点燃火药及其他药剂。

3.1.1 传统起爆药

3.1.1.1 雷汞

分子组成式 $Hg(ONC)_2$，结构式

$$Hg\begin{matrix} \diagup O-N\equiv C \\ \diagdown O-N\equiv C \end{matrix}$$

爆炸反应式

$$Hg(ONC)_2 \longrightarrow Hg+2CO+N_2 \quad (3\text{-}1)$$

$$Hg(ONC)_2 \longrightarrow Hg+CO_2+C+N_2 \quad (3\text{-}2)$$

有白色（淡黄色）和浅灰色两种菱形结晶，两者性能相似，前者纯度较高，制备工艺略有差异。相对分子质量 284，密度 4.4g/cm^3，溶于氨水、丙酮等，难溶于水，含水大于30%时拒爆。碱作用时分解，稀酸分解缓慢，浓硫酸作用爆炸。湿品与镁、铝作用剧烈，与铜生成敏感的碱性雷酸铜；干品与镁、铝、锌、铅、锡作用慢，与镍无作用。日光直接照射时感度降低并变成黄黑色。100℃、48h 爆炸，爆发点 155℃/(5s)，撞击感度 9.5cm（上限）/3.5cm（下限），摩擦感度 100%，火焰感度 20cm，极限药量 0.24g，爆力（铅铸扩孔值）28.1mL，爆速 5400m/s。流散性较好，耐压性差（50MPa“压死”，使用压力20~25MPa），耐热性差，毒性与汞相似。其火焰及撞击感度好，起爆能力中等，用于混制击发药和装填火雷管。

3.1.1.2　叠氮化铅

叠氮化铅（简称氮化铅）的分子组成式 $Pb(N_3)_2$，结构式

$$Pb\begin{matrix} \diagup N-N\equiv N \\ \diagdown N-N\equiv N \end{matrix}$$

爆炸反应式

$$Pb(N_3)_2 \longrightarrow Pb+3N_2 \tag{3-3}$$

白色或者淡黄色球形聚晶，相对分子质量 291，密度 4.8g/cm^3，溶于醋酸铵，难溶于水，水中能爆炸。碱作用时分解，酸作用分解成毒性大的氰酸。湿品与铜作用生成敏感的氰化铜，干品与金属物作用。100℃、46h 减量 0.5%。光照射时变成淡黄色或灰色，爆炸性能变化不大。糊精氮化铅的爆发点 320℃/5s，撞击感度 24cm（上限）/10.5cm（下限），摩擦感度 100%，火焰感度<8cm，极限药量 0.16g，爆力 26.6~32mL，接近晶体密度时的爆速为 5300m/s。流散性耐压性好，使用压力 160MPa。其火焰、针刺感度较差，起爆力大，原料易得，用于混制针刺药和炮弹雷管装药。

叠氮化铅有纯品、糊精或羧甲基纤维素（CMC）氮化铅等多个品种，实际使用较多的是后两个产品。纯品为白色，糊精氮化铅为浅黄色，纯度≥97.5%。

3.1.1.3　斯蒂酚酸铅

分子组成式 $C_6H(NO_2)_3O_2Pb \cdot H_2O$，结构式

O₂N–(苯环)–NO₂，O–Pb·H₂O–O，NO₂ (structural formula)

爆炸反应式

$$2C_6H(NO_2)_3O_2Pb \longrightarrow 9CO+3CO_2+H_2O+3N_2+2Pb \tag{3-4}$$

结晶产品为橘黄色，沥青钝化产品为黑色棱柱状结晶，相对分子质量 498，密度 3.1g/cm^3，溶于醋酸铵，难溶于水，水中能爆炸。碱作用分解，酸作用分解生成相应铅盐，金属不起作用。100℃、48h 减量 0.15% 并溶结晶水。光照射后色变暗。爆发点 265℃/5s，撞击感度 36cm（上限）/11.5cm（下限），摩擦感度 70%，火焰感度全发火最大高度 54cm，极限药量大，不能单独装药，爆力 29.1mL，爆速 4900~5200m/s。流散性好，使用压力 100~120MPa/30MPa，有毒。其特点是原料易得，火焰感度好，与金属无作用，静电感度大，起爆力小，不能单独使用，常用作点火药。

3.1.1.4　四氮烯

分子组成式 $C_2H_8N_{10}O$，结构式

$$\begin{matrix} HN \\ \| \\ C \\ H_2N \end{matrix}\!-\!\overset{H}{N}-\overset{H}{N}-N{=}\underset{H}{N}-\overset{\overset{NH}{\|}}{C}\!-\!\underset{H}{N}-N-ON$$

炸反应式

$$C_2H_8N_{10}O \longrightarrow 3.12N_2+0.58H_2+0.07CO+$$
$$0.06CO_2+0.03NH_3+0.94C_2N_4H_4+xH_2O \quad (3\text{-}5)$$

淡黄色针状楔形结晶，相对分子质量 188，密度 1.6g/cm³，水中钝感。碱作用分解，稀酸溶解，浓酸则分解，与金属不起作用。100℃、48h 减量 23.2%。爆发点≥134℃/5s，撞击感度 6.0cm（上限）/3.0cm（下限），摩擦感度 70%，火焰感度 15cm，不能单独装药，流散性不好，耐热性差（50MPa“压死”），有毒。其特点是针刺感度好，常用作针刺药成分（敏化剂）。因热安定性差，起爆力小，不单独使用。

3.1.1.5 二硝基重氮酚

分子组成式 $C_6H_2N_4O_5$，结构式

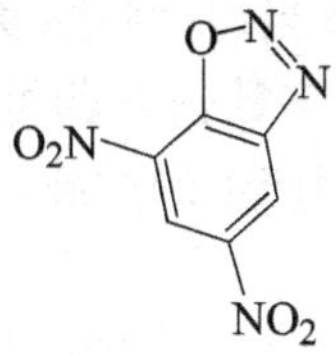

爆炸反应式

$$C_6H_2(NO_2)_2ON_2 \longrightarrow 4CO+C+H_2O+2N_2 \quad (3\text{-}6)$$

$$C_6H_2(NO_2)_2ON_2 \longrightarrow 2CO_2+4C+H_2O+2N_2 \quad (3\text{-}7)$$

$$C_6H_2(NO_2)_2ON_2 \longrightarrow 2CO_2+CO+3C+H_2+2N_2 \quad (3\text{-}8)$$

棕褐色球形或针形结晶，相对分子质量 210，密度 1.7g/cm³，溶于丙酮和苯胺，难溶于水，水中难爆。碱作用分解，酸作用溶解，与金属作用缓慢，湿品与铜、铝、锌、铅有作用。100℃、48h 减量 1.0%，光照颜色变黑，爆炸性能降低。爆发点 155℃/5s，撞击感度上限>40cm、下限 17.5cm，摩擦感度 25%，火焰感度 17cm，极限药量 0.163g，爆力 23mL，流散性较差，耐压性差，使用压力 10~15MPa，对皮肤有腐蚀。其特点是湿品较安全，可直接操作。火焰感度较好，起爆力大，适合装填火雷管。

3.1.1.6 击发药

击发药是由机械撞击作用激发爆燃的一种混合起爆药。主要用于击发火帽，它既对外界撞击敏感，又有可靠的点火能力。

击发药由起爆药、可燃剂、氧化剂及附加物组成。分为三类，其代表性配方如下：

（1）有腐蚀击发药（含雷汞、含氯酸钾）：

1）雷汞、氯酸钾、硫化锑、硝酸钡等，用于引信火帽。

2）雷汞、氯酸钾、硫化锑等，用于枪弹火帽。

（2）无腐蚀击发药（NCNM 击发药）：

1）斯蒂酚酸铅、四氮烯、硝酸钡、硫化锑等。

2）斯蒂酚酸铅、四氮烯、硝酸钡、二氧化铅、硅化钙等。

（3）特种击发药：

1）耐高温击发药：

① 高氯酸钾、钛粉（或锆粉）等。

② 硝酸钡、硫化锑、过氧化铅、5-硝基四唑汞、铝粉等。

2）无壳弹底火用击发药：

① 斯蒂酚酸铅、四氮烯、硝酸钡、二氧化铅、硫化锑、锆粉、太安等。

② 斯蒂酚酸铅、四氮烯、铝粉、太安、树胶、硝基铵基胍等。

3）电发火击发药和导电击发药：

① 硝酸钡、二氧化铅、太安、氢化锆、细锆粉等。

② 硝酸钡、二氧化铅、细锆粉、粗锆粉等。

③ 斯蒂酚酸铅、硝酸钡、石墨等。

3.1.1.7 针刺药

针刺药是由机械针刺作用激发爆燃的一种混合起爆药，其组分与击发药相似，主要用于针刺火帽和针刺雷管中。它既具有适当的针刺感度，又有足够的点火能力。大多数针刺药要加入敏化剂（四氮烯或硬杂质），多数击发药可作为针刺药。击发药要求其产物对炮膛无腐蚀，针刺药要求能抗高加速作用产生的过载。

典型针刺药配方为：

（1）碱式斯蒂酚酸铅、四氮烯、氮化铅、硝酸钡、硫化锑。

（2）雷汞、氯酸钾、硫化锑。

3.1.1.8 摩擦药

摩擦药又称为拉火药，是由摩擦激发产生火焰并能点火的一种混合起爆药。主要用于摩擦火帽或拉火管装药。

典型摩擦药配方为：

（1）氯酸钾、硫化锑、木炭、硫氰酸铅、外加虫胶等。

（2）氯酸钾、硫化锑、硫黄、玻璃粉、面粉等。

（3）氯酸钾、硫化锑等。

3.1.2 新型起爆药

3.1.2.1 耐热起爆药

耐热起爆药主要用于航空、航天、航海、深井等领域常用的起爆器材中。它能适应高温、真空、辐射或高温高压的环境。耐热起爆药的主要特点是：（1）高熔点。一般要求起始分解温度或熔点在200℃以上。（2）受热下的热安定性和相容性好。（3）耐老化。（4）有时还要求抗辐射（γ射线影响）。

（1）高氯酸二银氨基四唑盐，代号DATP。分子组成式为$CH_2O_4N_5Ag_2Cl$，结构式

N=N 四唑环：N—N(—Ag)，N═C(—$NH_2\cdot AgClO_4$)

相对分子质量为399.25，耐热性能优良，260℃，50h稳定，爆发点374℃/5s，比羧甲基纤维素氮化铅机械感度低、火焰感度高。用于石油深井射孔弹。

（2）六硝基二苯胺钾，代号KHND。分子组成式为$C_{12}H_4O_{12}N_7K$，结构式

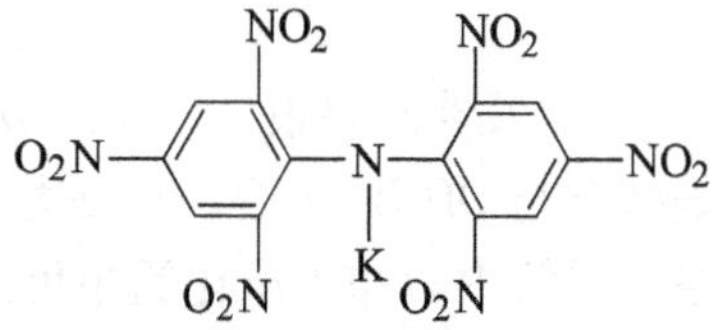

相对分子质量 477.33，分解温度>300℃，感度较低，熔点 400℃，爆发点 316℃/5s，用作耐温>200℃的电雷管装药，可用热丝引燃，并易转为爆轰。

（3）四硝基咔唑，代号 TNC。分子组成式为 $C_{12}H_5N_5O_8$，结构式

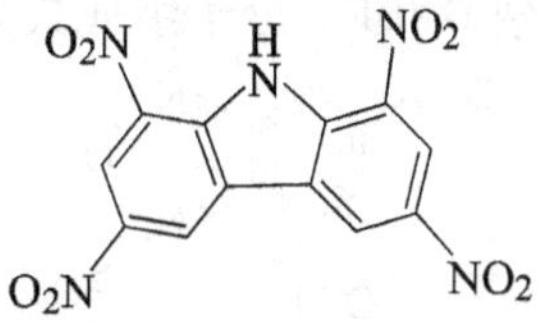

相对分子质量 347.2，熔点 296℃，爆发点高（470℃/5s），热安定性好，感度较低。用于混制点火药和烟火剂。

（4）四硝基草酰替苯胺，代号 TNO。分子组成式为 $C_{14}H_8N_6O_{10}$，结构式

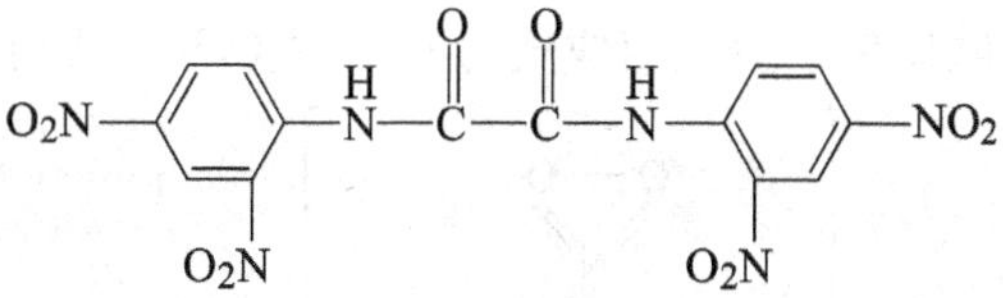

相对分子质量 420，爆发点 392℃/5s。用于制作点火药、延期药和烟火药。

（5）六硝基草酰替苯胺，代号 HNO。分子组成式为 $C_{14}H_6N_8O_{14}$，结构式

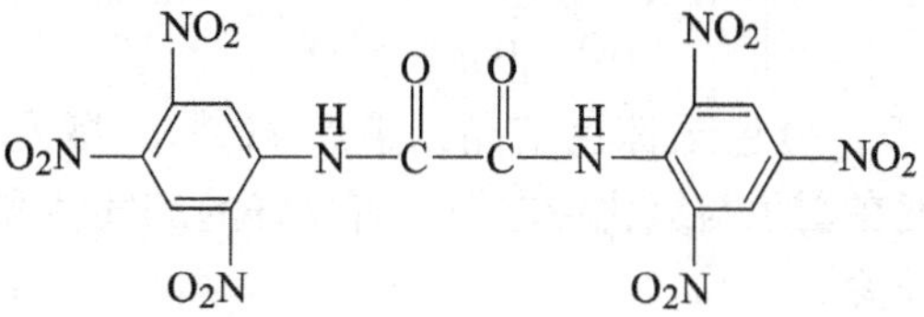

相对分子质量 510.1，爆发点 384℃/5s，比 TNO 敏感，主要用于制作点火药和烟火药。

（6）六叠氮甲基苯，代号 HAB。分子组成式为 $C_{12}H_{12}N_{18}$，结构式

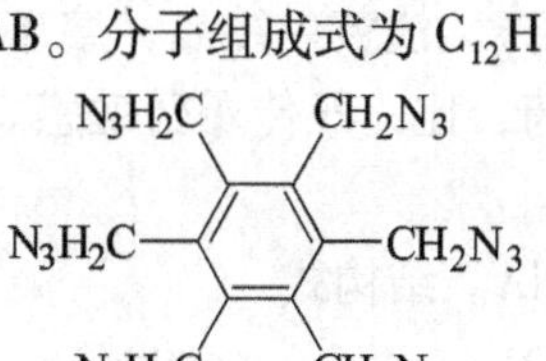

爆发点 25℃/5s。耐热、耐水，对冲击波（隔板）、摩擦、静电不敏感，但对某些形式撞击敏感，易点火。可在低感度桥丝雷管中代替斯蒂酚酸铅，在击发雷管中代替四氮烯，可用于点火器。威力小，不宜代替氮化铅。

3.1.2.2 乙炔类起爆药

（1）乙炔银。分子组成式为 Ag_2C_2，结构式

$$Ag—C\equiv C—Ag$$

相对分子质量 239.78。感度过于敏感，稍微碰撞即引起爆炸。爆炸威力比雷汞弱，不

宜单独作起爆药用。

（2）乙炔银-硝酸银复合盐。也称酸性乙炔银，分子组成式为 $Ag_2C_2 \cdot AgNO_3$。

摩擦感度比氮化铅低，火焰感度与 DDNP 相近，起爆力与雷汞和氮化铅相当，是一种较好的起爆药。国外已用于火帽和雷管中，加入氮化铅中可降低点火温度。具有良好的光敏感度，可作为光敏起爆元件的起爆药剂。

（3）乙炔汞。分子组成式为 HgC_2，相对分子质量 224.63，容易爆炸。

（4）苯并氧化呋咱及其氧化物。

1）二硝基苯并氧化呋咱，代号 DNBF。分子组成式为 $C_6H_2N_4O_6$，结构式

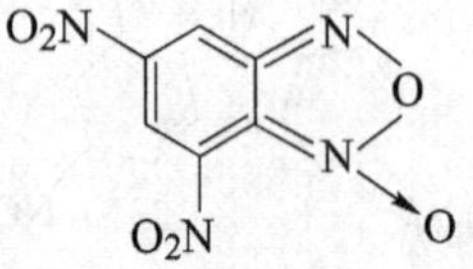

相对分子质量 226.12，黄色针状结晶，熔点 171℃。爆发点 334℃/5s，爆速 7584m/s，感度比猛炸药高，比常规起爆药低，其盐类有更高的稳定性和撞击感度，可作为起爆药成分。

2）二硝基苯并氧化呋咱钾。分子组成式为 $C_6H_3N_4O_7K$，结构式

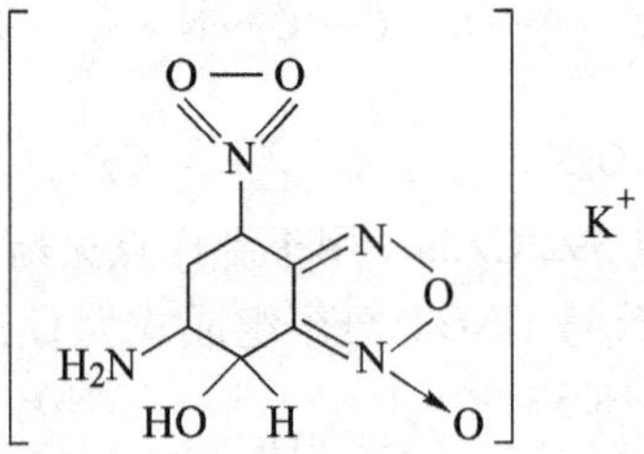

相对分子质量 282.23，橙色至棕色结晶，熔点 210℃。爆发点 210℃/5s，火焰感度高，易于点火，撞击感度在雷汞与氮化铅之间，有良好的产气性和引火性，主要用于动力源驱动装置和电点火管开关。

（5）高能量安全钝感起爆药。它是一类用高能量刺激的“钝感起爆药”，包括新合成的安全钝感的单质起爆药和经细化提纯的现有部分传爆药和猛炸药。

1）苯并氧化三呋咱，代号 BTF。浅黄色结晶，熔点 199℃。爆速 8490m/s，安定性与特屈儿相当，是一种无氢高能炸药，比一般传爆药敏感。第一个被用来代替桥丝雷管中的太安，早期用于飞片雷管中。

2）九硝基三联苯，代号 NONA。结构式

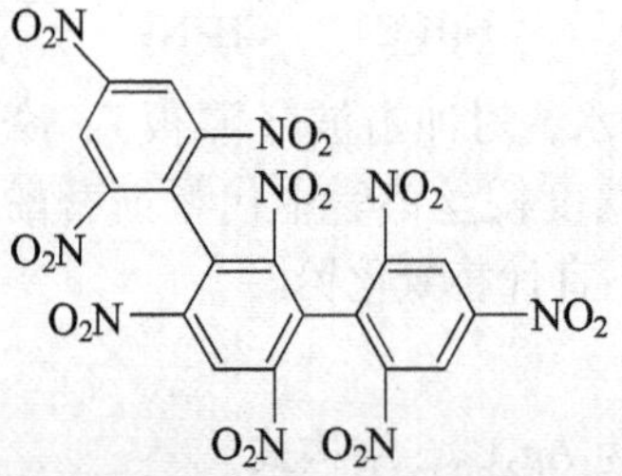

熔点 440~450℃，暴露在 400℃下仍能正常发挥作用。

3）三硝基三苦基苯，代号 TNTPB。结构式

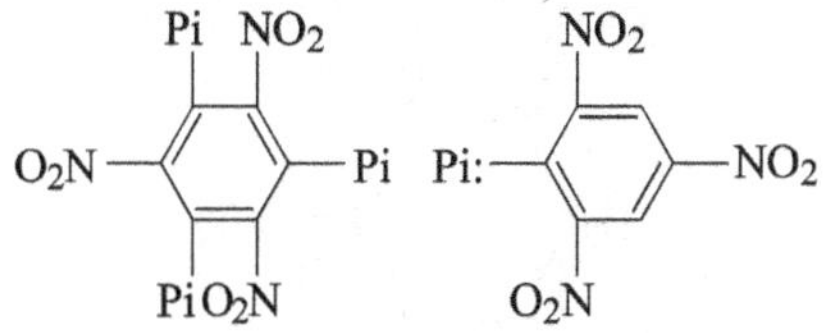

式中 Pi 为苦基，它是一种具有良好热安定性和高起爆感度的起爆药，可用于传爆和 EBW 雷管（爆炸桥丝起爆器），热安定性比 NONA 稍好，在民爆器材中常用于石油深井射孔。

3.1.3　起爆药发展趋势

近年来，随着科学技术和军事技术的不断发展，起爆药向着安全高能、感度可控、绿色环保的方向发展。以高氮四唑、呋咱类衍生物为代表的绿色起爆药结构中含有大量的 N—N 和 C—N 键，具有芳香结构的稳定性、较好的热稳定性、较高的正生成焓以及较大的产气量等特点，且其分解产物主要为 N_2，对环境无污染，在构筑新型绿色起爆药方面具有广阔前景，也是未来绿色起爆药发展的重要方向。目前，绿色起爆药的研究已经取得了一定成果，但仍有很多地方有待研究者继续探索和研究。

3.2　单质猛炸药

3.2.1　梯恩梯（TNT）

分子式 $C_6H_2(NO_2)_3CH_3$，结构式

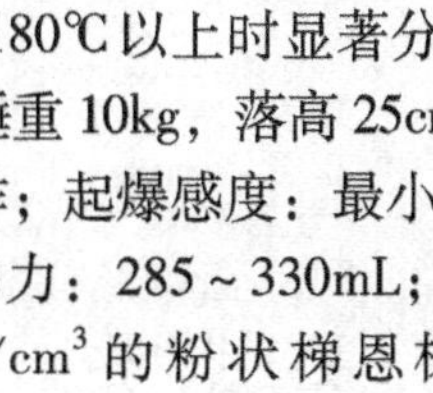

相对分子质量：227.13，物化性质：黄色晶体，不怕水，几乎不溶于水。热安定性好，常温下不分解，环境温度达到180℃以上时显著分解。其基本爆炸性能如下，爆发点：290~300℃；撞击感度：4%~8%（锤重 10kg，落高 25cm，药量 0.03g，表面积 0.5cm^2）；摩擦感度：摩擦摆试验，10 次均未爆炸；起爆感度：最小起爆药量雷汞为 0.24g，叠氮化铅为 0.1g，二硝基重氮酚为 0.163g；爆力：285~330mL；猛度：16~17mm（密度为 1g/cm^3 时）；爆速：4700m/s（密度为 1g/cm^3 的粉状梯恩梯）；比容：740L/kg；爆热：992×4.1868kJ/kg；爆温：2870℃。

遇火能燃烧，机械感度较低，但混入细砂一类硬质掺和物时容易引起爆炸。

属于中等威力的炸药，工业上和军事上用得较多。常与其他猛炸药混合制成熔铸状炸药（与黑索金混合后制成黑梯炸药），工业上常用来作为雷管中的加强药或与硝酸铵混合作为工业炸药的敏化剂。

3.2.2　黑索金（RDX）

分子式 $C_3H_6N_6O_6$，结构式

```
 O2N
    \      H2
     N — C
    /      \
H2C         N — NO2
    \      /
     N — C
    /      H2
 O2N
```

相对分子质量：222.12。物化性质：白色粉状晶体，几乎不溶于水。热安定性好，威力和感度均高于梯恩梯。工业上用作雷管中加强药，制作导爆索、导爆管和混合炸药。其基本性能见表 3-1。

表 3-1 黑索金基本特性

理化性质	部分物理特性	不吸湿，室温下不挥发，不溶于水及四氯化碳等；微溶于乙醇、乙醚、苯、甲苯、氯仿、二硫化碳和乙酸乙酯等；易溶于丙酮、二甲基酰胺、环己酮、环戊酮及硫酸		
	熔点/℃	204	密度/$g \cdot m^{-3}$	1.186
	分解温度/℃	180	堆积密度/$g \cdot cm^{-3}$	0.7~0.9
	燃烧热/$kJ \cdot mol^{-1}$	2124.4	饱和蒸气压（82℃）/kPa	0.01
燃烧爆炸危险性	危险特性	受热、接触明火、高热或受到摩擦振动、撞击时可发生爆炸，日光对黑索金无影响，但与重金属的氧化物混合形成不稳定的化合物		
	燃烧性	可燃	燃烧分解产物	一氧化碳、二氧化碳、氮氧化物
	火灾危险性	爆炸品		
	稳定性	稳定	聚合危害	无
	爆热/$kJ \cdot kg^{-1}$	5145~6322	爆温/K	4150
	爆速/$m \cdot s^{-1}$	5980~8741	猛度/mm	24.9
	爆力/mL	480	燃烧点/℃	230
	撞击感度/%	80	摩擦感度/%	76
	安定性	黑索金安全性很好，常温下储存 20 年无变化		

3.2.3 奥克托今（HMX）

分子式 $C_4H_8N_8O_8$，结构式

```
            NO2
             |
       H2    |    H2
       C  —  N  — C
       |          |
O2N — NH          N — NO2
       |          |
      H2C — N  —  C
            |     H2
           O2N
```

相对分子质量：296.16。物化性质：白色晶体，熔点 282℃，相对密度 1.96，难溶于水。化学安定性较好，具有一定的耐热性，机械感度高于黑索金，爆速高。军事上主要用于导弹和反坦克弹的装药，工业上用于导爆管装药。其基本特性见表 3-2。

表 3-2 奥克托今的基本特性

理化性质	部分物理特性	白色结晶粉末，有毒性；用于制造高能炸药和高能推进剂及导爆管装药；难溶于水，易溶于丙酮、乙酸乙酯、二甲基酰胺、环己酮		
	熔点/℃	282	密度/g · m^{-3}	1.96
	分解温度/℃	180	堆积密度/g · cm^{-3}	0.7~0.9
	燃烧热/kJ · mol^{-1}	2124.4	饱和蒸气压（82℃）/kPa	0.01
燃烧爆炸危险性	危险特性	接触明火、高热或受到摩擦振动、撞击时可发生爆炸，着火后会转为爆轰		
	燃烧性	易燃	燃烧分解产物	一氧化碳、二氧化碳、氮氧化物
	火灾等级	甲	禁忌物	强氧化物
	稳定性	稳定	聚合危害	无
	爆热/kJ · kg^{-1}	6092	爆速/m · s^{-1}	9100
	燃烧点/℃	287	撞击感度/kg · m^{-1}	0.75
	安定性	安全性很好，常温下储存 20 年无变化		

3.2.4 太安（PETN）

分子式 $C_5H_8N_4O_{12}$，结构式

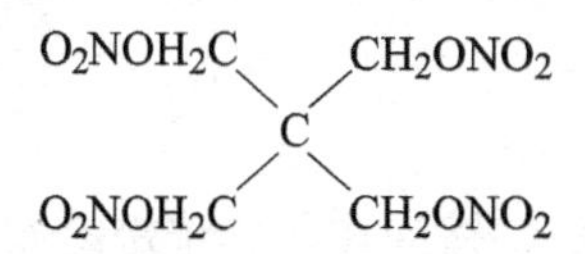

相对分子质量：316，物化性质：白色晶体，不溶于水。爆炸性能较好，威力大于黑索金，撞击和摩擦感度较高。工业上主要用于装填雷管和制造传爆药柱、导爆索和导爆管，也可用作混合炸药的组分。太安的基本性质见表 3-3。

表 3-3 太安的基本特性

理化性质	主要用途	主要用于高效雷管炸药、导爆索芯药；军事上用作小口径炮弹、导弹和反坦克弹的装药；医学上可用作扩张血管剂		
	溶解性	不溶于水，微溶于乙醇、醚，溶于丙酮		
	熔点/℃	138~140	密度/g · m^{-3}	1.773
	分解温度/℃	205~215	饱和蒸气压（138℃）/kPa	0.00933
燃烧爆炸危险性	危险特性	受到撞击、摩擦时发生分解性爆炸；接触明火、高热或受到摩擦振动、撞击时可发生爆炸；与氧化剂能发生强烈反应，着火后会转为爆轰		
	燃烧性	易燃	燃烧分解产物	一氧化碳、二氧化碳、氮氧化物
	火灾等级	甲	禁忌物	强氧化剂
	稳定性	不稳定	聚合危害	无
	爆热/kJ · kg^{-1}	5898	爆速/m · s^{-1}	8400
	燃烧点/℃	202	安定性	黑索金的安全性很好，常温下储存 20 年无变化

3.2.5　硝化甘油（NG）

分子式 $C_3H_5N_3O_9$，结构式

$$
\begin{array}{l}
H_2C - ONO_2 \\
\quad | \\
HC - ONO_2 \\
\quad | \\
\ \ C - ONO_2 \\
\ H_2
\end{array}
$$

相对分子质量：227.09。物化性质：无色或微带黄的油状液体，不溶于水，在水中不失爆炸性。机械感度极高，受撞击和振动易发生爆炸，冻结的硝化甘油机械感度提高，处于半冻结状态时机械感度更高。故受暴冷暴热、撞击、摩擦，遇明火、高热时，均有引起爆炸的危险。与强酸接触能发生强烈反应，引起燃烧或爆炸。硝化甘油有毒，少量吸收即可引起剧烈的搏动性头痛，常有恶心、心悸，有时有呕吐和腹痛，面部发热、潮红；吸收量较大时产生低血压、抑郁、精神错乱。易经皮肤吸收，应避免皮肤与之接触。加入吸收剂后制成硝化甘油类炸药。

3.3　混合炸药

3.3.1　粉状硝铵炸药

常用粉状硝铵炸药有铵梯炸药、铵油炸药、铵松蜡炸药和煤矿许用炸药，由于其组成成分不同，性能指标和适用条件也不相同。

3.3.1.1　铵梯炸药

铵梯炸药又称岩石炸药，由硝酸铵、梯恩梯和木粉三种成分组成。硝酸铵是氧化剂，为主要成分；梯恩梯是敏化剂，也起还原剂作用；木粉是可燃剂，又是疏松剂。铵梯炸药是国内外工业上用了近 2 个世纪的传统炸药，目前仍是工业上使用最多的炸药品种之一。铵梯炸药的优点是爆力较大（仅次于硝化甘油炸药），比较安全可靠，对机械作用、冲击和摩擦不太敏感。它的缺点是容易吸收空气中的水分，当铵梯炸药的含水量为 0.5%～1.5%时，爆炸后产生的有害气体增多，爆破能力降低，含水量若达到 8%，则无法起爆。其主要成分如下：

（1）硝酸铵。硝酸铵是一种应用广泛的化学肥料。纯硝酸铵为白色晶体，熔点为 160.6℃，温度达 300℃时便发火燃烧，高于 400℃时可转为爆炸。硝酸铵是一种弱性爆炸成分，钝感，需经强力起爆后才能引爆，爆速为 2000～2500m/s，爆力为 165～230mL。

硝酸铵具有较强的吸湿性和结块性。吸湿现象的产生是由于它对空气中的水蒸气有吸附作用，并通过毛细管作用在其颗粒表面形成薄薄的一层水膜。硝酸铵易溶于水，因而水膜会逐渐变为饱和溶液。只要空气中的水蒸气压力大于硝酸铵饱和溶液的压力，硝酸铵就会继续吸收水分，一直到两者压力平衡时为止。硝酸铵吸水后，一旦温度下降，饱和层将部分或全部发生重结晶，形成坚硬致密的晶粒层，将硝酸铵黏结成块状。这种结块硬化过程还会因晶形变换和上部重压等原因而加剧，给加工生产的炸药造成很大

困难。

为了提高硝酸铵的抗水性，可加入防潮剂。常用的防潮剂有两类：一类是憎水性物质，如松香、石蜡、沥青和凡士林等，它们覆盖在硝酸铵颗粒表面，使它与空气隔离；另一类是活性物质，如硬脂酸钙、硬脂酸锌等，它们的分子结构一端为体积较大的憎水性基团（硬脂酸根），另一端是体积较小的亲水性基团（金属离子），这些活性物质加入后，它们的亲水性基团将朝向外面，因而能起到防水作用。

为了防止炸药中的硝酸铵吸湿后结块硬化，可在炸药中加入适量的疏松剂，如木粉等。干燥的硝酸铵与金属作用极缓慢，有水时其作用速度加快，故溶化的硝酸铵与铜、铅和锌均会发生反应，形成极不稳定的亚硝酸盐，但硝酸铵不与铝、锡作用，故在制造硝酸炸药时可以使用铝质工具和容器。同时，由于硝酸铵是强酸弱碱生成的盐类，应避免与弱酸强碱生成的盐类（如亚硝酸盐、氯酸盐等）混在一起，否则会产生安定性很差的亚硝酸铵，容易引起爆炸。

（2）梯恩梯（TNT）。梯恩梯本身就是一种单质猛炸药，具有良好的爆轰性能，是军事爆破中常用的炸药品种。由于梯恩梯的制造工艺复杂，价格也较昂贵，故在炸药中应尽量少用或改用其他敏化剂代替。梯恩梯有一定的毒性，能通过皮肤和呼吸系统对人体产生损害，故在炸药的生产和使用中要注意工作环境及个人防护。

（3）木粉。木粉除了作疏松剂和可燃剂外，还能调节炸药的密度。要求它不含杂质、不腐朽、含水在4%以下，细度在0.83~0.35mm（20~40目）之间。

工程爆破用铵梯炸药品种很多，一般多用2号岩石硝铵炸药。几种常见的铵梯炸药的成分和性能见表3-4。

表3-4　几种炸药的成分和性能

成分性能指标		炸药品种					
		1号岩石硝铵炸药	2号岩石硝铵炸药	2号岩石抗水硝铵炸药	2号露天硝铵炸药	2号抗水露天硝铵炸药	2号铵松蜡炸药
组分/%	硝酸铵	82±1.5	85±1.5	85±1.5	86±2.0	86±2.0	91±1.5
	梯恩梯	14±1.0	11±1.0	11±1.0	5±1.0	5±1.0	
	木粉	4±0.5	4±0.5	4.2±0.5	9±0.5	8.2±1.0	5±0.5
	沥青			0.4±0.1		0.4±0.1	
	石蜡			0.4±0.1		0.4±0.1	0.8±0.2
	轻柴油						1.5±0.5
	松香						1.7±0.3
性能	水分（不大于）/%	0.3	0.3	0.3	0.5	0.5	0.1~0.3
	密度/g·cm^{-3}	0.95~1.1	0.95~1.1	0.95~1.1	0.85~1.1	0.85~1.1	0.95~1.0
	猛度（不小于）/mm	13	12	12	8	8	13~15
	爆力（不小于）/mL	350	320	320	250	250	320~360
	殉爆Ⅰ/cm	6	5	5	3	3	4~7
	殉爆Ⅱ/cm			3		2	
	爆速/m·s^{-1}		3600	3750	3525	3525	3500~3800

续表 3-4

成分性能指标		炸药品种					
		1号岩石硝铵炸药	2号岩石硝铵炸药	2号岩石抗水硝铵炸药	2号露天硝铵炸药	2号抗水露天硝铵炸药	2号铵松蜡炸药
爆炸参数	氧平衡/%	0.52	3.38	0.37	1.08	-0.30	-1.092
	质量体积/L·kg^{-1}	912	924	921	935	936	
	爆热/kJ·kg^{-1}	4078	3688	3512	3740	3852	
	爆温/℃	2700	2514	2654	2496	2545	
	爆压/Pa		3306100	3587400	3169800	3169300	

注：殉爆Ⅰ是浸水前的参数；殉爆Ⅱ是浸水后的参数。

3.3.1.2 铵油炸药

以硝酸铵和燃料油为主要成分的粒状或粉状（添加适量木粉）爆炸性混合物称为铵油炸药，亦称 ANFO 爆破剂。铵油炸药的原材料主要有硝酸铵、柴油和木粉。在柴油品种中，以轻柴油最为适宜。轻柴油黏度不高，易被硝酸铵吸附，混合均匀性好，挥发性较小，闪点偏低，有利于安全生产和产品质量。

夏天混制铵油炸药，一般选用10号轻柴油。在低温情况下，宜选用-10号、-20号轻柴油，并应保温，防止凝固。此外，为了改善铵油炸药的爆炸性能，常在铵油炸药中加入某些添加剂。例如，为了提高粉状铵油炸药的爆轰感度，加入木粉、松香等；为了提高威力，加入铝粉、铝镁合金粉；为了使柴油和硝酸铵混合均匀，进一步提高炸药的爆轰稳定性，加入一些阴离子表面活性剂（十二烷基磺酸钠，十二烷基苯磺酸钠）。

铵油炸药的优点是原料来源丰富，制备工艺简单，成本低廉，生产使用安全，对冲击、火焰都钝感，被称为简单炸药或廉价炸药，在铁路建设和矿山工程中，特别是露天大爆破中大量使用。缺点是密度低、起爆感度低，临界直径一般大于50mm，有些铵油炸药没有雷管感度，通常需用传爆药柱引爆，且传爆稳定性差，使用中不爆或半爆现象较多，爆炸能力低。储存期短，长期储存会出现渗油、结块和硬化现象，爆炸性能下降，如多孔粒状铵油炸药的有效期为30d，而1~3号铵油炸药有效期只有15d。但岩石膨化硝铵炸药的爆炸性能较好，保质期较长，为180d。抗水性差，不适合潮湿、有水的爆破环境。爆炸产物中有害气体含量大，一般不用于地下工程。易产生静电积聚，存在事故隐患。

A 粉状和多孔粒状铵油炸药

由于硝酸铵有结晶状和多孔粒状之分，其铵油炸药也相应有粉状铵油炸药和多孔粒状铵油炸药之分。前者采用轮辗机热辗混合加工工艺制备，后者一般采用冷混工艺制备。

铵油炸药的质量受到成分、配比、含水率、硝酸铵粒度和装药密度等因素的影响。铵油炸药的爆速和猛度随配比的变化而变化。当轻柴油和木粉含量均为4%左右时，爆速最高，因此粉状铵油炸药较合理的成分配比是硝酸铵：柴油：木粉=92：4：4。随着铵油炸药中含水率的升高，其爆速明显下降，因此铵油炸药含水率愈小愈好。另外，多孔粒状硝酸铵吸油率较高，配制的炸药松散性好，不易结块，生产工艺简便，便于在爆破现场直接配制和机械化装药。粉状铵油炸药的最佳装药密度为0.95~1.0g/cm^3，粒状铵油炸药的最佳装药密度为0.90~0.95g/cm³。

铵油炸药原料来源丰富，加工工艺简单，成本低廉，生产、运输和使用较安全，具有较好的爆炸性能。但是，普通铵油炸药感度低，不具有雷管感度，并具有吸湿结块性，故不能用于有水的工作面爆破。

B 重铵油炸药

将油包水型（W/O）乳胶基质按一定的比例掺混到粒状铵油炸药中，形成的乳胶与铵油炸药的掺和物称为重铵油炸药，在我国也称为乳胶粒状炸药。

在这种物理掺和物中，乳胶基质的质量分数（%）可由0变化为100%，铵油炸药则相应由100%变化为0。掺和物的性能随着两种组分的质量分数（%）和乳胶基质本身的特性的不同而变化。

重铵油炸药的抗水性能取决于乳胶基质的质量和掺和程度。一般地说，乳胶基质的掺入改善了铵油炸药的抗水性能，而且随着掺和物中乳胶基质的质量分数（%）的增加，其抗水性能也随之增强。重铵油炸药的感度与配方有关，目前具有雷管感度的重铵油炸药已投入使用，该类炸药取消了起爆药柱，可大大降低爆破成本、简化作业工序。

C 铵松蜡炸药

铵松蜡炸药由硝酸铵、木粉、松香和石蜡混制而成。它有利于克服铵梯和铵油炸药吸湿性强、保存期短的不足，其原料来源也较符合我国资源特点。总之，它除了保持铵油炸药的优点外，还具有抗水性能良好，保存期长，性能指标也达到了2号岩石炸药标准等优点。铵松蜡炸药之所以具有良好的防水性能，主要是因为：

（1）松香、石蜡都是憎水物质，可形成粉末状防水网，防止硝酸铵吸水。

（2）石蜡还可形成一层憎水薄膜，阻止水分进入。

（3）含有柴油的铵松蜡炸药中，松香与柴油可以共同组成油膜，也能防止水分进入。

2号铵松蜡炸药的性能指标见表3-4。

除铵松蜡炸药外，还有铵沥炸药、铵沥蜡炸药等。这些炸药的缺点是，由于石蜡和松香的燃点低，不能用于有瓦斯和矿尘爆炸危险的地下矿山；另外，这类炸药的毒气生成量也较大。

D 煤矿许用炸药

众所周知，煤矿均有煤尘，而且一般还有瓦斯涌出。所谓煤尘是指在热能的作用下能够发生爆炸的细煤粉（粒径0.75~1.00mm以下），煤矿瓦斯实际上是沼气与空气的混合物，瓦斯浓度越高，越容易发生爆炸。煤尘不仅可以单独爆炸，而且当沼气和煤尘达到一定浓度范围时，受到爆破作用易引起沼气和煤尘爆炸，所以，对煤矿许用炸药便有如下要求：

（1）为了使炸药爆炸后不会引起矿井局部高温，要求煤矿用炸药爆热、爆温和爆压都要相对低一些。

（2）有较好的起爆感度和传爆能力，保证稳定爆轰。

（3）排放的有毒气体符合国家标准，炸药配比应接近零氧平衡。

（4）炸药成分中不含金属粉末。

在煤矿许用炸药中要加入一定的消焰剂，其作用是：

（1）吸收一定的爆热，从而避免在矿井大气中造成局部高温。

（2）对沼气和空气混合物的氧化反应起抑制作用，能破坏沼气燃烧时连锁反应的活化中心，从而阻止沼气-空气混合物的爆炸。

消焰剂是煤矿许用炸药必不可少的组分，常用的消焰剂是食盐，一般占炸药成分的10%~20%。

煤矿许用炸药的种类很多，有粉状硝铵类炸药、硝化甘油类炸药、含水炸药（乳化炸药、水胶炸药）、离子交换炸药、当量炸药和被筒炸药等，可以按照满足各种场合的不同要求选择使用。

（1）粉状硝铵类许用炸药。例如煤矿许用硝铵炸药、MZ 型煤矿许用粉状乳化炸药等。

（2）许用含水炸药。这类炸药包括许用乳化炸药和许用水胶炸药。煤矿许用含水炸药是近十几年来发展起来的新型许用炸药，由于它们组分中含有较大量的水，爆温较低，有利于爆破安全，同时调节余地较大，故有较好的发展前景。

（3）离子交换炸药。含有硝酸钠和氯化铵的混合物，称为交换盐或等效混合物。在爆炸瞬间生成的氯化钠，作为消焰剂高度弥散在爆炸点周围，能有效降低爆温和抑制瓦斯燃烧；与此同时生成的硝酸铵，则作为氧化剂加入爆炸反应。

离子交换炸药还具有一种“选择爆轰”的独特性质，在不同的爆破条件下，它会自动调节消焰剂的有效数量和作用。例如，在密封状态下，炸药爆炸强烈、交换盐的反应更完全，生成的氯化钠更多，其消焰降温的作用更强。

（4）被筒炸药。用含消焰剂较少、爆轰性能较好的煤矿硝铵炸药作为药芯，其外再包覆一个用消焰剂做成的“安全被筒”。这样的复合装药结构，就是通常所说的“被筒炸药”。当被筒炸药的药芯爆炸时，安全被筒的食盐被炸碎，并在高温下形成一层食盐薄雾，笼罩爆炸点，更好地发挥消焰作用，因而这种炸药可用于瓦斯和煤尘突出矿井中。被筒炸药整个炸药的消焰剂含量可高达50%。

（5）当量炸药。盐量分布均匀，而且安全性与被筒炸药相当的炸药称为当量炸药。当量炸药的含盐量要比被筒炸药高，做功能力、猛度和爆热远比被筒炸药低，正常爆轰条件下，具有很高的安全性。

表3-5是常用的煤矿许用粉状硝铵类炸药的相关参数。

表3-5 煤矿许用硝铵类炸药的组成、性能与爆炸参数计算值

炸药品种		1号煤矿硝铵炸药	2号煤矿硝铵炸药	1号抗水煤矿硝铵炸药	2号抗水煤矿硝铵炸药	2号煤矿铵油炸药	1号抗水煤矿铵沥蜡炸药
组成/%	硝酸铵	68±1.5	71±1.5	68.6±1.5	71±1.5	78.2±1.5	81.0±1.5
	梯恩梯	15±0.5	10±0.5	15±0.5	10±0.5		
	木粉	2±0.5	4±0.5	1.0±0.5	2.2±0.5	3.4±0.5	7.2±0.5
	食盐	15±1.0	15±1.0	15±1.0	15±1.0	15±1.0	10±0.5
	沥青			0.2±0.05	0.4±0.1		0.9±0.1
	石蜡			0.2±0.05	0.4±0.1		0.9±0.1
	轻柴油					3.4±0.5	

续表 3-5

炸药品种		1号煤矿硝铵炸药	2号煤矿硝铵炸药	1号抗水煤矿硝铵炸药	2号抗水煤矿硝铵炸药	2号煤矿铵油炸药	1号抗水煤矿铵沥蜡炸药
性能	水分（不大于）/%	0.3	0.3	0.3	0.3	0.3	0.3
	密度/g·cm^{-3}	0.95~1.10	0.95~1.10	0.95~1.10	0.95~1.10	0.85~0.95	0.85~0.95
	猛度（不小于）/mm	12	10	12	10	8	8
	爆力（不小于）/mL	290	250	290	250	230	240
	殉爆Ⅰ/cm	6	5	6	4	3	3
	殉爆Ⅱ/cm			4	3	2	2
	爆速/m·s^{-1}	3509	3600	3675	3600	3269	2800
	氧平衡/%	-0.26	1.28	-0.004	1.48	-0.68	0.67
	质量体积/L·kg^{-1}	767	782	767	783	812	854
	爆热/kJ·kg^{-1}	3584	3324	3605	3320	3178	3350
	爆温/℃	2376	2230	2385	2244	2092	2222
	爆压/Pa	3078298	3239978	3376394	3239978	2671578	1997338

注：殉爆Ⅰ是浸水前的参数；殉爆Ⅱ是浸水后的参数。

3.3.2 含水硝铵炸药

含水硝铵炸药主要有浆状炸药、水胶炸药和乳化炸药。浆状炸药和水胶炸药所用的胶凝剂是线性高分子化合物（或混合物），当其遇水溶胀水合后与交联剂作用形成网状结构。在这种结构中，未溶解的氧化剂盐类和敏化剂等固相组分处于由网络结构产生的彼此隔离的各个“小巢穴”内，被连续的水凝胶介质所包围，一方面保证各组分均匀分布而不致分层离析；另一方面浆状炸药和水胶炸药同属一类高密度的连续凝胶体系，具有相当大的内聚力和抗渗透能力，交联后的胶凝剂分子间存在着较强的吸引力，水难以向这种凝胶体系内渗透，同时盐类也不易溶失。

含水炸药具有以下共同的优点：

（1）抗水性强、密度高、体积威力大。适用于含水爆破环境，易沉入有水炮孔孔底。

（2）摩擦、撞击、枪击感度和热感度大大低于铵梯炸药，可塑性好；使用安全，适合于现场混装机械化施工。

（3）除浆状炸药外，乳化炸药和水胶炸药都具有较好的爆轰感度，可以用1发8号雷管直接起爆。

（4）除浆状炸药外，乳化炸药和水胶炸药都具有传爆距离长的特点，能够很好地满足露天深孔爆破对传爆长度的技术要求。

（5）炸药成分、炸药密度及炸药的形态可在较大范围内进行调节。可以根据所爆岩体的性质和最小抵抗线，在现场机械化混制出具有合适爆炸性能的炸药。

含水炸药的主要缺点是耐冻性差，使用时一般要求炸药温度在0℃以上。

水是影响浆状炸药和水胶炸药爆炸性能的重要因素之一，其含量多少不仅影响爆炸性能，而且影响炸药的物理状态、抗水等。水有如下作用：

（1）提高了炸药的密度和爆速。由于炸药的主要组分溶于水，空隙被充满，炸药密度大大提高。水与其他组分紧密接触，形成连续性介质，因而在一定范围内可使炸药的爆速增加。

（2）首先，增加耦合系数；其次，水和胶凝剂、交联剂一起构成具有黏弹性的凝胶体系，使炸药各组分均匀地分散于其中，防止固液分离，保持炸药性能的相对稳定性。

（3）使炸药具有抗水性。黏弹性凝胶体具有包覆作用，这种作用既能阻止外部水的渗入，又能防止硝酸铵等可溶性组分向水中扩散或被水沥滤。因此，水是使浆状炸药和水胶炸药具有抗水性的重要组分。

（4）提高了炸药的安全性。水的热容量较大，水可使浆状炸药和水胶炸药的敏感度降低。

乳化炸药与浆状炸药、水胶炸药相比，就其基本组成来说，没有本质的区别，但是各个组分在体系中所起的作用、体系的内部结构、外观形态和制备工艺则迥然不同。

乳化炸药是以氧化剂水溶液为分散相，非水溶性组分为连续相构成的乳化体系，属于油包水型（W/O），其抗水性是通过油包水结构来获得的。乳化技术是乳化炸药生产过程中的关键技术。

浆状炸药和水胶炸药是以硝酸铵等无机氧化剂盐的水溶液为连续相，非水溶性的可燃剂、敏化剂（固体或液体）为分散相构成的胶凝体系，属于水包油型（O/W）。

3.3.2.1 浆状炸药

浆状炸药是以氧化剂水溶液、敏化剂和胶凝剂为主要成分的抗水性硝铵类炸药。该炸药在外观上呈糨糊状，故称为浆状炸药。具有抗水性强、密度高、爆炸威力较大、原料来源广、成本较低和安全等优点，因此曾在露天有水深孔爆破中广泛应用。浆状炸药的组成成分及其作用如下：

（1）氧化剂水溶液。浆状炸药的氧化剂主要是采用硝酸铵。制备浆状炸药时，须将硝酸铵溶于水中成为硝酸铵水溶液，当其饱和后便不再吸收水分，因而即使放在水中也不会影响其性能，故提高了浆状炸药的抗水能力。此外，水在浆状炸药中能使各组分紧密接触，增加炸药的密度和可塑性。然而，水一是种钝感物质，它的加入可导致炸药感度下降。因而，为了使浆状炸药能够顺利起爆，须加敏化剂和适当采取加大起爆能与药包直径等措施。

（2）敏化剂。浆状炸药中所使用的敏化剂种类较多，按其成分可分为三类：其一是用猛性炸药敏化，如梯恩梯、硝化甘油等；其二是用金属粉敏化，如铝粉、镁粉等；其三是用柴油、煤粉等可燃物质作敏化剂。发展和研制可燃物敏化剂来代替前两种敏化剂，可显著降低浆状炸药的成本。

在浆状炸药中加入适量的亚硝酸钠 $NaNO_2$ 作起泡剂，能够产生以 N_2O_3 为主的气体，形成直径超小的微气泡，其数量可达 $10^4 \sim 10^7$ 个/mL。根据炸药的起爆机理，该微气泡可视为敏化气泡，在起爆过程的绝热压缩条件下，可以形成灼热核，有利于浆状炸药的起爆。

（3）胶凝剂。在浆状炸药中，胶凝剂起增稠作用，使炸药中固体颗粒呈悬浮状态，并将氧化剂水溶液、不溶的敏化剂颗粒及其他组分胶结在一起。胶凝剂能使浆状炸药保持必需的理化性质和流变特性，并影响炸药的抗水稳定性和爆炸性能。

我国早期的浆状炸药产品曾用白芨和玉竹作胶凝剂。白芨和玉竹在浆状炸药中的含量高达2%~2.4%，且是重要的药材，故近几年来已逐步改用槐豆胶、田菁胶、皂角、胡里仁粉以及聚丙烯酰胺等新胶凝剂，并取得了良好的胶凝效果。

在浆状炸药中，除上述三种成分外，还有交联剂、表面活性剂和安定剂等。交联剂能促使胶凝剂分子中的基团互相键合，进一步联结成为巨型结构，提高炸药的胶凝效果和稠化程度，增强其抗水性能。目前，常用的交联剂为硼砂或硼砂与重铬酸钠的混合水溶液。表面活性剂常用十二烷基苯磺酸钠，它在浆状炸药中起乳化和增塑作用，可提高炸药的耐冻能力。安定剂可用尿素 $CO(NH_2)_2$，用以防止浆状炸药的变质。

由于浆状炸药存在理化安定性问题，在储存期间，随着温度和湿度的变化，将出现硝酸铵晶析，气体逸出或渗油等现象，导致炸药密度和塑性下降，严重影响爆炸威力；在北方还存在耐冻性能问题，在气温低于摄氏零度的条件下，4号、5号和6号浆状炸药开始硬化，爆炸性能下降，甚至拒爆，因此采用装药车现场加工装药，是浆状炸药行之有效的改进措施。浆状炸药的敏化剂里含有价格较贵的单质猛炸药和金属粉，加之感度低，不能直接用8号雷管起爆，目前已被乳化炸药系列产品逐步取代。

3.3.2.2 水胶炸药

一般地说，水胶炸药与浆状炸药没有严格的界限，二者的主要区别在于使用不同的敏化剂。浆状炸药的主要敏化剂是非水溶性的炸药成分、金属粉和固体可燃物，而水胶炸药则是采用水溶性的甲胺硝酸盐作为敏化剂，而且水胶炸药的爆轰敏感度比普通浆状炸药高，具有雷管感度。表3-6列出了我国水胶炸药的性能。

表3-6 我国水胶炸药的主要性能指标

项目	指标					
	岩石水胶炸药		煤矿许用水胶炸药		露天水胶炸药	
	1号	2号	一级	二级	三级	
密度/$g \cdot cm^{-3}$	1.05~1.30		0.95~1.25		1.05~1.30	
殉爆距离/cm	≥4	≥3	≥3	≥2	≥2	≥3
爆力/mL	≥320	≥260	≥220		≥180	≥240
猛度/mm	≥16	≥12	≥10			≥12
爆速/$m \cdot s^{-1}$	≥4200	≥3200	≥3200		≥3000	≥3200
有毒气体含量/$L \cdot kg^{-1}$	≤80					
有效期/d	270	180				

3.3.2.3 乳化炸药

乳化炸药是目前应用最为广泛的一种含水工业炸药，通过乳化剂的作用，使以氧化剂水溶液的分散相和非水溶性组分的连续相构成的乳化体系，通过乳化设备的高速剪切作用，形成W/O型乳化液。其密度为1.05~1.35g/cm^3，有乳白色、淡黄色、浅褐色和银灰色等各种颜色的产品。

乳化炸药的主要组成成分及其作用如下：

(1) 氧化剂。常用的氧化剂是硝酸铵水溶液和硝酸铵、硝酸钠水溶液，二者比例是：

硝酸铵：硝酸钠=(3~4)：1。乳化炸药中氧化剂的含量为55%~85%，水含量对乳化炸药的密度和炸药性能有显著的影响，一般控制在8%~16%范围内，也有的产品用高氯酸钠、高氯酸铵作氧化剂。

(2) 油相材料。通常采用石蜡、凡士林、柴油等作为油相材料。油相材料为非水溶性有机物，在乳化剂的作用下，它与氧化剂水溶液一起，形成乳化炸药的连续相，它还起燃烧剂和敏化剂的作用，同时对产品的外观形态、抗水性能及储存稳定性有明显的影响，其比例以2%~5%较佳。

(3) 油包水型乳化剂。乳化剂是指能使两种互不相容的体系（例如一种为水相，另一种为油相）在乳化处理后形成稳定乳胶（或乳浊液）的物质。油包水型乳化剂的剂量通常只占炸药总质量的0.8%~3.0%，却直接影响着氧化剂水溶液与油相材料的乳化效率，是乳化炸药的关键组分。常用的油包水型乳化剂是司本-80（失水山梨糖醇单油酸酯）。

(4) 敏化气泡。通常采用空心玻璃微球或树脂空心微球、膨胀珍珠岩微粒、亚硝酸钠等在乳化炸药里产生微小气泡，也可通过机械搅拌的方法将气体吸收留于乳化炸药体系中，形成微气泡。与浆状炸药中微气泡作用机理一样，乳化作用中微气泡的形成同样可以提高其起爆感度。

(5) 其他添加剂。其他添加剂的添加量为0.1%~0.5%，包括乳化促进剂、晶形改变剂和稳定剂等，视需要添加一种或几种。

我国主要乳化炸药产品的组成与性能见表3-7。

表3-7　我国几种乳化炸药产品的组成与性能

项目	系列或型号	EL系列	CLH系列	SB系列	BME系列	RJ系列	WR系列	岩石型	煤矿许用型
组分/%	硝酸钠	65~75	63~80	67~80	36~51	58~85	78~80	65~86	65~80
	硝酸甲胺					8~10			
	水	8~12	5~11	3~13	6~9	8~15	10~13	8~13	8~13
	乳化剂	1~2	1~2	1~2	1~1.5	1~3	0.8~2	0.8~1.2	0.8~1.2
	油相材料	3~5	3~5	3.5~6	2.0~3.5	2~5	3~5	4~6	3~5
	铝粉		2		1~2				
	添加剂	2.1~2.2	10~15	6~9	1.0~1.5	0.5~2	5~6.5	1~3	5~10
	密度调整剂	0.3~0.5		1.5~3		0.2~1			
性能	爆速/m·s^{-1}	4000~5000	4500~5500	4000~4500	3100~3500	4500~5400	4700~5800	3900	3900
	猛度/mm	16~19		15~18		16~18	18~20	12~17	12~17
	殉爆距离/cm	8~12		7~12		>8	5~10	6~8	6~8
	临界直径/mm	12~16	40	12~16	40	12	12~18	20~25	20~25
	抗水性	极好	极好	极好	取决于添加比例和包装形式	极好	极好	极好	极好
	储存期/月	>6	>8	>6	2~3	3	3	3~4	3~4

乳化炸药吸取了浆状炸药、水胶炸药以及粉状硝铵炸药等的许多优点，同时也克服了它们的许多不足之处，因而成为现代具有较强竞争力的新型工业炸药品种。该品种炸药具

有以下特点。

（1）良好的爆炸性能。通常乳化炸药中不含猛炸药成分，但作为普通含水的硝铵类炸药却具有相当高的爆速值。特别是具有雷管感度的系列产品，其殉爆距离、猛度等性能指标往往接近或高于同类的其他工业炸药。

（2）良好的抗水性能。乳化炸药具有独特的油包水型内部结构，其外相油质材料有阻止外界水浸蚀的作用，或者说具有保护内相不易被稀释与破坏的功能。因而其抗水性能明显优于浆状炸药、水胶炸药。

（3）安全性能较好。大多数乳化炸药（产品）中不含有猛炸药成分，根据国家现行有关标准检测，机械（撞击、摩擦）感度、热感度等与其他品种工业炸药相比都相对较低。同时，炸药爆炸后有毒气体量也明显较低。

（4）对环境污染较小。乳化炸药系列产品中基本不含有毒成分，同时，在生产过程中采用连续、密闭、管道化流程，因而很少出现“三废”问题。

（5）炸药原材料成本低廉，来源广泛。随着乳化炸药技术的不断进步与发展，出现了粉状乳化炸药。该品种炸药外观形态不再是黏稠的乳胶体，而是呈粉末状态，其制药工艺是将黏稠的乳胶基质在高温时雾化分散，再经冷却结晶（过程）。这样制得的炸药的硝酸铵等无机氧化剂盐呈微细结晶状态，且被极薄的油膜所包裹，因而粉状乳化炸药保持了普通乳化炸药的许多优点，尤其炸药的爆炸性能有明显提高。

3.3.2.4 粉状乳化炸药

粉状乳化炸药习惯上又称为乳化粉状炸药，它是依据乳化炸药主要成分和反应机理，在一定的工艺条件下，将乳胶体通过雾化制粉、冷却形成的新型粉状硝铵炸药。

粉状乳化炸药由于含水量低，其爆炸性能和做功能力高于乳化炸药，虽也具有较好的抗水性，但抗水性能低于乳化炸药。粉状乳化炸药具有雷管感度，其作为一类新型无梯粉状炸药，已成为替代粉状铵梯炸药的最具竞争力的品种之一。因生产厂家、用途和配方不同，粉状乳化炸药又分多个品种和商品名称，选择和使用前要详看其说明书。

3.4 新型工业炸药

随着爆破技术的发展，国内外各种新型炸药的研制和使用方面也取得了很大的进展，比如钝感炸药、低密度炸药、无梯或少梯炸药等的研制和应用，进一步改善了工业炸药的性能，降低了工业炸药的制造成本，丰富了工业炸药的种类。

3.4.1 钝感炸药

3.4.1.1 硝基胍（$CH_4N_4O_2$，代号 NQ）

硝基胍（NQ）耐热、低感，与 HNS、TATB 等皆为著名的耐热炸药和钝感炸药。

A 硝基胍的性质

NQ 是用浓硫酸将硝酸胍硝化后制得的一种耐热高能单体炸药，氧平衡-30.75%，外观为白色粉末或结晶。

NQ 不吸湿、不挥发，微溶于水，溶于热水、碱液、硫酸及硝酸，在一般有机溶剂中溶解度不大，微溶于甲醇、乙醇、丙酮、乙酸乙酯、苯、甲苯、氯仿、四氯化碳及二硫化碳，溶于吡啶、二甲基亚砜和二甲基甲酰胺。NQ 的晶体密度为 1.715g/cm^3，熔点 232℃（分解），爆发点 275℃（5s）；100℃加热试验时第一个 48h 失重 0.18%，第二个 48h 失重 0.09%，100h 内不爆炸；密度 1.58g/cm^3时爆热 3.40MJ/kg（气态水），密度 1.55g/cm^3时爆速 7650m/s（最大可达 8200m/s）；爆温约 2400K，全爆容 900L/kg，爆力 305mL（铅柱扩孔值）或 104%（TNT 当量），猛度 23.7mm（铅柱压缩值）；其机械感度极低，撞击感度及摩擦感度均为 0。

在硫酸水溶液中加热，NQ 分解成为硝酰胺和氨基氰，继之又水解放出氮化物、二氧化碳、氨等气体。在浓硫酸的作用下，硝基胍可以释出 NO^{2+}，有一定的硝化能力；还原 NQ 可得到亚硝基胍，进一步还原得到氨基胍。

B 硝基胍的用途

1906 年，NQ 就被用作发射药组分。第一次世界大战及第二次世界大战中，以硝基胍为主要组分的混合炸药用于多种弹体装药。由于 NQ 热稳定性好、爆温低，它与硝化甘油及硝化棉组成的三基火药，称为冷火药，对炮膛烧蚀小，可延长炮管使用寿命。

NQ 粉碎后可代替 RDX 用于混制塑料导爆管用传爆药剂。配方为：91%硝基胍+9%超细铝粉+0.25%硬脂酸钙（外加），分别将 RDX、HMX、NQ 放在超细粉碎设备中加水进行超细粉碎，至平均粒径达到 5~10μm；再加入超细铝粉和其他组分，混合均匀即制得塑料导爆管用药剂。

3.4.1.2 钝感药剂-NTO（3-硝基-1，2，4-三唑-5-酮，代号 NTO）

NTO 的分子式为 $C_2H_2N_4O_3$，分子量为 130.08，氧平衡为-24.60%，外观为白色或淡黄色结晶，晶体密度为 1.93g/cm^3，熔点 278℃，标准生成焓约-60kJ/mol，溶解于水呈黄色溶液。NTO 具有良好的安定性：100℃/48h 条件下（真空安定性试验）的放气量仅为 0.2cm^3/g；与 TNT、RDX、HMX 等常用炸药以及 HTPB、Estane、含氟高聚物、GAP、蜡、铝、石墨等添加剂相容性良好。NTO 最大分解放热最高温度高于 235℃（10℃/min）；最大爆速 8700m/s，最大爆压约 35.0GPa，实测爆压为 27.8GPa（ϕ=4.13cm、ρ=1.78g/cm^3）；一般爆速 7951m/s（密度 1.816~1.91g/cm^3时的爆速为 8590m/s）；撞击感度 280cm，摩擦感度（353N）为 0。

随着钝感弹药技术的发展，TATB 及其混合炸药在很多国家的武器型号中都有使用。但 TATB 的理论爆速仅为 RDX 的 90%，而且其能量较低、价格昂贵，因此，人们希望获得能量与 RDX 接近、安全性与 TATB 相当的钝感炸药，NTO 及其混合钝感炸药正是在此背景下出现的。NTO 是一种高能低易损性和高稳定性的炸药，已用于多种炸药装药中（如熔铸炸药、浇注固化 PBX 炸药、压装 PBX 炸药），其中塑料黏结炸药（PBX）可以采用压装技术及浇注固化技术，是目前发展最迅速的不敏感弹药。NTO 作为化合物早在 1905 年就已经制备出来，但是直到 20 世纪 80 年代以后才开始系统研究其爆炸性能。

3.4.1.3 新型钝感高能炸药 LLM-105

化学名称：1-氧-2，6-二氨基-3，5-二硝基吡嗪（或 2，6-二氨基-3，5-二硝基吡嗪-1-氧化物），代号 LLM-105。它是一种热稳定性好，又具有一定能量水平的钝感炸药。其外观为亮黄色的针状晶体，分子式为 $C_4H_4N_6O_5$，氧平衡为-37.03%，生成热-12kJ/mol；不溶于常用有机溶剂，溶于二甲基亚砜（DMSO）；其晶体密度为 1.913g/cm³，理论爆速 8560m/s。撞击感度 117cm。LLM-105 的爆炸性能介于 HMX、TATB 之间，热安定性和冲击波感度接近 TATB，优于 HMX 和 HNS-V，并且对冲击、火花和摩擦都相当钝感；其爆炸能量比 TATB 高 15%~20%，是 HMX 的 81%~85%。LLM-105 被认为是一种热稳定性好且能量水平较高的钝感炸药，可用做传爆药、雷管装药或主装药。

已有的试验研究表明，LLM-105 在热稳定性和撞击感度方面接近 TATB，热安定性以及与氟聚合物黏结剂的相容性都很好，可制成钝感的黏结炸药。差示扫描量热法分析表明，LLM-105 在较宽的温度范围内具有较高的热稳定性。当温度高于 300℃时开始分解，在 343~350℃有放热。在升温速率 10℃/min 下测得 LLM-105 的放热峰为 348℃。而 TATB 和 HNS-IV 的放热峰分别是 355℃和 320℃。其热爆炸延滞期介于 HMX 和 TATB 之间，优于 HNS-IV，与 TNT 相当。据测定，LLM-105 的撞击感度为 90~150cm（RDX 和 HMX 为 30~32cm，UFTATB（超细 TATB）为 177cm）。

美国 Lawrence Livermore 国家试验室（LLNL）研究了几种 LLM-105 塑料黏结炸药的配方，其中 RX-55-AE（97.5%LLM-105+2.5%VitonA 黏结剂）的能量超过 UFTATB 炸药。所有的 RX-55 系列配方的炸药都有着比超细 TATB 更高的能量和更好的发散性，可以被直径更小的飞片起爆；并具有较好的成型性能和安全性能，最大压制密度达到了 97%理论密度。配方 RX-55-AA 相对密度为 93%时的爆速为 7980m/s。LLM-105 的感度见表 3-8。

表 3-8 LLM-105 的感度

炸　药	撞击感度/cm	摩擦感度/N
PETN	13~16	
RDX	32	
HMX	30	
UFTATB	>177	>350
LLM-105	117	>350

3.4.2 低密度炸药

低密度炸药的特点是密度低，所以爆力和爆压也低，即所谓“三低”炸药。主要含高能炸药、低密度材料和必需的添加剂。可以通过改变组成及加工方法来控制炸药的密度。有粉状、塑性、挠性和硬质等四种物理状态的制品。其中最常见的为泡沫炸药。

表 3-9 泡沫炸药的制备：将可发性聚苯乙烯小球加热，使其部分膨胀，再与太安混匀，并装入模具中加热，小球进一步膨胀而充满模具整个型腔，炸药均匀分布其中，冷却即成。密度 0.687g/cm³，爆速 1500m/s。炸药具有极低的密度和低爆速，适于特种爆破作业使用，是我国泡沫型低爆速炸药主要品种之一。

表 3-9 泡沫炸药配方 1

组　分	w/%
太安（PETN）	73
可发性聚苯乙烯小球	27

表 3-10 泡沫炸药的制备及说明：该配方用发泡法制备。按配方用量，将表 3-10 各组分混合均匀，加热至 90℃，使 TNT 熔化并将高分子溶解，得到黏稠的糊状混合物。然后向混合物中鼓入空气，经冷却凝固，制造泡沫炸药。如果加入低沸点的溶剂，通过加热使其气化产生气泡，可不必鼓入空气，所得炸药密度为 0.6~0.8g/cm^3。

表 3-10 泡沫炸药配方 2

组　分	用量/g
太安	50
梯恩梯	43
碳酸氢铵	5
聚甲基丙烯酸甲酯	20

表 3-11 泡沫炸药的制备及说明：该配方用发泡法制备。按配方用量将各组分混合均匀，在 85℃下加热 10min，使 TNT 熔化并将高分子溶解，形成糊状物。发泡剂碳酸氢铵也受热分解产生气泡（NH_3和 CO_2），经成型和冷却，气泡被保留在混合物中，TNT 凝固后同 RDX 一起形成泡沫炸药。如不用低熔点炸药，也可用热塑性高分子和增塑剂的混合物代替 TNT。泡沫炸药密度为 0.3~0.8g/cm^3。

表 3-11 泡沫炸药配方 3

组　分	用量/g
黑索金	164
梯恩梯	30
碳酸氢铵发泡剂	4
氯丁烯与醋酸乙烯的共聚物	6

表 3-12 泡沫炸药的制备及说明：将 0.25mm 的表 3-12 所列的小球放入烘箱中，加热，小球直径达 1.6~3.2mm，再与太安混合均匀，放进容积为 120cm^{3}的模具中继续用沸水进行加热，小球继续膨胀并充满模腔，冷却后得到泡沫炸药。本法适于大生产。

表 3-12 泡沫炸药配方 4

组　分	用量/g
聚苯乙烯小球（含没发泡剂戊烷）	25
太安（超细）	12

3.4.3 黏性粒状铵油炸药

黏性粒状炸药是为了适应浅孔或中深孔风动机械装药的需要，减轻装药劳动强度，降低返药量，提高炮孔利用率而发展起来的一类新型工业炸药。近 30 年来黏性粒状炸药在矿山爆破工程中被广泛应用，随着需求量不断增大，推动了黏性粒状铵油炸药的快速发展。这种炸药主要由铵油炸药、乳化炸药、增黏剂等组成，具有工艺简单、生产和使用安全可靠、黏附性好、无粉尘污染、爆炸性能好等一系列优点，且在中深孔风动机械装药过程中不会发生返药现象。

在综合考虑炸药的爆轰性能、储存稳定性、表面黏性和使用可靠性的基础上，经过反复的实验研究和分析，确定了新型无梯黏性粒状铵油炸药的常用配方：多孔粒状硝酸铵85%~87%，多孔粒专用复合油相4%~5%，乳化炸药6%~9%，增黏剂3%~5%。

根据测定多孔粒铵油炸药的方法测定了新型黏性粒状铵油炸药的爆轰性能，其与多孔粒状铵油炸药的性能指标和储存期对比见表3-13。从表3-13中可以看出新型黏性粒状铵油炸药的性能要优于多孔粒状铵油炸药。

表3-13 两种炸药的性能对比

炸药名称	装药密度/$g \cdot cm^{-3}$	猛度/mm	爆速/$m \cdot s^{-1}$	爆力/mL	储存期/月
无梯黏性粒状铵油炸药	0.93~1.05	21~24	3150~3400	280~310	3
多孔粒状铵油炸药	0.86~0.88	15~20	2800~3000	260~280	1

3.4.4 膨化硝铵炸药

膨化硝铵炸药是利用膨化硝酸铵替代普通结晶硝酸铵或多孔粒状硝酸铵制成的一种铵油炸药。

膨化硝酸铵是一种自敏化的改性硝酸铵，它是运用重结晶化学及表面活性剂技术，在普通硝酸铵饱和水溶液中加入特殊表面活性剂，并采用真空强制析晶手段，制得的一种含有许多微气孔的膨松片状晶体。与普通硝酸铵相比，膨化硝酸铵具有比表面积大（是普通硝酸铵的4倍），堆积密度小（是普通硝酸铵的70%），吸湿结块性低，吸油能力强，具有自身敏化作用，起爆感度高，撞击感度、摩擦感度、火焰感度与普通硝酸铵相当等特点。

根据用途不同，膨化硝铵炸药可以制成岩石膨化硝铵炸药、煤矿许用膨化硝铵炸药、震源药柱膨化硝铵炸药和抗水膨化硝铵炸药。根据市场需求还开发成功了低爆速膨化硝铵炸药，高安全煤矿许用膨化硝铵炸药和高威力膨化硝铵炸药等新品种。

表3-14列出了膨化硝铵炸药的主要爆炸性能。膨化硝铵炸药是一种新型无梯工业炸药，由于膨化硝酸铵具有自敏化作用，因而具有良好的起爆感度。与铵梯炸药相比，组分中不含梯恩梯，消除了其对人体的危害和对环境的污染，生产过程中粉尘少。吸湿速度慢，几乎不结块。爆炸性能优良，性能指标相当或优于同等型号的粉状铵梯炸药。炸药爆炸后，炮烟少，刺激性小，爆破作业条件好。

表3-14 膨化硝铵炸药的主要爆炸性能

炸药名称	密度/$g \cdot cm^{-3}$	爆速/$m \cdot s^{-1}$	猛度/mm	殉爆距离/cm	爆力/mL
岩石膨化硝铵炸药	0.88~0.93	3300~3600	13.5~15	5~9	320~340
煤矿许用膨化硝铵炸药	0.90~0.98	2800~3300	10~14	5~8	280~320
大包膨化硝铵炸药	0.88~0.92	3000~3300	12~14	4~7	280~300
抗水膨化硝铵炸药	0.90~0.95	3200~3500	13~15	4~7	320~340
高威力膨化硝铵炸药	0.90~0.95	3500~3800	14~17	7~12	350~370
低爆速膨化硝铵炸药	0.60~0.80	2200~2800	8~12	4~6	260~300

3.4.5 岩石粉状铵梯油炸药

岩石粉状铵梯油炸药属于少梯工业炸药，它是工业粉状炸药的第二代产品，是由工业粉状铵梯炸药发展而来的。其关键技术是将乳化分散技术应用于粉状铵梯炸药中，在炸药的组分中加入以非离子表面活性剂为主构成的复合油相，取代部分梯恩梯，使梯恩梯的含量由11%降低至7%，达到了降低粉尘、防潮、防结块的综合效果，其组分和性能见表3-15。

表 3-15　岩石粉状铵梯油炸药的组分和性能

组分与性能			炸药名称	
			2号岩石铵梯油炸药	2号抗水岩石铵梯油炸药
组分/%	硝酸铵		87.5±1.5	89.0±2.0
	梯恩梯		7.0±0.7	5.0±0.5
	木粉		4.0±0.5	4.0±0.5
	复合油相		1.5±0.3	2.0±0.3
	复合添加剂		0.1±0.005	0.1±0.005
爆炸性能	水分/%		≤0.30	≤0.30
	猛度/mm		≥12	≥12
	爆力/mL		≥320	≥320
	爆速/m·s^{-1}		≥3200	≥3200
	殉爆距离/cm	浸水前	≤4	≤3
		浸水后	—	≤2
	有毒气体量/L·kg^{-1}		≤100	≤100
	药卷密度/g·cm^{-3}		0.95~1.10	0.95~1.10
	炸药有效期/月		6	6
	药有效期内	殉爆/cm	3	3
		水分/%	0.50	0.50

为了进一步降低梯恩梯含量，并改善炸药性能，在岩石粉状铵梯油炸药的基础上，成功研制了4号岩石粉状铵梯油炸药。该产品的特点是梯恩梯含量降至2%，组分中选用了1号复合改性剂，解决了硝铵炸药的结块问题，提高了爆破性能与储存性能及防潮、防水的性能，见表3-16。

表 3-16　4号岩石粉状铵梯油炸药的组分和性能

组分/%	硝酸铵	木粉	复合油相	梯恩梯	1号改性剂
	91.3±1.5	4.0±0.7	2.7±0.6	2.0±0.2	0.30±0.01
爆炸性能	水分/%		≤0.30		
	药卷密度/g·cm^{-3}		0.95~1.10		
	爆速/m·s^{-1}		≥3200		
	猛度/mm		≥12		

续表 3-16

组分/%	硝酸铵 91.3±1.5	木粉 4.0±0.7	复合油相 2.7±0.6	梯恩梯 2.0±0.2	1 号改性剂 0.30±0.01
爆炸性能	殉爆距离/cm		≥4		
	爆力/mL		≥320		
	有毒气体量/L·kg^{-1}		≤100		
	有效期/d		180		
炸药有效期内			殉爆距离/cm 水分/%		≥3 ≤0.50

3.4.6　粉状乳化炸药

粉状乳化炸药是最近几年发展起来的一种炸药新品种，它是一种具有高分散乳化结构的固态炸药，属乳化炸药的衍生品种，是当前民用爆破行业发展较为迅速的炸药新品种，其科技含量高、发展迅猛。粉状乳化炸药爆炸性能优良，组分原料不含猛炸药，具有较好的抗水性，储存性能稳定，现场使用装药方便，是兼有乳化炸药及粉状炸药优点的新型工业炸药。它克服了现有粉状炸药混合不均匀的缺点，提高了粉状炸药爆炸性能，其技术指标均高于工业粉状铵梯炸药标准规定的要求（表 3-17）。

表 3-17　岩石粉状乳化炸药的组分和性能

组分/%	硝酸铵 91±2.0	复合油相 6.0±1.0	水分 0~5.0
爆炸性能	药卷密度/g·cm^{-3}	0.85~1.05	
	爆速/m·s^{-1}	≥3400	
	猛度/mm	≥13	
	殉爆距离/cm	浸水前	≥5
		浸水后	≥4
	爆力/mL	≥320	
	撞击感度/%	≤8	
	摩擦感度/%	≤8	
	有毒气体量/L·kg^{-1}	≤1000	
	有效期/d	180	

粉状乳化炸药设计思路的独到性在于，它巧妙地把工业胶质乳化炸药与工业粉状乳化炸药的性能优点有机结合起来，形成了一种新型的高性能无梯炸药。

习　题

3-1　简述工业炸药的基本要求。

3-2　铵梯炸药的组成成分有哪些，在铵梯炸药中各起什么作用？

3-3　与铵梯炸药相比，铵油炸药的起爆感度有什么特点，铵油炸药的起爆方法与铵梯炸药有何不同？
3-4　什么是乳化炸药，简述其适用性和特点。
3-5　什么是起爆药，它和猛炸药有何区别？
3-6　简述水胶炸药的特点及其适用性。
3-7　简述含水硝铵炸药的防水原理。
3-8　简述煤矿许用炸药的要求。
3-9　钝感炸药与铵梯炸药等传统炸药相比有何优点，其适用性如何？
3-10　拓展：请自行查阅文献，总结在坚硬岩、较坚硬岩、较软岩、软岩、极软岩的爆破过程中工业炸药的选取方案。

4 起爆方法与起爆器材

为了有效利用炸药的爆炸能量，必须采用一定的器材和方法，使炸药按照需要的先后顺序，准确而可靠地发生爆轰反应，达到有效应用的目的。起爆即炸药在热、电、冲击波、机械摩擦与撞击等外界作用下，使炸药发生爆轰反应的过程。不同的炸药根据其感度不同，所采用的起爆方法也不一样。起爆器材即为用于使炸药获得必要引爆能量的器材总称。起爆器材包括进行爆破作业引爆工业炸药的一切点火和起爆工具，按其作用可分为起爆材料和传爆材料。各种雷管属于起爆材料；导火索、导爆管和继爆管属于传爆材料；导爆索既可以是起爆材料也可以是传爆材料。对起爆器材的基本要求为：

（1）安全可靠，使用简单、方便。

（2）具有足够的起爆能力和传爆能力。

（3）能适应多种作业环境。

（4）延时精确。

（5）便于存储和运输。

4.1 电力起爆法

电力起爆法是指利用电能引爆电雷管进而激发炸药爆炸的方法。

4.1.1 工业电雷管

工业电雷管即利用电能引爆的一种雷管。其结构主要由一个电点火装置和一个火雷管组合而成。常用的电雷管品种有瞬发电雷管、延期电雷管以及特殊电雷管等。延时电雷管又分为秒延期电雷管和毫秒电雷管（又称毫秒延期电雷管）。

根据主装药装药量的不同，电雷管可分为6号和8号两种。电雷管壳使用的材料有铜、覆铜钢、铝、铁等，但煤矿许用型电雷管不应使用铝及其合金部件等材料。电雷管脚线的长度规定为2m，也可要求厂家供应其他长度脚线的电雷管。

4.1.1.1 普通瞬发电雷管

普通瞬发电雷管简称瞬发电雷管，指通电后立即爆炸的电雷管。瞬发电雷管由基础雷管和电点火元件组装而成。

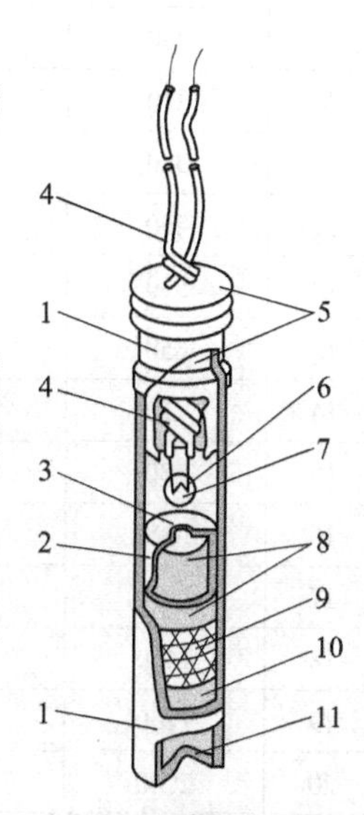

图4-1 瞬发电雷管

1—外壳；2—加强帽；3—传火孔；4—脚线；5—卡口塞；6—桥丝；7—引火线；8—起爆药；9—二遍主装药；10—头遍主装药；11—聚能穴

图4-1所示为瞬发电雷管的结构示意图。电点火元件由聚氯乙烯绝缘镀锌铁脚线、桥丝（直径40pm的镍铬合金丝）引火药头和塑料卡口塞组成，通过卡口器将塑料卡口塞卡紧固定在基础雷管的

开口端。引火药头是火柴头大小的一种滴状物，它是将由引火药（氧化剂和可燃剂的粉状混合物）与缩丁醛、明胶等黏合剂配制成的糊状物蘸在桥丝上，烘干后再在表面浸上防潮、防摩擦、防静电保护层制成的。引火药头质量是影响电雷管质量的主要因素之一。

4.1.1.2 普通延期电雷管

普通延期电雷管简称延期电雷管，是指装有延期元件或延期药的电雷管。根据延期时间的不同，延期电雷管又分为秒延期电雷管、半秒延期电雷管、0.25s 延期电雷管和毫秒延期电雷管。我国延期电雷管的段别及其延期时间见表 4-1。

延期电雷管与瞬发电雷管的区别主要在于延期电雷管在电点火元件与基础雷管之间安置有延期元件或延期药。

表 4-1 延期电雷管的段别及其延期时间（GB 8031—2015）

段别	第 1 毫秒系列/ms	第 2 毫秒系列/ms	第 3 毫秒系列/ms	第 4 毫秒系列/ms	0.25 秒系列/s	半秒系列/s	秒系列/s
1	0	0	0	0	0	0	0
2	25	25	25	1	0.25	0.50	1.00
3	50	50	50	2	0.50	1.00	2.00
4	75	75	75	3	0.75	1.50	3.00
5	110	100	100	4	1.00	2.00	4.00
6	150	—	125	5	1.25	2.50	5.00
7	200	—	150	6	1.50	3.00	6.00
8	250	—	175	7	—	3.50	7.00
9	310	—	200	—	—	4.00	8.00
10	380	—	225	—	—	4.50	9.00
11	460	—	250	—	—	—	10.00
12	550	—	275	—	—	—	—
13	650	—	300	—	—	—	—
14	760	—	325	—	—	—	—
15	880	—	350	—	—	—	—
16	1020	—	375	—	—	—	—
17	1200	—	400	—	—	—	—
18	1400	—	425	—	—	—	—
19	1700	—	450	—	—	—	—
20	2000	—	475	—	—	—	—
21	—	—	500	—	—	—	—

注：第 2 毫秒系列为煤矿许用毫秒延期电雷管，该系列是强制性的。

A 秒延期电雷管

秒延期电雷管又被称为迟发雷管，即通电后要经秒延时后才发生爆炸，其结构（见表 4-2）特点是，在瞬发电雷管的点火药头与起爆药之间加了一段精制的导火索作为延期药，依靠导火索的长度控制秒量的延迟时间。国产秒延期电雷管分 7 个延迟时间组成系列。这种延迟时间系列称为雷管的段别，即秒延期电雷管分为 7 段，其规格列于表 4-2 中。

表 4-2 国产秒延期电雷管的延迟时间

段别	1	2	3	4	5	6	7
延迟时间/s	≤0.1	1.0±0.5	2.0±0.6	3.1±0.7	4.3±0.8	5.6±0.9	7±1.0
标志（脚线颜色）	灰蓝	灰白	灰红	灰绿	灰黄	黑蓝	黑白

秒延期电雷管分整体壳式和两段壳式。整体壳式是由金属管壳将点火装置、延期药和普通火雷管装成一体，如图 4-2（a）所示；两段壳式的电点火装置和火雷管用金属壳包裹，中间的精制导火索露在外面，三者连成一体，如图 4-2（b）所示。包在点火装置外面的金属壳在药头旁开有对称的排气孔，其作用是及时排泄药头燃烧产生的气体。为了防潮，排气孔用蜡纸密封。

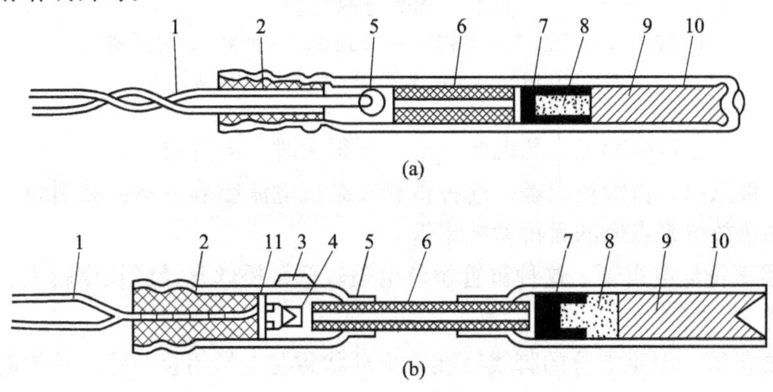

图 4-2 秒延期电雷管

1—脚线；2—密封塞；3—排气孔；4—引火药头；5—点火部分管壳；6—精制导火索；7—加强帽；8—起爆药；9—加强药；10—普通雷管部分管壳；11—纸垫

B 毫秒延期电雷管

毫秒延期电雷管又称毫秒电雷管，通电后经毫秒量级的时间延迟后爆炸，延期时间短且精度高。使用氧化剂、可燃剂和缓燃剂的混合物做延时药，并通过调整其配比达到不同的延时间隔。国产毫秒电雷管的结构有装配式（图 4-3（a））和直填式（图 4-3（b））两种。

国产毫秒雷管的延期药多用硅铁 FeSi（还原剂）和铅丹 Pb_2O_4（氧化剂）的机械混合物（两者比例为 3∶1），并掺入适量（0.5%~4%）的硫化锑（缓燃剂）用以调整药剂的燃速。为便于装药，常用酒精、虫胶等作黏合剂造粒。

4.1.1.3 抗杂散电流电雷管

因电器设备或导线漏电或大容量设备产生的感应电流，会使地层或金属设备、管道带电，常称为杂散电流。当爆破地点存在杂散电流时，普通电雷管会有误爆的危险。在这种条件下，应当使用抗杂散电流电雷管。抗杂散电流电雷管主要有以下几种形式：

（1）无桥丝电雷管。在电雷管的电点火元件中取消桥丝，使脚线直接插在点火药头上，点火药中加入一定导电成分，当脚线两端电压较小时，点火药电阻很大，电流很小，

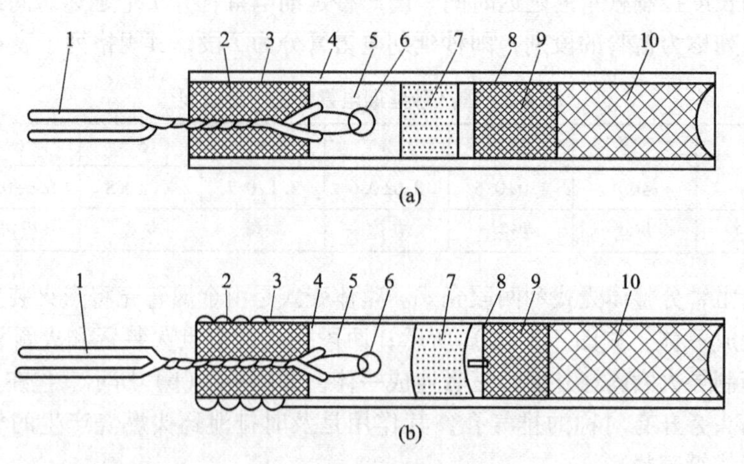

图 4-3　毫秒延期电雷管

1—脚线；2—管壳；3—塑料塞；4—长内管；5—气室；6—引火药头；
7—压装延期药；8—加强帽；9—起爆药；10—加强药

点火药升温小，不足以引起点火药燃烧；当电压很大时，电流很大，点火药电阻减小，点火药升温高，被点燃，雷管被引爆，这种雷管在杂散电流影响下不会被引爆。此外，还有利用电极的高压放电来点燃的无桥丝电雷管。

（2）低阻率桥丝电雷管。这种雷管桥丝电阻较低，桥丝直径或长度较大，只有大电流才能引爆雷管。

（3）电磁雷管。电磁雷管的脚线绕在一个环状磁芯上呈闭合回路，放炮时将单根导线穿过环状磁芯，用其两端接至高频发爆器，高频电流由环状磁芯产生感应电流引爆雷管。图 4-4 所示为由磁芯、接收器和点火回路组成的电磁雷管，这种雷管可用于水下遥控爆破。

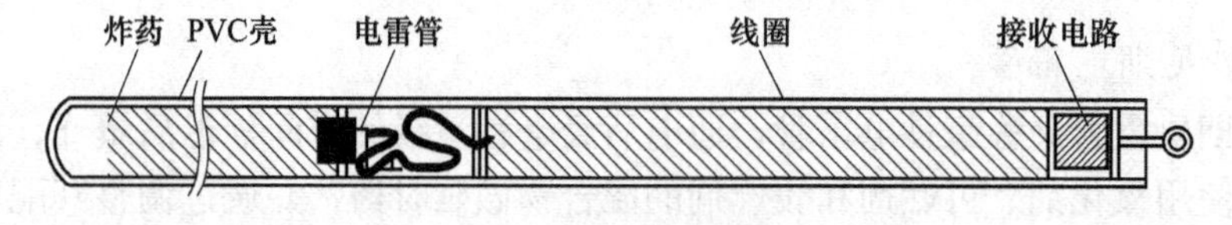

图 4-4　电磁雷管组成

4.1.1.4　无起爆药雷管

普通的工业雷管均装有对冲击、摩擦和火焰感度都很高的起爆炸药，常常使得雷管在制造、储存、装运和使用过程中产生爆炸事故。国内近年成功研制的无起爆药雷管，它的结构与原理和普通工业雷管一样，只是用一种对冲击和摩擦感度比常用的起爆药低的猛炸药来代替起爆药，大大提高了雷管在制造、储存、装运和使用过程中的安全性，而起爆性能并不低于普通工业雷管。

4.1.2　电雷管主要性能参数

为保证电雷管的安全准爆和进行电爆网路计算，需要确定的主要性能参数有雷管电阻、最大安全电流、最低准爆电流、雷管反应时间、发火冲能和雷管的起爆能力等。这些性能参数也是检验电雷管的质量、选择起爆电源和测量仪表的依据。

（1）电雷管全电阻。指每发电雷管的桥丝电阻与脚线电阻之和，它是进行电爆网路计算的基本参数。在设计网路的准备工作中，必须对整批电雷管逐个进行电阻测定，在同一网路中选择电阻值相等或近似的同批雷管。

（2）电雷管安全电流。也称最大安全电流，指给电雷管通以恒定直流电，5min 内不致引爆雷管的电流最大值。国产电雷管的最大安全电流，康铜桥丝为 0.3~0.55A，镍铬合金桥丝为 0.125A。按安全规程规定，取 30mA 作为设计采用的最大安全电流值，故一切测量电雷管的仪表，其工作电流不得大于此值，爆破环境杂散电流的允许值也不应超过此值。

（3）最低准爆电流。给单发电雷管通以恒定的直流电（一般 5min 内），能准确引爆雷管（一般 20 发）的最小电流值，称为电雷管的最低准爆电流，国产电雷管的最低准爆电流一般不大于 0.7A。

（4）电雷管的反应时间。电雷管从通入最小发火电流开始到引火头点燃的这一时间，称为电雷管的点燃时间；从引火头点燃开始到雷管爆炸的这一时间，称为传导时间。点燃时间与传导时间之和称为电雷管的反应时间。点燃时间取决于电雷管的发火冲能大小，合理的传导时间可为敏感度有差异的电雷管成组起爆提供条件。

（5）发火冲能。发火冲能又称为点燃起始能，是使电雷管引火头发火的最小电流起始能，即电流起始能的最低值。

点燃起始能是表示电雷管敏感度的重要特性参数。通常用点燃起始能的倒数作为电雷管的敏感度。点燃起始能的大小为

$$K_d = I^2 t_d \tag{4-1}$$

式中 K_d——点燃起始能，$A^2 \cdot s$；

t_d——点燃试件，s；

I——电流，A。

发火冲能与通入电流值的大小有关，电流愈小，散热损失愈大。当电流值趋于最大安全电流时，发火冲能趋于无穷大；反之热能损失小，电流增至无穷大时的发火冲能称为最小发火冲能。

最小发火冲能值用实验测定很困难，实际中常采用当电流强度等于 2 倍百毫秒发火电流时的发火冲能（称为标称发火冲能）值替代。该值只比最小发火冲能大 5%~6%，且已基本趋于稳定。国产部分电雷管的性能参数见表 4-3。

4.1.3 电雷管的性能试验

电雷管在出厂前要经过一系列的参数测定和性能试验。参数测定包括全电阻、最大安全电流、最低准爆电流、串联准爆电流、发火冲能和延期时间的测定。性能试验包括安全电流试验、串联准爆电流试验、震动试验、铅板试验和封口牢固性试验，对于煤矿许用电雷管还必须通过可燃气安全度试验，这里只简单介绍铅板试验。

表 4-3　国产部分电雷管的性能参数

桥丝材料及直径 /μm	引火头	桥丝电阻 /Ω	最大安全电流 /A	最小发火电流 /A	额定发火冲能 /A²·ms	桥丝熔化冲能 /A²·ms	传导时间 /ms	20 发准爆电流 /A	制造厂家
					上限	下限			
康铜 50	桥丝直插 DDNP	0.76~0.94	0.03	0.35	12	—	2.6~5.1	—	抚顺 11 厂
康铜 50	桥丝直插 DDNP	0.73~0.98	0.35	0.425	19	9	2.1~4.9	—	阜新 12 厂
镍铬 40	桥丝直插 DDNP	—	0.125	0.2	3.2	2.2	2.2~7.2	—	开滦 602 厂
康铜 50	桥丝直插 DDNP	0.73~0.85	0.275	0.475	16.3	10.9	2.1~3.2	—	大同矿务化工厂
康铜 50	桥丝直插 DDNP	0.8~1.2	0.35	0.45	15.7	10.9	2.2~2.4	—	淮南煤矿化工厂
康铜 50	桥丝直插 DDNP	0.65~0.90	0.35	0.425	16.3	10.9	2.2~2.5	—	徐州矿务局化工厂
猛白铜 50	桥丝直插 DDNP	0.79~1.14	0.325	0.425	13.2	8.4	—	—	淮北矿务局化工厂
康铜 50	桥丝直插 DDNP	0.69~0.91	0.275	0.45	18.7	9.5	2.6~5.2	1.8	淄博局 525 厂
镍铬铜 40	桥丝直插 DDNP	1.6~3.0	0.15	0.2	2.9	2	2.4~4.3	0.8	峰峰 607 厂

铅板试验是用以判断雷管起爆能力的一种试验方法，试验装置如图 4-5 所示。试验时，将测试雷管直立在直径为 30~40mm 的铅板中央，引爆雷管后，8 号雷管应炸穿 5mm 厚铅板，6 号雷管应炸穿 4mm 厚铅板。穿孔直径不应小于 7mm。

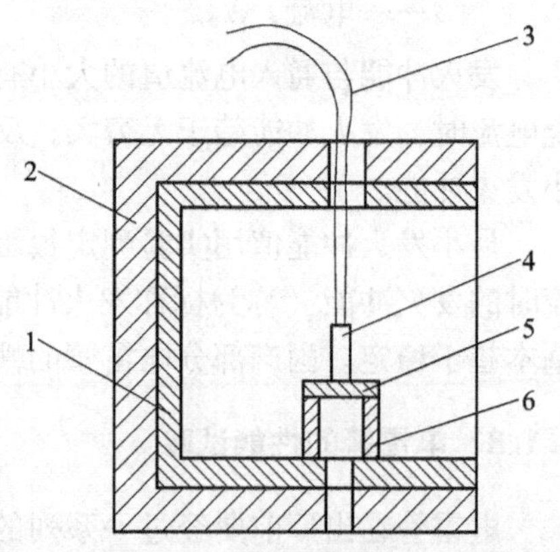

图 4-5　雷管铅板试验装置
1—铅衬；2—防爆箱；3—雷管脚线；4—雷管；5—铅板；6—钢管

4.1.4　起爆电源

照明电、动力电和发爆器是常用的起爆电源。干电池、蓄电池也可作为少量电雷管的起爆电源。

4.1.4.1　照明电和动力电

220V 照明电和 380V 动力电作为起爆电源，特别适合于大量电雷管的并联、串并联爆破网路。

用动力电源或照明电源起爆时，必须在安全地点设置 2 个双刀双掷刀闸（图 4-6），分别作为电源开关和放炮开关。电刀闸开关合上后，必须有指示灯发亮表示电源接通。放炮刀闸电源线应与电源的刀闸引线接通，放炮刀闸引线应与放炮母线接通。除放炮合闸外，平时放炮刀闸应放在另一掷处，并使网路形成闭合状态，以防止外部电流进入雷管。

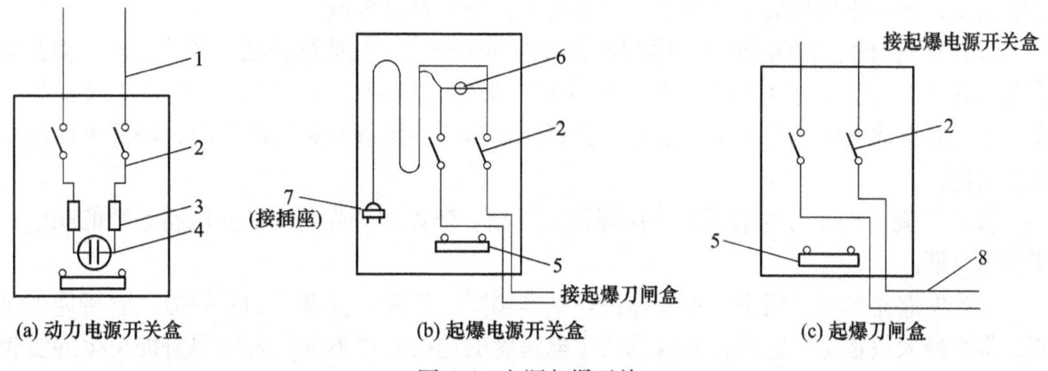

图 4-6 电源起爆开关

1—动力线；2—双刀双掷刀闸；3—熔丝；4—插座；5—短路杆；6—指示灯；7—插头；8—起爆母线

4.1.4.2 发爆器

发爆器又称起爆器、放炮器。发爆器能够提供给爆破网路的电流较小，一般适用于电雷管的串联网路。由于它具有使用简单、质量轻、便于携带的优点，在小规模的爆破工程中得到广泛的使用。目前使用的发爆器绝大多数是电容式发爆器，分为矿用防爆型（适用于具有瓦斯与煤尘爆炸危险的环境）和非防爆型两种类型。电容式发爆器电路如图 4-7 所示。

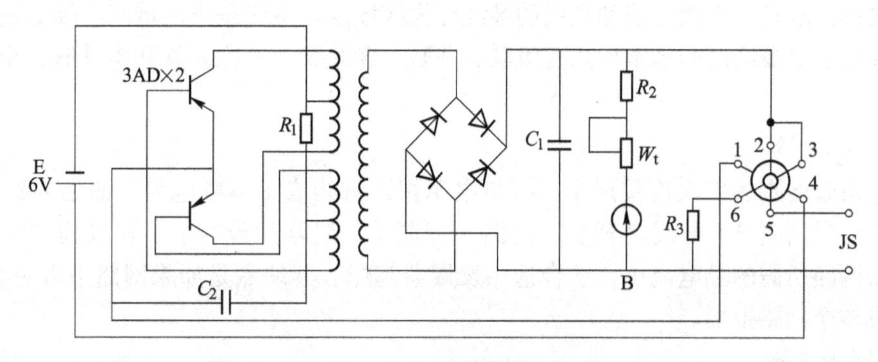

图 4-7 电容式发爆器电路图

主要包括：

（1）低压直流电源。一般采用 4.5V 或 6V 干电池。

（2）晶体管变流器。将直流电源变换成交流电源，经升压变压器升到几百伏。

（3）整流电路。将交流高压电源整流成为直流高压电源。

（4）储能电路。高压直流电源随时向储能电路的主电容器充电。

（5）限时电路。限时电路是矿用发爆器必需的组成部分，一般由机械式毫秒开关组成。设置限时电路的目的是防止电雷管引爆后爆破电路被拉断，或重新搭接产生电火花引起瓦斯或煤尘爆炸。《煤矿用电容式发爆器》（GB 7958—2014）规定，在最大允许负载范围内，发爆器的安全供电时间应不大于 4ms，或达到 4ms 时，输出端子两端电压应降低到安全电路规定值以下。

（6）显示电路。显示电路一般由电压表、氖灯和分压线路构成。电压表显示主电容的充电电压，当电压达到额定电压后，氖灯发光，指示可以放炮。

（7）钥匙开关和放电回路。接到准备起爆的命令后，由放炮员插入开关钥匙，将开关旋至“充电”位置，主电容充电至氖灯发亮。接到起爆命令后，将开关旋至“起爆”位置，主电容接通电爆网路放电，引爆电雷管，随即开关接通内置放电电阻，释放主电容中剩余电荷。

（8）外壳。外壳分为防爆和非防爆两种类型。防爆型外壳可以防止电路系统的触电火花引燃瓦斯。

国产发爆器的型号很多，但工作原理基本相同。任何一种型号的发爆器，它所能引爆的电雷管最大数量是一定的，而且网路中电雷管的连接方式不同，发爆器所能引爆的雷管数量也不同。一般情况下，单发全并联时，发爆器所能引爆的电雷管数量最少。随着使用年限的增加，发爆器中电容器的充放电能力逐渐下降，发爆器的引爆能力也会逐渐低于额定引爆能力。定期对电容式发爆器进行充放电操作，可以减缓发爆器起爆能力下降的趋势。

4.1.5　电爆网路

4.1.5.1　电爆网路的基本形式

电爆网路由电雷管、端线、区域线、主线、电源开关和插座等构成。用来接长雷管脚线的导线称为端线，连接端线和主线的导线称为区域线，主线是指区域线与爆破电源之间的连接导线。电爆网路的基本形式有串联、并联、簇并联、分段并联和串并联，很少采用并串联。

A　串联网路

将电雷管的脚线依次连接成串，再与电源相连就构成了串联电路，如图4-8（a）所示。串联电爆网路具有导线消耗少、网路计算简单、线路敷设容易、仪表检查方便等优点。串联网路所需的总电流小，适合选用发爆器起爆。其缺点是如果网路中有一处断路，就会造成整个网路拒爆。

B　并联网路

将所有电雷管的两根脚线分别联在两条导线上，再将这两条导线与电源相连就构成了并联电爆网路，如图4-8（b）所示。如果将一组电雷管的脚线分别连接为两点，再将这两点通过导线与电源相连，就构成了簇并联电爆网路，如图4-8（c）所示。并联电爆网路的优点是当某一雷管发生断路或故障时，不会影响整个网路的起爆。并联网路所需的起爆总电流大，适合采用照明电或动力电作为起爆电源。其缺点是线路敷设较复杂，检查比较烦琐，漏接少量电雷管时不易通过仪表检查发现。

C　串并联网路

将若干组串联连接的电雷管并联在两根导线上，再与电源相连就构成了串并联电爆网路。工程中经常在同一药包内放置2发电雷管，将这些电雷管分别串联在一起，然后再并联，如图4-8（d）所示。这样构成的串并联电路的起爆可靠性大为提高。为使流入各支路

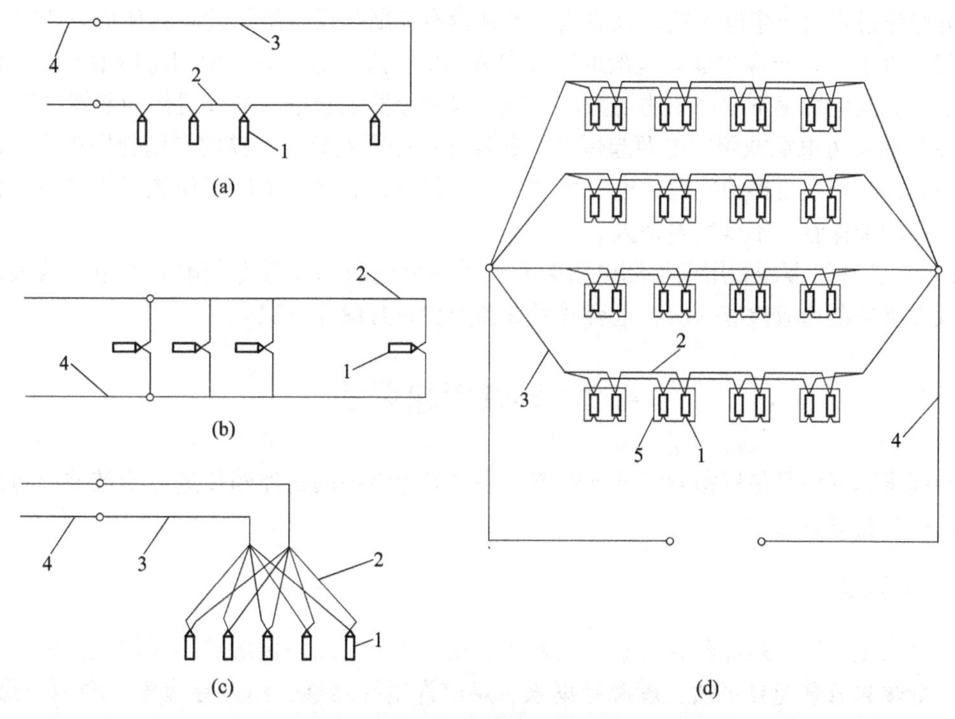

图 4-8　电爆网路的基本形式

1—雷管；2—端线；3—区域线；4—主线；5—药室

的电流大致相等，从而保证通过每发电雷管的电流大于设计的准爆电流，必须使各支路的总电阻大致相等，这就要求各支路串联的雷管数目基本一致。在各串联支路并联连接之前，必须用雷管专用电表测试各支路的总电阻。如果各支路的总电阻相差较大，则必须通过串接电阻的方法平衡各支路的阻值。最简单的办法就是在阻值较小的支路中串接一定数目的电雷管。

4.1.5.2　敷设电爆网路时应注意的问题

（1）电爆网路的连接线不应使用裸露导线，不得利用铁轨、钢管、钢丝作爆破线路，爆破网路应与大地绝缘，电爆网路与电源之间宜设置中间开关。

（2）电爆网路的导通和电阻值检查，应使用专用导通器和爆破电桥，专用爆破电桥的工作电流应小于 30mA；爆破电桥等电气仪表应每月检查一次。

（3）爆破作业场地的杂散电流值大于 30mA 时，禁止采用普通电雷管。

（4）雷雨天不应采用电爆网路。

（5）起爆网路的连接，应在工作面的全部炮孔（或药室）装填完毕，无关人员全部撤至安全地点之后，由工作面向起爆站依次进行。

（6）爆破主线与起爆电源或发爆器连接之前，必须测量全线路的总电阻值。总电阻值应与实际计算值符合（允许误差±5%）；若不符合，禁止连接。

（7）如果发爆器限时电路发生故障，发爆器放电不彻底，则在发爆器与电爆网路连接瞬间极易发生早爆事故。国内已发生过多起此类事故。因此，在将发爆器与电爆网路连接之前，应使用金属导线将发爆器的两个接线端子短接，将发爆器内残余电荷释放掉。考虑到放电操作过程会产生电火花，该方法严禁在具有瓦斯与煤尘爆炸危险的环境中使用。

（8）在有瓦斯与煤尘爆炸危险的环境中采用电力起爆时，只准使用防爆型发爆器作为起爆电源。其他情况下准许采用动力电、照明电和经鉴定合格的发爆器作为起爆电源。

（9）用动力电源或照明电源起爆时，起爆开关必须安放在上锁的专用起爆箱内。起爆开关箱的钥匙和发爆器的钥匙在整个爆破作业时间里，必须由爆破工作领导人或由他指定的爆破员严加保管，不得交给他人。

（10）各种发爆器和用于检测电雷管及爆破网路电阻的爆破专用电表等电气仪表，每月以及大爆破前均应检查一次，电容式发爆器至少每月赋能一次。

4.2 导爆索起爆法

导爆索起爆法是指用雷管激发导爆索，通过导爆索中的猛炸药传递爆轰波并引爆炮孔装药的一种起爆方法。

4.2.1 导爆索

导爆索是一种以猛炸药为药芯，在外界能量作用下，以一定爆速传递爆轰波的索类火工品。导爆索有普通导爆索、震源导爆索、煤矿许用导爆索、油井导爆索、金属导爆索、切割索和低能导爆索等多种类型。

工程爆破中常用的是普通导爆索（以下简称导爆索）。导爆索适用于露天工程和无瓦斯、煤尘爆炸危险环境中的爆破作业，其药芯为不少于 11.0g/m 的黑索金或太安。导爆索分为两个品种：一种是以棉线、纸条为包缠物，沥青为防潮层的棉线导爆索，其外径不大于 6.2mm，其结构与工业导火索类似（图 4-9）。

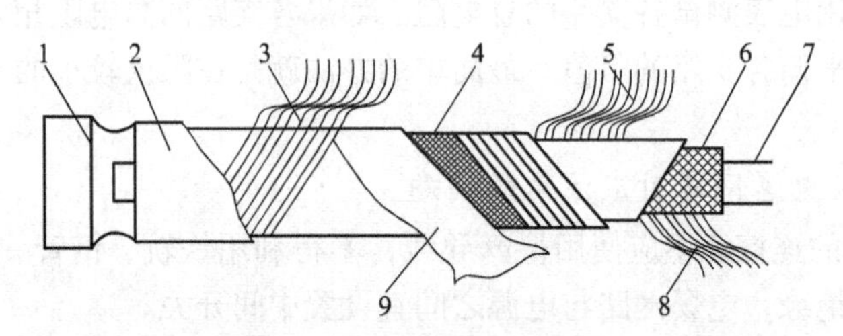

图 4-9 棉线普通导爆索结构

1—防潮帽；2—涂料层；3—外线层；4—沥青；5—中线层；6—黑索金；7—芯线；8—内线层；9—纸条层

另一种是以化学纤维或棉线、麻线等为内包缠物，外层涂敷热塑性塑料的塑料导爆索，其直径不大于 6.0mm。塑料导爆索更适用于水下爆破作业。导爆索与导火索的最大区别在于导爆索传递的是爆轰波而导火索传递的是火焰，导爆索的传爆速度不小于 6000m/s。为区别于导火索，导爆索表面均被涂上红色颜料。

导爆索具有突出的传爆性能和稳定的起爆能力。1.5m 长的导爆索能完全起爆一个 200g 的标准压装 TNT 药块。在（72±2）℃保温 2h 后或在−40℃冷冻 2h 后，导爆索起爆和传爆性能不变，在承受静压拉力不小于 400N，保持 30min 后，仍能保持原有的爆轰性能。

工业导爆索在深度为 1m，水温为 10～25℃的静水中浸 5h，引爆后应爆轰完全。出厂前，导爆索都要经过耐弯曲性试验，以满足敷设网路时对导爆索进行弯曲、打结的要求。

导爆索的芯药与雷管的主装药都是黑索金或太安，可以把导爆索看作是一个“细长而连续的小号雷管”。机械冲击和导火索喷出的火焰不能可靠地将导爆索引爆，必须使用雷管或起爆药柱、炸药等大于雷管起爆能力的火工品将其引爆。导爆索可以直接引爆具有雷管感度的炸药，不需在插入炸药的一端连接雷管。切割导爆索应使用锋利刀具，严禁用剪刀剪断导爆索。

4.2.2 导爆索爆破网路

导爆索爆破网路中主线与支线或索段与索段的连接方法有搭结、套结、水手结和三角结等几种（图 4-10）。搭结时，两根导爆索重叠的长度不得小于 15cm，中间不得夹有异物和炸药卷，支线传爆方向与主线传爆方向的夹角不得大于 90°。连接导爆索中间不应出现打结或打圈；交叉敷设时，应在两根交叉导爆索之间设置厚度不小于 10cm 的木质垫块。硐室爆破时，导爆索与铵油炸药接触的地方应采取防渗油措施或采用塑料被覆导爆索。

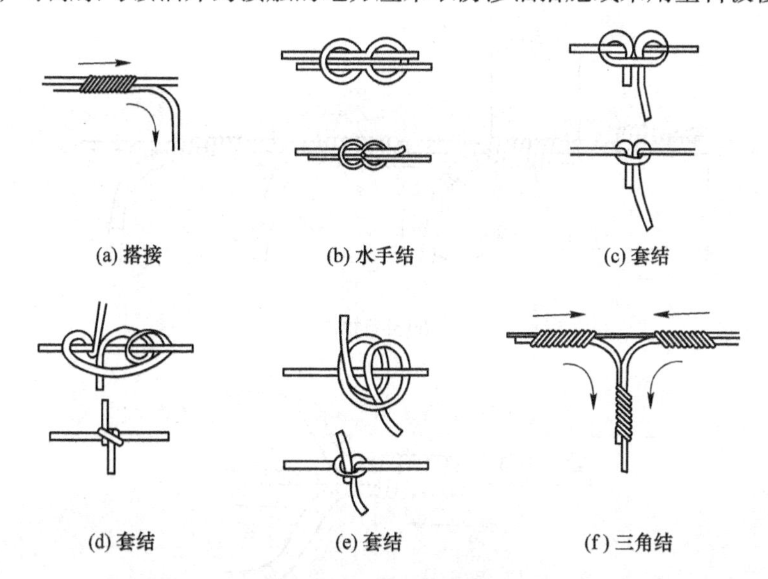

图 4-10 导爆索的连接方法

导爆索与普通药卷的连接如图 4-11（a）所示。对于大药包或硐室爆破，为提高导爆索起爆炸药的威力，常在插入炸药的一端打几个结或弯折两三次后捆成一个结（图 4-11（b））。

导爆索爆破网路常用分段并联（图 4-12（a））和簇并联网路（图 4-12（b））。

为提高起爆的可靠度，可以把主导爆索连接为环形网路（图 4-13），但支线和主线都应采用三角形连接。起爆导爆索的雷管与导爆索捆扎端端头的距离应不小于 15cm，雷管的聚能穴应朝向导爆索的传爆方向。

由于导爆索的爆速很高，故导爆索网路中连接的所有装药几乎是同时爆炸。为了实现延时爆破，可在网路中连接继爆管。继爆管是专门与导爆索配合使用的延期元件，是装有毫秒延期元件的基础雷管与一根消爆管的组合体，有单向和双向两种。单向继爆管传爆具

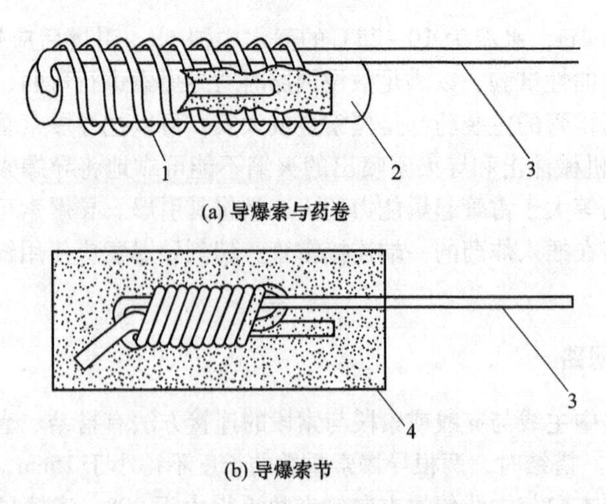

(a) 导爆索与药卷

(b) 导爆索节

图 4-11　导爆索与药卷的连接

1—胶布；2—药卷；3—导爆索；4—起爆体

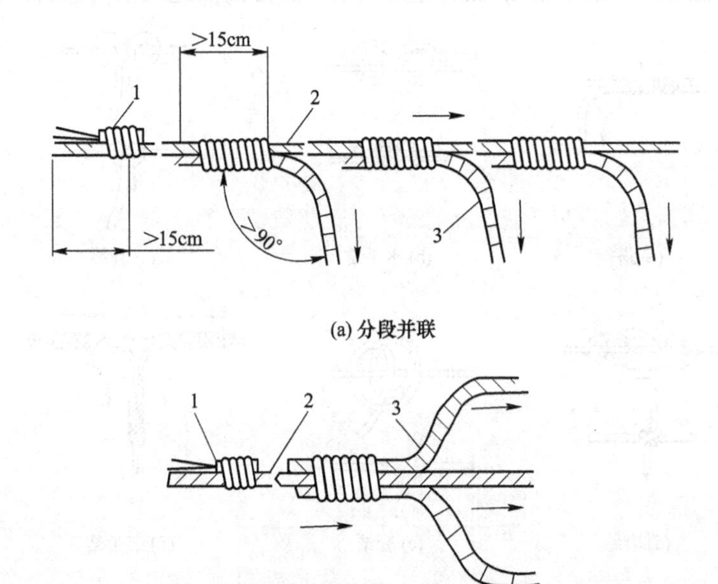

(a) 分段并联

(b) 簇并联

图 4-12　导爆索爆破网路

1—雷管；2—主干索；3—支索

有方向性，如在使用中方向接反，爆轰就会中断。由于继爆管的成本较高，随着抗杂散电流电雷管、抗静电延期电雷管性能的不断提高，特别是导爆管非电起爆技术的不断发展和完善，继爆管的使用量已大幅减少。

4.2.3　导爆索起爆法的特点

导爆索起爆法主要具有如下优点：

（1）爆破网路设计简单，操作方便。与电力起爆法相比，准备工作量少，不需对爆破

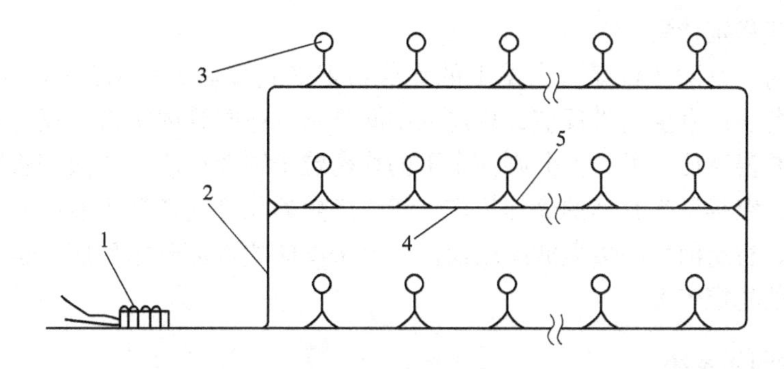

图 4-13 环形网路

1—雷管；2—主干索；3—炮孔；4—支索；5—附加支索

网路进行计算。

（2）不受杂散电流、雷电（除非雷电直接击中导爆索）以及其他各种电感应的影响。

（3）起爆准确可靠，能同时起爆多个装药。

（4）不需在药包中连接雷管，因此在装药和处理盲炮时比较安全。

导爆索起爆法的不足之处主要是：

（1）成本高、噪声大。

（2）不能用仪器、仪表对爆破网路进行检查，无法对已经填塞的炮孔或导洞中导爆索的状态进行准确判断。

4.3 塑料导爆管起爆系统

4.3.1 塑料导爆管

塑料导爆管简称导爆管，是一种内壁涂敷有猛炸药，以低爆速传递爆轰波的挠性塑料细管。我国普通塑料导爆管一般由低密度聚乙烯树脂加工而成，无色透明，外径 $(3.0^{+0.1}_{-0.2})$mm，内径（1.4±0.1）mm。涂敷在内壁上的炸药量为 14~18mg/m（91%的奥克托今或黑索金，9%的铝粉）。

导爆管的传爆速度为（1650±50）~（1950±50）m/s。其适用的环境温度为-40~50℃，常温下能承受 68.6N 的静拉力，在经扭曲、打结后（管腔不被堵死）仍能正常传爆。在管壁无破裂、端口以及连接元件密封可靠的情况下，导爆管可以在 80m 深的水下正常传爆。只有在管内断药大于 15cm，或管腔由于种种原因被堵塞、卡死，例如有水、砂土等异物，或管壁出现大于 1cm 裂口的情况下，导爆管才会出现传爆中断现象。

导爆管起爆以后，管内将产生爆轰波。在起爆的瞬间可以看到爆轰波似一道闪光通过导爆管，在导爆管出口喷出的爆轰波可以引爆火雷管，但不能直接引爆工业炸药。其传爆不会破坏环境，在火焰和机械碰撞的作用下不能起爆。

4.3.2 导爆管的稳定传爆原理

导爆管在受到足够强度的激发冲量作用后，将在管内形成一个向前传递的不稳定爆轰波。该爆轰波在导爆管中传播约 300mm 后转变为稳定爆轰波，此后爆轰波的传播速度将保持恒定，形成稳定传爆。

稳定传爆时，黏附在导爆管内壁上的炸药粉末受到爆轰波前沿波阵面高温高压的作用，首先在炸药表面发生化学反应，反应的中间产物迅速向管内扩散，反应放热一部分用于维持管内的高温高压，另一部分则使余下的炸药粒子继续反应。扩散到管腔的中间产物与空气混合后，继续发生剧烈的爆炸反应，爆炸产生的能量支持爆轰波前沿波阵面稳定前移而不致衰减，稳定前移的爆轰波继续使内壁上未反应的炸药开始反应。这个过程的循环就是导爆管内的稳定传爆。

4.3.3 导爆管起爆系统

导爆管必须同其他器材配合，才能达到引爆炸药的目的。这些器材和导爆管结合在一起就构成了导爆管起爆系统。导爆管起爆系统由起爆元件、传爆元件和末端工作元件三部分组成。

（1）起爆元件。凡能产生强烈冲击波的器材都能引爆导爆管，能够引爆导爆管的器材统称为起爆元件。起爆元件的种类很多，主要有电雷管、击发枪、导爆索、发爆器配击发针。实验表明，1 发 8 号雷管最多可以起爆 50 余根的导爆管，但为了起爆可靠，以每发雷管起爆 8~10 根导爆管为宜，而且必须将这些导爆管用胶布等牢固地捆绑在雷管的周围。

（2）传爆元件。传爆元件的作用是将上一段导爆管中产生的爆轰波传递至下一段导爆管。常用的传爆元件有导爆管雷管和反射四通，其中导爆管雷管既是上一段导爆管的末端工作元件，也是下一段导爆管的起爆元件。

反射四通是最为常用的一种连通管。使用时将四根导爆管的一端都剪成与轴线垂直的平头，将它们齐头同步插入四通底部。当其中的一根导爆管被引爆后，在其中产生的爆轰波传递至四通底部，经反射后就会将其余 3 根导爆管引爆。当需要传爆的导爆管小于 3 根时，可用长于 10cm 的导爆管（爆轰过的也可以）顶替。反射四通内无任何炸药成分，无爆炸危险性，可以取代导爆管网路中用做传爆元件的导爆管雷管。利用反射四通可以构成各种形式的导爆管爆破网路，一次起爆的炮孔数目不受限制。反射四通成本低廉、传爆可靠、使用安全，现已得到广泛应用。

（3）末端工作元件。末端工作元件是指与导爆管传爆末端相连接的基础雷管。其作用是将导爆管传递的低速爆轰波转变为能够起爆工业炸药的高速爆轰波。将导爆管与基础雷管组合装配在一起，就形成了导爆管雷管。导爆管雷管是指能被导爆管激发的工业雷管，由导爆管、卡口塞、延期体和基础雷管组成。我国导爆管雷管的品种有瞬发导爆管雷管、毫秒导爆管雷管、半秒延期导爆管雷管和秒延期导爆管雷管。我国延期导爆管雷管的段别与延期时间见表 4-4。工厂生产的导爆管雷管的导爆管长度主要根据使用者的要求确定，主要有 3m、5m、7m、10m 等。

4.3.4 导爆管爆破网路

4.3.4.1 导爆管爆破网路的基本形式

导爆管爆破网路既可以用反射四通连接，也可以用导爆管雷管连接。导爆管雷管一次可以起爆多根导爆管。当采用延期导爆管雷管时，还可以进行孔外延期爆破，但是由于雷管直接放在地表，潜伏着不安全因素，故使用时应特别谨慎。采用反射四通连接的爆破网路，地表无雷管，安全性好，同时消除了导爆管雷管产生的飞片和射流切断导爆管的可能性。但是，这种连接方法也存在着网路接点多、接头防水性能差、接头不能承受拉力等缺点。具体工程中应根据实际情况和器材条件灵活运用，必要时可以两者混用，发挥各自的优势。导爆管爆破网路的形式多种多样，下面列举一些基本的形式。

表 4-4 导爆管雷管的段别与延期时间（GB 19417—2003）

段别	延期时间（以秒量计）							
	毫秒导爆管雷管/ms			0.25 秒导爆管雷管/s	半秒导爆管雷管/s		秒导爆管雷管/s	
	第一系列	第一系列	第一系列	第一系列	第一系列	第一系列	第一系列	第一系列
1	0	0	0	0	0	0	0	0
2	25	25	25	0.25	0.50	0.50	2.5	2.5
3	50	50	50	0.50	1.00	1.00	4.0	2.0
4	75	75	75	0.75	1.50	1.50	6.0	3.0
5	110	100	100	1.00	2.0	2.0	8.0	4.0
6	150	125	125	1.25	2.5	2.5	10.0	5.0
7	200	150	150	1.50	3.00	3.00	—	6.0
8	250	175	175	1.75	3.60	3.50	—	7.0
9	310	200	200	2.00	4.50	4.00	—	8.0
10	380	225	225	2.25	5.50	4.50	—	9.0

（1）簇联网路。将若干个导爆管雷管的导爆管末端用胶布捆绑在一发雷管的外面就构成了导爆管的簇联爆破网路，如图 4-14（a）所示。簇联网路简单实用，但导爆管的消耗量较大，适合于炮孔集中且数目不多的爆破工程。

（2）串联网路。被传爆导爆管的头通过反射四通与传爆导爆管的尾成串相接，就构成了串联爆破网路，如图 4-14（b）所示。串联爆破网路的网路布置清晰，导爆管消耗量少，但接点多，只要有一个接点断开，整个网路就会在此中断传爆。为此，经常将网路的首尾相连，形成环形网路。

（3）簇串联网路。将被传爆导爆管雷管的导爆管端与传爆导爆管雷管的雷管端依次成串相联，每个连接端再簇联若干个导爆管雷管就形成了簇串联网路，如图 4-14（c）所示。簇串联网路具有簇联网路和串联网路的共同优点。当网路中选用延期导爆管雷管时，就形成了孔外延期爆破网路，其最大的优点是消除了“跳段”现象。

（4）复联网路。为提高传爆的可靠性，经常在每个炮孔（药包）内布置两发雷管，从每个炮孔（药包）内各取一发雷管分别组成两套爆破网路，这两套爆破网路组合在一起就构成了复式爆破网路，如图 4-14（d）所示。

（5）环形爆破网路。将传爆导爆管联成环形或网格形就构成了环形爆破网路。环形爆破网路可分为单式环形和复式环形两种形式，是城市拆除爆破中经常采用的两种网路形式。环形爆破网路具有双向传爆的特点，应尽量对称布置，且把起爆点设在对称中心点处，以利于减小导爆管的固有延时。

（6）逐孔起爆爆破网路。我国某企业生产的 Exel 地表延期雷管，由一定长度的导爆

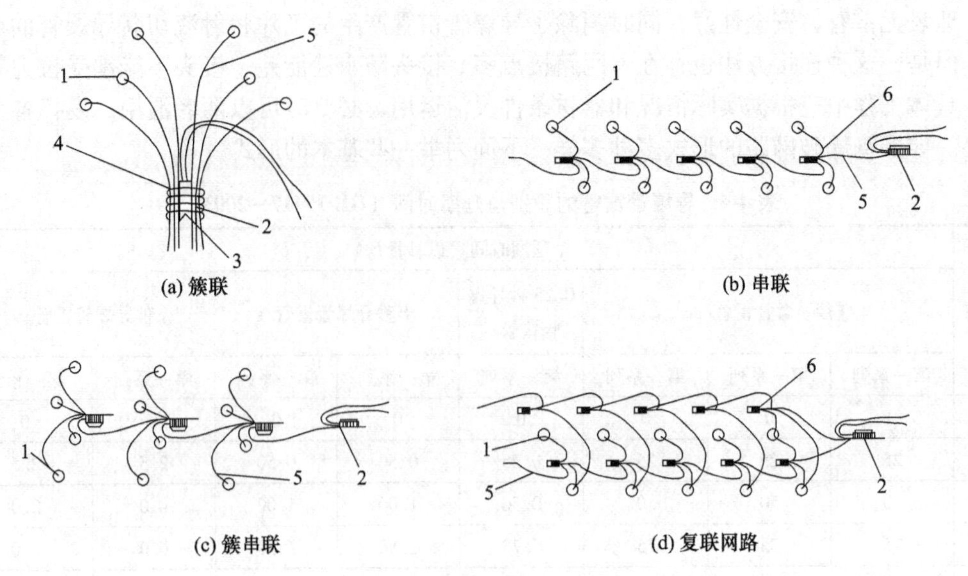

图 4-14　导爆管网路的基本形式

1—炮孔；2—电雷管；3—聚能穴；4—胶布；5—导爆管；6—反射四通

管和延时雷管（4 号雷管）构成，其标准延期时间及配色见表 4-5。利用地表延时导爆管雷管可以控制爆区地表延期时间，实现逐孔起爆。

表 4-5　Exel 地表延时导爆管雷管标准延期时间

颜色	绿色	黄色	红色	白色	蓝色	橘黄色	橘黄色	橘黄色
延期时间/ms	9	17	25	42	65	100	150	200

逐孔起爆技术的特点是：同排炮孔按照设计好的延期时间从起爆点依次起爆，排间炮孔按另一延期时间依次向后排起爆，由于地表延时雷管的延期时间设计巧妙，从而可避免前后排个别炮孔起爆时间的重合，达到逐孔起爆的效果。

4.3.4.2　敷设导爆管爆破网路时应注意的问题

（1）导爆管一旦被截断，端头一定要密封，以防止受潮、进水及其他小颗粒堵塞管腔，可用火柴烧熔导爆管端头，然后用手捏紧。再使用时，把端头剪去约 10cm，以防止端头密封不严受潮失效。

（2）如导爆管需接长，可采用反射四通连接，绝对禁止将导爆管搭接传爆。

（3）导爆管、导爆管雷管在使用前必须进行认真的外观检查。发现导爆管破裂、折断、压扁、变形或管腔存留异物时，均应剪断去掉，然后用套管对接。如果导爆管雷管的卡口塞处导爆管松动，则可能造成起爆不可靠，延时时间不准确，应将其作为废品处理。

（4）导爆管网路中不得有死结，炮孔内不得有接头，孔外传爆雷管之间应留有足够的间距。

（5）为了防止雷管聚能穴产生的高速聚能射流提前切断尚未传爆的导爆管，应将起爆雷管或传爆雷管反向布置，即将雷管聚能穴指向与导爆管的传爆方向相反的方向。雷管应捆绑在距导爆管端头大于 10cm 的位置，导爆管应均匀地敷设在雷管周围，并用胶布等捆扎牢固。需要指出的是，从起爆和传爆强度的角度考虑，正向布置起爆雷管比反向布置更合理。如果正向布置起爆雷管，必须采取防止聚能穴炸断导爆管的有效措施。

（6）安装传爆雷管和起爆雷管之前，应停止爆破区域一切与网路敷设无关的施工作业，无关人员必须撤离爆破区域，以防止意外触发起爆雷管或传爆雷管引起早爆。

4.3.5 导爆管起爆法特点

导爆管起爆法具有如下优点：

（1）不受杂散电流及各种感应电流的影响，适合于杂散电流较大的露天或地下矿山爆破作业。

（2）爆破网路的设计、操作简便，不需进行网路计算。

（3）作为主要耗材的导爆管为非危险品，储运方便、安全。

（4）可以同时起爆的炮孔或装药的数量不受限制，既可用于小型爆破，也适用于大型的深孔爆破、硐室爆破。

导爆管起爆系统尚具有以下不足：

（1）导爆管雷管及爆破网路无法用仪表进行检查，只能凭外观检查网路的质量情况。

（2）不能在具有瓦斯与煤尘爆炸危险的环境中使用。

4.4 数码电子雷管起爆法

数码电子雷管的研究始于20世纪80年代初期，首先由瑞典诺贝尔公司于1988年推出，近年来发展迅速，目前我国的北方邦杰、京煤化工、久联集团等诸多公司均推出了各自的电子雷管产品。数码电子雷管是一种根据实际需要可以任意设定延期时间并精确实现发火延时的新型电能起爆器材，其本质是利用一个集成电路取代普通电雷管中的化学延期与电点火元件，具有使用安全可靠、延期时间精确度高、设定灵活等特点，是近年来起爆器材领域里的新进展之一。

4.4.1 数码电子雷管结构

数码电子雷管结构是指在原有雷管装药的基础上，采用具有电子延时功能的专用集成电路芯片实现延期的电子雷管。利用电子延期精度可靠、可校准的特点，使得雷管的延期精度和可靠度极大提高，数码电子雷管的延期时间可精确到1ms，且延期时间可由爆破人员在爆破现场对爆破系统进行设定和检测。电子雷管的结构简图如图4-15所示。

电子雷管与传统雷管的不同之处在于延期结构和引火头的位置，传统雷管采用化学物质进行延期，电子雷管采用具有电子延时功能的专用集成电路芯片进行延期；传统雷管引火头位于延期体之前，引火头作用于延期体实现雷管的延期功能，由延期体引爆雷管的主装药部分，而电子雷管延期体位于引火头之前，由延期体作用到引火头上，再由引火头直接作用到雷管的主装药上。

4.4.2 数码电子雷管的工作原理

通常电子雷管的控制原理有两种结构，如图4-16所示，其区别在于储能电容和控制

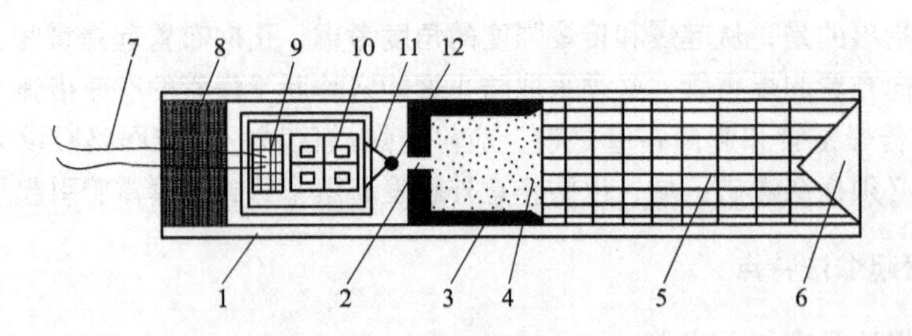

图 4-15 电子雷管的结构简图

1—管壳；2—传火孔；3—加强帽；4—正起爆药；5—加强药；6—聚能穴；7—脚线；8—密封塞；9—聚能电容；10—延期模块；11—桥丝；12—引火头

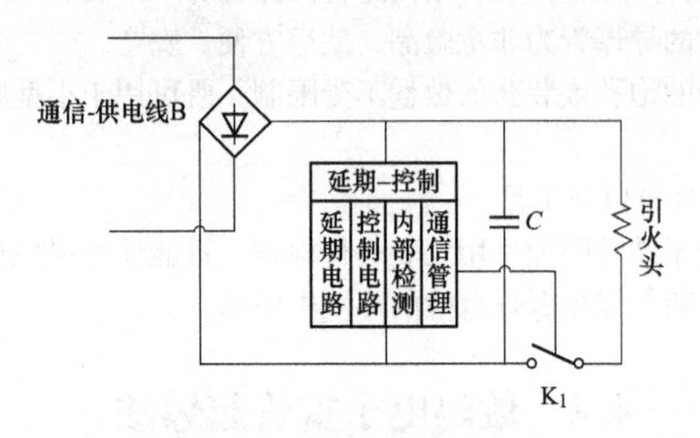

(a) 采用单储能结构

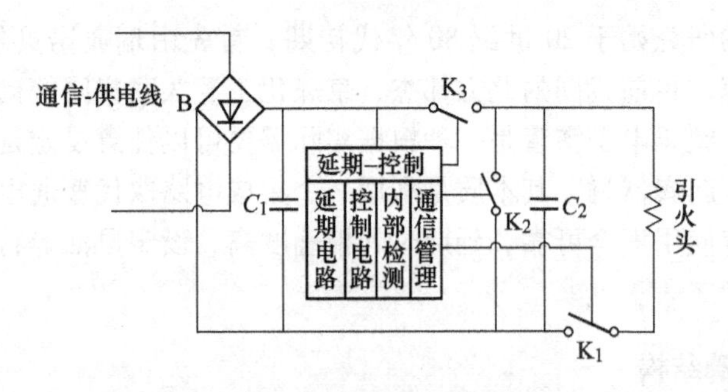

(b) 采用双储能结构

图 4-16 电子雷管原理框图

雷管点火的安全开关数量不同。数码电子雷管主要包括以下功能单元：

（1）整流电桥。用于对雷管的脚线输入极性进行转换，防止爆破网路连接时脚线连接极性错误对控制模块的损坏，提高网路的可靠性。

（2）内储能电容。通常情况下为了保障储存状态电子雷管的安全性，电子雷管采用无源设计，即内部没有工作电源，电子雷管的工作能量（包括控制芯片的工作能量和起爆雷管的能量）必须由外部提供。电子雷管为了实现通信数据线和电源线的复用，以及在保障网路起爆过程中，网路干线和支线被炸断的情况下，雷管可以按照预定的延期时间正常起爆雷管，其采用内储能的方式，在起爆准备阶段，内置电容应存储足够的能量。

图 4-16（a）中电子雷管工作需要的两部分能量均由电容 C_2存储；图 4-16（b）中电容 C_1用于存储控制芯片工作的能量，在网路故障的情况下，其随工作时间的增加而逐渐衰减；

电容 C_2存储雷管起爆需要的能量，其在点火之前基本保持不变。由此可知，图 4-16（b）的点火可靠性要高于图 4-16（a）的点火可靠性。

（3）控制开关。用于对进入雷管的能量进行管理，特别是对可以到达引火头的能量进行管理。一般来说，对能量进行管理的控制开关越多，产生误点火的能量越小，安全性越高，图 4-16（b）的安全性通常要比图 4-16（a）高出几个数量级。图 4-16（b）中 K_3用于控制对存储点火能量的充电过程；K_2用于故障状态下对 C_2的快速放电，使得雷管快速转入安全工作的模式；K_1用于控制点火过程，把电容 C_2存储的能量快速释放到引火头上，使得引火头发火。

（4）通信管理电路。用于和外部起爆控制设备交互数据信息，在外部起爆控制设备的指令控制下，执行相应的操作，如延期时间设定、充电控制、放电控制、启动延期等。

（5）内部检测电路。用于对控制雷管点火模块进行检测，如引火头的工作状态、各开关的工作状态、储能状态、时钟工作状态等，以确保点火过程是可靠的。

（6）延期电路。用于实现电子雷管相关的延期操作，通常情况下包括存储雷管的序列号、延期时间或其他信息的存储器，提供计时脉冲电路以及实现雷管延期功能的定时器。

（7）控制电路。用于对上述电路进行协调，类似于计算机中央处理器的功能。

两种原理的电子雷管各有特点：单储能结构电子雷管的结构简单、成本较低；双储能结构电子雷管结构复杂，但安全性和可靠性高。

4.4.3 数码电子雷管的分类

数码电子雷管的分类如下：

（1）导爆管电子雷管。导爆管电子雷管的初始激发能量来自外部导爆管的冲击波，通过换能装置把冲击波转换为电子雷管工作的电能，从而启动电子雷管的延期操作，延期时间预存在电子延期模块内部，如 EB 公司的 DIGIDET 雷管和瑞典 Nobel 公司的 ExploDet 雷管。

（2）固定延期电子雷管。固定延期电子雷管在生产控制芯片时，将延期时间直接写入芯片内部，如 EEPRON 等非易失性存储单元中，依靠雷管脚线颜色或线标区分雷管的段别，雷管出厂后不能再修改雷管的延期时间。

（3）现场可编程电子雷管。现场可编程电子雷管的延期时间写入芯片内部的可擦除存储器中（如 PROMEEPRON），延期时间可以根据需要由专用的编程器在雷管接入总线前写入芯片内部，一旦雷管接入总线后延期时间就不可修改。

（4）在线可编程电子雷管。在线可编程电子雷管的内部并不保存延期时间，即雷管断电后会回到初始状态，无任何延期信息，网路中所有雷管的延期时间均保存在外部起爆设备中，在起爆前根据爆破网路的设计写入相应的延期时间，即延期时间在使用过程中可以根据需要任意修改，国内外大多数数码电子雷管都属于这一种类型。

（5）煤矿许用电子雷管。煤矿许用电子雷管必须符合煤矿许用雷管的两个基本要求：一是不含铝；二是延期时间需小于 130ms。由于煤矿掘进具有简单重复的特点，延期时间序列一旦确定，无须再进行调整，因此煤矿许用电子雷管基本采用固定编程的电子雷管。

（6）隧道专用电子雷管。隧道掘进中，延期时间基本固定，但在局部地方（例如靠近建筑物等处）具有降振的要求而且岩层特性会出现变化，需要在一定程度上可以调整雷管的延期时间，因此隧道专用电子雷管采用现场编程的电子雷管。

（7）露天使用电子雷管。露天使用电子雷管是指不能用于煤矿和隧道内环境条件的电子雷管，这是沿用炸药使用条件分类理念罗列出来的类别。因为露天使用的限制条件少，所以电子雷管都可以用于露天。据目前所知，还没有哪款电子雷管专用于露天。

4.4.4 数码电子雷管起爆网

数码电子雷管具有专用的起爆控制系统，数码电子雷管起爆系统的典型结构如图 4-17 所示，其起爆系统由主、从起爆控制器两种设备构成，主设备称为铱钵起爆器，从设备称为铱钵表。

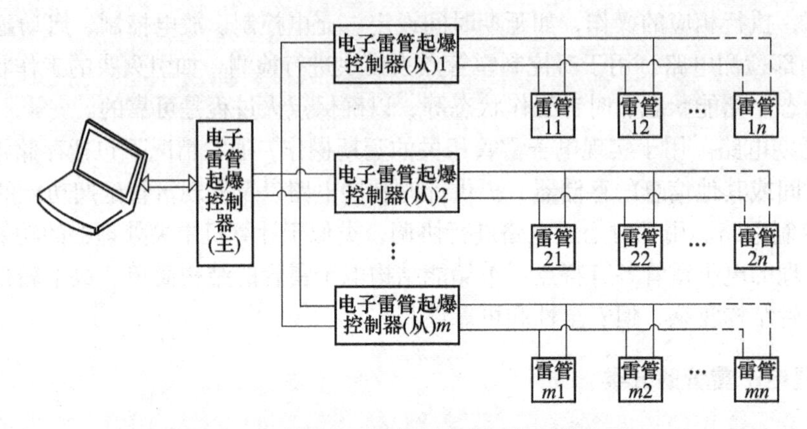

图 4-17 数码电子雷管的起爆系统结构简图

数码电子雷管的起爆系统从本身负载能力的限制以及安全性等方面考虑，根据电子起爆系统中接入雷管的数量不同，可分为小规模起爆和大规模起爆两种不同的起爆系统。

4.4.4.1 铱钵起爆系统及其起爆网路特征

铱钵起爆设备包括铱钵表和铱钵起爆器。铱钵表就是电子雷管编码器，是实现数码电子雷管在线检测、在线编程、组网通信和精确起爆控制的专用设备。一个铱钵表最多可带载 200 发数码电子雷管，形成一个爆破网路支线。铱钵起爆器是铱钵起爆系统的总控制设备，与铱钵表配套使用，以实现对数码电子雷管起爆网路的精确起爆控制。一个铱钵起爆器可组网连接多台铱钵表，形成具有多条起爆网路支线的数码电子雷管起爆系统。

铱钵起爆系统的结构和网路形成示意图如图 4-18 所示。系统采用双线并联网路，即所有的数码电子雷管以并联的方式连接到铱钵表上，铱钵表再并联到铱钵起爆器上。一个铱钵起爆器可带载 26 个铱钵表，每个铱钵表可带载 200 发数码电子雷管，从而可组建高达 5200 发的起爆网路。

4.4.4.2 铱钵起爆系统的安全性设计

铱钵起爆系统的设计引入了抗干扰电子隔离技术、数字密钥起爆技术、网路安全检测技术以及抗非法起爆技术等，使得电子雷管在生产、运输、使用过程中的安全性有了本质上的提高。

4.4.4.3 抗非法起爆能力

每发数码电子雷管都有一个唯一的 ID 号（身份号），每个 ID 号对应一个起爆密码，

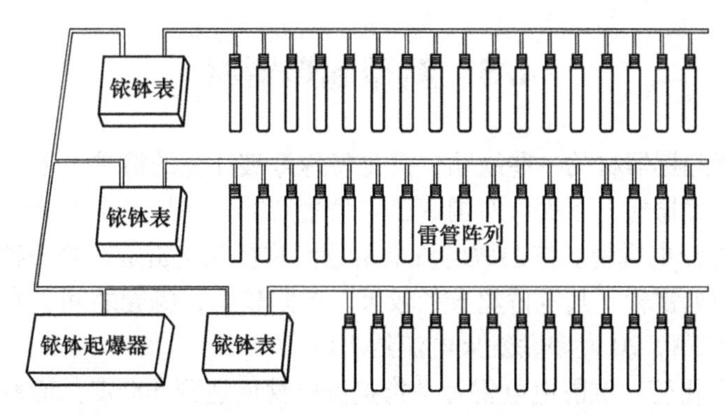

图 4-18 铱钵起爆系统网路结构示意图

只有 ID 号和起爆密码正确匹配时，雷管才能正常起爆。而雷管的起爆密码存储在“数字密钥”（专用设备）中，数字密钥由被授权的起爆员保管，因此，从起爆器材管理的角度讲具有很强的抗非法起爆能力。

4.4.4.4 电子雷管的产品安全性

和传统的起爆器材相比，每发数码电子雷管内部的电子控制器内嵌抗干扰隔离电路，可以将外界意外能量和雷管的引火头隔离开来，使得雷管具有很强的抗静电、抗射频、抗杂散电流等能力，避免了早爆、误爆的危险。

4.4.4.5 起爆方案的安全性

在线编程、精确延期、单孔单响可以实现对爆破次生危害的有效控制。工程爆破的有害效应主要是爆破振动和爆破飞石，从爆破方案设计的角度讲，除了要严格控制单次爆破药量、最小抵抗线、爆破排数以及设计合理的药包布置方案外，还需要设置合理的起爆时序。

用传统的导爆管雷管和电雷管施工，网路设计受雷管规格（延期时间固定、段位有限）的约束，最终施工方案往往并非理想方案，而是根据现有起爆器材设计的现实可行方案，会影响爆破效果，存在重段（单段起爆药量过大）安全隐患。应用数码电子雷管，延期时间可在 0~16000ms 范围内以 1ms 间隔任意设置，不但爆破网路设计简单、施工方便，而且可避免因重段引起的大振动、远飞石等安全隐患。

4.4.4.6 爆破施工的安全性

数码电子雷管的在线重复可测性、网路完整性检查以及断线起爆能力，可保障工程爆破现场施工的安全性。施工现场爆破网路的连接有时会遭到破坏，这种情况下发现爆破网路受损的概率和修复的概率将直接影响爆破效果和施工安全。数码电子雷管及其起爆系统具有网路检测功能，可以准确定位网路错误，方便施工人员进行错误排查，确保起爆前网路连接正常。此外，数码电子雷管具有断线起爆功能，当起爆器下发起爆指令后，爆破网路中的所有雷管处于自运行状态，即使起爆炮孔产生的飞石切断了爆破网路，也不会影响后爆炮孔的精确起爆，从而可确保爆破效果和施工安全。

但是数码电子雷管也有需要设计、操作复杂及需要铺设线路等不足，尚需进一步优化。

4.5 新型起爆器材

为了消除传统起爆器材的一些缺陷，满足特殊爆破环境的需求，近年来国内外成功研制了很多新型的起爆器材，下面仅对国内已定型生产的一些品种作简单介绍。

(1) 抗杂散电流电雷管。抗杂散电流电雷管简称抗杂电雷管，是一种具有抗杂散电流或感应电流能力的电雷管。其电桥丝直径较大，电阻较小，脚壳之间设有泄放通道，最小发火电流不大于3.3A，20发串联发火电流约10A。

(2) 抗静电电雷管。抗静电电雷管是指抗静电性能达到500pF、5000Ω、25kV的电雷管。其主要结构是在脚线线尾套绝缘塑料套或在线尾连接一个回路，在引火元件上留有一个放电空隙或在引火药头外套上一个硅胶套，以便泄放积累的静电。

(3) 磁电雷管。磁电雷管是利用变压器耦合原理，由电磁感应产生的电冲能激发的雷管。它与普通雷管的不同之处在于每个雷管都带有一个环状磁芯，雷管的脚线在磁芯上绕适当匝数，构成传递起爆能量的耦合变压器的副绕组。使用这种雷管时，将一根作为耦合变压器原绕组的单芯导线与待起爆的雷管穿在一起，经爆破母线接到专用高频起爆仪后就可以起爆。磁电雷管可以防止射频电流、工频电流、杂散电流和静电刺激产生的危害。

(4) 耐温耐压电雷管。耐温耐压电雷管是为在较高温度和压力环境下使用而设计的专用雷管。这种电雷管适用于石油深井射孔及其他高温、高压场所的爆破工程。其电阻为1.2~2.5Ω，安全电流0.1A，发火电流0.5A。在电容为500pF、电阻5000Ω、电压20kV条件下，对产品脚壳放电不爆炸，在170℃、88.3MPa条件下，历时2h，雷管起爆性能不变。

(5) 非起爆药雷管。非起爆药雷管是指不装起爆药而只装猛炸药或装烟火药和猛炸药的工业雷管。研制非起爆药雷管的目的是为了解决传统工业雷管生产过程中因生产起爆药DDNP（二硝基重氮酚）造成的严重环境污染，以及起爆药在雷管的生产和使用过程中造成的安全问题。目前取代起爆药的途径主要有两种：一种是用烟火剂或炸药改性取代起爆药；另一种是用高速飞片、爆炸线（膜）、半导体桥（膜）等提供冲击波或等离子体起爆能量从而取代起爆药。非起爆药雷管的性能指标与普通工业雷管相同。

(6) 变色导爆管。变色导爆管是一种在传爆后管体颜色能自动由本色变为黑色或红色的塑料导爆管。变色导爆管便于直观方便地检查管体是否已经传爆，可提高爆破作业的安全性，其性能可满足普通导爆管的产品质量标准，安全可靠，无污染。

(7) 耐温高强度导爆管。耐温高强度导爆管是为了适应现场混装炸药车装药温度较高（一般大于72℃）以及大面积延时爆破装药时间长，导爆管数日浸在含水炸药中，需有较高的抗酸碱性能和抗拉性能的要求而研制的一种塑料导爆管。这种导爆管为双层复合结构，在40~80℃条件下仍能可靠传爆，无破孔现象。

(8) 起爆药柱。起爆药柱主要用于起爆铵油炸药、重铵油炸药和含水炸药，常用作露天深孔爆破、硐室爆破的起爆体。起爆药柱具有高威力、高爆速、高密度、高爆轰感度和强耐水性等特点。其上分别设有雷管盲孔插槽和导爆索通孔，可以很方便地用雷管或导爆索直接将其引爆。

(9) 柔性切割索。柔性切割索是一种爆炸时产生聚能效应的索类爆破器材，被覆层为铅、铝等合金。炸药装药截面多呈倒 V 字形。柔性切割索主要用于切割金属板材、条带及电缆等。其切割性能取决于装药的性质、药量、炸高和形状设计。通常每米装药量为 1~32g。使用时按切割线路弯曲成所需形状，用雷管引爆。

此外还有勘探电雷、油井电雷管、激光雷管等专用起爆器材。

习　题

4-1　什么是导爆索，导爆管内装药和传播的是什么？
4-2　什么是导爆管，它的传爆原理是什么？
4-3　电雷管主要性能参数有哪些？
4-4　根据起爆原理和使用器材不同，起爆方法分几种？
4-5　导爆索爆破网路的连接方法有分段并联、簇并联和环形网路等，比较并说明它们的优点和缺点。
4-6　简述导爆管起爆法的传爆序列。
4-7　导爆索爆破网路的连接方法有分段并联、簇并联和环形网路等，比较并说明它们的优点和缺点。
4-8　新型起爆器材有哪些类型？
4-9　某大爆破工程需同时起爆电阻为 5.4Ω 的瞬发电雷管 180 发，采用串并联电爆网路。已知网路主线电阻 1.45Ω，求并联支路的数目及支路中雷管的数目各取多少时通过每发雷管的电流最大，采用 220V 照明电能否可靠起爆所有电雷管（区域线、端线电阻不计）？

5 爆破工程地质

工程爆破的主要对象是岩石，因此只有充分了解岩石类别，熟悉岩石的主要物理力学性质，才能取得良好的爆破效果。爆破工程是直接在岩体中进行的，各类岩体在地质历史时期的各种内外动力作用下，留下了多种构造形迹，组成了不同类别的岩体结构，而岩石的坚硬程度和完整程度决定了岩体的基本质量。爆破实践表明，这些构造形迹和岩体结构不仅对爆破工程效果有直接影响，而且会对爆破安全和爆后工程岩体（如围岩、基岩和边坡等）的稳定性带来影响。

爆破工程地质主要讲述以下三个方面的问题：

（1）爆破效果问题，即研究地形地质条件对爆破效果的影响，以辨明有利于或不利于某一种爆破的自然地质条件，从而针对爆破区的地形、地质及环境条件采用合理的爆破方案，指导爆破设计，选定正确的爆破方法和爆破参数。

（2）爆破安全问题，即研究与自然地质条件有关的在爆破时产生的各种不安全因素（包括爆破作用影响区内建筑物的安全稳定问题）及有效的安全措施。

（3）爆破后果问题，即研究爆破后的岩体（围岩）稳定性及可能给后续工程建设带来的一系列工程地质问题。因此，爆破工程地质既要为爆破工程本身提供爆区地质条件作为爆破设计的依据，还要为爆破后续工程设施提供工程措施意见，以便使这些工程设施能适应爆破后的工程地质环境。

与爆破关系较密切的地质条件是地形、岩性、地质构造、水文地质、特殊地质。

5.1 岩石性质及分级

5.1.1 岩石物理性质

与爆破有关的岩石物理性质主要包括密度、容重、孔隙率、波阻抗以及岩石的耐风化侵蚀性，它们与组成岩石的各种矿物成分的性质及其结构、构造和风化程度等方面相关。

（1）密度 ρ。指岩石的颗粒质量与所占体积之比。一般常见岩石的密度在 1400～3000kg/m^{3}之间。

（2）容重 γ。指包括孔隙和水分在内的岩石单位体积岩石质量，也称岩石的体重，用下式计算

$$\gamma=\frac{G_0}{V} \tag{5-1}$$

式中 G_0——岩样的重量，N；

V——岩样的体积，m^3；

γ——容重，N/m^3。

密度与容重相关，一般而言，密度大的岩石，容重也大。随着容重的增加，岩石的强度和抵抗爆破作用的能力也增强，破碎岩石和移动岩石所耗费的能量也增加。所以，在工程实践中估算标准抛掷爆破的炸药单耗 $q(\mathrm{kg/m^3})$ 常用以下公式

$$q=0.4+(\gamma/2450)^2 \tag{5-2}$$

（3）孔隙率。天然岩石中包含着数量不等、成因各异的孔隙和裂隙，其是岩石的重要结构特征之一，在工程实践中很难将二者分开，因此统称为岩石的孔隙性。岩石的孔隙性常用孔隙率表示。

孔隙率为岩石中孔隙总体积（气相、液相所占体积）与岩石的总体积之比，也称孔隙度，常用百分数表示，用下式计算

$$\eta_0=\frac{V_0}{V}\times 100\% \tag{5-3}$$

式中　V_0——岩石中孔隙的总体积，$\mathrm{m^3}$；

V——岩体的体积，$\mathrm{m^3}$。

常见岩石的孔隙率一般为0.1%~30%。随着孔隙率的增加，岩石中冲击波和应力波的传播速度降低。

（4）岩石波阻抗。指岩石中纵波波速 c 与岩石密度 ρ 的乘积。岩石的这一性质与炸药爆炸后传给岩石的能量有直接关系。通常认为若选用的炸药波阻抗与岩石波阻抗相匹配（数值上较为接近），则能取得较好的爆炸破岩效果。还有研究认为，岩体爆破鼓包运动速度和形态、抛掷堆积效果也取决于炸药性质与岩石特征之间的匹配关系。表5-1中列出了部分岩石的密度、容重、孔隙率、纵波速度和波阻抗，供参考。

表5-1　常见岩石的物理性质

岩石名称	密度 $/\mathrm{g\cdot cm^{-3}}$	容重 $/\mathrm{kN\cdot m^{-3}}$	孔隙率 /%	纵波速度 $/\mathrm{m\cdot s^{-1}}$	波阻抗 $/\mathrm{kg\cdot cm^{-2}\cdot s^{-1}}$
花岗岩	2.6~2.7	25.6~26.7	0.5~1.5	4000~6800	800~1900
玄武岩	2.8~3.0	27.5~29	0.1~0.2	4500~7000	1400~2000
辉绿岩	2.85~3.0	28~29	0.6~1.2	4700~7500	1800~2300
石灰岩	2.71~2.85	24.6~26.5	5.0~20	3200~5500	700~1900
白云岩	2.5~2.6	23~24	1.0~5.0	5200~6700	1200~1900
砂岩	2.58~2.69	24.7~25.6	5.0~25	3000~46	600~1300
页岩	2.2~2.4	20~23	10~30	1830~3970	430~930
板岩	2.3~2.7	21~25.7	0.1~0.5	2500~6000	575~1620
片麻岩	2.9~3.0	26.5~28.5	0.5~1.5	5500~6000	1400~1700
大理岩	2.6~2.7	24.5~25.5	0.5~2.0	4400~5900	1200~1700
石英岩	2.65~2.9	25.4~28.5	0.1~0.8	5000~6500	1100~1900

（5）岩石的风化程度。岩石的风化程度是指在地质内应力和外应力的作用下发生破坏疏松的程度。一般来说，随着风化程度的增大，岩石的孔隙率和变形增大，其强度和弹性性能降低。因此，同一种岩石由于风化程度不同，其物理力学性质差异很大。岩石的风化程度可分为未风化、微风化、弱风化、强风化和全风化等，见表5-2。

表 5-2 岩石风化程度的划分

风化程度	风 化 特 征
未风化	结构构造未变，岩质新鲜
微风化	结构构造、矿物色泽基本未变，部分裂隙面有铁锰质渲染
弱风化	结构构造部分破坏，矿物色泽较明显变化，裂隙面出现风化矿物或存在风化夹层
强风化	结构构造大部分破坏，矿物色泽明显变化，长石、云母等多风华成次生矿物
全风化	结构构造全部破坏，矿物成分除石英外，大部分风化成土状

（6）岩石的水理性。岩石与水相互作用所表现的性质称为岩石的水理性，通常包括吸水性、透水性、软化性和抗冻性等。

1）岩石的吸水性。岩石在一定条件下吸收水分的性能称为岩石的吸水性。它取决于岩石孔隙的数量、大小、开闭程度和分布情况。表征岩石吸水性的指标有吸水率、饱和吸水率和饱水系数。

岩石的吸水率（ω_α）是岩石在常温常压下吸入水的质量与烘干质量的比值，以百分率表示。岩石吸水率的大小取决于岩石中孔隙的多少及其连通情况，岩石的吸水率愈大，表明岩石中的孔隙大，数量多，连通性好，则岩石的力学性质差。

岩石的饱和吸水率（或称饱水率，$\omega_{s\alpha}$）是指岩石在高压下或真空中吸入水的质量与岩样烘干质量的比值，以百分率表示。饱水率反映岩石中总的张开型孔隙和裂隙的发育程度，可用来间接判断岩石的抗冻性和抗风化能力。

岩石饱水系数是指岩石吸水率与饱水率的比值。饱水系数反映了岩石大开型孔隙与小开型孔隙的相对数量，岩石的饱水系数一般在 0.5~0.8 之间。

2）岩石的透水性。岩石能被水透过的性能称为岩石的透水性。水只沿连通孔隙渗透，岩石透水性大小可用渗透系数衡量，它主要取决于岩石孔隙的大小、数量、方向及其相互连通情况。

3）岩石的软化性。岩石浸水后强度降低的性能称为岩石的软化性，岩石的软化性主要取决于岩石的矿物成分和孔隙性。岩石软化性大小常用软化系数（K_d）衡量。软化系数是岩样饱水状态的抗压强度与自然风干状态抗压强度的比值。通常认为，岩石 $K_d>0.75$，软化性弱，抗水、抗风化和抗冻性能强；$K_d<0.75$，岩石工程地质性质较差。

4）岩石的抗冻性。岩石抵抗冻融破坏的性能称为岩石的抗冻性。岩石的抗冻性，通常用抗冻系数（C_f）表示。岩样在 25℃ 的温度区间内，反复降温、冻结、升温、融解，其抗压强度有所下降，岩样抗压强度的下降值与冻融前的抗压强度的比值，即为抗冻系数。

5.1.2 岩石力学性质

5.1.2.1 *岩石的一般力学性质*

岩石的力学性质是指岩石抵抗外力作用的性能，它是岩石的重要特征，岩石在外力的作用下将发生变形，当外力增大到某一值时，岩石便开始破坏。岩石开始破坏时的强度称为岩石的极限强度，因受力方式不同而有抗拉、抗剪和抗压等极限强度。此外，岩石的力学性质还包括弹性、塑性、脆性、韧性、松弛、弹性后效和强化等变形性质。由于岩石的组成成分和结构构造的复杂性，因而具有与一般材料不同的特殊性，如脆性、各向异性、不均匀性和非线性等。岩石的主要力学性质如下。

（1）岩石的变形：

1）弹性。岩石受力后发生变形，当外力解除后恢复原状的性能。

2）塑性。当岩石所受外力解除后，岩石没能恢复原状而留有一定残余变形的性能。

3）脆性。岩石在外力作用下，不经显著的残余变形就发生破坏的性能。

岩石因其成分、结晶、结构等的特殊性，普遍地表现为弹塑性皆有，并且它不像一般固体材料那样有明显的屈服点，而是在所谓的弹性范围内呈现弹性和塑性，甚至在弹性变形一开始就呈现出塑性变形。大多数岩石除了具有弹性和塑性以外，还具有脆性，脆性岩石在破坏时变形很小，其极限强度与弹性限度相近，因而其破坏时能量损失较少。

4）弹性模量 E。岩石在弹性变形范围内，应力与应变之比。

5）泊松比 μ。岩石试件单向受压时，横向应变与竖向应变之比。

（2）岩石的强度特征。岩石强度是指岩石在受外力作用发生破坏前所能承受的最大应力，是衡量岩石力学性质的主要指标，它包括单轴抗压、抗拉和抗剪强度，以及双轴和三轴压缩强度。

1）岩石的单轴抗压强度。岩石试件在单轴压力下所能承受的最大压力称为单轴抗压强度，用公式表示如下

$$\sigma_c = \frac{P_c}{A} \tag{5-4}$$

式中　σ_c——单轴抗压强度，kPa；

P_c——试件破坏时的载荷，N；

A——试件截面积，m^2。

2）岩石的单轴抗拉强度。岩石试件在单轴拉力下所能承受的最大拉力称为单轴抗拉强度，用公式表示如下

$$\sigma_t = \frac{P_t}{A} \tag{5-5}$$

式中　σ_t——单轴抗拉强度，kPa；

P_t——拉伸破坏时的最大拉力，N；

A——试件截面积，m^2。

3）岩石的抗剪强度。岩石抵抗剪切破坏的最大能力，抗剪强度 τ 用发生剪断时剪切面上的极限应力表示，它与对试件施加的压应力 σ、岩石的内聚力 C 和内摩擦角 φ 有关，即

$$\tau = \sigma \tan\varphi + C \tag{5-6}$$

矿物的组成、颗粒间连接力、密度以及孔隙率是决定岩石强度的内在因素。试验表明，岩石具有较高的抗压强度、较小的抗拉和抗剪强度。一般抗拉强度比抗压强度小 90%~98%，抗剪强度比抗压强度小 87.5%~91.7%。此外，岩石的力学强度与其密度关系很大，密度增大，其力学强度迅速增高。各种岩石的抗拉强度通常小于 9.81~19.61MPa，抗压强度达 29.42~294.2MPa。表 5-3 列出了部分常见岩石的力学性质。

表 5-3 常见岩石的力学性质

岩石名称	抗压强度/MPa	抗拉强度/MPa	抗剪强度/MPa	弹性模量/GPa	泊松比	内摩擦角/(°)	内聚力/MPa
花岗岩	70~200	2.1~5.7	5.1~13.5	15.4~69	0.2~0.3	70~87	14~52
玄武岩	120~250	3.4~7.1	8.1~17	43~106	0.1~0.35	75~87	20~60
辉绿岩	160~250	4.5~7.1	10.8~17	67~79	0.02~0.16	85~87	30~55
石灰岩	10~200	0.6~11.8	0.9~16.5	21~84	0.2~0.35	27~85	30~55
白云岩	40~140	1.1~4.0	2.1~9.5	13~34	0.2~0.35	65~87	32~50
页岩	20~40	1.4~2.8	1.7~3.3	13~21	0.2~0.4	45~76	3~20
板岩	120~140	3.4~4.0	8.1~9.5	22~34	0.2~0.3	75~87	3~20
片麻岩	80~180	2.5~5.1	5.4~12.2	15~70	0.2~0.35	70~87	26~32
大理岩	70~140	2.0~4.0	4.8~9.6	10~34	0.2~0.35	75~87	15~30
石英岩	87~360	2.5~10.2	5.9~24.5	45~142	0.1~0.25	80~87	23~28

（3）岩石其他力学特征：

1）以脆性破坏为主。物质在受力后不经过一定变形阶段而突然破坏，称为脆性破坏。试验表明除非常软质的岩石和处于高压或高温条件下的岩石呈塑性破坏外，绝大部分岩石在一般条件下均呈现脆性破坏，其破坏应变量不大于5%，一般小于3%。此外，岩石的抗拉、抗弯、抗剪强度均远比其抗压强度小，见表 5-4。这就表明岩石很容易被拉伸、弯曲或剪切所破坏。

表 5-4 岩石强度的相对值

岩　石	相对于单轴抗压强度值/%		
	抗拉强度	抗弯强度	抗剪强度
花岗岩	2~4	3	9
砂岩	2~5	6~20	10~12
石灰岩	4~10	8~10	15

2）存在着三轴抗压强度大于单轴抗压强度，单轴抗压强度大于其抗剪强度，而抗剪强度又大于抗拉强度的状况。

3）具有各向异性和非均质性。

4）在低压力区间内，强度包络线呈直线。

5）矿物的组成、密度、颗粒间连接力以及孔隙性是决定岩石强度的内在因素。

5.1.2.2 *岩石的动力学性质*

A *岩石在动载荷作用下的一般性质*

引起岩石变形及破坏的载荷可分为静载荷和动载荷两种。动载荷和静载荷的区分，至今尚无统一的严格规定，一般所谓动载荷是指作用时间极短和变化迅速的冲击型载荷。在岩石动力学中常把应变率大于 10^4/s 的载荷称为动载荷。岩石在动应力作用下，其力学性质发生很大变化，它的动力学强度比静力学强度大很多。表 5-5 列出了岩体的动、静弹性模量比较值，可以看出岩石的动力强度比静力强度大。

表 5-5 岩石静模量 E_{me} 与动模量 E_d 比较

岩体名称	E_{me}/GPa	E_d/GPa	E_d/E_{me}
花岗岩	25.0~40.0	33.0~65.0	1.32~1.62
玢岩	14.71	34.7	2.36
砂岩	3.8~7.0	20.6~44.0	5.4~6.3
中粒砂岩	1.0~2.8	2.3~14.0	2.3~5.0
细粒砂岩	1.3~3.6	20.0~36.5	1.6~10.0
石灰岩	3.93~39.6	31.6~54.8	1.12~3.05
页岩	0.66~5.0	6.75~7.14	1.42~8.6
石英片岩	24~47	66.0~89.0	1.89~2.75
片麻岩	12	11.5~35.4	0.96~2.95

岩石在动载荷作用下，其抗压强度与加载的速度关系如下

$$\sigma_d = \Delta\sigma + \sigma_j = K_M \lg V_L + \sigma_j \tag{5-7}$$

式中 σ_d——动载强度，kPa；

σ_j——静载强度，kPa；

$\Delta\sigma$——强度增量，kPa；

K_M——比例系数；

V_L——加载速度，kPa/s。

上式表明岩石动力强度和加载速度 V_L 的对数呈线性关系，以及加载速度对岩石动力强度的影响程度。K_M 与岩石种类和强度类型有关。若加载速度由 1.0kPa/s 提高到 10^{10}kPa/s（爆炸加载速度为 $10^9 \sim 10^{11}$kPa/s），由上式可求得强度增量 $\Delta\sigma$。计算结果表明，静载强度高的岩石，提高加载速度后，强度增量虽高，但相对增量却减小。某些研究结果还指出，加载速度只影响抗压强度，对抗拉强度的影响很小。由于岩石容易受拉伸和剪切破坏，所以尽管动载强度比静载强度高，岩石仍然容易受爆破冲击载荷作用而破坏。

由以上分析得出结论如下：

（1）动抗压、抗拉强度随加载速度提高而明显增加。

（2）动抗压与动抗拉强度之比 σ_c/σ_t 为非恒定值，随加载速度的提高略有增大。

（3）在抗压试验中，除初始阶段外，加载速率和应变速度的对数呈线性关系。

（4）变形模量随加载速度增加而提高。

（5）试验表明，岩性越差、风化越严重、强度越低，则受加载速度的影响越明显。

B 爆破冲击载荷作用下岩体的应力特征

炸药爆炸时的载荷是一个突变的变速载荷，最初是对岩体产生冲击载荷，压力也在极短时间内上升到峰值，而后迅速下降，后期形成似静态压力，冲击载荷在岩体中形成应力波，并迅速向外传播。

冲击载荷对岩体的作用有以下主要特点：

（1）冲击载荷作用下形成的应力场（应力分布及大小）与岩石性质有关（静载与岩

性无关）。

（2）冲击载荷作用下，岩石内质点将产生运动，岩体内发生的各种现象都带有动态特点。

（3）冲击载荷在岩体内所引起的应力、应变和位移都是以波动形式传播的，空间内应力分布随时间变化，而且分布非常不均。

图 5-1 所示为固体在冲击载荷作用下的典型变形曲线。图中 $O\sim A$ 为弹性区，A 为屈服点，在该区内应力-应变为线性关系，变形模量 $E=d_\sigma/d_\varepsilon=$ 常数，弹性应力波波速等于常态固体的声速，$V_c=\sqrt{E/\rho}$；$A\sim B$ 为弹塑性形变区，$d_\sigma/d_\varepsilon\neq$ 常数，随应力值增大而减小；B 点以后材料进入类似流体状态；应力值超过 C 点后，波形呈陡峭的波形，而且波头传播速度是超声速的，这就可视为真正的冲击波。

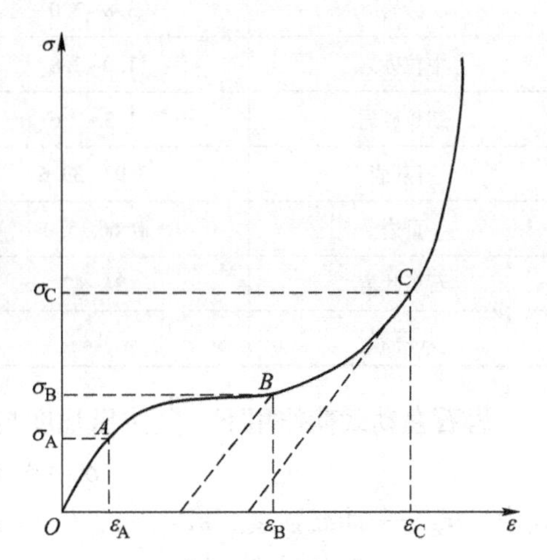

图 5-1　固体在冲击载荷作用下的变形曲线

炸药在岩体内爆炸时，若作用在岩体上的冲击载荷超过 C 点应力（称为临界应力），首先形成的就是冲击波，而后随距离衰减为非稳态冲击波、弹塑性波、弹性应力波和爆炸地震波。可用下式求算岩体内的冲击波速度

$$D=a_0+b_0u \tag{5-8}$$

式中　D——冲击波速度，mm/μs；

u——质点运动速度，mm/μs；

a_0，b_0——常数，与岩石有关，见表 5-6。

表 5-6　不同岩石的 a_0，b_0 值

岩体名称	岩石密度/g·cm^{-3}	a_0	b_0
花岗岩	2.63	2.1	1.63
玄武岩	2.67	3.6	1.0
辉长岩	2.67	2.6	1.6
钙钠斜长岩	2.75	3.0	1.47
纯橄榄岩	3.3	6.3	0.65
橄榄岩	3.0	5.0	1.44
大理岩	2.7	4.0	1.32
石灰岩	2.6	3.4	1.27
泥质细粒砂岩	2.5	0.25	1.78
页　岩	2.0	3.6	1.34
岩　盐	2.16	3.5	1.33

岩石的破裂是在爆炸应力波的拉伸作用下而不是在压缩作用下产生的。

5.1.3 岩石分级

5.1.3.1 岩石的分类

A 岩石的普氏分级

工程实践中最普遍的是用岩石的坚硬系数f值作为岩石工程分级的依据，它是由苏联人M. M. 普洛托季亚科诺夫提出来的，所以称作岩石的普氏分级法。普氏提出了许多确定f值的方法，目前只保留了用式（5-9）确定f值的方法

$$f=\frac{p}{10} \tag{5-9}$$

式中 p——岩石的极限抗压强度，MPa。

表5-7是根据岩石单轴抗压强度（MPa）和f值来确定炸药的单耗q值。

表5-7 炸药单耗q值

单轴抗压强度/MPa	8~20	30~40	50	60	80	100	120	140	160	200
q/kg·m^{-3}	0.4	0.43	0.46	0.50	0.53	0.56	0.60	0.64	0.67	0.70

B 岩石工程的岩体分级

各类型岩石工程的岩体分级依据《工程岩体分级标准》（GB 50218—94）确定。分级原则是先确定岩体基本质量，再结合具体工程的特点确定岩体级别。岩体基本质量指标BQ根据单轴饱和抗压强度R_c和岩体完整性指数K_v按下式计算

$$BQ=90+3R_c+250K_v \tag{5-10}$$

式中，$K_v=(V_{pm}/V_{pr})^2$。

当$R_c>90K_v+30$时，以$R_c=90K_v+30$和K_v代入计算BQ值；当$K_v>0.04R_c+0.4$时，以$K_v=0.04R_c+0.4$和R_c代入计算BQ值。

实践中，可根据岩体基本质量的定性特征和岩体基本质量指标，两者相结合，按表5-8确定岩体工程质量分级标准。

表5-8 岩体工程质量分级标准

工程质量级别	岩体基本质量的定性特征	BQ指标
Ⅰ	坚硬岩，岩体完整	>550
Ⅱ	坚硬岩，岩体较完整；较坚硬岩，岩体完整	550~451
Ⅲ	坚硬岩，岩体较破碎；较坚硬岩或软硬岩互层，岩体较完整；较软岩，岩体完整	450~351
Ⅳ	坚硬岩，岩体破碎；较坚硬岩，岩体较破碎-破碎；较软岩或软硬互层，且以软岩为主，岩体较完整-较破碎；软岩，岩体完整-较完整	350~251
Ⅴ	较软岩，岩体破碎；软岩，岩体较破碎-破碎；全部极软岩及全部极破碎岩	<250

C 地下工程的围岩分级

各级别围岩的岩体物理学性质指标按表5-9参考选用。

表 5-9 各级别围岩物理力学性质指标

围岩级别	容重 γ /$kN \cdot m^{-3}$	内摩擦角 φ /(°)	黏聚力 C /MPa	变形模量 E /GPa	泊松比 μ	弹性抗力系数 K /$MPa \cdot m^{-1}$	弹性波速 v /$km \cdot s^{-1}$
Ⅰ	26~28	>60	>2.1	>33	<0.2	1800~2800	>4.5
Ⅱ	25~27	65~50	2.1~1.5	20~33	0.20~0.25	1200~1800	3.5~4.5
Ⅲ	23~25	50~39	1.5~0.7	6~20	0.25~0.30	500~1200	2.5~3.0
Ⅳ	20~23	39~27	0.7~0.2	1.3~6	0.30~0.35	200~500	1.5~3.0
Ⅴ	17~20	27~20	0.2~0.05	1~2	0.35~0.45	100~200	1.0~2.0
Ⅵ	15~17	<22	<0.1	<1	0.40~0.50	<100	<1.0

5.1.3.2 岩石可钻性分级

岩石可钻性是表示钻凿炮孔难易程度的一种岩石坚固性指标。国外有用岩石抗压强度、普氏坚固性系数、点载荷强度、岩石的侵入硬度等作为可钻性指标的。国内东北大学根据多年的研究，于 1980 年提出以凿碎比能（冲击凿碎单位体积岩石所耗能量）作为判据来表示岩石的可钻性（表 5-10）。这种可钻性分级方法简单实用，便于掌握，现场、实验室均可测定。

表 5-10 岩石可钻性分级

级别	凿碎比能 a/$J \cdot cm^{-3}$	可钻性	代表性岩石
Ⅰ	≤186	极易	页岩、煤、凝灰岩
Ⅱ	187~284	易	石灰岩、砂页岩、橄榄岩、绿泥角闪岩、云母石英片岩、白云岩
Ⅲ	285~382	中等	花岗岩、石灰岩、橄榄片岩、铝土矿、混合岩、角闪岩
Ⅳ	383~480	中难	花岗岩、硅质灰岩、辉长岩、玢岩、黄铁矿、铝土矿、磁铁石英岩、片麻岩、矽卡岩、大理岩
Ⅴ	481~578	难	假象赤铁矿、磁铁石英岩、苍山片麻岩、矽卡岩、中细粒花岗岩、暗绿角闪岩
Ⅵ	579~676	很难	假象赤铁矿、磁铁石英岩、煌斑岩、致密矽卡岩
Ⅶ	≥677	极难	假象赤铁矿、磁铁石英岩

比能的测定可采用一种便携式岩石凿测器在现场直接测定。凿测器由钎头、承击台、落锤、导向杆和转动手柄等组成。锤重 40N，可沿导向杆锤击嵌有一字形刃、直径为 40mm 的钎头，落锤高度 1m。测定时先开好孔口，冲击 480 次，每次转动钎头 15°，每冲 24 次清除一次孔底岩粉，最后量取凿孔的总深度 H(mm)，便可得出岩石的凿碎比能 $a=14249/H$(J/cm^3)。

5.1.3.3 岩石可爆性分级

岩石可爆性（或称爆破性）表示岩石在炸药爆炸作用下发生破碎的难易程度，它是动载作用下岩石物理力学性质的综合体现。岩石的可爆性分级要有一个合理的判据，其重要意义在于预估炸药消耗量和制定定额，并为爆破设计优化提供基本参数。

最早的岩石可爆性分级方法是 17 世纪 F. Hoffmann 提出的，按开挖方法（爆破或不爆破）和开挖工具的不同，将岩石分为六类。1889 年，F. Rziha 提出按开挖工具、开挖消耗的炸药量和人工将岩石分为四类九级。1926 年，苏联的 M. M. 普洛托季亚科诺夫提出以岩石坚固性系数 f 为主要判据，将岩石分为十级，即著名的普氏分级法。20 世纪 50 年代，日本提出以弹性波速、岩体裂隙间距、龟裂系数、抗剪强度等因素对岩石进行分级。美国则以破碎功指数和岩石弹性变形能系数作为岩石爆破性分级的指标。这一时期，苏联还有苏哈诺夫以炸药单耗为指标、巴隆以岩石表面能为指标、哈努卡耶夫以岩石波阻抗为指标的爆破性分级法。由此可见，对岩石进行可爆性分级的难度及复杂性。

新中国成立初期，我国一般都参照苏联的普氏分级和苏氏分级作为岩石爆破性分级的依据。近年来，科研单位和高等院校对此也做了大量的测试和研究。表 5-11 的岩石爆破破碎性分级法不仅考虑了岩石的基本性质，而且考虑了获取最好的爆破破碎效果所采用炸药品种和单位耗药量。

表 5-11　岩石爆破碎裂性分级

岩石级别		Ⅰ	Ⅱ	Ⅲ	Ⅳ	Ⅴ	Ⅵ
代表性岩石		坚硬岩石：花岗岩、花岗玢岩、闪长岩、玄武岩、片麻岩		中等坚硬岩石：白云岩、石灰岩、大理岩、砂质砾岩、页岩等			松软岩石：泥灰岩、片岩等
破坏性质		脆性破坏		准脆性破坏			塑性破坏
波阻抗×10^6/kg·m^{-2}·s^{-1}		16~20	14~16	10~14	8~10	4~8	2~4
岩石坚固系数 f		15~20	10~15	5~10	3~5	1~3	0.5~1.0
破坏能量消耗/kJ·kg^{-1}		70~80	50~70	40~50	30~40	20~30	13
推荐采用的炸药指标	爆压/GPa	20	16.5	12.5	8.5	4.8	2.0
	爆速/m·s^{-1}	6300	5600	4800	4000	3000	2500
	装药密度/g·cm^{-3}	1.2~1.4	1.2~1.4	1.0~1.2	1.0~1.2	1.0~1.2	0.8~1.0
	炸药潜能/kJ·kg^{-1}	5000~5500	4750~5000	4200~4750	3500~4200	3000~3500	2800~3000
块度平均线性尺寸/cm（单位耗药量/kg·m^{-3}）	5	1.65	1.50	1.40	1.20	0.95	0.65
	10	1.30	1.20	1.10	1.00	0.75	0.50
	15	1.10	1.00	0.95	0.85	0.65	0.45
	20	1.00	0.90	0.85	0.75	0.60	0.40
	30	0.85	0.78	0.70	0.64	0.50	0.33
	40	0.70	0.62	0.57	0.50	0.40	0.25

表 5-12 是东北大学 1984 年提出的岩石可爆性分级法，它以爆破漏斗试验的体积及其实测的爆破块度分布率作为主要判据，并根据大量统计数据分析建立了爆破性指数 N 值，按 N 值的级差将岩石的可爆性分成五级十等。

$$n=\ln\left[\frac{e^{67.22}K_1^{7.42}(\rho c_p)^{2.03}}{e^{38.44}VK_2^{4.75}K_3^{1.89}}\right] \tag{5-11}$$

式中　n——岩石爆破性指数；

V——爆破漏斗体积，m^3；

K_1——大块率（>30cm），%；

K_2——小块率（<5cm），%；

K_3——平均合格率，%；

ρ——岩石密度，kg/m^3；

c_p——岩石纵波声速，m/s。

此分级法称为“岩石爆破指数”分级法，它以能量守恒原理为依据。当炸药能量及其他条件一定时，爆破漏斗体积的大小和爆破块度的粒度组成直接反映了能量的消耗状态和爆破效果，从而可表征岩石的爆破特性，所以可采用爆破漏斗试验体积 V 及爆破块度分布率 K_1、K_2和 K_3作为影响岩石吸收爆破能量的程度和形式；而岩体的弹性波阻抗 ρc_p足以反映岩体的节理、裂隙情况及岩石的弹性模量、泊松比、密度等物理力学特性，所以可采用岩体的 ρc_p值作为岩石可爆性的辅助判据。此法已为国内矿山普遍采用。

近 10 年来，鉴于岩石断裂力学原理在光面、预裂爆破和饰面石材开采等方面的成功应用，针对定向断裂控制爆破成缝机理，也开始着手建立岩石按断裂性分级的标准。

表 5-12　东北大学岩石爆破性分级法

爆破等级		爆破性指数 n	爆破难易程度	代表性岩石
Ⅰ	Ⅰ$_1$	<29	极易爆	千枚岩、破碎性砂岩、泥质板岩、破碎性白云岩
	Ⅰ$_2$	29~38		
Ⅱ	Ⅱ$_1$	38~46	易爆	角砾岩、绿泥岩、米黄色白云岩
	Ⅱ$_2$	46~53		
Ⅲ	Ⅲ$_1$	53~60	中等	石英岩、煌斑岩、大王黑岩、灰白色白云岩
	Ⅲ$_2$	60~68		
Ⅳ	Ⅳ$_1$	68~74	难爆	磁铁石英岩、角闪岩、斜长片麻岩
	Ⅳ$_2$	74~81		
Ⅴ	Ⅴ$_1$	81~86	极难爆	矽卡岩、花岗岩、矿体浅色砂岩
	Ⅴ$_2$	>86		

5.2　地质结构构造

5.2.1　概述

所谓地质构造，是指地质历史时期的各种内外应力作用在地壳上留下的形迹，这些构造形迹对于工程建筑有着很大的影响，为了保证施工的效率和安全，要对地质构造进行详细的调查研究。研究与爆破工程有密切关系的地质构造条件，主要是研究有关组成地壳岩体的各种构造形体及它们之间的接触面（即岩体结构图）的类型和空间分布特征，包括岩层层理、褶皱、断层、节理裂隙及相互之间的空间关系。

5.2.2　岩体结构面类型

（1）岩层和层理。岩层是由同一岩性组成的被两个平行界面限制的层状岩体，层理是一组互相平行岩层的层间分界面。相邻两个层理面的垂直距离为岩层的厚度，岩层厚度与岩体的工程力学性质有很大关系，在同一种岩石中，厚岩层比薄岩层工程力学性质好。岩层厚度对岩体的可爆性和爆破后块度大小的影响十分显著。

（2）褶皱。褶皱也叫褶曲，是指岩层的某一个弯曲。褶曲的形态基本上可分为两种，即背斜和向斜。背斜是岩层向上弯曲，向斜是岩层向下弯曲。自然界中褶曲岩层的产状是多种多样的。从褶曲的横截面上看，有直立、斜歪、倒转、平卧、翻转、正常、等斜、扇形和箱形等形状。根据褶曲在平面上长宽之比可分为线形、长圆形和浑圆形褶曲。浑圆形褶曲如为背斜叫穹窿，如为向斜叫构造盆地。总之褶曲岩层受构造影响较大，岩体的工程力学性质较差，对爆破的影响也较大。

（3）节理、裂隙。节理、裂隙就是自然岩体的开裂或断裂。如裂缝两侧的岩体没有沿裂面发生明显的位移或仅有微小位移的称为节理，节理是野外最常见的断裂构造，自然界中几乎所有岩体都或多或少地受到节理裂隙的分割而降低了岩体的工程力学性质，节理裂隙越发育，岩体的工程力学性质越差。

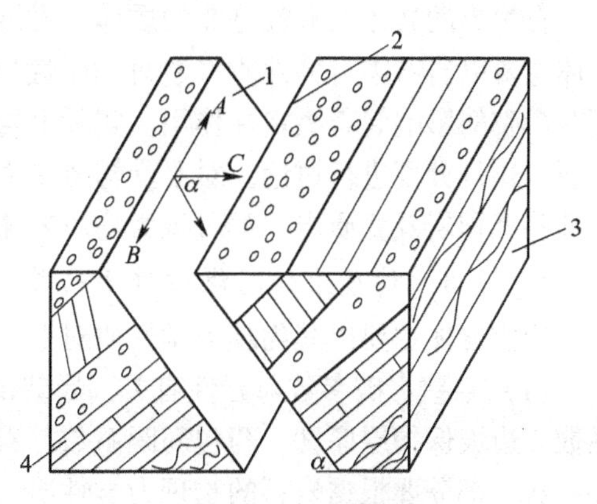

图 5-2　断层要素图
1—断层面；2—断层线；3—上盘；4—下盘

（4）断层。岩体发生断裂且两侧岩石沿断裂面发生较大移动的构造叫作断层。断层是地壳上一种常见的地质构造，它对各种土建和矿山工程有相当大的影响作用，区域性的断层可延伸很长。断层错开的两个面叫断层面，如图 5-2 所示，处在断层面上方的岩体叫上盘，处在下方的岩体叫下盘，上下盘错开的距离叫断距。由于断层错断的方向可以是上下、左右、斜向或转动，所以真正的断距在自然界是很难求得的。

（5）片理、劈理。片理是指岩石可顺片状矿物揭开的性质，其延伸不长；劈理是一些平行排列密集的裂隙面，它与片理共同的特点都是细小又密集地将岩石切成小薄片。由于它们细小密集，所以测量它们的产状意义不大，但它们会将岩体切割成碎片，是工程建设要引起注意的问题。

（6）不同岩层的接触面。不同岩层的接触面包括沉积岩不同岩层的接触关系和火成岩与围岩的接触关系。火成岩与围岩的接触关系比较复杂，与火成岩的产状有关，如喷出形成的岩流、岩钟、岩盖等，侵入的可形成岩脉、岩盘、岩基、岩株等。沉积岩不同岩层的接触关系如图 5-3 所示，其中 a—a 为整合接触，

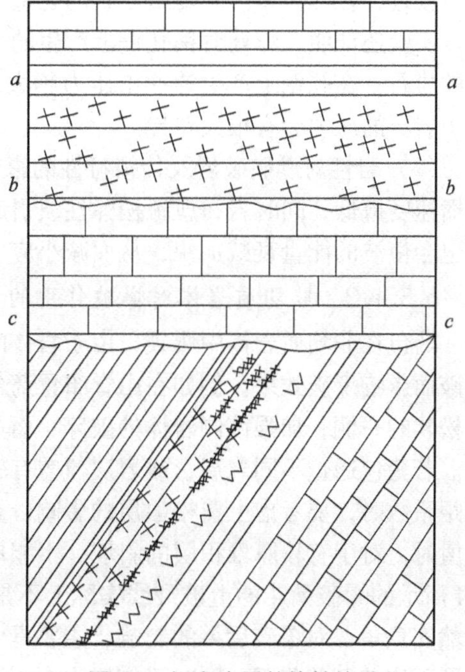

图 5-3　沉积岩层的接触关系

b—b 为假整合接触，c—c 为不整合接触。整合接触是指岩层虽不同，但所有层理面都是平行的；假整合接触是上下岩层的产状一致，但两者经过一个沉积间断时期的剥蚀、冲刷或风化后形成了一个不平整的接触面；不整合是上下两套岩层的产状有明显差异，其接触面也是起伏不平的。

5.3　地质条件对爆破的影响

5.3.1　岩石性质对爆破作用的影响

自然界的岩体大多数是非均质体，岩体的均质与非均质对爆破的影响作用不同。均质岩体主要以岩石本身的性质（物理力学性质）影响爆破作用，而非均质岩体则是岩体的弱面对爆破的影响起着决定性作用。实际上均质岩体与非均质岩体并无明确界限，但为研究方便，还是分别进行讨论。对于受构造作用和风化作用影响不大的火成岩岩基和厚层完整的某些沉积岩及变质岩，都可视为均质岩体。

5.3.1.1　均质岩体与爆破作用的关系

均质岩体主要以其物理力学性质对爆破作用产生影响。

（1）某些爆破参数与岩性有关。爆破设计时某些爆破参数，如炸药单耗、爆破压缩圈系数、边坡保护层厚度、药包间距系数、岩石抛掷距离系数以及爆破安全距离计算中的一些系数，都需要根据岩石的物理力学性质（如岩石的容重、强度或 f 值等）加以确定。

（2）炸药与岩石匹配问题。岩性与爆破作用关系的另一个问题是炸药和岩石性质的匹配问题。为了提高炸药能量利用率，必须使炸药的波阻抗（即炸药的密度与爆速的乘积）与岩石的波阻抗相匹配。实验证明，凡是具有较大波阻抗的炸药或者它的阻抗与岩石的阻抗越接近，在炸药爆破时传给岩石的能量就多一些，而且在岩石中所引起的应变也要大一些。实验还证明，炸药对钻孔壁上产生的冲击压力，因岩石的波阻抗不同而异，波阻抗越大的岩石，在孔壁上产生的冲击压力越大。这样当炸药一定时，由于岩石的波阻抗不同，给予岩石的压力会有很大差异。

（3）岩性对爆破破岩及传播特性的影响。岩石的孔隙愈多、密度愈小，爆炸应力波的传播速度愈低；同时岩石愈疏松弹性波引起质点振动耗能越大，此外，孔隙对波的散射作用也会使波的能量衰减加快，从而减小应力波对岩石的破碎作用和爆破效果。

5.3.1.2　非均质岩体对爆破作用的影响

药包在非均质岩体中爆破，由于岩体的力学性质不同，爆破作用容易从岩体软弱部位突破而影响爆破效果。例如在山脊布置药包，若两侧岩体不同，爆破作用将主要朝向岩性较松软的一侧，加强该侧岩体的破碎，而另一侧较坚硬的岩体将由于破碎不充分而形成岩坎。若药包通过不同岩层，或岩层覆盖有较厚的松散岩石，则在确定炸药单耗 q 值及药包间距系数时，要考虑上覆松散层的影响，要防止过量装药和产生根底。在确定上破裂半径 R' 值时，对于有较厚堆积层的斜坡，不能单纯从坡度考虑，而应视覆盖层情况确定，如图 5-4 所示的爆破漏斗的上破裂线实际上不是 AO 而是 BCO，BC 的坡度一般相当于覆盖体的自然安息角。对爆破后果的影响，主要是由于爆破能量集中于阻抗较小的松散岩层上，扩大了不该破坏的范围，同时可能增大个别飞石距离，造成危害。非均质岩体爆后形成的边坡也不稳定，这是因为岩性差异大，爆后边坡面易形成各种裂隙，或使原有节理、层理扩展，造成坡面凹凸不平，形成落石等危害。

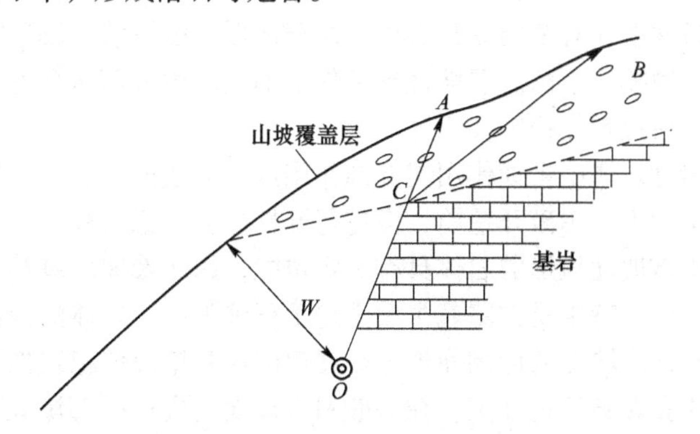

图 5-4 覆盖层对上破裂线的影响

为了克服非均质岩体对爆破作用的影响，应在布置药包位置时采取相应措施，如将药包布置在坚硬难爆的岩体中，并使它到达周围软弱岩体的距离大致相等，或采用分集药包、群药包的形式，防止爆破能量集中在软弱岩体或软弱结构面中，造成不良后果。

5.3.2 地形条件对爆破作用的影响

地形是影响爆破作用与效果的重要因素，在岩体工程爆破设计中必须充分考虑地形的影响。所谓地形，就是爆破区域的地面坡度，临空面的形状、数目，山体的高低及冲沟分布等地形特征。不同地形下要因地制宜地进行爆破设计，利用好地形可以节省爆破成本，有效地控制爆破抛掷方向。由于临空面处可产生冲击应力波反射拉伸破坏，引导和促进岩石的破裂发生，在多个临空面的情况下，可以产生多次反射波的重复作用，从而增加岩石的破坏范围和效果，大体上临空面的数目与炸药单耗成反比，所以只要地形有微弱的起伏变化，就会明显影响到爆破作用。

微地形概念是指单个山包、山嘴、山梁、垭口等爆破工程所涉及的局部地表形态。地形对爆破方法选择、爆破破坏范围大小、岩块抛掷方向和距离、爆堆堆积形状和爆破后的清方工作，以及施工现场的布置等均有直接的影响。因而爆破工程中，应充分考虑地形，针对不同地形，应因地制宜地进行爆破设计与施工，以取得良好的爆破效果。根据微地形在爆破能量利用方面的性质，微地形特征可分为水平地形、倾斜地形、凸形多面临空地形、凹形垭口地形等，倾斜地形特征，又可按自然地面横向坡度角 α 的大小分为缓坡地形（$\alpha=15°\sim30°$）、一般斜坡地形（$\alpha=30°\sim50°$）、陡坡地形（$\alpha=50°\sim70°$）、绝壁地形（$\alpha>70°$）。当地面坡度小于15°时，属于平坦地形。

5.3.2.1 不同地形特征对爆破效率的影响

（1）水平与平坦地形。水平与平坦地形，多是山前洪积层顶部或山间坡积堆、河流阶地等；有时也可为侵蚀阶地的阶面、岩浆岩体接触表面、坚硬水平岩层层面。这些地段的岩体都比较坚硬完整，多为块状结构，地形平坦，抛掷爆破时，爆破漏斗内的岩块部分可能残留在其中，抛掷率低。因此，一般应采用松动爆破方式，爆破后再利用机械清方。如果爆破周边环境允许，可采用抛掷爆破（即扬弃爆破），以提高爆破开挖效率。

（2）斜坡地形。斜坡地形分为缓坡地形、一般斜坡地形、陡坡地形和绝壁地形。

缓坡地形多为岩体受长期风化剥蚀作用形成，一般为软石或次坚石，岩体结构类型多为碎裂结构，特殊条件下也有坚硬完整岩体。由于地形坡度较缓，爆破漏斗内的爆破石方不能产生坍塌作用，抛掷率不高。缓坡地形条件下不宜使用大药量药室爆破，采用其他爆破方式也应注意爆破后边坡的稳定性问题。

一般斜坡地形多是岩体由剥蚀作用向侵蚀作用过渡形成的，岩性以次坚石为主，岩体结构以碎裂块状结构为主。爆破开挖前，应进行开挖边坡的稳定性评价，以采用合理措施避免边坡失稳。由于该坡度地形的岩体具有一定位能，因此爆破后爆落岩体既产生崩塌作用，也会产生坍塌作用。特别是在路基半填半挖工程施工中，岩体的位能和炸药爆炸能的侧向抛掷作用会随着地形坡度的增加而加强。在爆破对开挖边坡稳定性不产生破坏性影响的条件下，可采用深孔爆破开挖施工。在一般斜坡地面上进行抛掷爆破时，往往要求将岩块尽量抛出爆破漏斗，其抛掷率与地形有关，即地形坡度愈陡，抛掷率愈高。

陡坡和绝壁两类地形，岩石一般非常坚硬，岩层倾向呈内倾或水平。这类地形中一般软弱夹层很少，结构面间联结力较强。在陡坡和绝壁地形特征下，岩体具有较高的位能，爆破作用下岩块崩塌和坍塌作用强烈，促使爆破抛掷率大大增加。爆破设计中采用松动爆破，即可达到较高抛掷率和充分破碎效果。陡坡爆破可以节省炸药用量。

（3）凸形多面临空地形。凸形多面临空地形，是指凸起山体在多个方位上形成临空面，或同时具有多个最小抵抗线的地形。如馒头山、塔形山、长条山梁、山梁末端的山嘴等都具有 2 个或 2 个以上的临空面，故称为多面临空地形。特别是在冲沟发育的山岭地带，经常出现 2 座山梁夹一沟，或 2 条冲沟夹一山梁并行分布的“鸡爪”地形。当公路或铁路穿越这些“鸡爪”地形时，会遇到一连串多面临空地形。

塔形山多为岩性较坚硬的水平岩层组成，由于纵横交错的高倾角构造裂隙的切割，周围裂隙密集，岩体破坏并被剥落成这种孤立而起的地貌形态；馒头山多为较软弱的水平岩层或较均匀的岩浆岩体，由于其四周的构造裂隙相对发育，故表层岩体较破碎；条形山梁的沟壑处地带构造裂隙相对发育，表层岩体较破碎。

这类地形一般边缘处岩体较破碎，在山体中部岩体较为完整，多数适宜采用大药量爆破施工。由于多临空面能增加岩体爆破破碎方量和抛掷方量，降低炸药单耗，因此，针对这类地形爆破时可充分利用多临空面的有利条件。

（4）凹形垭口地形。所谓垭口，是指山岭地区的马鞍形凹陷地带，垭口地形在地质成因上十分复杂，一般按成因将垭口地形分为软弱岩层型垭口、构造型垭口、断层破碎带型垭口、溶蚀型垭口和接触带型垭口等。通常是公路、铁路翻越山岭的必经之地，在路线设计标高允许的条件下，往往多采用明挖路堑方案。

垭口地形特征是两侧为山坡，中间为低洼的凹槽，爆破夹制作用大，爆破抛掷率低，这是爆破中最不利的地形条件。特别对于垭口的纵断面长度很长的山岭地区，属纵向长、宽、深爆破地形，纵向侧抛的抛掷率很低，集中了巨大的石方工程量，抛掷难度大，应认真对待开挖堑槽的边坡稳定问题。

5.3.2.2 不同地形对爆破方式的影响

在松动爆破与加强松动爆破中，主要是将岩体爆成一定块度的松散体，以便于装运。这种爆破方法应结合不同地形的自然状态和特征，采用合适的爆破方案以便获得良好的爆破效果。如在陡坡、悬崖及多面临空的地形条件下，利用好这类地形的特点，每立方米岩石的炸药消耗量可显著降低。

定向爆破对地形要求很高，因为它要求爆破岩块抛掷或滑移堆积到一定的方位和堆积成一定形状。定向的形式基本有3种：面定向、线定向、点定向。面定向与线定向对地形的要求都不及点定向高，坡度在45°以上的地形定向效果最好，例如在路基土石方工程中，充分利用地形条件，采用定向爆破移挖作填或借土填方，便能同时完成挖、装、运、填等各种工序，取得极好的技术经济效果。

此外，天然冲沟、单薄的山脊和孤山峰等多面临空地形，对于定向爆破的方向和集中程度影响极大，在布置药包时必须特别注意，应从地形上严格加以控制，以利于爆破岩块向指定的方向和位置集中抛掷堆积。

在深孔爆破和条形药包硐室爆破设计中，第一排药包的布置和装药结构必须根据地形的变化加以调整，地形低凹处需减少药量或后移药包；而地形凸起处，最小抵抗线加大，需增加药量或前移药包，这样才能达到统一的爆破效果和爆破安全要求。

5.3.2.3 不同地形的爆破能效

炸药爆炸能效利用率，不仅与药包埋置深度和介质的质量有关，还与地形有关。对于倾斜地形和多临空面地形，炸药爆炸能有效利用率随自然地面坡度的增大而急剧增加，同一地形坡度，多临空面地形炸药爆炸能有效利用率最高。当地形坡度为45°时，倾斜地形抛掷爆破能效利用率可比平坦地形增加2.32倍，多临空面地形可比平坦地形增加4倍，比倾斜地形增大1.76倍。

不同地形的炸药单耗、抛掷率指标见表5-13。

表5-13 不同地形爆破的主要指标

地形条件和爆破方式	抛掷量/%	炸药单耗/kg·m^{-3}
平坦地形扬弃爆破	80（±）	1.80~2.2
斜坡地形路堑	60（±）	0.88~1.20
多临空面地形路堑	60~80	0.40~0.8
多临空面半路堑抛坍爆破		0.20~0.60
倾斜地形抛坍爆破	48~85	0.10~0.42
陡坡地形	>75	0.10~0.25
斜坡地形	48~60	0.62

5.3.2.4 地形条件对爆破震动衰减的影响

地形高差对爆破震动效应的影响主要表现在以下两方面。

（1）当爆破震动波穿越凹形沟壑时，爆破震动波有明显的衰减作用。爆破震动波衰减与凹形沟壑宽度和深度有关，但深度比宽度更能影响爆破震动波的衰减。

（2）高坡地形对爆破震动波具有放大效应，且地形相对高差越大，放大效应越明显。有学者提出了爆破存在高程差时的萨道夫斯基公式中的K和α值修正形式

$$v=K'K\left(\frac{\sqrt[3]{Q}}{R}\right)^{k_e\alpha_1} \tag{5-12}$$

式中　v——爆破震动波引起的地面质点震动速度，cm/s；

Q——最大单段的起爆药量，kg；

R——测点与爆心的水平距离，m；

K——与地质、爆破方法等因素相关的系数；

K'——K值高程修正系数；

k_e——与地质条件有关的地震波衰减系数；

α_1——衰减系数高程差修正系数。

中国铁道科学研究院在深圳安托山高处爆破，低处现场实测爆破震动得到的修正系数为$K'=e^{-0.0378H}$；$\alpha_1=1-0.0045H$。

此外，在《水工建筑物岩石基础开挖工程施工技术规范》中给出了反映高程差的爆破震动衰减规律修正公式

$$v=K\left(\frac{\sqrt[3]{Q}}{R}\right)^{k_e}\left(\frac{\sqrt[3]{Q}}{H_0}\right)^{K''} \tag{5-13}$$

式中　K''——高程影响系数，反映高程差的放大或衰减作用，通过爆破试验确定；

H_0——测点与爆心之间的高程差（指爆源在下方），m；

其他符号意义同上。

5.3.3　结构面对爆破作用的影响

在露天爆破中，除了孤石、大块的二次爆破及规模不大的浅孔爆破等是在相对均匀的岩体中进行爆破外，大多数爆破药包布置在不同性质的岩体中。岩体是非连续介质的地质结构体，结构面和结构体（岩块）是构成岩体结构的两个基本要素。岩体的变形和破坏不仅与岩石材料的力学性质有关，更取决于岩体中结构面的数量、分布、产状及其力学性能。对爆破来说，应力波在岩体中传播时与静载不同，遇到结构面将产生复杂的应力状态，对结构面的影响将更为显著。

5.3.3.1　结构面在爆破过程中的作用

在爆破过程中，结构面主要产生以下几方面的作用。

（1）应力集中作用。由于软弱带或软弱面的存在，岩石的连续性遭到破坏，当岩石受力时，岩石便首先从强度最小的软弱带或软弱面处裂开，在裂缝尖端发生应力集中。岩石在爆破应力作用下的破坏是瞬时的，来不及进行热交换，岩石处于脆性状态，使应力集中现象更加突出，岩石破坏更加容易。因此，当岩体中软弱面较发育时，其炸药单耗可以适当降低。

（2）应力波的反射增强作用。由于软弱带内部介质的密度、弹性模量和纵波速度均比两侧岩石的值小，当爆炸波传至界面处发生反射、折射等，软弱带迎波一侧岩石的破坏加剧，对于张开的软弱面，这种作用更为明显。实际工程中，什么级别的软弱带或软弱面足以产生明显的反射增强作用，与爆破规模和结构面内部充填有关，应视爆破规模区别对待。对于小孔径爆破开挖施工，Ⅱ级软弱面即可影响其效果；对于大规模的群药包硐室爆破或大孔径深孔爆破，Ⅲ级软弱带或小断层破碎带对其影响也不会很显著。

（3）能量吸收作用。由于界面的反射作用和软弱带充填介质的压缩变形与错动，吸收了一部分应力波能量，使软弱带背波侧应力波减弱，因而，软弱带可保护其背波侧的岩石，使其破坏减轻。

（4）泄能作用。当软弱带或软弱面穿过爆源通向临空面，或者爆源到临空面间软弱带或软弱面的长度小于药包最小抵抗线 W 时，炸药的能量便可以冲炮或其他形式泄出，使爆破效果明显降低。

（5）楔入作用。由于高温高压气体的膨胀，沿岩体软弱带高速侵入，可使岩体沿软弱面发生楔形块裂破坏。

通过分析结构面对爆破过程的5种作用，在设计布置药包和选择相关爆破参数时，应充分利用结构面的有利作用，避开其不利作用，以达到满意的爆破效果。

5.3.3.2 结构面对爆破效果的影响

实践证明，在药包爆破作用范围内的结构面对爆破作用的影响很大，其影响程度取决于结构面的性质、产状与药包位置的关系。因此在布置药包时，应查明爆区各种结构面的性质、产状和分布情况，以便结合工程要求尽可能避免其影响。下面按各种结构面进行分析讨论。

A 断层对爆破作用的影响

断层主要是影响爆破漏斗的形状，从而减少或增加爆破方量，也有可能引起爆破安全事故。

a 断层通过药包位置

断层通过药包位置这种情况对爆破一般是不利的，容易引起冲炮，造成安全事故；或者引起漏气，降低爆破威力，影响爆破效果。首先，断层通过最小抵抗线 W 的位置，如图5-5所示，当断层带较宽，断层破碎物胶结不好时，爆破气体将从断层破碎带冲出，出现冲炮和缩小爆破漏斗范围的最不利情况（爆破漏斗范围由 AOB 缩小为 $A'OB'$）。遇到此种情况时可改在断层两侧布置药包，利用2个药包的共同作用把断层两侧岩体抛掷出去，消除断层的影响作用。

如果断层落在上下破裂半径位置，可减弱对爆破漏斗以外岩体的影响，有利于边坡的稳定，在这种情况下对爆破效果影响较小。当断层在药包后且截切上破裂线 R' 时（图5-6），爆

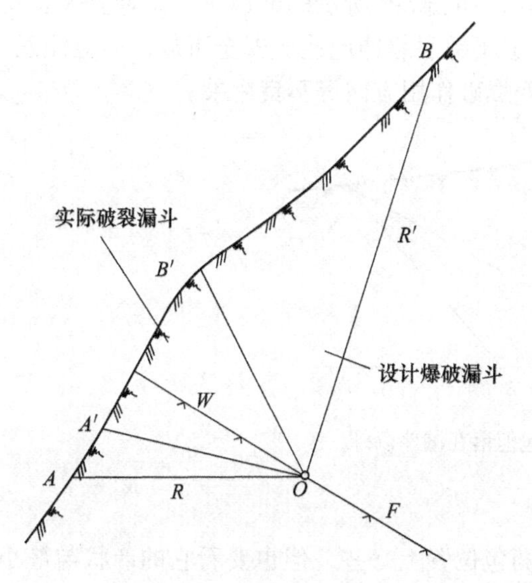

图5-5 断层通过最小抵抗线位置对爆破的影响

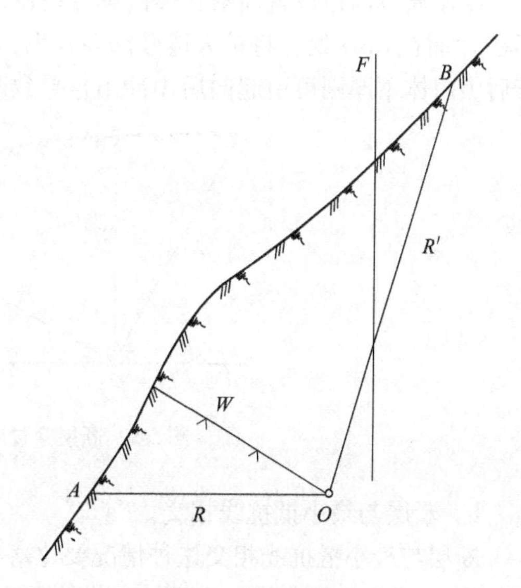

图5-6 断层在药包后

破后上破裂线势必沿断层发展，使上破裂线比原设计缩小，减小爆破方量，抛掷作用加强；当断层在药包前且截切上破裂线 R' 时，爆破后上部岩块将会沿断层坍滑，使上破裂线后仰，增大爆破方量，大块率较高（图 5-7）。

总之，如果断层处于上述情况以外的位置，如图 5-8 所示的 F_1 和 F_2，则它们对爆破都有相当程度的影响，其影响的大小取决于它与最小抵抗线夹角的大小，夹角大的影响小，夹角小的影响大。图中由于断层 F_1 的影响，使得爆破漏斗的上破裂半径不在 R' 而在 F_1 处，即 ABO 区域的岩体可能爆不掉。遇到这种情况可在 ABO 岩体处加辅助药包，同时将主药包向断层线外面挪动。

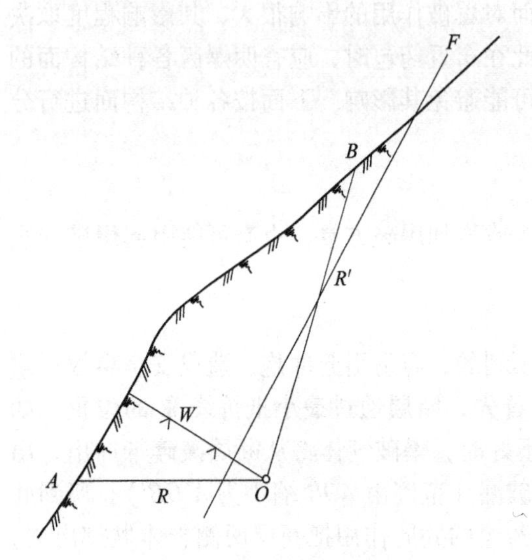

图 5-7　断层在药包前

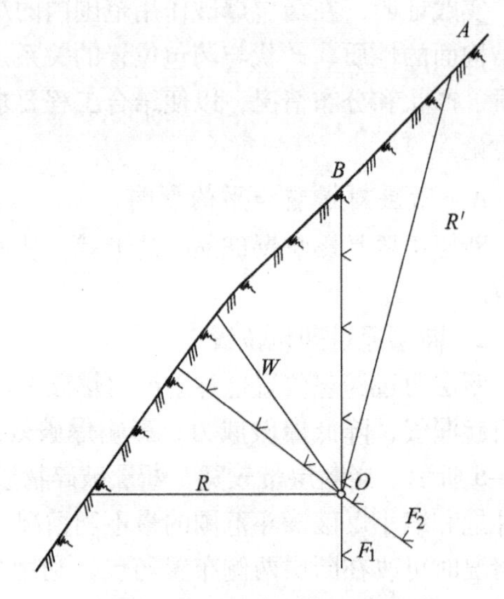

图 5-8　断层在爆破漏斗范围内而不通过 R、R′和 W 的情况

断面通过药包位置而落在爆破漏斗范围以外，如图 5-9 所示的断层 F，此时上破裂线不在 R' 而在 ABO 处，将扩大爆破漏斗范围，一般不致引起冲炮造成安全事故，但应注意，若后山山体不厚则可引起向后山冲出，导致改变爆破作用方向等不良后果。

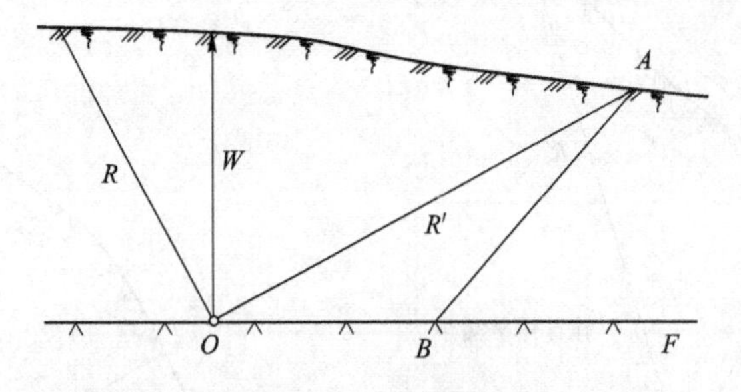

图 5-9　断层穿过药包但落在漏斗以外

b　断层与最小抵抗线相交。

断层与最小抵抗线相交这种情况要比落在药包位置上好些，但也要看它的产状与最小抵抗线 W 的关系及离药包的远近。若断层远离药包位置，其影响小，反之则大；断层与 W

交角大，其影响程度小，反之则大。如图 5-10 所示的 F_1 比 F_2 对爆破影响小。

B　层理对爆破作用的影响

层理与断层不同，断层是一个破碎带或是单一的一个面，而层理则是许多平行的面。层理面除一些有泥土夹层外，一般是平整和闭合的，所以层理和断层对爆破作用的影响有共性也有异性。共性是其产状都是影响爆破作用的主要因素；异性是断层视其离药包远近影响有大有小，层理则没有与药包距离远近的问题，但是岩层的厚薄对爆破的破碎程度有明显的影响。层理面对爆破作用的影响，取决于层理面的产状与药包最小抵抗线方向的关系。

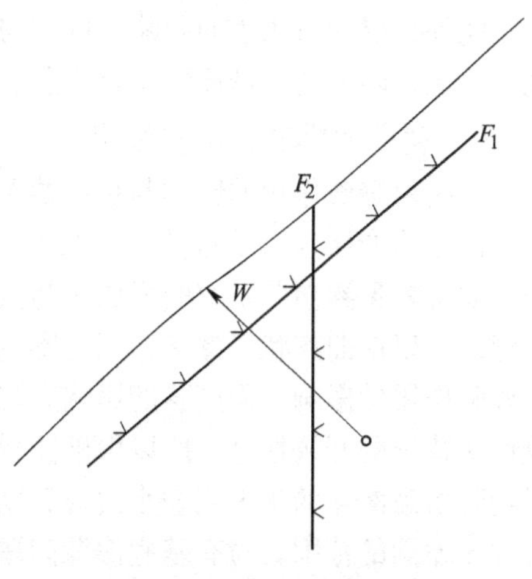

图 5-10　断层与最小抵抗线 W 相交

（1）药包的最小抵抗线与层理面平行。爆破时不改变抛掷方向，但爆破方量将减少，爆破漏斗不是呈喇叭口而是呈方形坑，如图 5-11 所示，在这种情况下爆后常出现欠挖，容易留根底，同时有可能顺层发生冲炮。

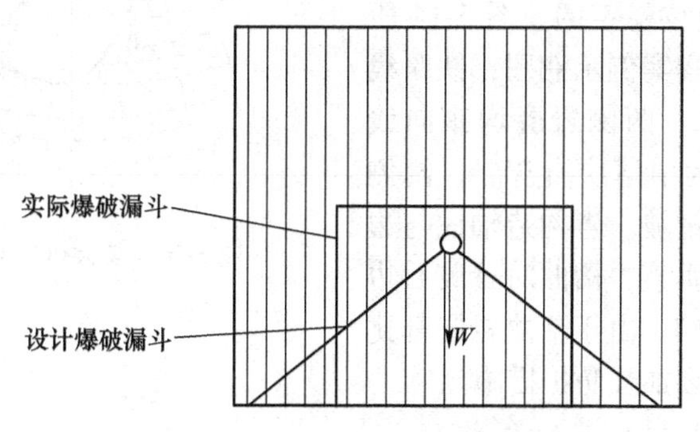

图 5-11　层理线与最小抵抗线平行

（2）最小抵抗线与层理面垂直。爆破时不改变抛掷方向，但爆破漏斗将扩大，爆破方量增大，岩体抛掷距离将缩小，如图 5-12 所示，折线为实际爆破漏斗。

（3）层理面与最小抵抗线斜交。爆破时抛掷方向将受到影响，爆破方量多数是减少，有时可增加，如图 5-13 所示。

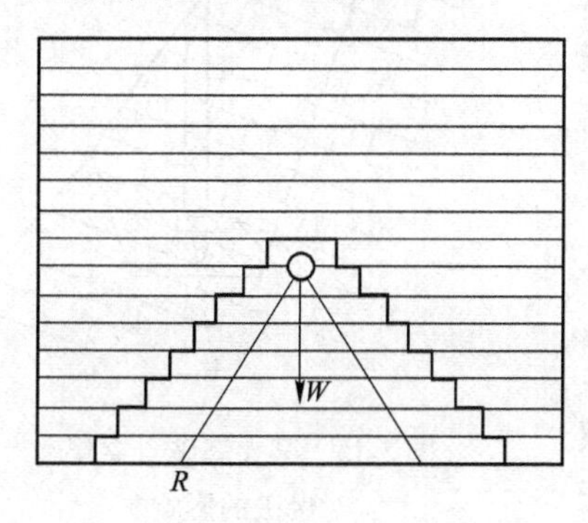

图 5-12　层理线与最小抵抗线垂直

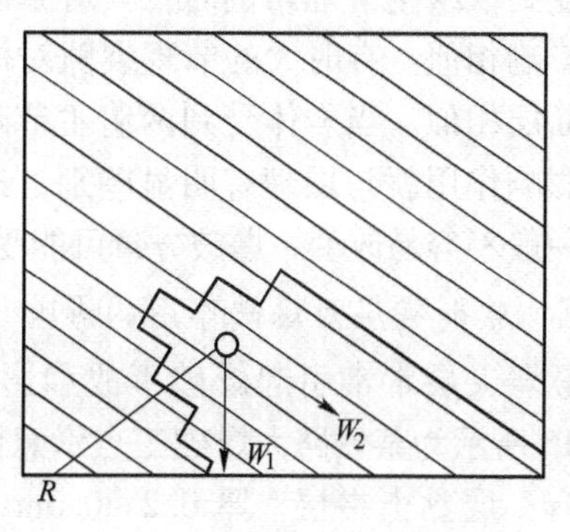

图 5-13　层理线与最小抵抗线斜交

此外，层理对爆破的影响程度还与层理面的状态有关，张开或有泥夹层的层理面影响尤为明显，闭合的层理面影响就小些。

C 褶曲对爆破作用的影响

褶曲对爆破作用的影响与单斜岩层有所不同，单斜岩层的层理是平直的，其开放性好；而褶曲的层理面是弯曲的，其开放性受到弯曲面的限制。此外褶曲岩层一般比较破碎，如野外见到褶曲发育的岩层多为页岩、片岩、砂岩和薄层灰岩，构造节理、裂隙都很发育，所以褶曲产状对爆破作用的影响不像单斜岩层那样明显，主要表现为岩质的破碎性对爆破作用的影响。而产状的影响表现在向斜褶曲比背斜褶曲明显，原因是向斜褶曲的开放性比背斜的开放性好，所以爆破能量容易从褶曲层面释出而引起爆破抛掷方向的改变或影响到爆破漏斗的扩大或缩小。背斜则不易改变爆破方向，但可减弱抛掷能力或扩大药包下部压缩圈的范围，对有基底渗漏问题的水工工程须引起注意。

褶曲对爆破后边坡稳定的影响和褶曲轴线与边坡的关系有关，大爆破路堑边坡调查结果认为，当构造轴线与边坡走向交角小或平行时，在岩性的差异大和边坡高陡的情况下是不利于爆破后边坡稳定的。图 5-14 所示为铁路某大爆破工程案例示意图，铁路线通过向斜构造的轴部，两侧岩层均倾向线路，倾角 30°，岩层为中薄层石灰岩，两侧边坡均发生基岩顺层滑坡。若构造轴线与边坡走向交角大或接近垂直，褶曲对爆破后边坡的稳定并无不利影响。由于褶曲岩层都比较破碎，所以施工中要加强防护措施。

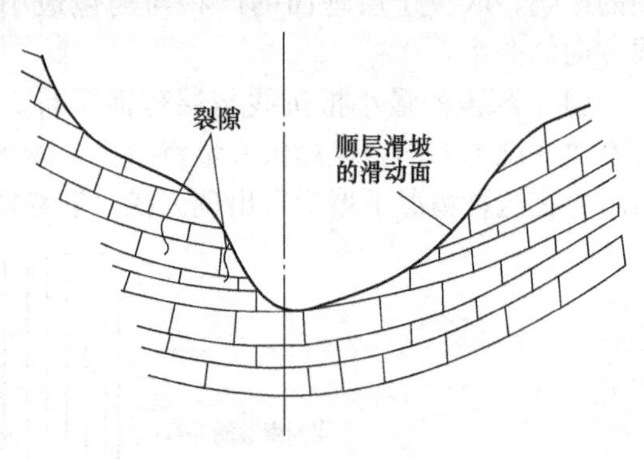

图 5-14 某大爆破点基岩顺层滑坡

D 节理裂隙对爆破作用的影响

地壳上的岩体很少不受节理裂隙的切割，它对爆破的影响取决于节理裂隙的张开度、组数、密集程度以及产状。有些岩体中的节理虽然组数较多，但一般仅有一组或两组起主导作用，则它们对爆破的影响主要由这一两组节理决定。当岩体仅受到一组主节理切割时，其对爆破的影响与层理的影响相似。有时大的节理裂隙对爆破的影响往往与断层相似。当岩体受到两组主节理割切时，它们的影响作用就与层理有明显差别，这时爆破抛掷方向一般不容易改变，爆破方量可能受到一定影响。

E 软弱夹层对爆破作用的影响

软弱夹层常常引起爆破事故和影响爆破效果，图 5-15 所示为某铁路大爆破工点示意图，由于石灰岩中有一层黏土夹层，厚 0.2～0.3m，爆破药室正好落在这一软弱夹层处，导致爆破时爆炸气体形成

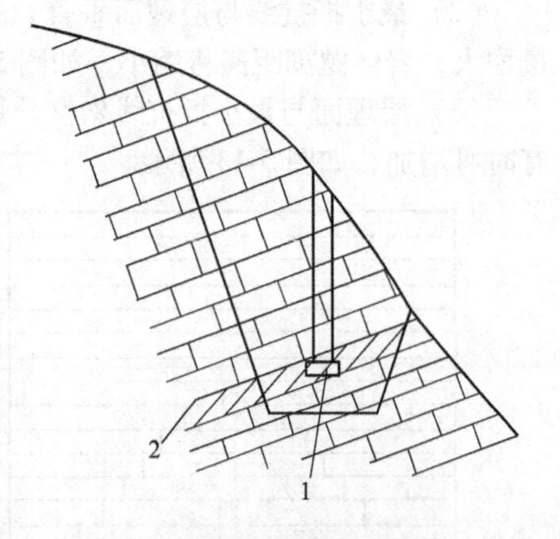

图 5-15 某大爆破点夹层对爆破的影响
1—爆破药室；2—黏土夹层

强烈的空气冲击波，大量的飞石冲击工点的河对岸，造成事故。

5.3.4 水文地质条件对爆破作用的影响

水文地质条件，简单讲是地下水对工程建筑发生关系及产生影响的条件。地下水与工程建筑发生关系或产生影响，可从以下四个方面考虑：一是水位，二是水量，三是水力作用（包括静力和动力作用），四是水质（包括地下水的侵蚀性）等。从这个角度出发，地下水的水位、水量、水力作用及水质等就是工程建筑的水文地质条件。而且，这 4 个条件经常不是单独起作用的，而是综合几个条件联合发挥作用。

地下水的水位、水量、水质及水力作用等既与地下水的类型、埋藏、补给、径流、排泄等条件有关，也与含水层和隔水层的厚度、分布及其组合有关，还与含水层的透水性及其渗透系数、承压水含水层的特征及其水头、裂隙水的水动力条件和渗透压力及分布的不均一性等有关。因此，所有这些条件都是水文地质条件的重要组成因素。上述内容，对于各种工程建筑都有实际意义，都需要认真对待，加以研究。

对于爆破工程而言，可从以下 4 个方面来分析地下水对爆破工程的影响。

（1）地下水对爆破作用机制和效果的影响。地下水是爆破岩体介质的物质组成之一，但由于爆破是一种高温、高压的瞬间作用过程，因此无论是地下水的密度和质量，还是地下水对岩体介质的内部结构的作用，都是微不足道的，可以不考虑地下水对爆破的作用机制和效果的影响。

（2）地下水对爆破施工的影响。在平坦地形、深挖基坑、堑沟及硐室施工时有可能会遇到地下水的问题，在爆破施工中主要表现在以下几方面：一是药室湿度对炸药、雷管性能和效果有影响，这时需要对炸药、雷管采取防水保护措施，或采用防水炸药；二是开挖药室和导硐过程中地下水的作用会造成药室导硐的围岩坍塌，影响施工进度和质量，需加强围岩支护，确保施工安全；三是在开挖药室和导硐的过程中，揭穿地下含水层或穿越过水断层破碎带会产生大量出水，不宜进行硐室爆破法施工。

（3）地下水对爆破工程质量影响及灾害性事故。爆破作用后常会在岩石中形成规模不一的裂隙，因此爆破作用对边坡或隧道围岩的松动破坏，增加了地下水的连通性，加剧了地下水的渗漏，同时降低了边坡和围岩岩体强度，极易造成涌水和坍塌等事故。

（4）在钻孔爆破中地下水对爆破的影响。主要是对钻孔和装药、填塞施工方面产生影响。当钻孔达到地下水位以下，孔内渗水，使得凿岩岩屑不易吹出孔外，容易发生卡钻；装药过程中，孔内有水，即使装入防水炸药，也因水的浮力，使药卷不易沉入孔底，有时装入的药卷会因脱节不连续而发生殉爆，影响爆破效果，造成安全隐患。在填塞炮孔时，若孔口满水，回填炮泥不能及时下沉，使得孔口填塞不严实，也会发生冲炮，降低爆破作用效果。

5.3.5 特殊地质条件下的爆破问题

5.3.5.1 岩溶对爆破的影响

在岩溶地区进行爆破工作时，由于地质物理现象的特殊性，往往会遇到岩溶问题（即大小不同的溶洞或互相连接成暗河）。在矿山的爆破工程中，除遇有岩溶问题外，还存在采空区对爆破工程的影响问题。它们对爆破作用的影响，在性质上基本上是一样的。

（1）溶洞对定向抛掷方向的影响。如图 5-16 所示，设计的药包抛掷方向是沿着最小抵抗线 W 进行定向抛掷。由于药包至溶洞的距离 W_2 比 W 小，因而岩块抛掷方向便沿着 W_2 方向集中抛掷到溶洞中。

（2）溶洞对抛掷方量的影响。如图 5-16 所示，药包布置在溶洞上方进行抛掷大爆破，由于爆破的能量密度向溶洞方向集中，因而大大降低了爆破抛掷方量。

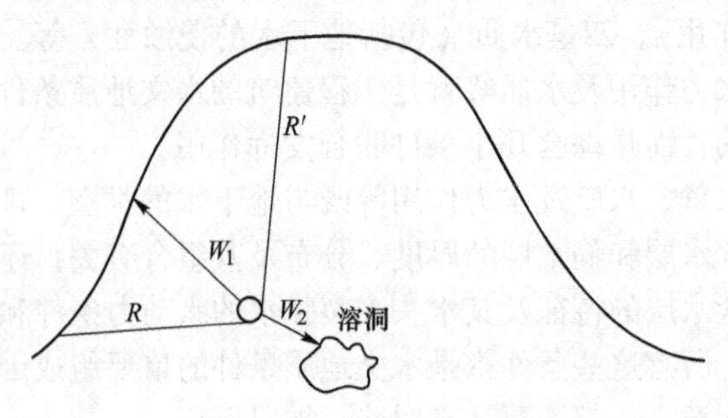

图 5-16　溶洞对爆破抛掷方向和方量的影响

同样地，在一些溶蚀沟缝或岩溶中，由于充填的黏土常常造成吸收爆炸能量或漏气等情况，因而降低了爆破威力，减小爆破漏斗尺寸，减少爆破方量。

（3）溶洞对安全技术的影响。如图 5-17 所示，溶洞位于药包前的最小抵抗线方向及其附近，由于爆炸能量向抛掷方向的溶洞集中，往往造成部分抛掷岩块堆积到设计范围以外，甚至引起“冲天炮”情况，造成严重的爆破安全事故。如果药室顶部有溶洞，还可能造成洞顶塌落。

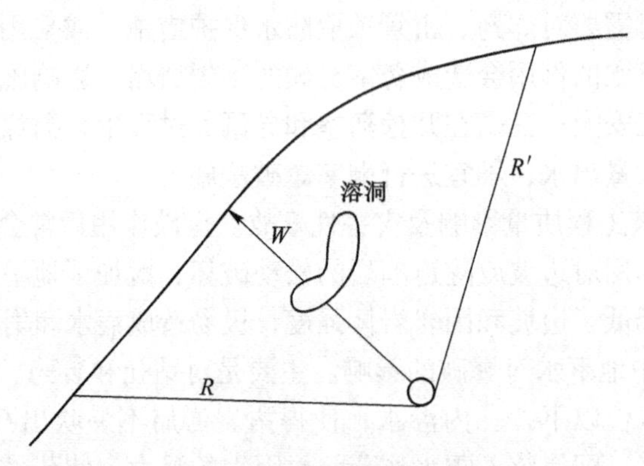

图 5-17　溶洞对爆破安全技术的影响

由于岩溶的作用，常常造成爆破能量密度分布不均匀，有的位置爆破岩块过于细碎，有的岩块则过大，甚至出现特大岩块及爆后边坡稳定的问题。

实践经验表明，为了避免溶洞对爆破效果的影响，对于一般岩溶，采用如下措施进行处理能取得良好效果：

1）在可能的条件下，利用溶洞作为导硐药室，既可避免对爆破的影响，又可减少导硐药室开挖的工作量。

2）将药包附近的溶洞用土石方进行堵塞。从药包中心至溶洞堵塞部分的距离应大于最小抵抗线。

3）调整药包位置，使药包中心至溶洞的距离接近或大于最小抵抗线的长度。

4）如果溶洞口线路方向接近垂直，可在溶洞两侧布置两个同时起爆的药包；如果溶洞容积不大，可以不进行堵塞。

5）在岩溶发育地区，不宜采用定向抛掷大爆破，而应采用松动爆破。

6）在某些情况下，可以利用炸药处理空洞。即在洞中装入适量的炸药，与邻近药包同时爆炸，使洞中瞬间充满一定的爆炸气体压力，以平衡其附近药包爆炸作用的影响。

7）采取施工安全技术措施，爆破时加强安全警戒工作。

5.3.5.2 岩堆及滑坡与爆破的关系

岩堆及滑坡体通常处在不稳定或极限平衡状态，采用大爆破开挖更容易造成危害，一方面爆破气体容易沿着岩堆与基岩接触面或滑动面扩散，影响爆破效果；另一方面又会引起石堆及滑坡体的剧烈活动，所以一般不宜进行大爆破。如果岩堆或滑坡体下部的岩石较好，则可以利用大爆破将整个岩堆或滑坡体炸掉，但在施工中必须注意其活动状况，避免发生事故。

5.4 爆破对地质环境的影响

设计爆破时，除按设计任务书的要求做出合理的设计外，尚应充分预测爆破作用对设计范围以外区域工程地质的不利影响。这种不利影响也许在爆后的短时间内并不显现，但随着时间推移并在地应力作用下可能会有所反映，因此必须充分重视。

5.4.1 爆破对围岩的影响

根据爆破作用的基本原理，药包在有临空面的半无限介质中爆炸，从药包中心向外分成压缩破碎区、爆破漏斗区、破裂区和震动区。压缩破碎区和爆破漏斗区是爆破后需挖运的范围，而破裂区和震动区是爆破对工程地质影响的区域。破裂区的裂缝大部分沿岩体中原有节理裂隙扩展而成，少部分是岩体破裂出现的新裂隙。通常爆区后缘边坡地表破坏范围比深层垂直破坏范围大，地表破坏与深层垂直破坏有不同的特点。

5.4.1.1 爆破对后缘地表的破坏

爆破对后缘地表的破坏是由后冲和反射拉伸波作用形成的，裂缝常常沿着平行临空面的方向延展。地表裂隙的分布规律为距爆破区越近就越宽越密，地表裂缝宽度和延展长度与爆破规模、爆破夹制作用和地形地质条件有关。爆破规模大、爆破夹制作用强，则地表裂缝破坏程度强。根据经验总结，硐室爆破地表破坏区作用半径可用下式计算

$$R_p = K_p \sqrt[3]{Q} \tag{5-14}$$

式中 Q——装药量，kg；

R_p——药包中心至地表裂缝区最远边缘的距离，m；

K_p——破坏系数，取值范围一般为1.7~2.6，最大也不超过3.0。

由于地表裂缝破坏范围较大，故应采取一定的措施减小其危害，无论是深孔爆破还是硐室爆破，目前已有很多成功的实例。例如，在爆破区最后一排或破裂线后缘预先钻一排预裂孔，首先进行预裂爆破，然后再进行主爆破，这样后缘地表裂缝可大大减轻，甚至不

出现后缘拉裂缝，而且爆后边坡平直整齐。目前预裂爆破已成为提高边坡开挖质量、保护边坡稳定的重要手段。

关于深孔爆破对边坡后缘的损伤破坏目前也有许多研究成果。根据超声波探测结果，一般深孔爆破条件下，即使采用斜孔、毫秒分段、限制单响药量等措施，边坡后部的损伤破坏区依然较大。实测的深孔台阶爆破造成的损伤破坏区形状如图 5-18 所示。表 5-14 是葛洲坝等工程中深孔爆破对内部岩体损伤破坏范围的实测值，由该表可见损伤破坏范围很大。

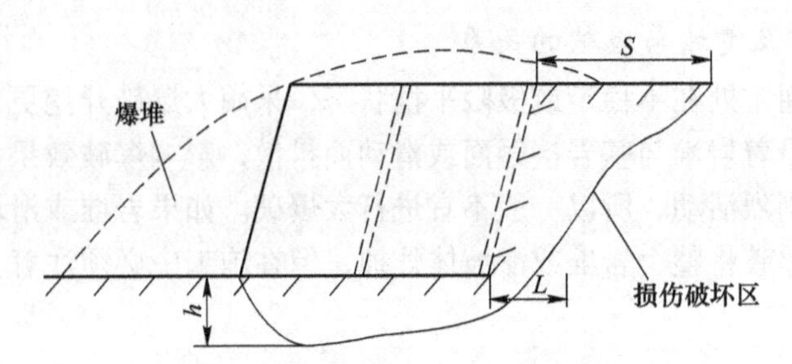

图 5-18　深孔台阶爆破损伤破坏区形状

S—台阶后冲表面破坏范围；L—台阶底部水平破坏范围；h—台阶底部垂直破坏范围

表 5-14　深孔台阶爆破损伤破坏范围

岩石特性	台阶后冲表面破坏范围 S/m	台阶底部水平破坏范围 L/m	台阶底部垂直破坏范围 h/m
裂隙发育（有软弱夹层）	120~350（一般 100~120）	140（葛洲坝实测）	15~36
中等裂隙率（$n<3\%$）	60~100	20~40	55~100

另外，在北京凤山温泉石灰石矿采场，采用深孔台阶爆破，炮孔直径 200mm，炮孔深度 17m，使用 2 号岩石和铵油炸药耦合装药，单孔装药量为 160kg 左右，孔网参数为 3m×7m，台阶坡度 75°。声波检测试验表明，大孔径深孔台阶爆破距离炮孔 4m 处坡内岩体波速降低了 40%，8m 处坡内岩体波速降低了 20%，12m 处坡内岩体波速降低了 7%。普通深孔台阶爆破中，当炮孔内采用耦合装药结构时，爆破对边坡内部岩体造成的损伤破坏区将达到 12m 以上，达到 20~60 倍炮孔直径范围。光面、预裂爆破在炮孔内采用不耦合间隔装药结构，炮孔直径 100mm、孔间距 1m 的预裂爆破对边坡内部岩体造成的损伤破坏区只有 10~15 倍炮孔直径范围；而普通小台阶浅孔爆破的坡内岩体损伤破坏区达 45 倍炮孔直径范围。

5.4.1.2　爆破对深层基岩的破坏

爆破对深层基岩的破坏情况，根据工程性质不同其要求也有所不同。一般开山采石不需要考虑基岩破坏；路堑开挖爆破仅考虑药包周围压缩圈产生的破坏范围，一般情况下路堑开挖需为路基和边坡预留保护层，保护层厚度为压缩圈半径；而在水工坝基开挖时，即使爆破作用下产生的微小裂缝也应被视为对基岩的破坏。经验表明，硐室爆破药包以下裂缝的破坏半径不会超过它的最小抵抗线；深孔爆破时为了减小对底部基岩的破坏，可在炮孔底设置一定高度的柔性垫层，这种爆破缓冲作用的效果已得到国内外爆破界的认同，在某些特殊要求的工程中得到推广应用。

深孔爆破的柔性垫层类似于孔底径向不耦合装药。通过柔性垫层的可压缩性及对空气冲击波的阻滞作用，可降低爆炸冲击波对孔底以下岩石的破坏。有关声波测试试验资料表明，当孔底柔性垫层高度是孔径的6~7倍时，孔底以下基岩的破坏深度可减小40%以上。

孔底柔性垫层缓冲爆破除了可以降低爆炸对孔底以下岩石的损伤破坏作用，也可以降低爆破震动对环境的影响。有关试验资料表明，爆破震动速度能降低10%~20%。因此，在坝基开挖中一般采用孔底柔性垫层的深孔爆破，或预留保护层做浅孔爆破，最底层采用人工凿除找平。为减小爆破对深层基岩破坏，也有时采用水平炮孔进行预裂爆破，形成预裂水平面，以阻止上层爆破裂缝向下扩展。

5.4.2 爆破对边坡稳定性的影响

爆破产生的边坡失稳灾害有两类：一类为爆破震动引起的自然高边坡失稳；另一类为爆破开挖后边坡岩体遭受破坏，日后风化作用引发的塌方失稳。一般情况下大规模爆破产生的强烈震动，对边坡岩体破坏程度和影响范围都较大，所以在大规模爆破设计中应充分考虑爆破对边坡稳定性的影响。

5.4.2.1 爆破对自然边坡稳定性的影响

爆破对自然边坡稳定性的影响一方面取决于爆破震动强度，另一方面取决于坡体自身的地质条件。从统计资料来看，坡角在35°以上的边坡容易由于爆破震动而产生失稳。此外，根据工程地质分析和实践经验证实，以下4种地质结构易发生爆破震动边坡失稳。

（1）爆区附近坡体内已有贯通滑动面，或古滑坡体。爆前坡体靠滑动面的抗剪强度维持稳定，爆破时产生的强烈震动作用，使滑动面抗剪强度下降或损失，引起大方量的滑塌或古滑坡复活。这类坡体失稳因潜方量大，一般造成的危害也大。如石砭峪爆破筑坝时，导流洞进口处顶部岸边岩体滑塌就属这一类，滑塌方量达10.4万立方米，将导流洞进口堵死，给坝体安全带来了严重威胁。

（2）坡体内虽然没有贯通滑动面，但坡体内至少发育一组倾向坡体外的节理裂隙，岩石强度较低，在爆破震动作用下，该组裂隙面进一步扩展，致使节理裂隙部分甚至全部贯通，产生滑移变形，在降雨的影响下容易产生滑动，导致边坡失稳。这类坡体失稳由于需要一定的变形时间，所以如有必要可以在爆后作适当处理，以避免造成更大危害。如南水爆破筑坝后，爆破漏斗壁和上下游边坡经常发生掉块和小变形，其变形量与降雨量有关，1962年3月29日发生一次滑动并坍塌数千立方米。

（3）尽管坡体内没有贯通的滑动面，也没有倾向坡外的节理组发育，似乎不可能形成危险的滑动面，但由于岩体内垂直柱状节理十分发育，而且边坡高陡，这类边坡在岩浆岩类的安山岩、玄武岩地区较为多见。受到强烈的爆破震动时，尤其在坡缘处震动波叠加反射时，会使震动加强，当震动变形超过一定限度后，岩柱会拉裂折断，整个岩体散裂可导致边坡坍塌。这类边坡失稳产生的塌方量一般也较大，如山西里册峪水库定向爆破筑坝工程，主爆区漏斗外围下游发生5200m^{3}的大滑塌即典型例子。该工程滑塌区岩性为安山岩，柱状节理发育，滑塌后的地面形状由参差不齐的节理面组成，并没有形成典型的圆弧滑动面或平直滑动面。再如福溪水库，垂直柱状节理也发育，爆后岸边的散裂坍塌现象也很严重。

（4）坡体内节理、裂隙较少，岩体较完整，只是边坡边缘局部发育成冲沟或陡倾张开性裂隙，将岩体完全分割成危石，在爆破震动作用下，被分割的危石脱离母体翻滚而下，形成崩塌；或爆破时还没崩落，但稳定性降低，在雨水冲刷作用下仍可能发生崩塌。这类破坏视崩塌岩块的大小和数量不等，造成危害的程度也不同，一般来说，因塌落方量比前三类少，造成的危害性也相对减轻。通常这种崩塌岩块易将交通道路阻断，或将电源线路砸断，给工程建设带来影响，柴石滩爆区多见这类边坡。另外，太钢峨口铁矿在定向爆破筑坝时，也发生了这类边坡失稳现象，主要是其中一个药室顶部有一岩石峭壁，岩石节理比较发育，爆破时该峭壁沿节理面崩落，在崩落过程中，将漏斗边缘的松动岩石也带落下来，形成下游坝脚左岸约 8000m^{3}的堆石。

5.4.2.2 爆破残留边坡的坍塌失稳

一般爆破都会对保留边坡的内部岩体产生破坏，受破坏的程度主要与如下因素有关：

（1）爆破药量。一次起爆药量愈大，坡内的应力波愈强，边坡破坏愈严重。

（2）最小抵抗线。最小抵抗线愈大，向坡后的反冲力愈强，边坡破坏愈重。

（3）岩体地质条件。地质条件不良，岩性较软，岩体破碎，施工时清方刷坡不够彻底，边坡塌方失稳的可能性增大。此外新成边坡改变了坡内原有应力场，暴露的新鲜岩石，在风化作用下强度逐渐降低，使得新边坡不断变形，稳定性渐渐降低。

根据铁道部门对路堑边坡稳定性的统计分析，早期在宝成线采用硐室爆破法开挖的路堑边坡，发生塌方失稳事故较多，后期考虑了边坡预留保护层，将光面预裂爆破技术引入边坡开挖中，使得爆破对残留边坡的稳定性影响大大降低。中小型硐室爆破时，岩石边坡的合适坡度参考值见表 5-15。

表 5-15 中小型硐室爆破岩石边坡参考表

岩石类别	坚固性系数 f	调查的边坡高度/m	地面坡度/(°)	节理裂隙发育风化程度	边坡坡度
软岩	1.5~2	20	30~50	严重风化，节理发育	1∶0.75~1∶0.85
	2~3	20~30	50~70	中等风化，节理发育	1∶0.50~1∶0.750
次坚石	3~5	20~30	30~50	严重风化，节理发育	1∶0.40~1∶0.60
		30~40	50~70	中等风化，节理发育	1∶0.30~1∶0.40
		30~50	>70	轻微风化，节理发育	1∶0.20~1∶0.30
坚石	5~8	30	30~50	严重风化，节理发育	1∶0.30~1∶0.50
		30~40	50~70	中等风化，节理发育	1∶0.20~1∶0.30
		40~60	>70	轻微风化，节理发育	1∶0.10~1∶0.20
特坚石	8~20	30	30~50	严重风化，节理发育	1∶0.10~1∶0.30
		30~50	50~70	中等风化	1∶0.10~0∶0.20
		50~70	>70	节理少	1∶0.10

此外，在路堑边坡开挖的爆破设计中还应注意如下几个问题：

（1）爆破与地质条件密切结合问题。爆破设计中不仅要根据岩性确定炸药单耗量，还要考虑到地质构造对边坡稳定的控制作用，特别是考虑硐室爆破的设计方案时，应根据地质构造的特点来布置药包硐室，合理确定各项参数。

（2）爆破方案的选择与边坡稳定性关系。通常爆破方案是综合考虑机械设备、工程要求和爆破方量及工期限制等各种因素后确定的。硐室爆破对边坡破坏作用大，所以预留保护层较厚，钻孔爆破可预留光爆层，使边坡得到最大限度的保护。目前，预裂钻孔爆破和硐室爆破相结合的爆破技术得到快速发展，该技术既能很好地保护预留边坡，又能大规模、快速、经济地爆破石方。

（3）爆破施工质量对边坡稳定性的影响。在对宝成、兰新、鹰厦铁路线的边坡稳定情况统计中发生边坡变形的工点有198处。其中爆破不当（装药量过大或发生盲炮爆破不彻底等）引起的有30处，施工清方不彻底引起的有38处，两者共68处，占边坡变形工点总数的34.3%。因此必须重视爆破清方刷坡的施工质量，及时做好护坡防护工程。

5.4.3　爆破对水文地质条件的影响

水文地质条件对爆破会产生影响，反过来爆破也会改变水文地质条件。爆破作用可产生完全破坏区、强破坏区和轻破坏区。完全破坏区内的岩块将在清方挖运过程中全部清除干净，处于强破坏区和轻破坏区的围岩产生许多不同的张裂缝，将成为地下水流的良好通道。对于边坡工程来说这是不利因素，它既破坏了岩体的完整性，又增加了地下水的侵蚀作用，减小了结构面的抗剪强度，因此在爆破设计时必须充分重视，尽量减小爆破作用区域的破坏范围，最好采取光面（预裂）爆破。对于地下隧道爆破开挖，由于爆破采空区改变了地下水通道，往往会造成地下水流失，引起地表沉降、植被缺水等环境问题；但在地下水开采中，爆破作用使得岩体中裂缝扩大、增多的效应又是有利的，有利于提高地下水资源的开采量，因此，利用井下爆炸可以提高地下水产量，同样适用于石油开采。

习　　题

5-1　与爆破有关的地质条件是哪些？

5-2　地形和炸药单耗在装药量计算中起什么作用？

5-3　地形对爆破产生哪些影响，地形与不同爆破类型有什么关系？

5-4　什么叫夹制作用，为什么要改造地形？

5-5　断层、层理、褶皱、节理裂隙以及岩层接触面对爆破作用产生哪些影响，怎么防止其影响？

5-6　抵抗线方向与层理平行、垂直、斜交时，各会出现什么情况？

5-7　岩溶、采空区会对爆破产生怎样的影响？

5-8　岩堆及滑坡体与爆破有什么关系？

5-9　爆破对水文地质条件有什么影响？

5-10　爆破和结构面之间如何相互影响？

6 岩石爆破原理

6.1 岩石爆破破坏基本理论

岩石爆破破坏是一个高温、高压、高速的瞬态过程，岩石在冲击载荷作用下的破坏模式有压剪破坏、拉应力破坏、拉应变破坏和卸载破坏四种，以拉伸破坏为主。破碎岩石时炸药能量以两种形式释放出来，一种是冲击波，另一种是爆炸气体。炸药爆炸作用在炮孔壁上的冲击压力几乎是在瞬间产生的，其后将很快下降，这种随时间迅速变化的压力称为动压，它以波形式传播，使岩体内产生动态应力场。爆轰气体的膨胀作用，使得炮孔壁上受到静态气体的压力作用，只要气体容积不变，压力就不再随时间而变化，这种压力称为准静压，并在岩体内产生静态应力场。根据这两种作用在不同岩石破坏中所起的影响不同提出了不同的岩石爆破破坏机理，即爆炸应力波反射拉伸破坏理论、爆轰气体准静态膨胀作用理论、应力波与爆轰气体共同作用理论。

6.1.1 爆炸应力波反射拉伸破坏理论

这种理论认为，岩石的破坏主要是由于岩体受到爆炸应力波在自由面反射后形成反射拉伸波的作用，拉应力大于岩石的抗拉强度，导致岩石被拉断。

当炸药在岩石中爆轰时，生成的高温、高压和高速的冲击波猛烈冲击周围的岩石，在岩石中引起强烈的应力波，它的强度大大超过了岩石的动抗压强度，因此引起周围岩石的过度破碎。当压缩应力波通过粉碎圈以后，继续往外传播，但是它的强度已大大下降到不能直接引起岩石破碎的程度（图 6-1（a））。当它达到自由面时，压缩应力波从自由面反射形成拉伸应力波，虽然此时波强度已很低，但是由于岩石的抗拉强度大大低于抗压强度，所以仍足以将岩石拉断。这种破裂方式也称为“片落”（图 6-1（b））。随着反射波往

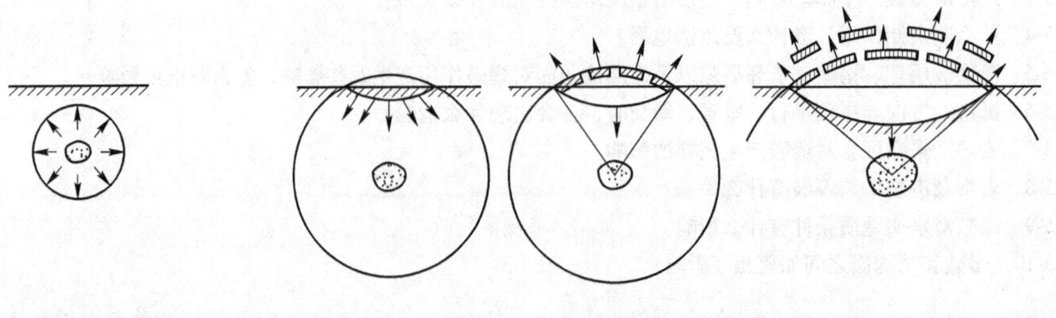

图 6-1　反射拉伸应力波破坏作用

里传播，“片落”继续发生，直到将漏斗范围内的岩石完全拉裂为止。因此，岩石破碎主要是入射波和反射波作用的结果，爆炸气体的作用只限于岩石的辅助破碎和破裂岩石的抛掷。

基础试验是岩石杆件的爆破试验（亦称为霍普金森杆件试验）和板件爆破试验。杆件爆破试验是用长条岩石杆件，在一端安置炸药爆炸，靠炸药一端的岩石被炸碎，而另一端岩石也被拉断成许多块，杆件中间部分没有明显的破坏，如图 6-2 所示。板件爆破试验是在平板模型的中心钻一小孔，插入雷管引爆，除平板中心形成和装药内部作用相同的破坏外，在平板的边缘部分还形成了由自由面向中心发展的拉断区，如图 6-3 所示，这些试验说明了拉伸波对岩石的破坏作用。

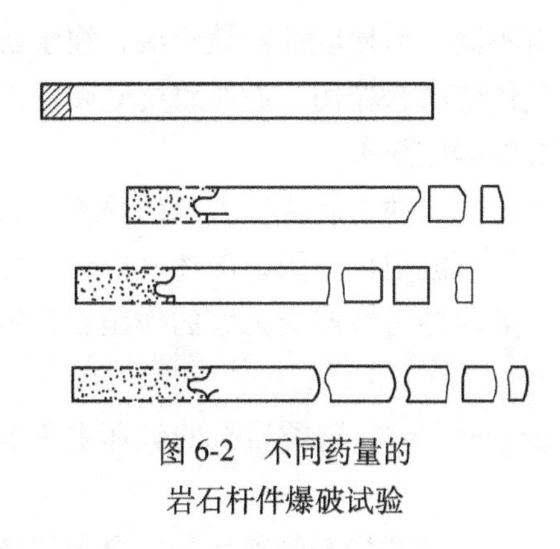

图 6-2　不同药量的岩石杆件爆破试验

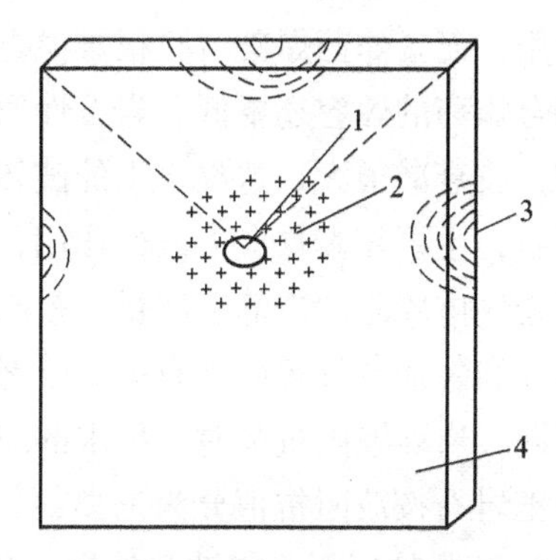

图 6-3　板件爆破试验
1—小孔；2—粉碎区；3—拉断区；4—振动区

6.1.2　爆轰气体准静态膨胀作用理论

该理论认为炸药爆炸引起岩石的破坏，主要是高温高压气体产物对岩石膨胀做功的结果。药包爆炸时，产生大量的高温高压气体，这些爆炸气体产物迅速膨胀并以极高的压力作用于药包周围的岩壁上，形成压应力场。当岩石的抗拉强度低于压应力在切向衍生的拉应力时，将产生径向裂隙。爆轰气体膨胀压缩造成岩石质点的径向位移，由于药包距自由面（岩石与空气的分界面）的距离在各个方向上不一样，因此质点位移所受的阻力就不同，最小抵抗线方向阻力最小，岩石质点位移速度最高。正是由于相邻岩石质点移动速度不同，因而使岩石中产生了剪切应力，一旦剪切应力大于岩石的抗剪强度，岩石即发生剪切破坏。破碎的岩石又在爆轰气体膨胀推动下沿径向抛出，形成一倒锥形的爆破漏斗坑（图 6-4）。该理论的试验基础是早期用黑火药对岩石进行爆破漏斗试验时发现的均匀分布的、朝向自由面方向发展的辐射裂隙。这种理论称为准静态作用或静作用理论。

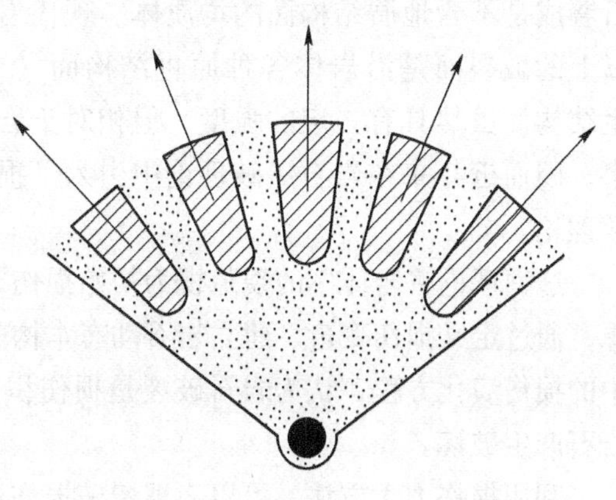

图 6-4　爆炸生成气体产物的膨胀作用

6.1.3 爆轰气体和应力波共同作用理论

该理论认为，爆轰气体膨胀和爆炸应力波都对岩石起作用，不能绝对分开。岩石爆破是两种作用共同作用的结果，加强了岩石的破碎效果。冲击波对岩石破碎的作用时间短，而爆轰气体的作用时间长，爆轰气体的膨胀促进了裂隙的发展；同样，反射拉伸波又加强了径向裂隙的扩展。这种理论的实质，可以认为是岩体内最初裂隙的形成是由冲击波或应力波造成的，随后爆轰气体渗入裂隙并在准静态压力作用下，使应力波形成的裂隙进一步扩展。这就是炸药爆炸的动作用和静作用在爆破过程中的体现。

至于哪一种作用是主要作用，应根据不同的情况来确定。黑火药爆破岩石，几乎不存在动作用；而猛炸药爆破时又很难说是气体膨胀起主要作用，因为猛炸药的爆容往往比硝铵类混合炸药的爆容还要低。岩石性质不同，情况也不同。对松软的塑性土壤，波阻抗很低，应力波衰减很大，这类岩土的破坏主要靠爆轰气体的膨胀作用；而对致密坚硬的高波阻抗岩石，主要靠爆炸应力波的作用，才能获得较好的爆破效果。

爆轰气体膨胀的准静态能量，是破碎岩石的主要能源。冲击波或应力波的动态能量与岩石特性和装药条件等因素有关。哈努卡耶夫认为，岩石波阻抗不同，破坏时所需应力波峰值不同，岩石波阻抗高时，要求的应力波峰值高，此时冲击波或应力波的作用就显得重要，他把岩石按波阻抗值分为三类：

（1）高阻抗岩石，其波阻抗为（$15\sim25$）$\times10^6$kg/(m^2·s)。这类岩石的破坏主要取决于应力波，包括入射波和反射波。

（2）低阻抗岩石，其波阻抗小于5×10^6kg/(m^2·s)。这类岩石的破坏是以爆轰气体形成的破坏为主。

（3）中阻抗岩石，其波阻抗为（$5\sim15$）$\times10^6$kg/(m^2·s)。这类岩石的破坏主要是入射应力波和爆轰气体共同作用的结果。

6.1.4 岩石爆破的损伤力学理论

长期以来，岩石爆破机理的研究主要围绕爆破动力学问题展开，而对于岩石破坏准则仍沿用岩石静力学方法，如拉应力破坏理论、莫尔强度理论等。这种简化处理是将岩石看成是不含地质结构面的均质体。现代岩石爆破理论研究发现，岩石爆破过程中80%以上的破裂面是沿岩体各种原生结构面（节理、裂隙、层理）产生的，岩体中各种原生结构面虽然具有一定的强度，但相对于岩石强度而言却小得多，加之所占空间体积又小，因而近年来在岩石爆破理论中引入了损伤力学方法，提出了岩石爆破机理的损伤力学理论。

这种理论将岩体中的裂隙视为初始损伤，各种结构弱面和微缺陷视为潜在的损伤发展源，通过定义损伤变量、建立岩石动态本构关系和炸药爆轰状态方程，确定岩石爆破过程中的损伤演化方程，认为岩石破裂是损伤积累所致，当岩石损伤变量达到某一临界值时，岩石产生破坏。

利用损伤力学方法，可以实现爆破损伤过程和损伤范围的计算机数值模拟。

6.2　爆破的内部作用和外部作用

装药中心距自由面的垂直距离称为最小抵抗线，简称最小抵抗，通常以 W 表示。对一定量的装药来说，若其最小抵抗超过某一临界值 W_c（称为临界抵抗），则当装药爆炸后，在自由面上不会看到爆破迹象，也就是爆破作用只发生在岩体的内部，未能到达自由面，装药的这种作用称为内部作用，发生这种作用的装药称为药壶装药，相当于药包在无限介质中的爆炸。临界抵抗线取决于炸药类型、岩石性质和装药量。当药包小于临界深度时，爆破作用就能达到自由面，这种作用就称为装药的外部作用，相当于药包在半无限介质中爆炸。

6.2.1　爆破的内部作用

当药包在无限介质中爆炸时，它在岩体中激起的冲击波强度随着传播距离的增加而迅速衰减，因此它对岩体施加的作用也随之发生变化。如果将爆破后的岩体剖开，药包的内部作用依岩体的破坏特征大致可分为压碎区、破裂区和震动区 3 个区域（图 6-5）。

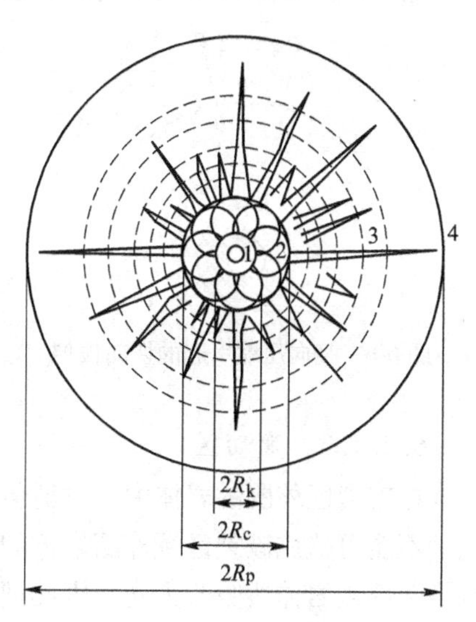

图 6-5　球形药包在岩体内的爆破作用

1—扩大空腔；2—压碎区；3—破裂区；4—震动区

6.2.1.1　压碎区

这个区域是与药包直接接触的岩石。当密封在岩体中的药包爆炸时，爆炸压力在数微秒内就能迅速上升到几千甚至几万兆帕，并在此瞬间急剧冲击药包周围的岩石，在岩石中激发出冲击波，其强度远远超过岩石的动抗压强度。此时，大多数在冲击载荷作用下呈现明显脆性的坚硬岩石就被压碎；可压缩性比较大的软岩（如塑性岩石、土壤和页岩等）则被压缩成压缩空洞，并且在空洞表层形成坚实的压实层，因此，粉碎区又叫压缩区，如图 6-5 所示。由于粉碎区是处于坚固岩体的约束条件下，大多数岩石的动抗压强度都很大，冲击波的大部分能量也已消耗于岩石的塑性变形、粉碎和加热等方面，致使冲击波的能量急速下降，其波阵面的压力很快就下降到不足以压碎岩石，所以粉碎区的半径很小，一般约为药包半径的几倍。

虽然粉碎区的范围不大，但由于岩石遭到强烈粉碎，能量消耗却很大，又使岩石过度粉碎加大矿石损失，因此爆破岩石时应尽量避免形成粉碎区。

6.2.1.2　破裂区

当冲击波通过压碎区以后，继续向外层岩石中传播。随着冲击波传播范围的扩大，岩石单位面积的能流密度降低，冲击波衰减为压缩应力波，其强度已低于岩石的动抗压强度，不能直接压碎岩石，但是，它可使粉碎区外层的岩石遭到强烈的径向压缩，使岩石的质点产生径向位移，因而导致外围岩石层中产生径向扩张和伴生切向拉伸应变，如图 6-6

所示。假定在岩石层的单元体上有 A 和 B 两点，它们的距离最初为 x，受到径向压缩后推移到 C 和 D 两点，它们彼此的距离变为 $x+dx$。这样，就产生了切向拉伸应变 dx/x。如果这种切向拉伸应变产生的拉应力超过了岩石的动抗拉强度，那么在外围的岩石层中就会产生径向裂隙，这种裂隙以压缩应力波传播速度的15%～40%向前延伸。当这种切向伴生拉伸应力小到低于岩石的动抗拉强度时，裂隙便停止向前发展。随着压缩应力波的进一步扩展和径向裂隙的产生，以药包为中心的压力急剧下降，先前受到径向压缩的岩石能量快速释放，岩石变形回弹，因而又形成卸载波，卸载波产生与压缩应力波作用方向相反的向心拉伸应力，使岩石质点产生反向的径向移动，当径向拉伸应力超过岩石的动抗拉强度时，在岩石中便会出现环向的裂隙。图 6-7 所示是径向裂隙和环向裂隙的形成原理示意图。径向裂隙和环向裂隙的相互交错，将该区中的岩石割裂成块，此区域亦称为破裂区。

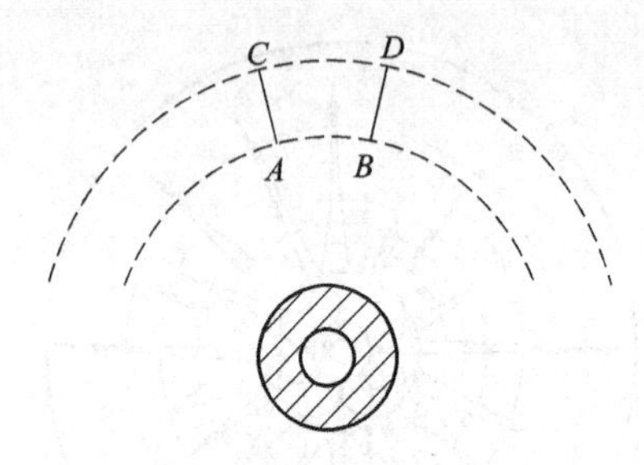

图 6-6　径向压缩引起的切向拉伸

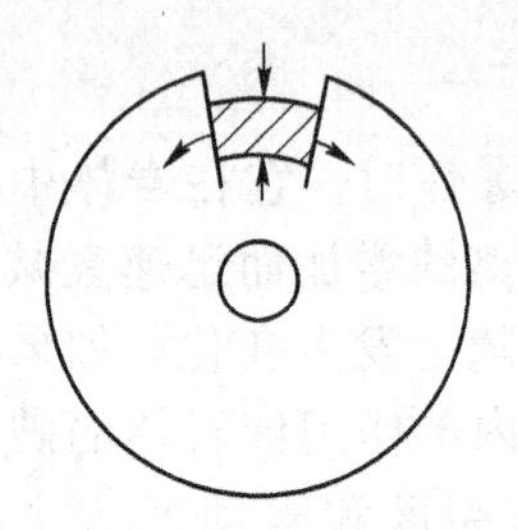

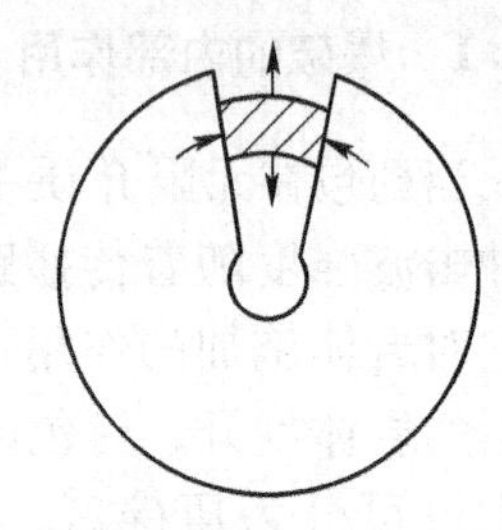

图 6-7　径向裂隙和环向裂隙的形成原理

6.2.1.3　震动区

在破裂区外围的岩体中，炸药包爆炸能量经过压碎区和破裂区的消耗和衰减，剩余的能量不能再造成破裂区域外围岩体的破坏，只能引起它的质点产生弹性震动，直到该部分能量全部被岩体所吸收为止，因此把这个区域称为震动区。

6.2.2　爆破的外部作用

当球状药包的最小抵抗线小于临界抵抗线时，即药包不是在无限岩石中，而是在半无限岩石中爆炸时，它除了产生内部的破坏作用以外，还会在自由面处产生外部破坏作用，也就是说，爆破作用不仅发生在岩石内部，还将引起自由面附近岩体产生破碎松动或抛掷作用，形成爆破漏斗。爆破的外部作用由于自由面的存在，使岩体的破坏具有不同于爆破内部作用的特征。现仍以单个药包为例分析爆破的外部作用。

（1）反射拉伸应力波造成自由面岩石片落。炸药起爆后，岩石中产生的径向压缩应力波由爆源向外传播，遇到自由面时，由于自由面处两种介质的波阻抗不同，因此应力波将发生反射，形成与入射压缩应力波性质相反的拉伸应力波，并由自由面向爆源传播，使自由面处的岩石承受拉应力。由于岩石的抗拉强度远小于岩石的抗压强度，故在反射波拉伸应力作用下，初始裂隙得到发展，如果这种拉伸应力足够大，就可以导致自由面岩石产生“片落”，即产生 Hopkinson 效应引起的破坏。

（2）反射拉伸波促进了径向裂纹的延伸。从自由面反射回岩体中的拉伸波，即使它的强度不足以产生“片落”，但是反射拉伸波同径向裂隙梢处的应力场相互叠加，也可使径向裂隙大大地向前延伸，裂隙延伸的情况与反射应力波传播的方向和裂隙方向的交角 θ 有关。如图 6-8 所示，当 $\theta=90°$时，反射拉伸波将最有效地促使裂隙扩展和延伸；当 $\theta<90°$时，反射拉伸波以一个垂直于裂隙方向的拉伸分力促使径向裂隙扩张和延伸，或者在径向裂隙末端造成一条分支裂隙；当径向裂隙垂直于自由面，即 $\theta=0°$时，反射拉伸波再也不会对裂隙产生任何拉力，故不会促使裂隙继续延伸发展，相反地，反射波在其切向上是压缩应力状态，会使已经张开的裂隙重新闭合。

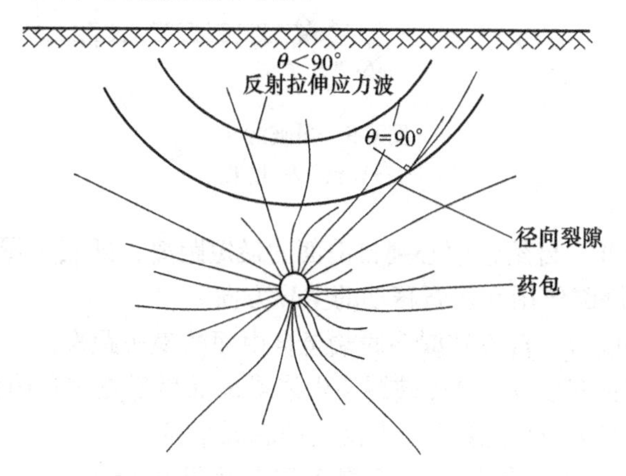

图 6-8　反射拉伸波促进径向裂隙的延伸

（3）自由面改变了岩石中的准静态应力场。自由面的存在改变了爆轰气体膨胀压力形成的准静态应力场的应力分布和应力值的大小，使岩石更容易在自由面方向受到剪切破坏。爆破的外部作用和内部作用结合起来，造成了自由面附近岩石的漏斗状破坏。

由此可见，自由面在爆破破坏过程中起着重要作用，它是形成爆破漏斗的重要因素之一。自由面既可以形成片落漏斗，又可以促进径向裂隙的延伸，并且还可以大大减少岩石的夹制作用。有了自由面，爆破后的岩石才能从自由面方向破碎、移动和抛出。

通过以上对岩石爆破破碎机理的分析可知，岩石爆破的外部作用是爆炸应力波的压缩、拉伸、剪切和爆轰气体的膨胀、挤压和抛掷等共同作用的结果。

6.3　利文斯顿爆破漏斗理论

6.3.1　爆破漏斗

在实际的爆破工程中，药包均置于岩石自由面以下的一定深度。由于埋置深度不同，自由面对岩石的爆破作用将产生不同的影响。当一集中药包的埋置位置由岩体深部向自由面逐渐靠近时，岩体将在爆炸应力波和爆炸气体产物膨胀压力的共同作用下产生破坏，形成碎块，且将部分岩块抛掷出来，从而在自由面上形成一个倒圆锥形爆坑，称为爆破漏斗。

6.3.1.1　爆破漏斗的几何参数

设一球状药包在单自由面条件下爆破形成爆破漏斗的几何尺寸如图 6-9 所示。

爆破漏斗主要几何参数有以下几个：

（1）自由面。被爆岩石与空气接触的面称为自由面，又称临空面。

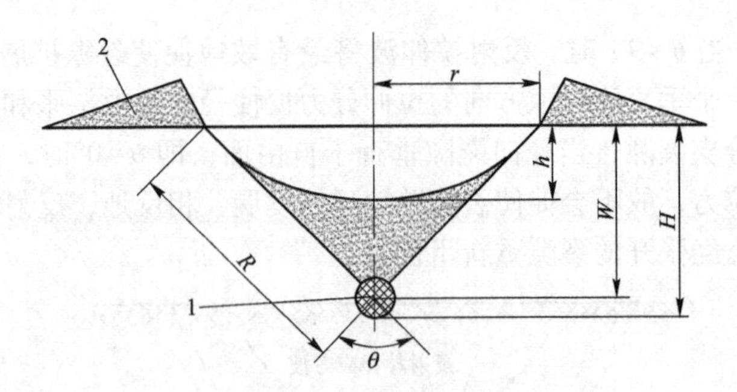

图 6-9　爆破漏斗
1—药包；2—爆堆

（2）最小抵抗线 W。自药包中心到自由面的最短距离，即表示爆破时岩石阻力最小的方向。最小抵抗线是爆破作用和岩石移动的主导方向。

（3）爆破漏斗深度 H。自爆破漏斗底端至自由面的最短距离。

（4）爆破漏斗可见深度 h。自爆破漏斗中岩堆表面最低点到自由面的最短距离。

（5）爆破漏斗半径 r。爆破漏斗在自由面的底圆半径。

（6）爆破作用半径 R。药包中心到爆破漏斗底圆圆周上任一点的距离，简称破裂半径。

（7）爆破漏斗张开角 θ。爆破漏心的顶角。

6.3.1.2　*爆破作用指数与爆破漏斗的基本形式*

在爆破工程中，将爆破漏斗半径 r 和最小抵抗线 W 的比值定义为爆破作用指数 n，即 $n=r/W$。

在其他因素不变时，爆破作用指数 n 的数值大小随装药量（或药包埋置深度）而变化；同时，爆破漏斗张开角将随爆破作用指数 n 的增大而增大。

根据爆破作用指数 n 值的大小，可将爆破漏斗分为以下 4 种类型（图 6-10）。

（1）标准抛掷爆破漏斗（图 6-10（a））。这种爆破漏斗的漏斗半径 r 与最小抵抗线 W 相等，即爆破作用指数 $n=1.0$，漏斗张开角 $\theta=90°$，形成标准抛掷爆破漏斗的药包称为标准抛掷爆破药包。

（2）加强抛掷爆破漏斗（图 6-10（b））。这种爆破漏斗的半径 r 大于最小抵抗线 W，即爆破作用指数 $n>1.0$，漏斗张开角 $\theta>90°$，形成加强抛掷爆破漏斗的药包称为加强抛掷爆破药包。

（3）减弱抛掷（又称加强松动）爆破漏斗（图 6-10（c））。这种爆破漏斗的半径 r 小于最小抵抗线 W，即爆破作用指数 $0.75<n<1.0$，漏斗张开角 $\theta<90°$。

（4）松动爆破漏斗（图 6-10（d））。形成松动爆破漏斗时，只使岩石产生了破裂，但几乎没有抛掷作用，不形成可见的爆破漏斗。此时的爆破作用指数 $n\leqslant0.75$。

6.3.2　利文斯顿爆破漏斗理论

岩石爆破破碎机理的研究在 20 世纪 50 年代中期开始有比较明显的发展与进步。在各国爆破理论研究者当中，美国的利文斯顿（Livingston）是比较突出的一个。

利文斯顿提出了一套以能量平衡为基础的岩石爆破破碎的爆破漏斗理论。他认为，炸

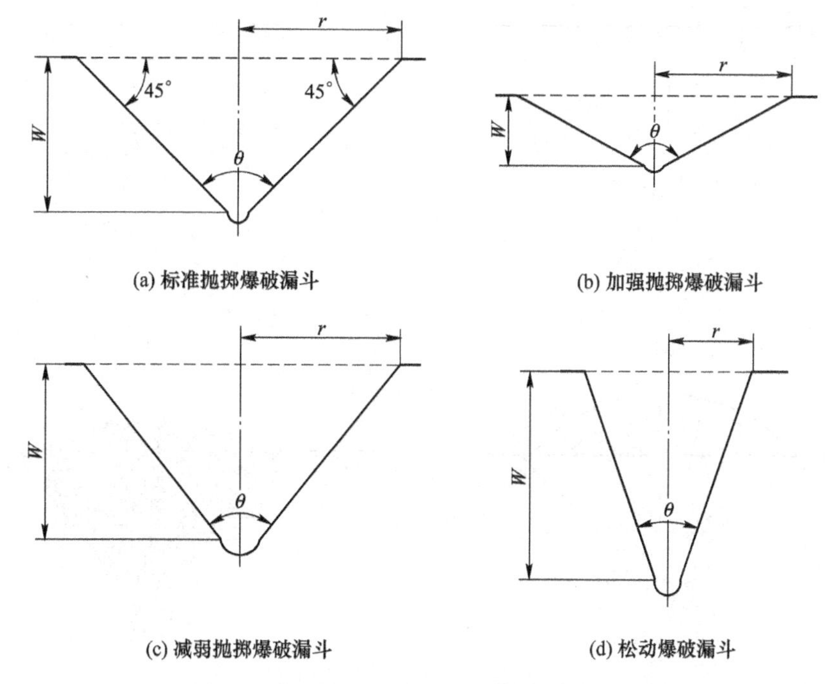

(a) 标准抛掷爆破漏斗　(b) 加强抛掷爆破漏斗

(c) 减弱抛掷爆破漏斗　(d) 松动爆破漏斗

图 6-10　单自由面爆破漏斗

药包在岩体内爆炸时传给岩石的能量大小和速度，取决于岩石性质、炸药性能、药包大小和药包埋置深度等因素。在岩石性质一定的条件下，爆破能量的大小又取决于药包质量；能量释放速度取决于炸药的传爆速度。若将药包埋置在地表以下很深的地方爆炸，则绝大部分爆炸能量被岩石吸收；如果将药包逐渐向地表移动并靠近地表爆炸时，传给岩石的能量比率将逐渐降低，传给空气的能量比率逐渐增高。

利文斯顿根据爆破能量作用效果的不同，将岩石爆破时的变形和破坏形态分为以下四种类型。

6.3.2.1　弹性变形区

在地表下很深处爆破一个球形药包，爆破后地表岩石不引起破坏，炸药的全部能量均消失在岩石中。当地表下一定炸药质量 Q_d 由深处向浅处移动到一定深度时，传给地表附近岩石的爆炸能量随之增加，至一定程度时地表将开始破坏。根据岩石性质不同，脆性岩石将产生“破裂”，塑性岩石将产生“隆起现象”并伴有“裂隙”产生。此时药包埋藏的深度称为“临界深度” L_e。临界深度是地表附近岩石所能传递能量的最大值，临界深度 L_e 与药包质量 Q_d 的关系可用下式表示

$$L_e = E_b Q_d^{\frac{1}{3}} \tag{6-1}$$

式中　L_e——药包临界深度，m；

E_b——应变能系数，$m/kg^{1/3}$；

Q_d——药包质量，kg。

上式中的 E_b 是岩石爆破性的一个指标，即在一定药量下，岩石表面开始破裂时，岩石可能吸收的最大炸药爆破能量。显然，对不同性质的岩石，在一定炸药质量 Q_m 的条件下，其临界深度也各不相同。利文斯顿爆破漏斗示意图，见图 6-11。

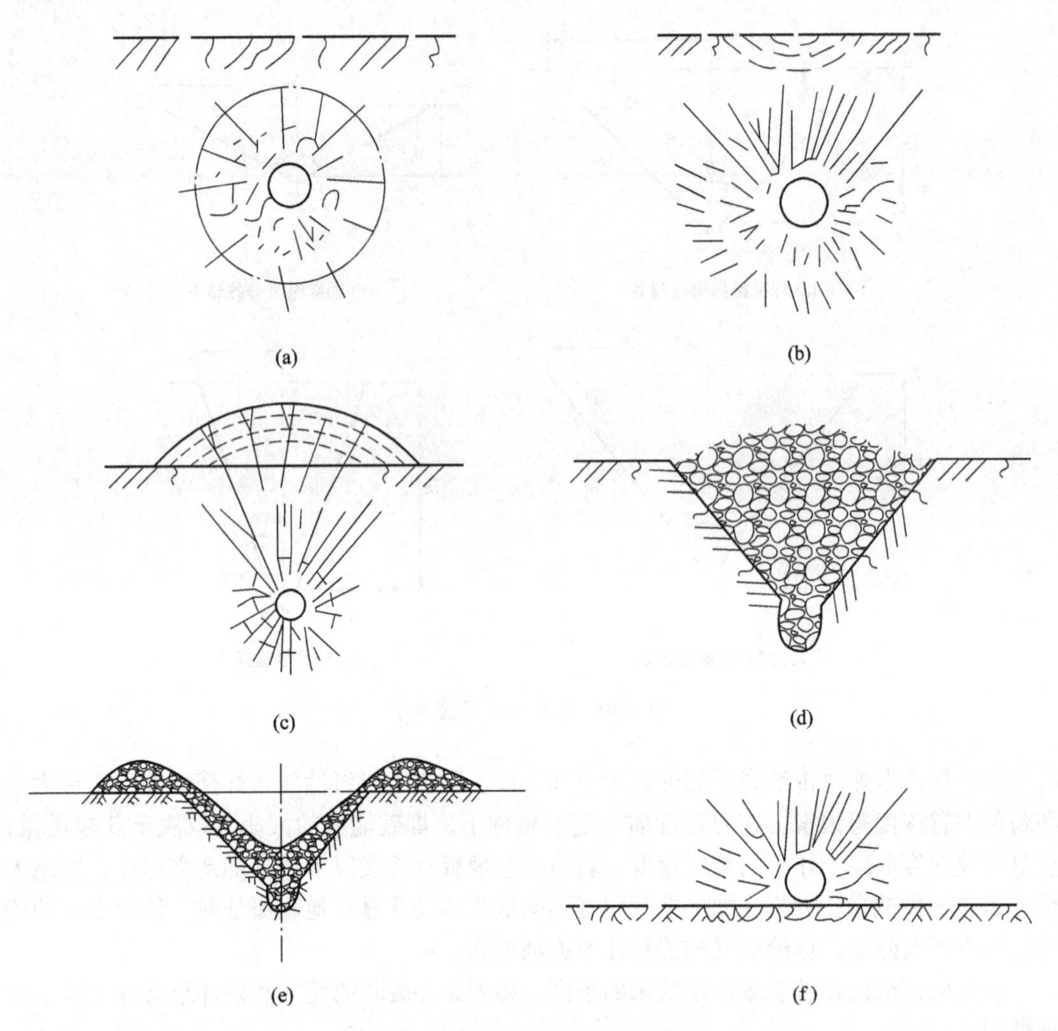

图 6-11 利文斯顿爆破漏斗示意图

6.3.2.2 弹性破坏区

如果药包质量不变，埋置深度从临界深度值再进一步减小，则因为抵抗线减小，地表岩石的“片落”现象更加显著，爆破漏斗体积增大。当药包埋置深度减小到某一临界值时，爆破漏斗体积达到最大值。这时的埋置深度就是冲击破坏状态的上限，称为最佳深度 L_j。L_j 与临界深度 L_e 之比值，称为最佳深度比 Δ_j。对于工程爆破，Δ_j 具有十分重要的意义。

与最大岩石破碎量相对应的最佳药包埋深（即最佳深度）可由式（6-2）确定

$$L_j = \Delta_j E_b Q_j^{\frac{1}{3}} \tag{6-2}$$

式中 Q_j——药包质量，kg。

通过漏斗试验，可以求出 E_b 及 Δ_j。当现场所用药量 Q 已知时，则可由式（6-2）求出最佳深度 L_j。以此作为爆破的最小抵抗线，爆破的效率最高。

6.3.2.3 破碎区

如果药包质量继续保持不变，药包埋置深度从最佳深度继续减小，则地表岩石中生成的爆破漏斗体积也减小，而岩石碎块的块度更细碎，岩块抛掷距离、空气冲击波和响声更大。药包埋置深度继续减小到某一定值时，传播给大气的爆炸能开始超过岩石吸收的爆炸能，此时这个埋置深度称为转折深度。

岩石呈碎化破坏状态的下限为最适宜深度，上限为转折深度，则此范围内的爆破都会有或大或小的漏斗生成。

6.3.2.4 空爆区

如药包质量继续保持不变，而药包埋置深度从转折深度值继续减小，则岩石破碎加剧，岩块抛移更远，声响更大，爆炸能量传给大气的比率更高，而被岩石吸收部分的比率更低。其下限为转折深度，上限为深度等于零，即药包完全裸露在大气中爆炸。

从上述四种形态来看，炸药爆炸能量消耗在以下4个方面：岩石的弹性变形、岩石的破碎、岩块的抛移，以及声响、地震和空气冲击波。随药包量和埋置深度的不同，能量消耗的分配情况也不同。一般消耗在岩石弹性变形上的能量是不可避免的，消耗在岩块抛移和飞散以及产生空气冲击波、噪声和地震的能量应尽可能避免或减小。

除弹性变形外，其他三种爆炸能量做功的形态都包含爆破漏斗的形成。当药包质量固定不变时，爆破生成漏斗的体积依埋置深度而变化。漏斗体积的大小对爆破效果有重要意义。为了弄清漏斗的特性，必须进行漏斗爆破试验，对不同埋置深度下的漏斗体积进行精确测量。漏斗体积同埋置深度的关系是，埋置深度由大变小时，漏斗体积由小变大；埋置深度为最佳深度时，漏斗体积达到最大；此后，埋置深度进一步减小，漏斗体积也逐渐减小。

利文斯顿爆破漏斗理论是建立在一系列试验基础之上的，比较接近于实际，但由于试验过程工作量较大，故在爆破工程中应用较少。

6.3.3 利文斯顿爆破漏斗理论的实际应用

爆破漏斗试验是利文斯顿爆破理论的基础。首先，根据爆破漏斗试验的有关数据可以合理选择爆破参数，提高爆破效率；其次，可对不同成分的炸药进行爆破漏斗试验和对比分析，为选用炸药提供依据；再次，利文斯顿的变形能系数可以作为岩石可爆性分级的参考判据。

（1）改进炸药性能，研制新型炸药。用爆破漏斗试验可代替习惯沿用的铅铸测定爆力方法。根据利文斯顿爆破漏斗理论的基本公式（6-1），在同种岩石中，炸药量一定，但炸药品种不同，进行爆破漏斗试验。炸药威力大，传给岩石的能量高，则其临界深度L_e值比较大；反之，炸药威力小，其临界深度也小。由于L_e值的不同，E_b值也不一样，因此可以对比各种不同品种炸药的爆炸性能。

（2）用弹性变性能系数E_b评价岩石的可爆性。根据利文斯顿的基本式（6-1），在炸药品种和药量一定的条件下，根据炸药的临界埋深L_e可求出不同种类岩石的弹性变形系数E_b，即

$$E_b = L_e / Q^{\frac{1}{3}} \tag{6-3}$$

当$Q=1$时可以认为，单位质量炸药（如1kg）的弹性变形系数E_b在数值上等于临界深度L_e之值。对于坚韧岩石，单位炸药爆破的临界深度值必然较小，弹性变形系数值也较

小，说明该岩石爆破时的能量消耗大，其可爆性就差；对于非坚韧岩石，单位炸药量爆破的临界深度值就大，其弹性变形性能系数值也必然较大，表明该岩石爆破时的能量吸收较小，故非坚韧岩石的可爆性就好。所以，可以用岩石弹性变形系数 E_b 作为对比其爆破难易性的判据。

（3）爆破漏斗理论在工程爆破中进行爆破设计。爆破漏斗理论被广泛应用在露天台阶深孔爆破、露天开沟药室爆破、地下 VCR 法采矿爆破及深孔爆破掘进天井等，这里仅以露天台阶深孔爆破为例加以说明。

在露天台阶爆破设计中，如果岩石性质、炸药品种和炸药量等因素中有一个变化，就可以根据其变化函数的关系，求得其余相应的爆破参数。根据式（6-1）和最佳深度比 $\Delta_j=\frac{L_j}{L_e}$ 之间的关系，可求得两种药量 Q_1，Q_2 的最佳埋深分别为

$$
\begin{aligned}
L_{j1}&=\Delta_j E_b Q_1^{\frac{1}{3}}\\
L_{j2}&=\Delta_j E_b Q_2^{\frac{1}{3}}
\end{aligned}
\tag{6-4}
$$

对于同种岩石，Δ_j、E_b 均为常数，因此已知药量 Q_1 对应的最佳埋深为 L_{j1}，当药量增加或减少 Q_2 时，则可求得此药量下的最佳埋深为

$$L_{j2}=\left(\frac{Q_2}{Q_1}\right)^{\frac{1}{3}}L_{j1} \tag{6-5}$$

据此可求算出相应的孔距等其他爆破参数。

6.4　装药量计算原理

合理地确定炸药用量是爆破工程中极为重要的一项工作。它直接影响着爆破效果、工程成本和爆破安全等。多年来，在合理确定炸药用量方面研究人员做了大量的研究工作，但受岩石组分及其结构的多变性以及对岩石爆破破坏机理及其规律的掌握尚不完全的限制，精确计算装药量的问题至今尚未获得十分圆满的解决。工程实践中，工程技术人员更多的是在各种经验公式的基础上，结合实践经验来确定药量。

6.4.1　体积公式

6.4.1.1　体积公式的计算原理

体积公式是根据爆破相似法则得出的，在均质岩石中爆破时，当装药的体积比例增大时，岩石爆破破碎的体积也将按比例增大，这就是岩石爆破的相似法则。也就是说，在一定炸药和岩石条件下，爆破破碎岩石的体积与所用的装药量成正比。其形式为

$$Q=qV \tag{6-6}$$

式中　Q——装药量，kg；

q——炸药单耗，kg/m³；

V——被爆破的岩石体积，m³。

6.4.1.2　集中药包装药量计算

（1）集中药包的标准抛掷爆破。根据体积公式的计算原理，对于采用单个集中药包进

行的标准抛掷爆破，其装药量

$$Q_b = q_b V_b$$

$$V_b = \frac{1}{3}\pi r_b^2 W \tag{6-7}$$

式中 Q_b——形成标准抛掷爆破漏斗的装药量，kg；

q_b——形成标准抛掷爆破漏斗的炸药单耗，kg/m^3；

V_b——标准抛掷爆破漏斗的体积，m^3；

r_b——爆破漏斗底圆半径，m；

W——最小抵抗线，m。

对于标准抛掷爆破漏斗，$n=r_b/W=1$，即 $r_b=W$，所以

$$V_b = \frac{1}{3}\pi W^2 W = \frac{1}{3}\pi W^3 \approx W^3 \tag{6-8}$$

所以集中药包标准抛掷爆破时装药量计算公式为

$$Q_b = q_b W^3 \tag{6-9}$$

（2）集中药包的非标准抛掷爆破。在岩石性质、炸药品种和药包埋置深度都不变的情况下，改变标准抛掷爆破的装药量，就得到了非标准抛掷爆破的装药量。当装药量小于标准抛掷爆破的装药量时，形成的爆破漏斗底圆半径变小，此时 $n<1$，称为减弱抛掷爆破或松动爆破；当装药量大于标准抛掷爆破的装药量时，形成的爆破漏斗底圆半径变大，此时 $n>1$，称为加强抛掷爆破。可见，非标准抛掷爆破的装药量为爆破作用指数函数与标准抛掷爆破装药量的乘积，其计算式为

$$Q_f = f(n) q_b W^3 \tag{6-10}$$

式中 $f(n)$——爆破作用指数函数。

$f(n)$ 具体的函数形式有多种，我国工程界应用较为广泛的是苏联学者 Boreskov 提出的经验公式

$$f(n) = 0.4 + 0.6n^3 \tag{6-11}$$

Boreskov 的爆破作用指数函数的经验公式适用于加强抛掷爆破装药量的计算，即集中药包加强抛掷爆破装药量的计算通式为

$$Q_p = (0.4 + 0.6n^3) q_b W^3 \tag{6-12}$$

松动爆破漏斗的装药量大约为标准抛掷爆破漏斗装药量的 0.33~0.55 倍，因此松动爆破装药量更为合适的经验计算公式为

$$Q_s = (0.33 \sim 0.55) q_b W^3 \tag{6-13}$$

岩石可爆性好时取小值，岩石可爆性差时取大值。

6.4.1.3 柱状药包药量计算

柱状药包也称为延长药包，是爆破工程中应用最为广泛的药包形式。根据药包延展方向与自由面之间的关系，可分为柱状药包垂直于自由面和柱状药包平行于自由面两种情况。

A 柱状药包垂直于自由面

柱状药包垂直于自由面的形式是浅孔爆破最常用的形式，如图 6-12 所示。这种情况下炸药爆炸时岩体的夹制作用最强，虽然仍能形成爆破漏斗，但易残留炮根。计算装药量

时，仍按式（6-14）来计算，此时的最小抵抗线计算方法为

$$W=l_2+\frac{1}{2}l_1 \tag{6-14}$$

式中　l_1——炮孔装药长度，m；

l_2——炮孔的填塞长度，m。

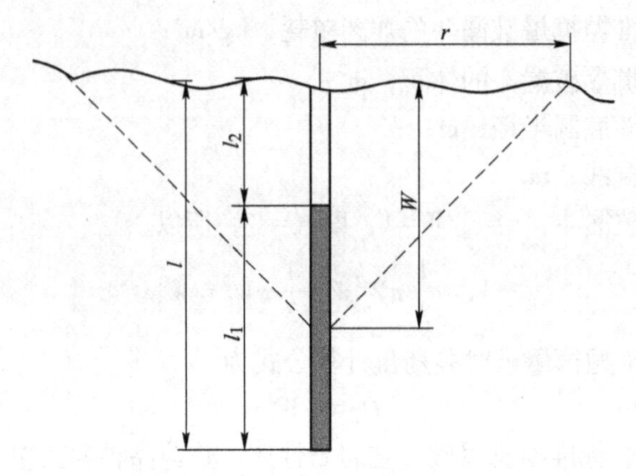

图 6-12　柱状药包垂直于自由面

B　柱状药包平行于自由面

穿孔爆破中很多属于柱状药包平行于自由面的情况。在这种情况下，爆破后形成的爆破漏斗是个 V 形横截面的爆破沟槽。设 V 形沟槽的开口宽度为 $2r_c$，沟槽深度为 W_c，则当 $r_c=W_c$ 时，$n=r_c/W_c=1$，是标准抛掷爆破沟槽。根据体积公式，标准抛掷爆破沟槽的装药量计算式为

$$Q_c=q_b V_c=q_b\times\frac{1}{2}\times 2r_c W_c l_c=q_b W_c^2 l_c \tag{6-15}$$

对于形成非标准抛掷爆破沟槽的情况，装药量的计算公式应考虑爆破作用指数的影响，故非标准抛掷爆破沟槽的装药量计算公式为

$$Q_u=f(n)q_b W_u^2 l_u \tag{6-16}$$

6.4.2　面积公式

体积公式不适用于只要求爆出一条窄缝的情况，如预裂爆破、光面爆破和切割爆破等。如若要计算此类爆破的装药量，就需要使用面积公式或其他计算公式。

面积计算公式是以所需爆破切断面的面积为依据，根据爆破产生断面积与装药量成正比，确定其装药量为

$$Q_a=q_m A_a \tag{6-17}$$

式中　Q_a——装药量，kg；

A_a——爆破所需切割的面积，m^2；

q_m——破碎单位面积岩石所需的炸药量，kg/m^2。

与面积公式类似，还有线装药计算式

$$Q_l=q_s L_l \tag{6-18}$$

式中 L_1——爆破切割长度，m；

q_s——爆破破碎单位长度所需的炸药量，kg/m。

对于一些既要破碎岩石，又要形成一定切割面的特殊爆破，可采取面积-体积综合装药量公式进行计算。

$$Q_z = q_m A_z + q_b V_z \tag{6-19}$$

6.4.3 炸药单耗

炸药单耗 q 是指单个集中药包形成标准抛掷爆破漏斗时，爆破每立方岩石消耗的 2 号岩石铵梯炸药的质量。确定炸药单耗 q 的主要方法有查表法、工程类比法和采用标准爆破漏斗试验法。

6.4.3.1 查表法

对于普通的岩土爆破工程，q 值可由表 6-1 查出。该表是对 2 号岩石铵梯炸药而言的，使用其他炸药时应乘以炸药换算系数 e，见表 6-2。

表 6-1 各种岩石的炸药单耗

岩石名称	岩石特征	f 值	q 值/$kg \cdot m^{-3}$
各种土壤	松散的	<1.0	1.0~1.1
	坚硬的	1~2	1.1~1.2
土夹石	致密的	1~4	1.2~1.4
页岩、千枚岩	风化破碎	2~4	1.0~1.2
	完整、轻微风化	4~6	1.2~1.3
板岩、泥灰岩	泥质、薄层、层面张开、较破碎	3~5	1.1~1.3
	较完整、层面闭合	5~8	1.2~1.4
砂岩	泥质胶结、中薄层或风化破碎	4~6	1.0~1.2
	钙质胶结、中厚层、中细粒结构、裂隙不发育	7~8	1.3~1.4
	硅质胶结、石英质砂岩、厚层、节理裂隙不发育	9~14	1.4~1.7
砾岩	胶结较差，砾石以砂岩或较不坚硬的岩石为主	5~8	1.2~1.4
	胶结好，以较坚硬的砾石组成，未风化	9~12	1.4~1.6
白云岩、大理岩	节理发育，较疏松破碎，裂隙度大于 4 条/m	5~8	1.2~1.4
	完整、坚硬	9~12	1.4~1.6
石灰岩	中薄层、含泥质、呈竹叶状结构及裂隙发育的	6~8	1.3~1.4
	厚层、完整含硅质、致密	9~15	1.4~1.7
花岗岩	风化严重，节理裂隙发育，裂隙度大于 5 条/m	4~6	1.1~1.3
	风化较轻，节理裂隙不发育或未风化伟晶、粗晶结构	7~12	1.3~1.6
	细晶质结构、未风化、完整致密	12~20	1.6~1.8
流纹岩、蛇纹岩	较破碎的	6~8	1.2~1.4
	完整的	9~12	1.5~1.7
片麻岩	片理或节理较发育	5~8	1.2~1.4
	完整坚硬	6~14	1.5~1.7

续表 6-1

岩石名称	岩石特征	*f* 值	*q* 值/kg·m^{-3}
正长岩、闪长岩	较风化、整体性较差的	8~12	1.3~1.5
	未风化、完整致密的	12~18	1.6~1.8
石英岩	风化破碎，裂隙度大于5条/m	5~7	1.1~1.3
	中等坚硬、较完整的	8~14	1.4~1.6
	很坚硬、完整、致密的	14~20	1.7~2.0
安山岩、玄武岩	节理裂隙较发育的	7~12	1.3~1.5
	完整、坚硬、致密的	12~20	1.6~2.0
辉长岩、辉绿岩、橄榄岩	节理裂隙较为发育的	8~14	1.4~1.7
	很完整、很坚硬、致密的	14~25	1.8~2.1

表 6-2　常用炸药的换算系数 *e* 值

炸药名称	换算系数 *e*	炸药名称	换算系数 *e*
2号岩石铵梯炸药	1.0	1号岩石水胶炸药	0.75~1.0
2号露天铵梯炸药	1.28~1.5	2号岩石水胶炸药	1.0~1.23
2号煤矿许用铵梯炸药	1.20~1.28	一、二级煤矿许用水胶炸药	1.2~1.45
4号抗水岩石铵梯炸药	0.85~0.88	一、二级煤矿许用乳化炸药	1.2~1.45
梯恩梯炸药	0.75~0.94	1号岩石乳化炸药	0.75~1.0
铵油炸药	1.0~1.33	2号岩石乳化炸药	1.0~1.23
铵松蜡炸药	1.0~1.05	胶质硝化甘油炸药	0.8~0.89

6.4.3.2　工程类比法

参照条件相似工程的炸药单耗确定 q 值。在工程实际中，经常用工程类比法确定爆破参数，此时参数的选取与设计者的经验密切相关。

6.4.3.3　采用标准爆破漏斗试验法

理论上，形成标准抛掷爆破漏斗的装药量 Q_b 与其爆落的岩体体积之比即为 q 的值。由于恰好爆出一个标准抛掷爆破漏斗是不容易的，因此在试验中常根据式（6-20）计算 q 的值，即

$$q=\frac{Q_b}{(0.4+0.6n^3)W^3} \tag{6-20}$$

试验时，应选择平坦地形，地质条件要与爆区尽量一样，选取的最小抵抗线 W 应大于1m。根据最小抵抗线 W、装药量 Q_b 以及爆后实测的爆破漏斗底圆半径 r_b 计算 n 值，再代入式（6-20）计算 q 值。试验应进行多次，并根据各次的试验结果选取接近标准抛掷爆破漏斗的装药量。

习　题

6-1　以球状药包为例，表述并图示爆破漏斗的几何参数。

6-2　什么是爆破作用指数，如何计算？

6-3　什么是爆破漏斗？根据爆破作用指数不同，可以将爆破漏斗分为哪几类？

6-4　简要说明爆破时岩石破坏机理的三类主要学说。

6-5　简述计算炮孔装药量的基本原则与方法。

6-6　写出集中药包抛掷爆破的炸药量计算公式，并标明公式中各参数的含义。

6-7　简述爆破的内部作用及外部作用（爆破漏斗的形成过程）。

6-8　写出标准抛掷沟槽的装药量计算公式，并标明公式中各参数意义。

6-9　根据岩石破坏特征，简述耦合装药条件下当炸药在无限均质岩石中爆炸时，形成的以炸药为中心的由近及远的3个不同破坏区域各是什么，分别阐述其特点。

6-10　简述炸药单耗的获得方法。

7 地下爆破

地下工程施工工艺有传统的钻爆法和机械开挖掘进机施工法。钻爆法又称矿山法，是以钻孔和爆破破碎岩石为主要工序的地下工程开挖施工方法。钻爆法对地质适应性强、开挖成本低，是岩石开挖的主要手段，特别是对岩石坚固性系数 f 大于 6 的坚硬岩石，钻爆法是最为经济和有效的开挖方法。

地下工程爆破是指对地表以下岩体内部空间开挖、矿产资源开采进行的爆破作业，广泛用于地下矿山的采掘、交通隧道建设、水利水电硐室建设、各类民用和军用地下工程设施建设，不同的地下工程需要用不同的爆破开挖方法和施工工艺。

7.1 平巷掘进爆破

在现代爆破技术中，井巷掘进通常采取浅孔爆破。浅孔爆破是指所用炮孔直径小于 50mm，孔深在 5m 以内的爆破方法。浅孔爆破法具有很多突出的优点：它使用的钻孔机械是手持式或气腿式凿岩机以及凿岩台车，这些机械操作技术简单，使用灵活方便，适应性强，对于不同的爆破目的和工程需要，易于通过调整炮孔位置和装药量的方法控制爆破岩石的块度，限制围岩的破坏范围。浅孔爆破的主要缺点是：机械化程度还不够高，工人的劳动强度大，劳动生产率低；爆破作业频繁，大大增加了爆破安全管理的工作量。

7.1.1 炮孔分类

地下浅孔爆破中的炮孔，按其位置和作用的不同，分为掏槽孔、辅助孔和周边孔三种（图 7-1）。

（1）掏槽孔。用于爆破出新的自由面，为其他炮孔创造有利的爆破条件。有时为了提高掏槽爆破效果，紧邻掏槽孔还布置有少数辅助孔，起扩大掏槽孔爆破后形成槽腔的作

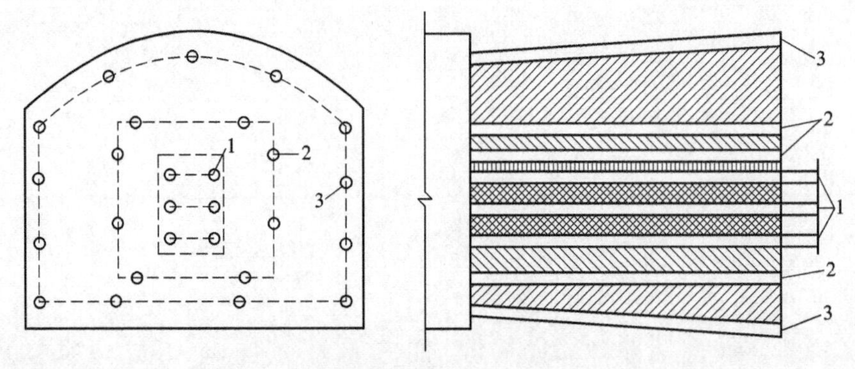

图 7-1　巷道不同位置炮孔的名称

1—掏槽孔；2—辅助孔；3—周边孔

用。为了提高其他炮孔的爆破效果，掏槽孔应比其他炮孔加深0.15~0.25m。

（2）辅助孔。破碎岩石的主要炮孔。经掏槽孔爆破后，辅助孔就有了足够大的平行或大致平行于炮孔的第二个自由面，能在该自由面方向上形成较大体积的岩石爆破。

（3）周边孔。控制爆破后的巷道断面规格、形状，实现设计的轮廓要求。周边孔按其所在位置的不同，又分为拱顶孔、底板孔和帮部孔。

7.1.2 掏槽方式与炮孔布置

根据巷道断面、岩石性质和地质构造等条件，掏槽孔的排列形式种类繁多，归纳起来有三种：倾斜孔掏槽、直孔掏槽和混合式掏槽。

7.1.2.1 倾斜孔掏槽

倾斜孔掏槽的特点是掏槽与工作面斜交，通常分为单向掏槽、锥形掏槽和楔形掏槽。

（1）单向掏槽。单向掏槽的掏槽孔排列成一行，并朝一个方向倾斜。其适用于软岩（钾岩、石膏等）或具有层理、节理、裂隙或软弱夹层的岩石。爆破时可根据自然弱面存在的情况，分别采用顶部掏槽、底部掏槽或侧向掏槽。掏槽孔倾斜角度依岩石爆性不同取50°~70°，与此相邻的第二排孔也要适当倾斜，如图7-2所示。

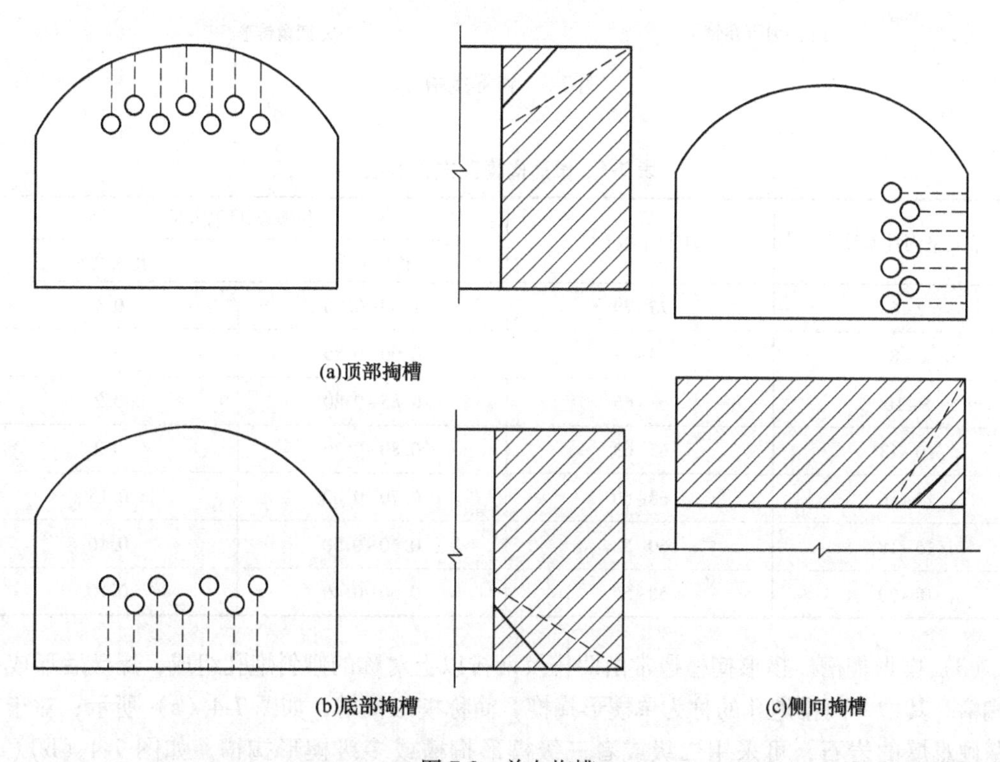

图7-2 单向掏槽

（2）锥形掏槽。炮孔呈同等角度向工作面中心轴线倾斜，孔底趋于集中，但相互不贯通。爆破后形成锥形槽（图7-3）。掏槽孔主要参数根据炮孔有关参数视岩石性质而定，施工中可参考选取，表7-1的参数适用于孔深在2m以内的浅孔爆破。

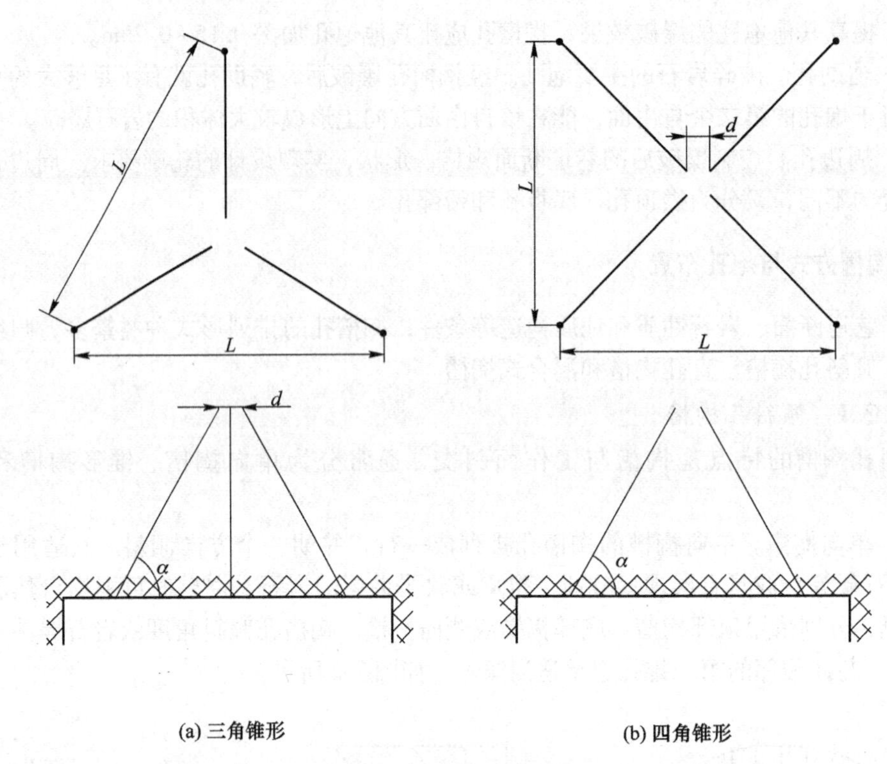

图 7-3 锥形掏槽

表 7-1 锥形掏槽孔主要参数

岩石坚固性系数*f*	炮孔倾角/(°)	相邻炮孔间距/m	
		孔口间距	孔底间距
2~6	75~70	1.00~0.90	0.4
6~8	70~68	0.90~0.85	0.3
8~10	68~65	0.85~0.80	0.2
10~13	65~63	0.80~0.70	0.2
13~16	63~60	0.70~0.60	0.15
16~18	60~58	0.60~0.50	0.10
18~20	58~55	0.50~0.40	0.10

（3）楔形掏槽。楔形掏槽通常由两排及两排以上对称的倾斜炮孔组成，爆破后形成楔形掏槽。其中，两排炮孔的称为单楔形掏槽，简称楔形掏槽，如图 7-4（a）所示；对于较为坚硬难爆的岩石，可采用二级或者三级楔形掏槽或多级楔形掏槽，如图 7-4（b)(c）所示。

楔形掏槽中，每对掏槽孔孔口间距为 0.2~0.6m，孔底间距为 0.1~0.2m，掏槽孔与工作面间的夹角为 55°~75°。当岩石硬度在中硬以上，断面大于 $14m^2$时，可采用表 7-2 中所列的参数。当岩石更为坚硬时，宜采用双楔形掏槽或三楔形掏槽。

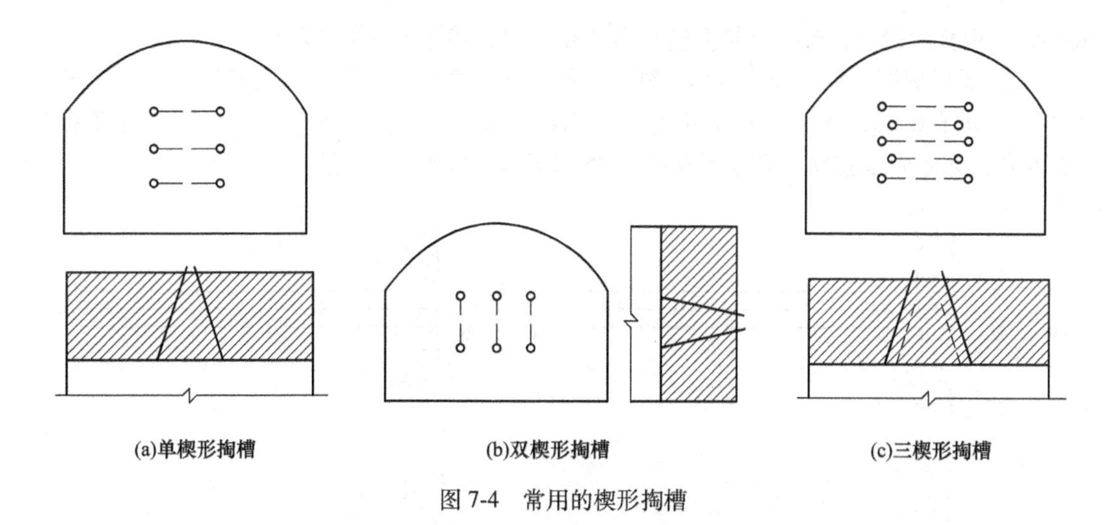

(a)单楔形掏槽　(b)双楔形掏槽　(c)三楔形掏槽

图 7-4　常用的楔形掏槽

表 7-2　楔形掏槽的主要参数

岩石坚固性系数 f	掏槽孔与工作面的夹角 /(°)	两排掏槽孔孔口间距 /m	掏槽孔个数 /个
2~6	75~70	0.6~0.5	4
6~8	70~65	0.5~0.4	4~6
8~10	65~63	0.4~0.35	6
10~12	63~60	0.35~0.30	6
12~16	60~58	0.30~0.20	6
16~20	58~55	0.20	6~8

7.1.2.2　直孔掏槽

直孔掏槽也称平行空孔直线掏槽，所有掏槽孔均垂直于工作面并且相互平行，其中有几个不装药的空孔，作为装药炮孔爆破时的辅助自由面和破碎体的补偿空间。直孔掏槽通常分为龟裂掏槽、桶形掏槽和螺旋形掏槽。

(1) 龟裂掏槽。无论是垂直龟裂掏槽还是水平龟裂掏槽，掏槽孔均布置在一条直线上，彼此间严格平行，装药孔与空孔间隔布置（图 7-5）。掏槽孔数目取决于巷道断面大小和岩石的坚固性系数，对于中硬以上岩石，一般布置 3~7 个孔，孔间距离为 8~15cm。空孔直径与装药孔直径相同，可取为 50~100mm。此种掏槽方式最适用于工作面有较软夹层

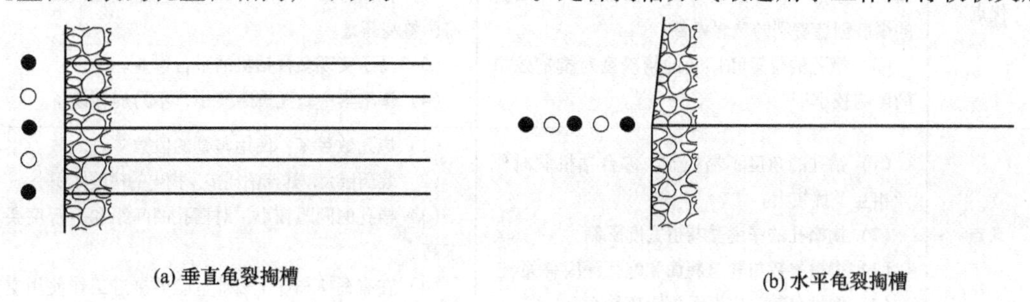

(a) 垂直龟裂掏槽　(b) 水平龟裂掏槽

图 7-5　龟裂掏槽

或接触带相交的情况，这时可将掏槽孔布置在较软或接触带附近的部位。

(2) 桶形掏槽。桶形掏槽也称角柱形掏槽，各掏槽孔互相平行且呈对称形式。掏槽孔由4~7个炮孔组成，其中有1~4个空孔。桶形掏槽应用广泛，大、中、小断面均可采用(图7-6)，如果岩石较硬，可采用直径为75~100mm的大直径空孔。

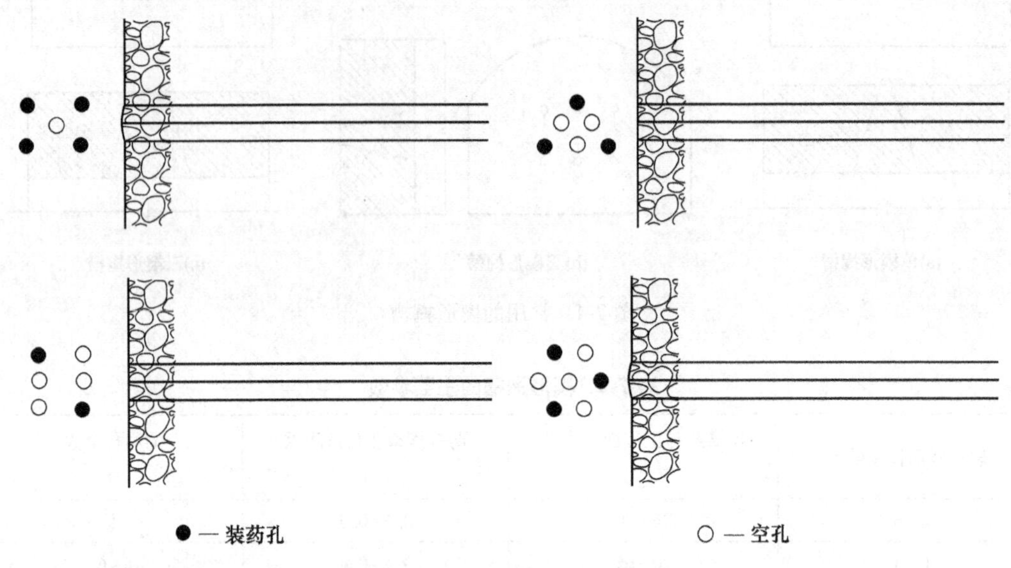

图7-6 桶形掏槽

(3) 螺旋形掏槽。在这种掏槽孔排列形式中，掏槽孔呈螺旋状，各装药孔至空孔的距离依次递增呈螺旋形布置，并按由近及远的起爆顺序起爆，形成非对称桶形。其适用于较均质岩石。倾斜孔和直孔掏槽的对比见表7-3。

表7-3 倾斜孔掏槽和直孔掏槽对比

名称	倾斜孔掏槽	直孔掏槽
特点	掏槽孔与工作面按一定角度斜交布置	掏槽孔垂直于工作面、相互平行布置，并有不装药的空孔
常见形式	单向掏槽、锥形掏槽、楔形掏槽、复式楔形掏槽	龟裂掏槽、桶形掏槽、螺旋形掏槽
优点	(1) 适用于各类岩层的爆破，掏槽效果好。 (2) 槽腔体积大，能够将槽腔内的岩石全部或大部分抛出，形成有效的自由面，为辅助孔的爆破创造有利的破岩条件。 (3) 槽孔的位置和倾角的精确度对掏槽效果的影响较小	(1) 炮孔垂直于工作面，炮孔深度不受巷道断面限制，便于进行中深孔爆破。 (2) 掏槽参数可不随孔深度和巷道断面改变，只需调整装药量。 (3) 易于实现多台钻机的平行作业。 (4) 爆堆集中，抛掷距离小，不易崩坏设备
缺点	(1) 钻孔的角度不易控制，多台钻机同时作业相互干扰较大。 (2) 掏槽孔的深度受巷道宽度限制。 (3) 掏槽参数与巷道断面和炮孔深度有关。 (4) 爆堆分散，岩石抛掷距离较大	(1) 炮孔数目多，使用雷管的段数多。 (2) 装药量大，炸药消耗多，掏出的槽腔体积小。 (3) 槽孔的间距较小，对槽孔的间距和平行度要求高。 (4) 在有瓦斯和煤尘爆炸危险的掘进工作使用空孔掏槽爆破，存在安全隐患

7.1.2.3 混合式掏槽

混合式掏槽是指两种或两种以上掏槽方式混合使用的掏槽形式，主要是用于坚硬岩石或巷道掘进较大的情况下。在实践中可根据实际情况采用多种组合的混合掏槽方式，目的在于加大槽腔深度和体积，确保掏槽效果。

混合掏槽的炮孔布置形式非常多，一般为直孔的桶形掏槽和斜孔的锥形或楔形掏槽相结合的形式，以弥补斜孔掏槽深度不够与直孔掏槽槽腔体积不足的情况。效果较好的混合掏槽形式有菱形+楔形、三角形+楔形、直线龟裂+楔形等。

7.1.2.4 炮孔布置

（1）掏槽孔布置的原则：

1）掏槽孔最先布置，掏槽孔位置一般应布置在开挖断面的中部或中偏下位置。

2）在岩层层理明显时，炮孔方向应尽量垂直于岩层的层理面。

3）掏槽孔一般由4~6个装药孔和2~4个空孔组成，空孔个数应随孔深增大而增加。

（2）周边孔布置的原则：

1）在掏槽孔之后布置周边孔。

2）它是控制巷道成型好坏的关键，其孔口中心都应布置在设计掘进巷道的轮廓线上，孔底应稍微向轮廓线外偏斜，外倾角约3°~5°，外倾距离为100~150mm，间距为0.5~1m。

3）孔底都应落在同一垂直于巷（隧）道轴线的平面上，使爆后工作面平整。

（3）辅助孔布置的原则：

1）在掏槽孔和周边孔之间均匀布置辅助孔，应当充分利用掏槽孔创造的自由面，最大限度地爆破岩石。

2）其间距一般为500~700mm，方向基本垂直工作面，布置要均匀。孔底应落在同一平面上，以使爆后工作面平整。

7.1.3 爆破参数的确定

7.1.3.1 炮孔直径

炮孔直径的大小直接影响钻孔速度、工作面的炮孔数目、炸药单耗、爆落岩石的块度和巷道轮廓的平整性。炮孔直径增加意味着药卷直径增加，这有利于爆炸稳定性的提高，增大爆速。大炮孔直径可使炸药能量相对集中，炮孔附近的岩石更容易破碎，但炮孔间中点附近区域岩石的块度会相应增大，而且钻孔速度将随炮孔直径的增大而下降。此外，炮孔直径越大，岩壁的平整程度和围岩的稳定性都更容易受到影响；相反地，炮孔直径小，发生这些问题的可能性会相应降低。对于手持式凿岩机和气腿式凿岩机钻孔，孔径有两种类型：普通型和小直径型（小直径炮孔和小直径药卷），其规格见表7-4。

表7-4 普通型和小直径型孔径的规格

类型参数	普通型	小直径型
孔径/mm	40~42	34~35
药径/mm	32~35	27

采用重型凿岩机或凿岩台车时，炮孔直径可增大至45~55mm，装配直径40~45mm的药卷进行深孔掘进爆破。

7.1.3.2 炮孔深度

炮孔深度（简称孔深）是指炮孔底部到自由面的垂直距离。

影响炮孔深度的因素主要有岩石的硬度、炸药的性能、巷道的断面和凿岩机的性能。孔深的大小不仅影响掘进工序的工作量和完成各工序的时间，而且影响爆破效果和推进速度，它是决定每班掘进循环次数的主要因素。为了实现快速掘进，在提高机械化程度、改善循环技术和改进工作组织的前提下，应力求加大孔深并减少循环次数，采用普通型孔径（40~42mm）时，孔深以不超过3.0m为宜。

按任务确定炮孔深度

$$L=\frac{L_{总}}{T_{n}N_{m}N_{s}N_{x}\eta}=\frac{h_{i}}{\eta} \tag{7-1}$$

式中 L——炮孔深度，m；

$L_{总}$——巷道掘进全长，m；

T_{n}——计划完成掘进任务的月数；

N_{m}——每月工作日，一般为25d；

N_{s}——每天完成掘进班数，为3或4；

N_{x}——每班完成循环数；

η——炮孔利用率；

h_{i}——每掘进循环进尺，m。

7.1.3.3 炮孔数目

炮孔数目与掘进断面、岩石性质、炮孔直径、炮孔深度和炸药性能等因素有关，确定炮孔数目的基本原则是在保证爆破效果的前提下，尽可能减少炮孔数目。

炮孔数目通常可根据巷道断面和岩石硬度系数按式（7-2）估算

$$N=3.3\sqrt[3]{fS^{2}} \tag{7-2}$$

式中 N——炮孔数目，个；

f——岩石坚固性系数；

S——巷道掘进断面面积，m^2。

也可用明捷利公式计算

$$N=\frac{232\sqrt{f}S^{0.16}L^{0.19}e}{d_{c}} \tag{7-3}$$

式中 N——炮孔数目，个；

f——岩石坚固性系数；

L——炮孔深度，m；

d_{c}——炮孔直径，mm；

e——炸药换算系数。

7.1.3.4 炸药单耗

炸药单耗不仅影响有效进尺、岩石破碎块度、爆堆形状、飞石距离，而且影响巷道轮廓形状、围岩稳定性和材料消耗，因此合理确定炸药单耗具有十分重要的意义。炸药单耗的大小取决于炸药性能、岩石性质、巷道断面、炮孔直径和炮孔深度等因素。在实际工程中，大多采用经验公式计算，再通过试验来修正。

常用的经验公式有以下几个。

（1）修正的普氏公式：

$$q=1.1k_0\sqrt{\frac{f}{S}} \tag{7-4}$$

式中　q——炸药单耗，kg/m^3；

S——巷道掘进断面面积，m^2；

k_0——考虑炸药爆力的校正系数，$k_0=525/p_b$；

p_b——爆力，mL。

（2）明捷利公式：

$$q=\left(\sqrt{\frac{f-4}{1.8}}+4.8\times10^{-0.15S}\right)C_d k\varphi e \tag{7-5}$$

式中　C_d——考虑装药直径的系数，见表 7-5；

k——考虑炮孔深度的系数，见表 7-6；

e——炸药爆力修正系数，爆力为 3600mL 时，取 $e=1$；

φ——装药密度的矫正系数，在通常的装药条件下，φ 的取值为 0.7~0.8。

表 7-5　装药直径对炸药单耗的影响系数 C_d

装药直径/mm	32	36	40	45
影响系数 C_d	1.0	0.94	0.88	0.85

表 7-6　炮孔深度对炸药单耗的校正系数 k

岩石坚固性系数 f	炮孔深度/m			
	1.5	2.0	2.5	3.0
3~4	1.0	0.8	0.77	0.91
4~5	1.0	0.8	0.85	—
5~8	1.0	0.8	0.9	—
8~10	1.0	0.9	1.00	—
>10	1.0	1.06	1.11	—

确定了炸药单耗后，根据每一掘进循环爆破的岩石体积，按式（7-6）计算出每一循环使用的总药量。

$$Q=qV=qSL\eta \tag{7-6}$$

式中　V——每一循环爆破的岩石体积，m^3；

S——巷道掘进断面面积，m^2；

L——炮孔深度，m；

η——炮孔利用率，一般取 0.8~0.95。

7.1.3.5　最小抵抗线与间距

最小抵抗线不仅与炸药性能和岩石性质相关，还与自由面的大小有关。研究证明，在无限大单个自由面条件下，若形成标准爆破漏斗的最小抵抗线为 W，则在自由面宽度 $B=2W$ 时，形成的破碎漏斗已经接近标准爆破漏斗；对于一般的辅助孔（自由面的宽度大于 $2W$），辅助孔的最小抵抗线可用式（7-7）计算或参考表 7-7 的经验值选取。

$$W=r_e\sqrt{\frac{\pi\rho_e\lambda}{m_0 q\eta}} \tag{7-7}$$

式中 W——炮孔的最小抵抗线，m；

r_e——装药半径，m；

λ——装药系数，通常为 0.5~0.7；

ρ_e——炸药密度，kg/m^3；

m_0——炮孔密集系数；

q——炸药单耗，kg/m^3；

η——炮孔利用率，应达到 0.85 以上。

表 7-7 辅助孔最小抵抗线参考值 （m）

岩石坚固性系数 f	爆力/mL		
	300~345	350~395	≥400
4~6	0.66~0.72	0.72~0.82	0.82~0.90
6~8	0.60~0.66	0.66~0.72	0.72~0.82
8~10	0.52~0.58	0.62~0.68	0.68~0.76
10~12	0.45~0.55	0.55~0.62	0.62~0.68
12~14	0.44~0.50	0.52~0.60	0.60~0.65
≥14	0.42~0.44	0.45~0.50	0.50~0.60

7.1.4 炮孔的起爆顺序与微差时间

7.1.4.1 起爆顺序

为保证爆破过程中各个炮孔都能获得较好的瞬时自由面条件，同时尽可能充分地利用工作面这个初始自由面，工作面炮孔的起爆顺序通常是掏槽孔→辅助孔→周边孔；每类炮孔还可以再按分组顺序起爆。

（1）使用低段别雷管（如瞬发雷管）最先起爆掏槽孔。

（2）辅助孔一般采用由内向外的排间顺序起爆。最先起爆的辅助孔使用 1 段或 2 段毫秒延时雷管；外侧相邻排的炮孔使用雷管的段数依次递增 1 或 2 段。

（3）最后起爆周边孔。周边孔所处位置的不同，起爆顺序不同，依次为巷道侧墙周边孔→顶板周边孔→底板周边孔。

7.1.4.2 微差时间

确定掘进爆破炮孔的起爆时差，其原则是保证爆破过程中各个炮孔都能获得较好的瞬时自由面条件。从降低爆破震动的角度考虑，每段起爆时差不应小于 50ms，但每段起爆间隔时间又不宜过长，间隔时间过长，先爆炮孔不能为后爆炮孔提供可以利用的瞬时自由面。经验表明，掏槽爆破段间时差为 50~75ms，后续起爆炮孔段间时差一般可取为

100ms，最大可达200~300ms。

在光面爆破中，周边孔的起爆时差对光爆效果的影响很大。实际应用时，应尽可能地选用同厂、同段、同批次的雷管，以减小周边孔的起爆时差。

7.2 井筒掘进爆破

7.2.1 竖井工作面和炮孔布置

竖井一般采用圆形断面，其优点是承压性能好、通风阻力小和便于施工。炮孔呈同心圆布置，同心圆数目一般为3~5圈，其中最靠近开挖中心的1~2圈为掏槽孔，最外一圈为周边孔，其余为辅助孔，如图7-7所示。

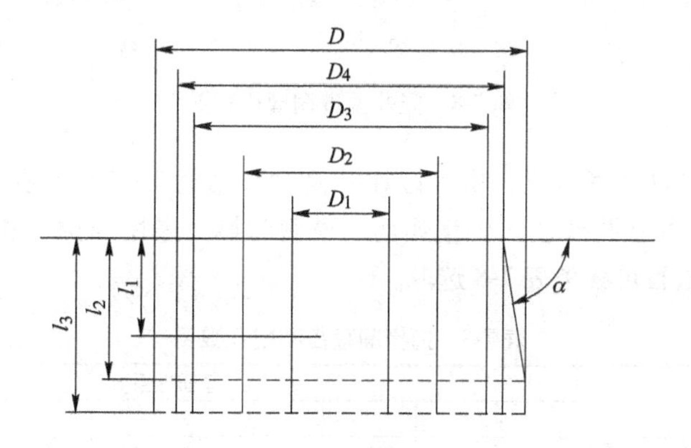

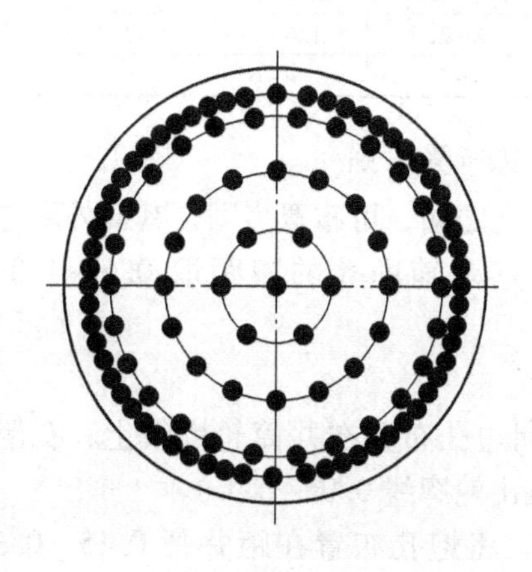

图7-7 竖井炮孔布置

7.2.1.1 掏槽孔的形式

掏槽孔的形式最常用的有以下两种：

（1）圆锥形掏槽。圆锥形掏槽与工作面的夹角（倾角）一般为70°~80°，掏槽孔比其他炮孔深0.2~0.3m。各孔底间距不得小于0.2m（图7-8（a））。

（2）直孔桶形掏槽。圈径通常为1.2~1.8m，孔数为4~7个。在坚硬岩石中爆破时，为减少岩石夹制效应，除选用高威力炸药和增加装药量以外，还可以采用二级或三级掏槽，即布置多圈掏槽，并按圈分次爆破，相邻每圈间距为0.2~0.4m，由里向外逐圈扩大加深，各圈孔数分别控制在4~9个之间（图7-8（c）（d））。

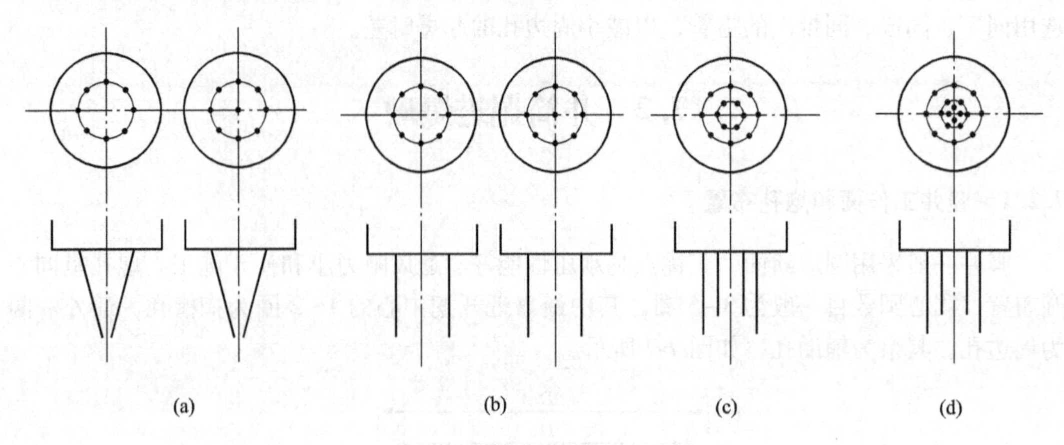

图7-8 竖井掘进掏槽孔布置

为改善岩石破碎和抛掷效果，也可以在井筒中心钻凿1~3个空孔，空孔深度较其他炮孔深0.5m以上，并在孔底装入少量炸药，最后起爆。采用圆锥形和直孔桶形掏槽时，掏槽圈直径和炮孔数目可参考表7-8选取。

表7-8 掏槽圈直径和炮孔数目

掏槽参数		坚固性系数				
		1~3	4~6	7~9	10~12	13~16
掏槽圈直径/m	圆锥形掏槽	1.8~2.2	2.0~2.3	2.0~2.5	2.2~2.6	2.2~2.8
	直孔桶形掏槽	1.8~2.0	1.6~1.8	1.4~1.6	1.3~1.5	1.2~1.3
炮孔数目/个		4~5	4~6	5~7	6~8	7~9

7.2.1.2 辅助孔和周边孔布置原则

辅助孔介于掏槽孔和周边孔之间，可布置多圈，其最外圈与周边孔距离应满足光爆层要求，以0.5~0.7m为宜。其余辅助孔的圈距取0.6~1.0m，按同心圈布置，孔距0.8~1.2m。

周边孔布置有两种方式：

（1）采用光面爆破，将周边孔布置在井筒轮廓线上，孔距取0.4~0.6m。为便于打孔，炮孔略向外倾斜，孔底偏出轮廓线0.05~0.1m。

（2）采用非光面爆破时，将炮孔布置在距井帮0.15~0.3m的圆周上，孔距0.6~0.8m，炮孔向外倾斜，使孔底落在掘进面轮廓线略外些。与光面爆破相比，该方式易出现凹凸不平、岩壁破碎和稳定性差的问题。

7.2.2 竖井爆破参数的确定

7.2.2.1 炮孔直径

炮孔直径在很大程度上取决于使用的钻孔机具和炸药性能。

采用手持式凿岩机，在软岩和中硬岩石中孔径为39~46mm，孔深2m。随着钻机机械化程度的提高，孔径和孔深都有增大的趋势。例如，采用伞式钻架（由钻架和重型高频凿岩机组成的风液联动导轨式凿岩机具），钻头直径为35~50mm，孔深3.5~4.0m。

7.2.2.2 炮孔深度

影响炮孔深度的主要因素有以下几个：

（1）钻孔机具。手持式凿岩机孔深以2m为宜，伞式钻架孔深3.5~4.0m时效果最佳。

（2）掏槽形式。目前我国大多采用直孔掏槽，最大孔深是4.4m，国外也在5m左右，当孔深超过6m以后，钻速显著下降，孔底岩石破碎不充分，岩块大小不均，岩帮也难以平整。

（3）炸药性能。对于药卷直径为32mm的岩石类炸药，一个雷管只能引爆6~7个药卷，最大传爆长度1.5~2.0m（相当于2.5m左右的孔深）。若药卷过长，必然引起爆轰不稳定，甚至拒爆，因此，进行爆破时，应改善炸药的爆炸性能或采用多点起爆、导爆索并敷起爆等方式。

（4）井筒直径。一般来讲，井筒直径越大，掏槽效果越好，炮孔深度可取大值。

炮孔深度的确定，可在充分考虑上述影响因素的同时，按计划要求的月进度，依式（7-8）进行计算

$$L_0=\frac{In_1}{24n\eta_1\eta} \tag{7-8}$$

式中 L_0——按月进度要求的炮孔深度，m；

I——计划的月进度；

n——每月掘井天数，依掘砌作业方式而定，平行作业可取30d，在采用喷锚支护时为27d，在采用混凝土或料石永久支护时为18~20d；

n_1——每循环小时数；

η——炮孔利用率，一般为80%~90%；

η_1——循环率，一般可取80%~90%。

7.2.2.3 炸药单耗 q

影响炸药单耗的主要因素有岩石坚固性、岩石结构构造特性、炸药威力等。由于井筒断面面积较大，炸药单耗与断面面积大小关系不大。

炸药单耗的确定方法：

（1）参照国家颁布的预算定额选定。

（2）试算法。根据以往经验，先布置炮孔，并选择各类炮孔装药系数，依次求出各炮孔的装药量、每循环的炸药量和炸药单耗。

（3）类比法。参照类似工程。

炸药单耗选取可参考表7-9。

表7-9 掘进炸药单耗参考值 （kg/m^3）

掘进断面面积/m^2	岩石普氏坚固性系数 f				
	2~3	4~6	8~10	12~14	15~20
<4	1.23	1.77	2.48	2.96	3.36
4~6	1.05	1.50	2.15	2.64	2.93
6~8	0.89	1.28	1.89	2.33	2.59

续表 7-9

掘进断面面积 /m²	岩石普氏坚固性系数 f				
	2~3	4~6	8~10	12~14	15~20
8~10	0.78	1.12	1.69	2.04	2.32
10~12	0.72	1.01	1.51	1.90	2.10
12~15	0.66	0.92	1.36	1.78	1.97
15~20	0.64	0.90	1.31	1.67	1.85
>20	0.60	0.86	1.26	1.62	1.80

7.2.2.4 炮孔数目

炮孔数目确定的步骤是：通常先根据炸药单耗进行初算，再根据实际统计资料用工程类比法初步确定炮孔数目，该数目可作为布置炮孔时的依据，然后再根据炮孔的布置情况，对该数目适当加以调整，最后得到确定的值。

根据炸药单耗对炮孔数目进行估算时，可用式（7-9）进行计算

$$N=\frac{qS\eta l}{k_a m_G} \tag{7-9}$$

式中 N——炮孔数目，个；

q——炸药单耗，kg/m³；

S——井筒的掘进断面面积，m²；

η——炮孔利用率；

l——每个药卷的长度，m；

k_a——炮孔平均装药系数，当药包直径为 32mm 时，取 0.6~0.72；当药包直径为 35mm 时，取 0.6~0.65；

m_G——每个药卷的质量，kg。

7.2.3 竖井爆破的起爆方法

竖井掘进爆破大多数采用电雷管起爆或导爆管雷管起爆网路，对于孔深大于 2.5m 的炮孔，也可采用电雷管-导爆索复式起爆网路，或每孔多发雷管多点起爆网路。

在电雷管起爆网路中，广泛采用并联网路和串联网路，而串联网路由于工作条件差易发生拒爆现象，在竖井掘进中极少采用。

起爆电源大多采用地面的 220V 或 380V 交流电流。在并联网路中，随着雷管并联组数目的增加，起爆总电流也增大，必须采用高能量的起爆电源。

7.2.4 天井掘进爆破

在国防和民用地下建筑工程中，天井（竖井）的应用十分广泛，如军事地下仓库的通风、人行天井，城市地下商场的通风、安全天井，采矿工程的提升、通风、人行、采矿切割天井等。

目前，天井的掘进方法主要采用钻爆法。深孔爆破法掘进天井是 20 世纪 50 年代发展起来的一种爆破技术，适用于天井、溜井、切割井和充填井等垂直或急倾斜巷道。按爆破

方法的不同，深孔爆破法掘进天井可分为一次爆破成井和分段爆破成井，其实质就是用深孔钻机按天井断面尺寸，沿天井全高自上向下或自下向上钻凿一组平行炮孔，再分段或一次爆破。这一方法在瑞典、日本、苏联等国应用较广泛。

分层或分段爆破是深孔爆破法掘进天井的主要模式，而深井分段爆破成井固有的堵孔、塌孔、反冲井口等副作用一直困扰着深孔爆破法，成为该方法普遍推广的障碍。虽然存在上述问题，但是由于深孔爆破法在施工安全和经济指标等方面存在的先进性，因此仍有很多研究人员对深孔爆破法的一次成井技术进行研究。而且在金属矿山中，对于浅井而言，最经济实用的掘进方法就是一次爆破成井法。

深孔爆破一次成井掏槽方式选择时应综合考虑的因素有以下几种：

（1）掏槽形式尽可能简单。

（2）有较大的槽腔表面积和较高的炮孔利用率。

（3）首爆孔应配置较多或较大的空孔。

（4）深孔机械的配置情况和作业队伍的爆破技术水平。

（5）天井尺寸和地质条件等。

深孔爆破一次成井按装药结构和掏槽形式可分为直孔掏槽成井和多孔球状药包爆破成井 2 种模式。

直孔掏槽成井的特点为：

（1）以平行空孔为槽孔自由面进行掏槽爆破。

（2）将天井划分为若干分段，分段高度由炮孔偏斜率和空孔决定。

（3）一次爆破成天井。

（4）分段之间和分段内各炮孔微差爆破。

球状药包爆破成井起源于 VCR 采矿法，是利用利文斯顿爆破漏斗理论通过下向分层爆破形成天井的一种深孔爆破成井方法，不需要大直径空孔作为自由面，钻凿深孔的工作量较少，对炮孔偏斜要求较低。使用时采用大直径深孔、方形布孔、中心孔掏槽、等高度分层、分层内各孔微差爆破、逐层爆破。

多孔球状药包爆破一次成井的特点为：

（1）采用球状药包爆破；将天井划分为若干分层。

（2）分层高度由自由面宽度和孔径决定。

（3）一次爆破成天井。

（4）分层之间微差爆破，分层内各孔同段爆破。

两种成井模式的使用条件见表 7-10。

表 7-10　两种成井模式的使用条件

序　号	直孔掏槽模式	多孔球状药包爆破模式
1	脆性岩石适用	韧性、脆性岩石均适用
2	孔偏小时适用	孔偏大时适用
3	成井断面大、小均适用	成断面大时适用
4	成井深度不受限制	成井深度≤40m 时适用

7.3 地下采场浅孔爆破

地下浅孔落矿爆破，是地下采矿场中崩落矿石的主要手段，主要用于开采采幅不宽、矿量不多、地质条件复杂或较厚矿体的分层回采。与井巷掘进爆破相比，其具有以下特征：一般具有2个以上的自由面和较大的补偿空间，爆破面积和爆破量都比较大。所以每次爆破炸药量大，起爆网络复杂，炸药单耗低。通常井下浅孔崩矿要求爆破作业安全，每米炮孔崩矿量大，回采强度高，大块少，二次破碎量要小，矿石贫化率、损失率低，材料消耗少。

7.3.1 炮孔排列形式

炮孔排列的原则是：尽量使炮孔排距等于最小抵抗线 W；排与排之间尽量错开，分布均匀，让每孔负担的破岩范围近似相等，以减少大块；多用水平或上向孔，以便凿岩；炮孔方向尽量与自由面平行。

井下浅孔落矿的炮孔排列方向，有上向和水平倾斜两种（图7-9），其中上向浅孔落矿应用较广泛。炮孔在工作面的排列形式有平行排列和交错排列之分，如图7-10所示。平行排列适用于矿石坚硬、矿体与围岩接触界线不明显、采幅较宽的矿脉；交错排列炸药在矿体内部分布均匀，崩落矿石也较均匀，在矿山生产中，使用非常广泛，当采幅宽度较窄时，其效果更为显著。

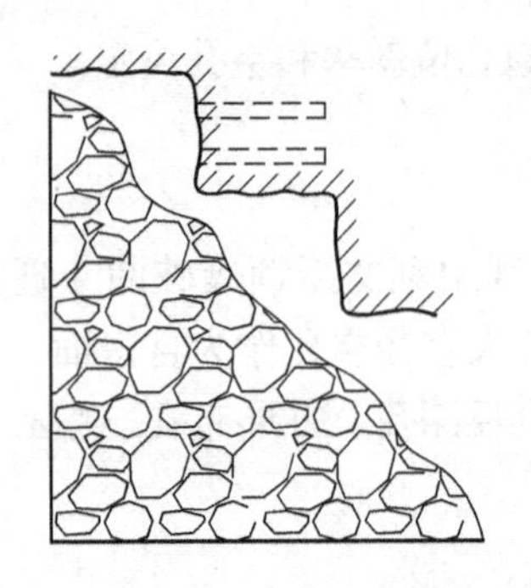
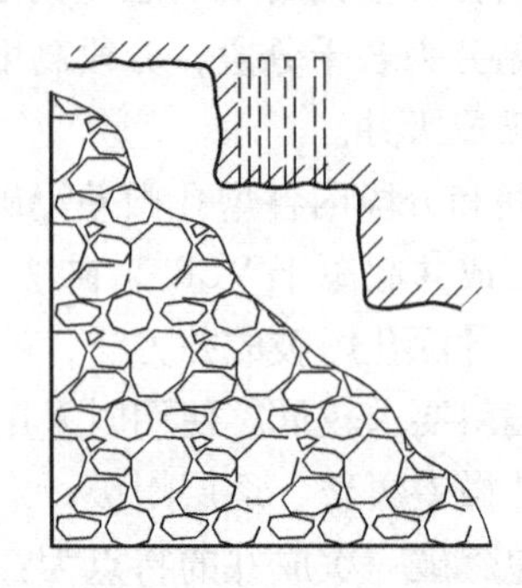

图7-9 浅孔排列方向

7.3.2 炮孔直径和深度

炮孔直径除了与井巷掘进中介绍的一些影响因素有关外，还与矿体的赋存条件有关。我国浅孔落矿广泛使用的药包直径为32mm，其相应的炮孔直径为38~42mm。这些年来，不少有色金属矿山曾尝试采用25~28mm的小直径药卷爆破，在控制采幅、降低损失贫化率方面取得了比较显著的效果。同时，使用小直径炮孔还可以提高凿岩效率和矿石回收率。当开采薄矿脉时，尤其是开采稀有金属和贵重金属矿床时，特别适宜使用小直径炮孔爆破。

炮孔深度与矿体、围岩的性质，矿体厚度及其规则性等因素有关。井下落矿常用孔深为1.5~2.5m，有时达3~4m。当矿体较薄，矿岩不稳固和形状不规则时，应选较小值；相反时选较大值。

7.3.3 最小抵抗线和炮孔间距

采场浅孔爆破时，最小抵抗线就是炮孔的排距。炮孔间距是排内炮孔之间的距离。这2个参数的大小对爆破效果影响很大。一般来说，最小抵抗线愈大，炮孔间距也愈大，会影响爆破质量，大块率增大。如果最小抵抗线和炮孔间距过小，矿石被过度破碎，则既浪费爆破器材，又给易氧化、易黏结、易自燃的矿石装运工作带来困难。

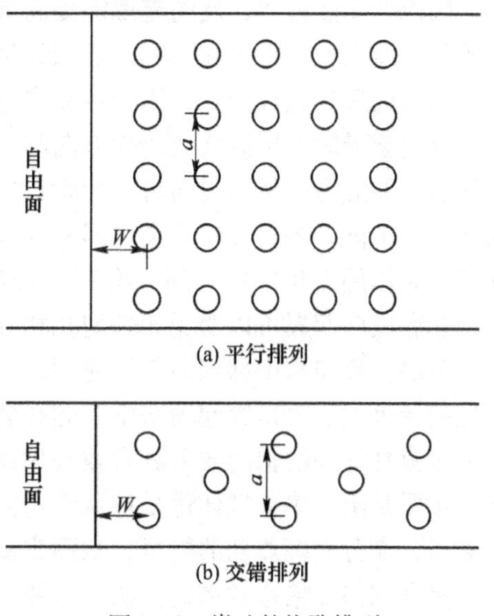

图 7-10 崩矿的炮孔排列

通常，最小抵抗线 W 和炮孔间距 a 可按下列经验公式选取

$$W=(25\sim35)d \tag{7-10}$$

$$a=(1\sim1.5)W \tag{7-11}$$

式中 d——炮孔直径，mm。

7.3.4 炸药单耗

炸药单耗的大小除与崩落的矿石性质、使用炸药的性能、炮孔直径、孔深有关外，还与矿床的赋存条件有关。一般来说，矿体厚度小、孔深大时，单位炸药消耗最大。目前，单位耗药量的选取，除与井巷掘进炸药单耗选取的方法一样外，还可根据经验来确定。表7-11所列经验数据适用于硝铵类炸药，可供参考。

表 7-11 井下浅孔落矿单位耗药量

矿石坚固性系数 f	≤8	8~10	10~15
炸药单耗 q/kg·m^{-3}	0.26~1.0	1.0~1.6	1.6~2.6

采矿一次落矿装药量 Q 与采矿方法、赋存条件、爆破范围等因素有关。由于影响因素较多，难以用一个统一的公式来计算，一般常用一次爆破矿石的原体积估算。

$$Q=qB_{m}L_{1}L_{ep} \tag{7-12}$$

式中 q——炸药单耗，kg/m^3

B_m——矿体厚度，m；

L_1———次落矿总长度，m；

L_{ep}——炮孔平均深度，m。

7.3.5 装药和堵塞

装药和堵塞是爆破工作的一道重要工序，其质量的优劣直接影响爆破效果。

在钻孔爆破中，根据起爆点在装药中的位置和数目将起爆方式分为正向起爆、反向起爆和多点起爆。起爆药卷位于柱状装药的外端，靠近炮孔口，雷管底左部朝向孔底的起爆方法为正向起爆；起爆药卷位于柱状装药的里端，靠近或在炮孔底，雷管底部朝向炮孔口的起爆方法为反向起爆。

国内外实践证明，反向起爆能提高炮孔利用率，能充分利用炸药的爆炸能量，改善爆破质量，增大抛渣距离和降低炸药消耗量。此外，只要进行一定堵塞，冲炮现象可大大减少，同时处理盲炮较安全，因为可掏出炮泥后重新装入起爆药包起爆。

反向起爆时，爆轰波的传播方向与岩石抛掷运动方向一致，使得在自由面反射后能形成强烈拉伸应力，从而提高自由面附近岩石的破碎效果；同时孔底起爆，起爆药包距自由面有一定距离，爆生气体不会立即从孔口冲出，因而爆炸能量可得到充分利用，增大孔底部的爆炸作用力和作用时间，有利于提高爆破效果。另外，在软岩和裂隙较发育的岩石中，孔底反向起爆可以避免相邻炮孔相互间的带炮和孔底留有残药的现象。

目前，反向和中部双向起爆应用较为广泛，而正向起爆多用于过去小型矿山小型爆破工程的导火索、火雷管起爆法中。炮孔装药后是否堵塞，对于爆破效果有较大影响。堵塞是为了提高炸药的密闭效果和有效利用爆轰气体压力。良好的堵塞可以提高炸药的爆轰性能，主要是阻止爆轰气体过早地从装药空间冲出，保证炸药在炮孔内反应完全和形成较高的爆压，充分发挥炸药的能量，从而提高爆破效果。

提高和保证堵塞效果的办法，主要是选择堵塞材料和必需的堵塞长度，以达到堵塞物与炮孔壁之间有一定的摩擦阻力。常用的堵塞材料有沙子、黏土等。炮孔爆破常用砂子与黏土以3∶1的比例混合配制成炮泥。堵塞长度应视装药量的多少、炸药性能、岩石性质和炮孔直径等因素综合考虑，一般情况下若炮孔直径为25~70mm时，堵塞长度相应为18~50cm。

采场浅孔落矿爆破起爆操作与掘进时基本相同，主要问题在于合理安排起爆顺序。起爆顺序安排的原则是近自由面先爆，每段雷管最好起爆一排炮孔。

7.3.6　炮孔起爆顺序及微差时间

在浅孔落矿爆破时，确定炮孔起爆顺序所需遵循的原则与台阶炮孔爆破相同，一是要充分利用工作面的自由面条件，靠近自由面的炮孔先爆；二是后爆炮孔能够充分利用先爆炮孔在爆破过程中形成的瞬时自由面，以利于矿石的破碎和松散，为出矿作业创造良好的条件。

另外，与台阶炮孔爆破一样，浅孔落矿爆破炮孔的起爆延期时间与炮孔的最小抵抗线大小成正比，具体则需要参考类似工程的经验初步确定，并通过试验具体确定。

7.4　地下采场深孔爆破

地下采矿深孔爆破可分为两种，即中深孔和深孔爆破。国内矿山通常把钎头直径为51~75mm的接杆凿岩炮孔称为中深孔，而把钎头直径为95~110mm的潜孔钻机钻凿的炮孔称为深孔。实际上，随着凿岩设备、凿岩工具的改进，两者的界限有时并不显著，所以，孔径为75mm或100~120mm，孔深大于5m的炮孔，也统称为深孔。深孔崩矿的特点是效率高、速度快、作业条件安全，广泛应用于厚大矿体的崩矿。

7.4.1　深孔炮孔布置

根据采矿方法和采矿工艺的不同，按深孔的方向不同，地下深孔布置分为上向布置、下向布置和水平布置三种形式，分别用于不同的采矿方法。按照深孔的排列形式不同分为平行深孔和扇形深孔两大类，如图 7-11 所示。

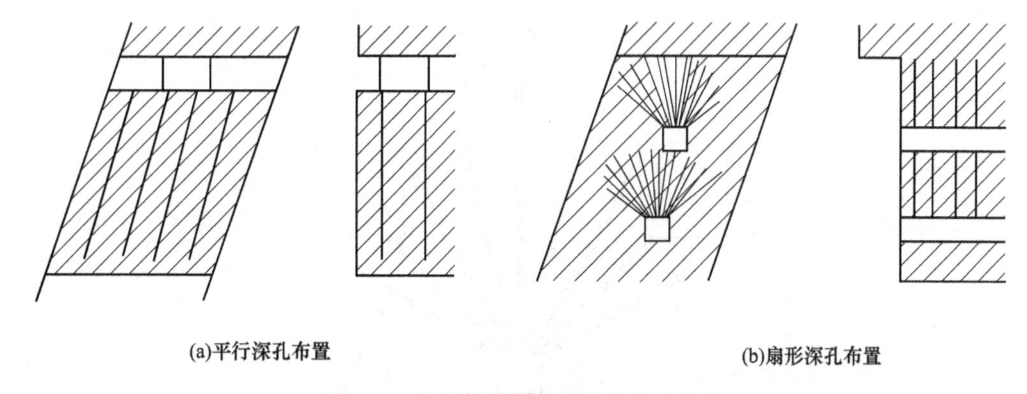

(a)平行深孔布置　　(b)扇形深孔布置

图 7-11　地下深孔爆破炮孔布置示意图

平行深孔每排炮孔之间相互平行，装药分布均匀，爆破大块率低，然而凿岩时每凿一个深孔需要移动一次凿岩设备，工序烦琐，效率低，需要的凿岩巷道工程量大。

扇形深孔每排中的炮孔呈扇形放射状，凿岩机固定在一个位置，只要转动凿岩机的方向，就可以完成一排深孔的凿岩，凿岩机移动次数少，需要的凿岩巷道掘进工程量小，深孔布置灵活，应用较为广泛。扇形深孔的缺点是深孔呈放射状，孔口间距小，孔底间距大，炸药在岩石中分布不均匀，因而爆破块度不均匀，深孔利用率较低。

除了平行深孔和扇形深孔外，还有一种由扇形深孔变形而来的束状深孔布置，其特点是炮孔在空间上呈放射状。束状深孔所需凿岩巷道掘进工程量小，爆破的块度更不均匀，通常应用于矿柱回采和采空区处理，个别矿体变化较大而又不值得掘进凿岩巷道时或者特殊地质构造地带也可布置束状深孔。

7.4.2 爆破参数

7.4.2.1 深孔直径

深孔直径的大小对爆破效果和凿岩劳动生产率影响很大。影响孔径的主要因素有使用的凿岩设备和工具、炸药的威力、岩石特征等。深孔直径主要取决于凿岩设备。地下采场深孔爆破可采用接杆式凿岩机、凿岩台车和潜孔钻机凿岩。采用接杆式凿岩机或凿岩台车，孔径一般为 55~65mm 以及 76~89mm，潜孔钻机凿岩时，孔径为 90~110mm。

7.4.2.2 炮孔深度

孔深对凿岩速度影响很大，孔深增大，凿岩速度会随之下降，随着深孔偏斜增大，施工质量变差。选择炮孔深度时主要考虑凿岩机类型、矿体赋存条件、矿岩性质、采矿方法和装药方式等因素。当使用 YG-80、YGZ-90 和 BBC-120 凿岩机时，孔深一般为 10~15m，最大不超过 18m；使用 BA-100 和 YQ-100 潜孔钻机时，孔深一般为 10~20m，最大不超过 30m；使用凿岩台车时，孔深可以达到 30m 甚至更深。

7.4.2.3 最小抵抗线与孔间距

最小抵抗线就是排距，即爆破每个分层的厚度。

对于扇形深孔，由于炮孔呈放射状布置，因而用孔底距来表示两相邻孔之间的距离。孔底距是指由较浅的深孔孔底至相邻深孔的垂直距离（图 7-12）。

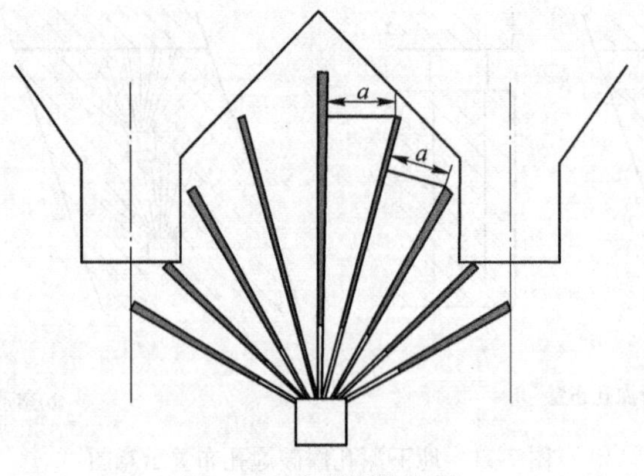

图 7-12 扇形深孔布置

密集系数是孔间距与最小抵抗线的比值，即

$$m_0=\frac{a}{W} \tag{7-13}$$

式中 m_0——密集系数；

a——孔间距，m；

W——最小抵抗线，m。

以上 3 个参数直接决定着深孔的孔网密度，其中，最小抵抗线反映了排与排之间的孔网密度；孔间距反映了排内深孔的孔网密度；密集系数反映了它们之间的相互关系。它们取值的正确与否，直接关系到矿石的破碎质量，影响着每米孔崩矿量、凿岩和出矿劳动生产率、爆破器材消耗、矿石的损失与贫化，以及其他一些技术经济指标。

以下分别叙述上述三个参数的确定方法：

（1）密集系数。目前，密集系数的选取是根据经验来确定，通常平行孔的密集系数为 0.8~1.1；扇形孔时，密集系数为 0.9~1.5。选取密集系数时，矿石愈坚固，要求的块度愈小，应取小值；否则应取较大值。

（2）最小抵抗线。目前，确定最小抵抗线，主要有以下三种方法：

1）当平行布孔时，可以用式（7-14）确定

$$W=d\sqrt{\frac{7.85\rho_e\lambda}{m_0q}} \tag{7-14}$$

式中 d——孔径，m；

ρ_e——装药密度，kg/m^3；

λ——装药系数，$\lambda=0.7\sim0.85$；

m_0——深孔密集系数；

q——炸药单耗，kg/m^3。

2）根据最小抵抗线和孔径的比值选取。当炸药单耗和密集系数一定时，最小抵抗线和孔径成正比。实际资料表明，最小抵抗线和孔径的比值一般在下列范围：

坚硬的矿石

$$W/d=23\sim30 \tag{7-15}$$

中等坚硬矿石

$$W/d=30\sim35 \tag{7-16}$$

较软矿石

$$W/d=35\sim40 \tag{7-17}$$

当炸药单耗、炮孔密集系数、装药系数和深孔装药系数等参数为定值时，最小抵抗线与深孔直径成正比。

3）根据矿山实际资料选取。目前矿山采用的最小抵抗线数值见表 7-12。

表 7-12　最小抵抗线与炮孔直径

炮孔直径 d/mm	最小抵抗线 W/m
50~60	1.2~1.6
60~70	1.5~2.0
70~80	1.8~2.5
90~120	2.5~40

以上三种方法，后两种采用较多，也可同时采用，通过相互比较来确定。

（3）孔间距。根据最小抵抗线和密集系数计算。

（4）炸药单耗。选取炸药单耗时，不仅要考虑是否能将矿石全部爆落下来，还要求爆落的矿石满足一定的块度要求。实践表明，深孔爆破炸药单耗过小时，往往大块率较高，消耗在二次破碎方面的炸药量增加，总的炸药量增加；同时增加二次破碎的时间，造成时间和人力资源的浪费，采矿成本增加。

表 7-13 为地下深孔爆破炸药单耗及二次破碎时的单耗占一次单耗百分比的参考值。

表 7-13　地下深孔爆破炸药单耗参考值

岩石坚固性系数 f	3~5	5~8	8~12	12~16	>16
一次爆破炸药单耗 q/kg·m^{-3}	0.2~0.35	0.35~0.5	0.5~0.8	0.8~1.1	1.1~1.5
二次单耗占一次单耗的百分比 (q_2/q)/%	10~15	15~25	25~35	35~45	≥45

7.4.2.4　单孔装药量与总装药量

平行深孔的装药量按体积公式计算

$$Q=qaWL \tag{7-18}$$

式中　Q——装药量，kg；

L——孔深，m；

q——炸药单耗，kg/m^3；

a——孔间距，m；

W——最小抵抗线，m。

扇形深孔因其孔深、孔距均不相同，所以每个孔装药量不同，通常先求出每排孔的装药量，然后按实际每米炮孔装药量，计算出总装药长度，将总装药长度按炮孔总长度均分在每个炮孔中并根据炮孔的位置和孔间距进行调整，最后确定每个炮孔的装药量及每排炮

孔的总装药量。每排深孔总装药量为

$$Q_{排} = qWS \tag{7-19}$$

式中 S——一排深孔爆破的岩石面积，m^2。

7.4.3 深孔爆破工艺

（1）验孔。爆破前应对深孔位置、方向、深度和钻孔完好情况进行验收，发现有不符合设计要求者，应采取补孔、重新设计装药结构等方法进行补救。

（2）作业地点、安全状况检查。包括装药、起爆作业区的围岩稳定性，杂散电流、通道是否可靠，爆区附近设备、设施的安全防护和撤离场地，通风保证等。

（3）爆破器材准备。按计算的每排孔总装药量，将炸药和起爆器材运输到每排的装药作业点。

（4）装药。目前已广泛采用装药器装药代替人工装药，其优点是效率高，装药密度大，对爆破效果的改善明显。使用装药器装药时，带有电雷管或非电导爆管雷管的起爆药包，必须在装药器装药结束后再用人工装入炮孔。

（5）堵塞。有底柱采矿法用炮泥加木楔堵塞；无底柱采矿法只可用炮泥巴堵塞。合格炮泥中的黏土和粗砂的比例为 1∶3，加水量不超过 20%，木楔应填在炮泥之外。

（6）起爆。起爆网路连接顺序是由工作面向着起爆站推进，电爆网路要注意防止接地，防止同其他导体接触。当一次起爆量大时可采用工业电，起爆量小时采用起爆器；当前井下爆破多采用导爆管雷管网路起爆。

7.4.4 大直径深孔爆破

7.4.4.1 VCR 爆破

VCR（Vertical Crater Retreat Mining），原意是垂直漏斗后退式采矿，是加拿大在利文斯顿漏斗爆破理论上发展的，后来又在加拿大、美国、欧洲及我国一些矿山应用推广。目前 VCR 法不仅用于矿柱回采，也用于矿房回采。

A 原理

与连续柱状装药不一样，VCR 法爆破使用大直径、短药包，即长度不大于直径 6 倍的短柱状药包。这种药包可看成集中装药，接近于球状药包，爆炸时压缩波近似于球状应力波。而长柱状药包产生的是柱状应力波，柱状应力波对炮孔端部压力较小。球状应力波在有一个下向爆破漏斗自由面情况下，使矿岩处于强大的应力状态下发生破坏和位移，此外，药包直径大，炸药能量可以充分利用，如图 7-13 所示。

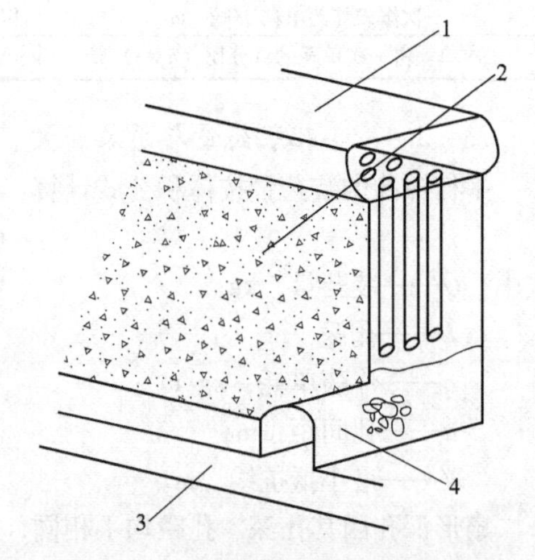

图 7-13 一次凿岩分段爆破崩矿示意图
1—顶部平台；2—矿柱；3—运输巷道；4—出矿道

B 爆破参数

在 VCR 法中，炮孔直径 165mm，通常钻孔偏斜不超过 1%~2%；孔距 3m，排距 1.2m，每层爆高 3m，药包高度 0.6~1.0m；最后距上水平 9m，可将 3 层药包同时爆破。

球状药包的长径比不应大于 6。国内多采用 CLH 型或 HD 型高能乳化炸药。CLH 型乳化炸药有高密度（1.35~1.55g/cm³）、高爆速（4500~5500m/s）、高体积威力（2 号岩石铵梯炸药为 100mL 时，相对体积威力为 150~200）的特点，简称“三高”乳化炸药。目前，已在凡口铅锌矿、金厂峪金矿、铜陵有色金属公司狮子山铜矿、凤凰山铜矿的 VCR 法中获得广泛应用。

C 施工工艺

（1）在矿块钻一个或多个大直径炮孔。

（2）在每个炮孔中装入一个大球状药包或近似球体的药包并堵塞，如图 7-14 所示。

1）用绳将孔塞放入孔内，按设计位置吊装好。

2）在孔塞上按设计长度装填一段砂或岩屑。

3）装下半部分药包。

4）装起爆药包。

5）装上半部分药包。

6）按设计长度进行上部堵塞。

7）联网起爆。

8）多层同时起爆时，上部堵塞到位后重复装药、堵塞。

（3）药包爆炸时，借助于气体压力破碎岩石，在矿体中形成倒置的漏斗。

（4）从矿房运出漏斗中的破碎岩石。

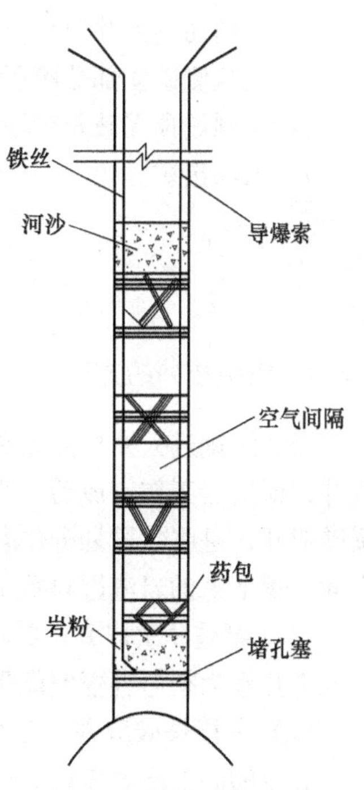

图 7-14 VCR 法装药结构

D VCR 法所用爆破方法的优点

（1）工人不必进入敞开的回采空间，安全性好。

（2）破碎块度比较均匀，炸药消耗量较少。

（3）采准工作量小。

E VCR 法的发展

VCR 法把高风压潜孔钻机凿岩技术、新型“三高”炸药（高密度、高爆速、高体积威力）、毫秒爆破技术和球形药包爆破漏斗理论融为一体，充分体现了其先进性，是 20 世纪 70 年代以来地下采矿技术的重大进展之一。

经过 40 多年的发展，VCR 法已不仅是一种回采矿柱的崩矿方法，而且已经发展成为大直径深孔采矿法，即用 VCR 法拉槽，而后用大直径深孔侧向崩矿的采矿方法。

7.4.4.2 阶段深孔台阶爆破

阶段深孔台阶爆破采矿法是大直径深孔采矿技术另一具有代表性的技术方案。

这一采矿技术方案的实质是露天矿的台阶崩矿技术在地下开采中的应用，即采用大直径阶段深孔装药向采场中事先形成的竖向切割槽实行全段高或台阶状崩矿，崩落的矿石由采场下部的出矿系统运出。

（1）爆破参数：

1）炮孔直径。炮孔直径一般采用160~165mm，个别为110~150mm。

2）炮孔深度。炮孔深度为一个台阶的高度，一般为20~50m，有的达到70~100m。

3）孔网参数。排距一般采用2.8~3.2m；孔距2.5~3.5m。

4）炸药单耗。炸药单耗一般为0.35~0.45kg/m^3。

（2）施工工艺：

1）布孔及阶段深孔凿岩。

2）采场切割天井及切割槽爆破。

3）顶盘侧矿体部分阶段崩矿。

4）切割坡顶爆破及阶段深孔崩矿。

5）采场出矿。

7.5　一次成井技术

7.5.1　爆破成井的方法

爆破法掘进天井按照爆破方法的不同可分为爆破一次成井和分段爆破成井。爆破一次成井，即凿岩工作完成后，进行一次爆破作业就可以达到合乎规格全高贯通的天井；分段爆破成井，是将井段划分成若干个爆破分段，由下而上逐段爆破，下分段为上分段提供自由面，爆下来的岩渣因自重下落，炮烟则经由炮孔和上部水平巷道排出。

（1）爆破一次成井。钻机按天井断面尺寸，沿天井全高钻凿一组平行炮孔，再利用大直径空孔作为初始补偿空间爆破一次成井。

（2）分段爆破成井。分段爆破成井，按其矿岩性质及井筒大小分成若干分段进行爆破。分段的高度既要考虑岩石的碎胀性系数还要考虑岩石的坚固程度和爆破条件。根据分段高度可以分为高分段爆破和低分段爆破，高分段爆破分段高度大于10m，适用于软弱和松散的岩石。低分段爆破一次爆破的分段高度小于10m，适用于中等坚固以上的岩石。分段的高度与初始补偿空间有关，当天井断面为2m×2m时，对于松散系数为1.5的岩石，当补偿系数为0.5时，一次爆破高度可为2~4m；当补偿系数为0.55~0.7时，一次爆破高度可为5~7m；当补偿系数为0.7时，一次爆破高度可为7~10m。

7.5.2　爆破一次成井方法与比较

对于中短型天井掘进，最经济实用的方法是爆破一次成井。爆破一次成井有作业条件好、工效高、速度快、安全性高、节约材料等一系列优点。

根据国内外研究现状，爆破一次成井按照爆破工艺可以归纳为三类：

（1）平行空孔掏槽法（掏槽法）。这种方法沿着天井全长打一组平行炮孔，以空孔为自由面，借助掏槽孔将其扩大，利用辅助孔和周边孔最终完成掘进作业。这种爆破法对掏槽孔孔距参数设计及钻孔精度要求较高，所需炮孔也较多。但其装药结构、起爆顺序比较简单，可操作性强，易于掌握，在分段高度不大时，较易实现一次成井，如图7-15（a）所示。

（2）平行空孔分段掏槽法（分段法）。这种方法是沿着天井全长打一组平行炮孔，以空孔和下端巷道为自由面和初始补偿空间，每个掏槽孔分成若干段分段进行装药，分段装药之间充填一定高度的填塞物，把炸药隔开，利用毫秒微差雷管自下而上按顺序依次起爆扩出槽腔。第一分段扩大后，在周边孔爆破的同时，第二分段掏槽孔再起爆，以此类推，形成一个超前阶段“塔型”爆破空间。这种方法一般是分段间隔装药，装药量少，炸药利用率高，但是装药困难，分段间堵塞困难，控制不好容易引起炸药的殉爆，如图7-15（b）所示。

（3）球形药包倒置漏斗法（漏斗法）。这种方法是炮孔内按集中药包的形式分段装药，以下端巷道间为自由面，各分段药包按顺序逐个爆破形成一系列爆破倒漏斗直至扩展成设计要求的天井。漏斗法虽然对凿岩的要求标准较低，但装药结构、起爆顺序以及操作工序等烦琐复杂，实施困难较大，爆破高度低，如图7-15（c）所示。

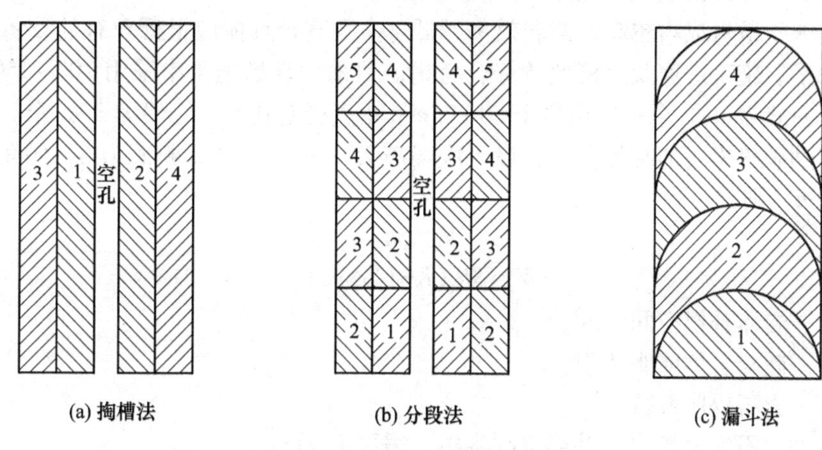

图7-15 三种爆破一次成井示意图
（数字表示矿石崩落的顺序）

综合比较三种一次成井的方法可以看出，三种爆破成井方法各有优缺点，使用范围不同。对于松软岩石，一次爆破高度较大时，可采用分段法爆破天井；漏斗法爆破成井分段高度小，在钻孔偏斜较大时，可采用漏斗法爆破成井；掏槽法爆破天井优点较多，可操作性强，爆破高度介于另外两种方法之间，对于中短型天井选用此掏槽法爆破施工成井最合适。

中深孔爆破成井一次爆破的高度都在4~7m内。一次爆破高度达不到设计高度的原因在于爆破后碎石堵死补偿空间，制约了爆破成井的高度。

7.5.3 中深孔爆破一次成井参数计算

7.5.3.1 钻孔孔径的确定

钻孔孔径由钻机类型决定。钻机类型的选择根据岩石性质、装药量以及现有的设备条件等因素决定。采用FJI-700型钻机时，孔径为51~75mm；采用YG-80型、YGZ-90型钻机时，孔径56~80mm；采用TQ-100型钻机，孔径为100mm；采用中深孔台车DL330-5，孔径为70mm。

7.5.3.2 爆破一次成井的规格确定

成井高度取决于分段高度，爆破一次成井的高度小于等于天井全长。天井的断面尺寸根据落矿的体积决定。断面的尺寸随着一次成井的高度增加而增大。一次爆破天井的高度主要与岩性和补偿空间大小有关。根据工程经验，在天井断面面积为4m²左右、补偿系数为0.55~0.7时，一次爆破天井的高度可达5~7m；若补偿系数小于0.5，一次爆破高度为2~4m较宜。在松软的岩石中爆破成井，分段爆破高度一般可达10m以上；对于中硬以上的岩石，则宜采用10m以下的低分段爆破。

7.5.3.3 补偿空间的确定

补偿空间可以分成两种：一种为初始补偿空间，由空孔提供，容纳首响孔破碎岩石；另一种为岩体补偿空间，容纳爆破整个天井的岩石，一般由上下巷道提供。

空孔一般布置在天井断面的中心。空孔的直径体现了初始补偿空间的大小，空孔直径越大，越易容纳破碎的岩石和越有利于岩石的破碎。但实际上，空孔的直径不可能无限大，空孔越大，凿岩成本越高，凿岩效率越低。空孔直径具体应根据现有的设备情况、钻孔的技术水平、施工进度及经济效益综合考虑。目前，现场施工中采用100~150mm大直径空孔时，一般需1~2个；使用多个50~75mm小直径空孔时，一般为3~5个。

对于容纳破碎岩石的补偿空间，设一次爆破天井垂高为H_t，断面为S，倾角为α，下部巷道高为h，则

$$V_b = Sh \tag{7-20}$$

$$V_z = SH_t(K-1)/\sin\alpha \tag{7-21}$$

式中 V_b——岩体补偿空间，m³；

V_z——破碎岩体膨胀体积，m³；

K——岩石碎胀系数。

要想崩落下的岩石完全被岩石补偿空间容纳，需要$V_b > V_z$。

7.5.3.4 首响炮孔的确定

A 布置在裂隙圈半径内

为保证槽腔内岩石充分破碎，首响炮孔必须布置在裂隙圈内。

$$a \leqslant r_t \tag{7-22}$$

式中 a——炮孔间距，m；

r_t——以炮孔为中心的裂隙圈半径。

B 炮孔间距应满足补偿空间理论

如图7-16所示，矿岩破碎后体积膨胀，需要补偿空间容纳，其关系满足

$$S_{预爆岩体}K \leqslant S_{补偿空间} + S_{预爆岩体} \tag{7-23}$$

式中 $S_{预爆岩体}$——预爆岩体的面积，m²；

$S_{补偿空间}$——空孔面积，m²；

K——岩石碎胀系数，根据矿山岩石条件选取。

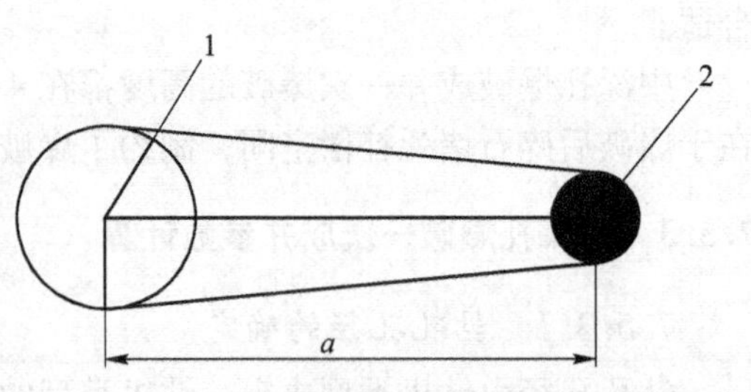

图7-16 补偿空间法示意图

1—空孔；2—装药孔；a—炮孔间距

根据式（7-23）可推导出装药孔与空孔的距离。

$$\left(a\frac{r_d+r}{2}-\frac{\pi r_d^2}{8}-\frac{\pi r^2}{8}\right)K \leqslant \frac{r_d+r}{2}a+\frac{\pi r^2}{8}+\frac{\pi r^2}{8} \tag{7-24}$$

$$a \leqslant \frac{\pi}{4} \frac{(r_d^2+r^2)(K+1)}{(r_d+r)(K-1)} \tag{7-25}$$

式中 a——空孔与装药孔距离，m；

r——装药孔半径，m；

r_d——空孔半径，m。

为防止孔间的贯通，a 的值不能太小，需满足式（7-26）。

$$a > \frac{r_d+r}{2} + 2L\sin\beta \tag{7-26}$$

式中 L——炮孔深度，m；

β——炮孔偏斜角度。

考虑到其他炮孔起爆，炮孔距离的设计应该避免小破裂角。小破裂角意味着炮孔夹制作用大，并且破碎岩体少。根据图 7-16，可以推出

$$a_0 = 2\arctan\frac{0.5r_d}{a} \tag{7-27}$$

试验证明，$a_0 \geqslant 20° \sim 30°$时，爆破夹制性小，不易发生槽腔挤死。

C 炮孔间距按照应力波强度确定

要使装药孔与空孔之间的岩石破碎，所需要的最低条件是从空孔壁反射的应力波拉应力对岩石的破碎范围与装药孔的爆炸应力对岩石的破碎范围要连续贯通。这样将空孔与装药孔的孔距分成三部分，即爆炸应力波对岩石的破碎范围 Y、反射拉伸应力波对岩石的破坏范围 X 和空孔的半径 r_d，如图 7-17 所示。

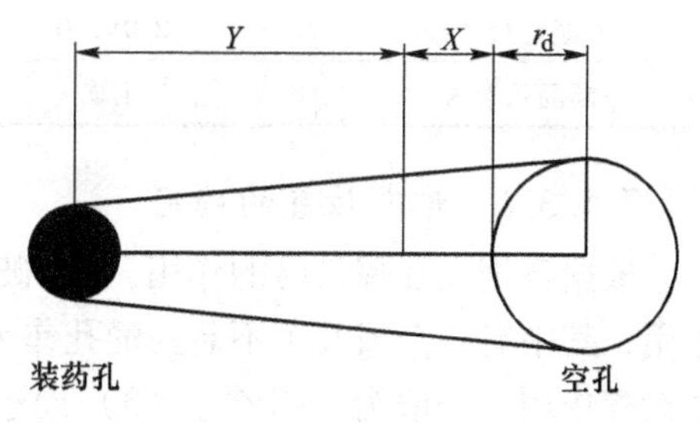

图 7-17 按照应力波强度炮孔间距计算图

爆炸应力波对演示的破坏范围 Y 为

$$Y = r\left(\frac{P_0}{[\sigma_c]}\right)^{\alpha} \tag{7-28}$$

式中 Y——爆炸应力波对岩石的破坏范围，m；

r——装药孔的半径，m；

P_0——炮孔壁的初始压力，MPa；

$[\sigma_c]$——岩石的动态抗压强度，MPa；

α——爆炸应力波的衰减指数。

反射拉伸应力波对岩石的破坏范围为

$$X = \frac{r}{2}\left(\frac{P_0}{[\sigma_t]}\right) - \frac{Y}{2} \tag{7-29}$$

式中 $[\sigma_t]$——极限抗拉强度，MPa。

所以炮孔间距

$$a = Y+X+r_d = \frac{1}{2}r\left[\left(\frac{P_0}{[\sigma_c]}\right)^{\alpha} + \frac{P_0}{[\sigma_t]}\right] + r_d \tag{7-30}$$

这个式（7-30）在计算炮孔间距的时候只考虑了应力波的破坏作用，而没有考虑爆轰气体的静压作用，因此这个公式计算出的孔距偏小。适当增大炮孔间距，可以达到较好的掏槽效果。

7.5.3.5 装药孔数确定

装药孔数的确定和天井的断面尺寸、岩石的岩性等因素有关。一般天井断面越大，岩石坚固性越高，所需炮孔数越多，具体可按照式（7-31）计算。

$$N=\frac{KSq}{q'\eta} \tag{7-31}$$

式中 N——装药孔的总数目；

S——天井的断面尺寸，m^2；

K——断面系数，按表 7-14 选取；

q——炸药单耗，kg/m^3；

η——炮孔装药系数，一般为 0.6~0.8；

q'——每米炮孔装药量，kg/m。

表 7-14 断面系数

天井断面尺寸/m^2	2.0×2.0	2.0×1.5	1.5×1.5
断面系数 K	1.0	1.04	1.2

7.5.3.6 炮孔位置的确定

根据各炮孔在爆破时的作用，“爆破一次成井”中炮孔可分为：（1）掏槽孔。起掏槽作用，其中有一个或几个不装药的孔作为初始补偿空间，一般有 5 个。（2）辅助孔。起辅助掏槽作用，一般为 1~2 个。（3）周边孔。为确定天井形状的各炮孔，一般有 4 个，如果岩石比较坚硬，周边孔也可以增加几个。

掏槽孔的确定需严格按照补偿空间法确定，这是保证掏槽成功的必要条件。随着掏槽爆破的成功，自由面会越来越大，这样确定辅助孔和周边孔的条件就可宽松点。确定周边孔时应该考虑爆破岩石的炸药单耗，确定足够的药量，保证岩石能完全破碎。如果孔径太小而装药太少，或者岩石坚固性太大，可考虑在设计天井轮廓线的中点增加 2~4 个钻孔。

7.5.3.7 装药集中度

装药集中度，又称装药密度。合理的装药集中度取决于岩石性质、炸药性能、炮孔直径、掏槽孔与空孔中心距离等因素。为了使岩石能从槽腔中抛出而不堵死空孔，应选用与岩性相宜的炸药。中硬岩石应选用爆速为 3000m/s 左右的炸药；对于坚硬岩石应选用爆速为 4000m/s 左右的炸药。另外为了避免首响掏槽孔起爆过大的横向冲击动压将破碎的岩石堵死在孔中，还要正确选取首响掏槽孔的装药结构、装药密度和装药量。典型的装药结构如图 7-18 所示。

图 7-18 典型的掏槽孔装药结构

习　　题

7-1　简述倾斜孔掏槽的形式及其特点。
7-2　简述地下工程施工中，工作面上的各类炮孔布置的先后顺序。
7-3　斜孔掏槽与直孔掏槽有何优缺点？
7-4　掘进爆破中一般有哪几种炮孔，各有什么作用？
7-5　井巷掘进爆破参数有哪些，如何确定这些参数？
7-6　地下采场浅孔崩矿爆破时炮孔排列方式有哪些？试说明他们的适用条件。
7-7　与浅孔爆破相比，地下深孔爆破在技术上有何特点？
7-8　影响地下采场深孔爆破效果的主要参数有哪些，这些参数如何确定？
7-9　简述扇形深孔与平行深孔各自的优缺点。
7-10　掏槽爆破的作用是什么，有哪几种基本形式？
7-11　井巷掘进时，炮孔深度的选择应考虑哪些因素？
7-12　简述三种一次成井的方法及优缺点。

8 露天深孔爆破

深孔爆破通常是指钻孔直径大于 50mm、钻孔深度大于 5m 的炮孔法爆破。深孔爆破一般是在台阶上或事先平整的场地上进行钻孔作业，并在深孔中装入延长药包进行爆破。

露天深孔爆破法在爆破工程中占有重要的地位，已广泛应用于露天开采工程（如露天矿山的剥离与采矿）、山地工业场地整平、港口建设、铁路和公路路堑、水电闸坝基坑开挖等工程中，并取得了良好的技术经济效果。

为了达到良好的爆破效果，必须合理地确定布孔方式、孔网参数、装药结构、装填长度、起爆方法、起爆顺序和炸药单耗等参数。

8.1 爆破台阶要素与炮孔布置

露天开采时，通常是将矿岩划分成一定厚度的水平分层，自上而下开采。各个水平构成阶梯状，每个阶梯称为一个台阶，因此露天深孔爆破又称为露天台阶爆破。

8.1.1 台阶要素

深孔爆破的台阶要素如图 8-1 所示，其包括台阶高度、底盘抵抗线、炮孔深度、装药长度、堵塞长度、孔距与排距等，为达到良好的爆破效果，必须正确确定各台阶要素。

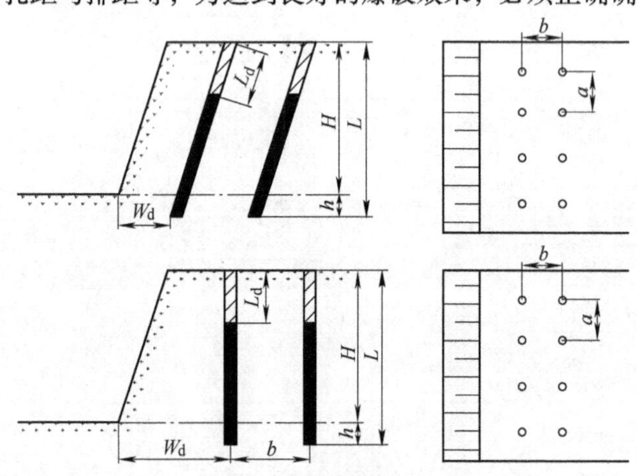

图 8-1 台阶要素示意图

H—台阶高度；W_d—底盘抵抗线；h—超深；a—孔距；

b—排距；L—炮孔深度；L_d—堵塞长度

8.1.2 钻孔形式

深孔爆破钻孔形式一般分为垂直钻孔和倾斜钻孔两种，垂直钻孔和倾斜钻孔的使用条件和优缺点见表8-1。

表8-1 垂直钻孔与倾斜钻孔比较

钻孔形式	适用情况	优　点	缺　点
垂直钻孔	在开采工程中大量采用	（1）适用于各种地质条件的深孔爆破； （2）钻垂直深孔的操作技术比倾斜孔容易； （3）钻孔速度比较快	（1）爆破后大块率比较高，常留有根底； （2）台阶顶部经常发生裂缝，台阶面稳固性比较差
倾斜钻孔	在软质岩石的开采工程中应用比较多，随着新型钻机的发展，应用范围会更加广泛	（1）抵抗线分布比较均匀，爆后不易产生大块和残留根底； （2）台阶比较稳定，台阶坡面容易保持，对下一台阶面破坏小； （3）爆破软质岩石时，能取得很高效率； （4）爆破后岩石堆的形状比较好	（1）钻孔技术操作比较复杂，容易发生夹钻事故； （2）在坚硬岩石中不宜采用； （3）钻孔速度比垂直孔慢

从表8-1中可以看出，倾斜孔比垂直孔具有更多优点，但由于钻凿倾斜孔的技术操作比较复杂，而且倾斜孔在装药过程中容易堵孔，所以垂直孔仍然应用比较广泛。

8.1.3 布孔方式

布孔方式有单排布孔及多排布孔两种。多排布孔又可分为方形、矩形及三角形（又称梅花形）三种，如图8-2所示。从能量均匀分布的观点看，以等边三角形布孔最为理想，而方形和矩形布孔多用于挖沟爆破。

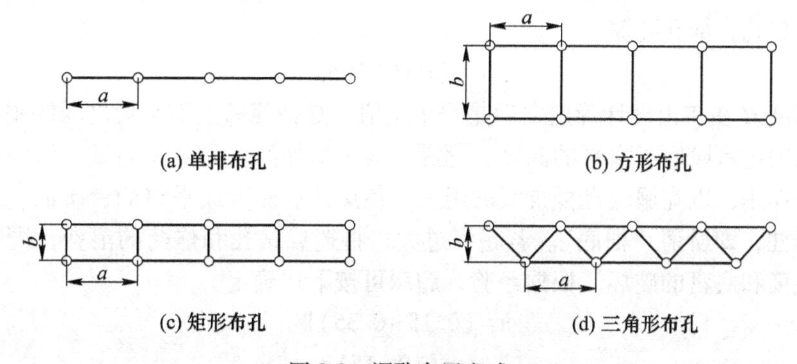

(a) 单排布孔　(b) 方形布孔　(c) 矩形布孔　(d) 三角形布孔

图8-2 深孔布置方式

8.2 深孔爆破参数

露天深孔爆破参数包括台阶高度、台阶坡面角、孔径、孔深、超深、底盘抵抗线、孔距、排距、堵塞长度、炸药单耗、炮孔装药量等。

8.2.1 台阶高度与坡面角

台阶高度主要考虑为钻孔、爆破和铲装等工艺创造安全和高效率的作业条件，一般根据选用的铲装设备和矿岩开挖技术条件确定，大多数采用 10~20m 的高台阶，有人认为经济的台阶高度为 12~18m。目前我国深孔爆破常用的台阶高度为 H=10~15m。随着钻机等施工机械的发展，国内外爆破台阶已有向高梯段发展的趋势，台阶高度可达到 30~50m，爆破质量和经济技术指标有了大幅度提高。

在台阶爆破中，坡面角 α 为前一次爆破时形成的自然坡度，它通常与岩石性质、钻孔排数和爆破方法有关。如岩石坚硬，可采用单排爆破或多排分段起爆，爆破形成的台阶坡度较大；若岩石松软，可以采用多排孔同时起爆，爆破形成的台阶坡度较小。如坡度太大（>70°时）或上部岩石坚硬则易出大块，如果坡度太小或下部岩石坚硬则易留根坎，所以要求坡面角最好在 60°~75°之间。

8.2.2 孔径

露天深孔爆破的孔径主要取决于钻机类型、台阶高度和岩石性质。我国大型金属露天矿采用牙轮钻机，孔径 250~310mm；中小型金属露天矿以及化工、建材等非金属矿山则采用潜孔钻机，孔径 100~200mm；铁路、公路路基土石方开挖常用钻孔机械的，孔径为 76~170mm 不等。一般来说，钻机选型确定后，其钻孔直径就已确定下来了。国内常用的深孔直径有 76~80mm、100mm、150mm、170mm、200mm、250mm、310mm 和 380mm 等多种。

8.2.3 孔深与超深

孔深由超深和台阶高度来确定。

对于垂直孔，炮孔孔深

$$L=H+h \tag{8-1}$$

对于倾斜孔，炮孔孔深

$$L=(H+h)/\sin\alpha \tag{8-2}$$

台阶高度 H 在矿山设计确定之后是一个定值，是指相邻上下平台之间的垂直高度；超深是指钻孔超过台阶底盘水平的深度。超深是为了增加深孔底部装药量、增强对深孔底部岩石的爆破作用，以克服底盘抵抗线的阻力，使爆炸后能形成平整的台阶面，避免在台阶底部残留岩柱，即所谓“根底”。若超深过大，将造成钻孔和炸药的浪费，同时还将增加爆破震动强度和底盘的破坏。根据经验，超深可按下式确定

$$h=(0.15\sim0.35)W_d \tag{8-3}$$

$$h=(10\sim15)d \tag{8-4}$$

式中 h——超深，m；

d——炮孔直径，m；

W_d——底盘抵抗线，m。

当岩石松软时超深取小值，岩石坚硬时取大值。对于要求特别保护的底板，应将超深取负值。

8.2.4 底盘抵抗线

台阶的坡底线到第一排炮孔中心轴线的水平距离称为底盘抵抗线。底盘抵抗线是露天深孔爆破的一个重要参数。底盘抵抗线过大，则底部爆破夹制作用大，容易形成根底，后冲作

用强，甚至造成冲炮；底盘抵抗线过小，炸药量增加，抛掷作用增强，爆堆容易抛散。

底盘抵抗线大小与岩石性质、炸药性能、钻孔直径、台阶高度以及坡面角、岩石破碎块度要求等因素有关，因此底盘抵抗线可用类似条件下的经验公式来计算：

（1）根据钻孔作业的安全条件

$$W_d \geqslant H\cot\alpha + B_1 \tag{8-5}$$

式中 W_d——底盘抵抗线，m；

α——台阶坡面角，一般为60°~75°；

H——台阶高度，m；

B_1——从钻孔轴心线至坡顶线的安全距离，对于大型钻机，$B_1 \geqslant 2.5 \sim 3.0$m。

（2）按台阶高度计算，则底盘抵抗线与台阶高度的关系为

$$W_d = (0.6 \sim 0.9)H \tag{8-6}$$

岩石坚硬，台阶高度小，系数取小值；反之，系数取大值。

（3）按炮孔直径计算，其计算式如下

$$W_d = Kd \tag{8-7}$$

式中 K——系数，见表8-2；

d——炮孔直径，mm。

表8-2 K值范围

装药直径/mm	清碴爆破K值	压碴爆破K值
200	30~35	22.5~37.5
250	24~48	20~48
310	35.5~41.9	19.4~30.6

（4）根据每个炮孔装药条件，按下式（巴隆公式）计算

$$W_d = d\sqrt{\frac{7.85\rho_e\lambda}{qk_m}} \tag{8-8}$$

式中 d——炮孔直径，m；

ρ_e——装药密度，kg/m³；

λ——装药系数，$\lambda = 0.7 \sim 0.8$；

q——炸药单耗，kg/m³；

k_m——炮孔密集系数，是指孔距与排距之比，一般$k_m = 1.2 \sim 1.5$。

8.2.5 孔距与排距

孔距a是指同排相邻炮孔中心之间的距离。孔距按下式计算

$$a = k_m W_d \tag{8-9}$$

随着多排毫秒爆破技术的应用，爆破工程设计出现了缩小排距、增大孔距，从而增大炮孔密集系数的趋势。实践证明，适当加大k_m值有利于改善爆破块度。

孔距也可用每个深孔容许装药量为依据，再计算每个深孔所必须崩落的岩石体积，最后得出炮孔间距

$$a = \frac{q'\lambda L}{qHW_d} \tag{8-10}$$

式中　L——炮孔深度，m；

q'——每米炮孔装药量，kg/m；

λ——炮孔装药系数。

排距是指多排孔爆破时，相邻两排钻孔间的距离，在排间深孔呈等边三角形错开布置时，排距 b 与孔距 a 的关系为

$$b=a\sin60°=0.866a \tag{8-11}$$

排距的大小对爆破质量影响较大，后排孔由于岩石夹制作用，排距应适当减小，按经验公式计算

$$b=(0.6\sim1.0)W_d \tag{8-12}$$

8.2.6　堵塞长度

堵塞长度是指装药后炮孔的剩余部分作为填塞物充填的长度。合理的堵塞长度应从降低爆炸气体能量损失和尽可能增加钻孔装药量两个方面考虑。堵塞长度过长将会降低每米爆破量，增加钻孔费用，并造成台阶上部岩石破碎不佳；堵塞长度过短，则造成能量损失大，将产生较强的空气冲击波、噪声和个别飞石等危害，并影响钻孔下部破碎效果。片面增加堵塞长度会对爆破效果造成不良影响，如在深孔台阶控制爆破中会造成大块率增加；在拉槽深孔爆破中（路堑施工）会造成大块率增多、表层松动不够甚至仅产生裂缝。

堵塞长度 L_d 可按以下经验公式选取，即

$$L_d\geqslant0.75W_d \tag{8-13}$$

对垂直深孔，可取（0.75～0.85）W_d；对倾斜深孔，可取（0.9～1.0）W_d。

$$L_d=(20\sim40)d \tag{8-14}$$

深孔孔口堵塞长度直接影响个别飞石的距离。实践表明，深孔堵塞长度大于30倍孔径时，不会产生飞石，所以，一般深孔堵塞长度可取30～35倍孔径。矿山大孔径深孔堵塞长度一般取5～8m。如果堵塞和装药长度不合理，应调整孔网参数。

8.2.7　炸药单耗

炸药单耗 q 值的大小不仅影响爆破效果，而且直接关系到矿岩生产的成本和作业的安全。因此，正确地确定炸药单耗非常重要。q 值的大小不仅取决于矿岩的爆破性能，同时也取决于炸药的威力和爆破技术等因素。实践证明，q 值的大小还受其他爆破参数的影响。由于影响因素较多，至今尚未研究出简便而准确的确定方法。传统的炸药单耗的确定方法是试验加经验，缺点是无法全面考虑各方面的因素。对于2号岩石乳化炸药，q 值可参考表8-3选取。

表8-3　炸药单耗 q 值

岩石坚固系数 f	3～4	5	6	8	10	12	14	16
q/kg·m^{-3}	0.35	0.40	0.45	0.50	0.55	0.60	0.65	0.70

8.2.8　炮孔装药量

单排孔爆破或多排孔爆破的第一排孔的每孔装药量 Q 可按下式计算

$$Q=qaW_dH \tag{8-15}$$

式中 q——炸药单耗，kg/m^3；

a——孔距，m；

W_d——底盘抵抗线，m；

H——台阶高度，m。

按上式计算得出的装药量，还需要以每一深孔可能装入的最大装药量来验算，即

$$Q \leqslant q'(L-L_d) \tag{8-16}$$

如果 Q 值小于或等于不等式右边的容许装药量，则可认为 Q 值是适当的。若 Q 值大于不等式右边装药量，说明计算得出的装药量大于炮孔容许装药量，即 Q 不能全部装入深孔。这种情况的发生，可能是由于所取的 W_d、q 或 a 值偏大，或者是炮孔直径偏小，这时需要对这些参数做适当调整。

多排孔爆破时，从第二排孔起，以后各排孔的每孔装药量按下式计算

$$Q = KqabH \tag{8-17}$$

式中 K——考虑受前面多排孔的矿岩阻力作用的增加系数，当采用毫秒爆破时，取 K=1.1~1.3；若用齐发爆破时，取 K=1.2~1.5；最后一排炮孔，取 K 值的上限值。

8.3 装药结构与起爆顺序

8.3.1 装药结构

深孔中装药结构对炸药在炮孔中的分布、深孔爆破作用以及爆炸气体作用延续时间都有影响。因此根据实际条件，采用合理的装药结构，对于提高爆破质量有重要的意义。在深孔爆破中得到应用的装药结构主要有连续装药结构、空气间隔装药结构、混合装药结构、底部空气垫层装药结构等。

（1）连续装药结构。连续装药结构如图 8-3（a）所示，这是深孔爆破最常用的一种装药结构。它操作简便，便于机械化装药，但沿台阶高度炸药分布不均匀，特别是在台阶高度大、台阶坡面角小时，这一缺点更为严重，可造成爆破块度不均匀、大块率高、爆堆宽度增大和出现“根底”等现象。

（2）空气间隔装药结构。空气间隔装药结构是一种非连续装药结构，如图 8-3（b）所示。整个药柱分成 2~3 段，各段之间用空气层隔开。这样，一方面可使炸药分布较为均匀，尤其是台阶上部岩石能够受到炸药爆破的直接作用；另一方面，空气层的存在有助于调节爆炸气体压力，延长其作用时间，从而增强爆破破碎效果。在孔网参数和炸药单耗相同条件下，与连续装药结构比较，空气间隔装药结构的爆破块度较均匀、大块率降低、爆堆形状得到改善。在台阶高度不超过 20m 时，孔底部分装药量约占深孔总装药量的 50%~70%。这种装药结构施工比较麻烦，且不便于机械化装药，在大型露天矿的应用受到限制。

（3）混合装药结构。如果底盘抵抗线大或岩层坚硬，可于深孔底部或坚硬岩层部位装高威力高密度炸药。而在深孔其他部分装密度和威力较低的炸药，构成混合装药结构，如图 8-3（c）所示。这样便可达到沿台阶高度合理分布炸药能量的效果。既有利于改善爆破块度，又可降低爆破成本。这种装药结构同样操作麻烦，妨碍机械化装药。

(4) 孔底间隔装药结构。在深孔孔底留出一段长度不装药，以空气作为间隔介质；此外还有水间隔和柔性材料间隔。在孔底实行空气间隔装药也称为孔底气垫装药，如图 8-3 (d) 所示。

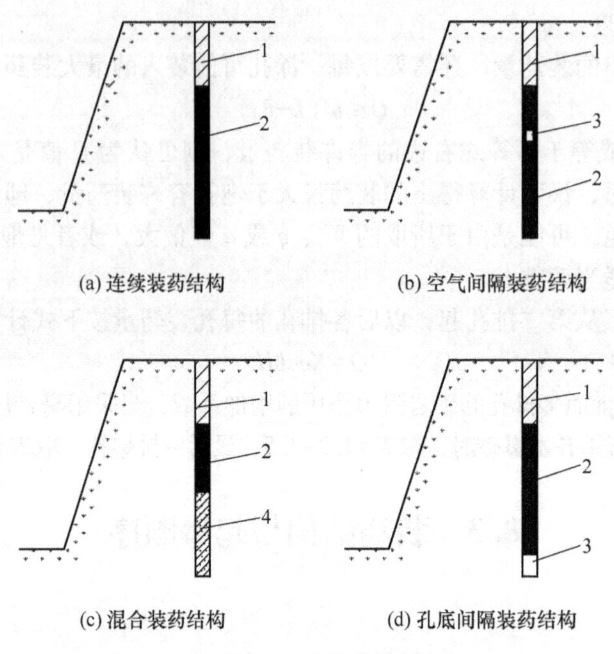

图 8-3 深孔装药结构
1—堵塞材料；2—炸药；3—空气间隔；4—高威力炸药

空气间隔装药中，空气的作用是：

(1) 降低爆炸冲击波的峰值压力，减少炮孔周围岩石的过度粉碎。

(2) 岩石受到爆炸冲击波作用后，还受到爆炸气体形成的压力波和来自炮孔孔底的反射波作用。当这种二次应力波的压力超过岩石的极限破裂强度（裂隙进一步扩展所需的压力）时，岩石的微裂隙将得到进一步扩展。

(3) 延长应力的作用时间。冲击波作用于堵塞物或孔底后又返回到空气间隔中，冲击波的多次作用，使应力场得到增强的同时，也延长了应力波在岩石中的作用时间（作用时间增加 2~5 倍）。若空气间隔置于药柱中间，炸药在空气间隔两端产生的应力波峰值相互作用可产生一个加强的应力场。

正是由于空气间隔的上述三种作用，使得岩石破碎块度更加均匀。

如果是水间隔，由于水是不可压缩介质，具有各向压缩换向并均匀传递爆炸压力的特征，在爆炸作用初始阶段炮孔孔壁与充水孔壁均受到冲击载荷作用，峰值压力下降较缓；到爆炸作用后阶段，伴随爆炸气体膨胀做功，水中积蓄的能量释放，可加强岩石的破碎作用。

如果是孔底柔性材料间隔（柔性垫层可用锯末等低密度、高孔隙率的材料做成，其孔隙率可达到 50%以上），孔内炸药爆炸后产生的冲击波和爆炸气体作用于孔壁产生径向裂隙和环状裂隙，同时柔性垫层的可压缩性及对冲击波的阻滞作用可大大减少对炮孔底部的冲击压力，减少对孔底岩石的破坏。

8.3.2 深孔起爆顺序

随着爆破技术的发展，深孔爆破规模不断扩大，同时爆破的深孔孔数及排数增加，在这种情况下，大都采用多排毫秒爆破，这样使得多排深孔爆破孔间和排间的深孔起爆顺序更多样化。起爆顺序变化的主要目的在于改变炮孔爆破方向、缩小爆破时实际的最小抵抗线、增大实际的 a/W 值、创造新自由面、增加爆破后岩块之间的碰撞机率、实现再破碎，以改善爆破块度和爆堆形状、降低爆破地震效应、提高爆破效率、降低炸药消耗。露天矿深孔爆破时常用的起爆网路，归纳起来主要有如下几种。

8.3.2.1 排间顺序起爆网路

排间顺序起爆网路可分为两种，一种如图 8-4 所示，各排炮孔依次从自由面开始向后排起爆，也叫逐排起爆。这种起爆顺序设计和施工比较简便。起爆网路易于检查，但各排岩石之间碰撞作用比较差，而且容易造成爆堆宽度过大；另一种起爆顺序如图 8-5 所示，先从中间一排深孔起爆，形成一楔形槽沟，创造新自由面，然后槽沟两侧深孔按排依次爆破。这种起爆顺序有利于岩块的互相碰撞，增加再破碎作用，且爆破后爆堆比较集中。但是，这时爆堆中部的高度容易过度增大，不利于装载机械的安全作业。最先起爆的一排深孔，需加大装药量，以形成充分自由面，使炸药消耗量增加。

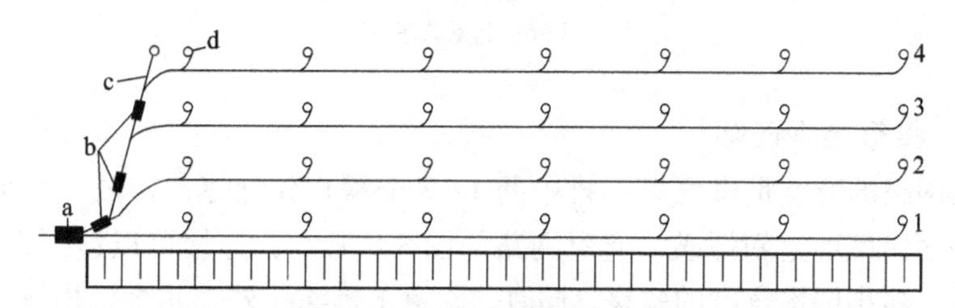

图 8-4 排间全区顺序起爆网路

a—雷管；b—继爆管；c—导火索；d—炮孔；1~4—起爆顺序

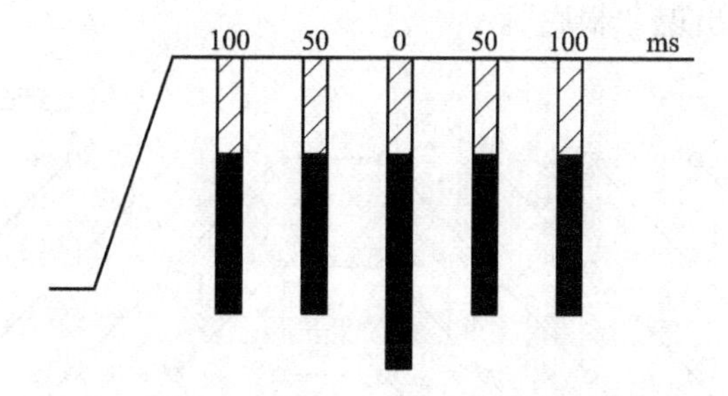

图 8-5 排间分区顺序起爆网路

8.3.2.2 波浪式起爆网路

波浪式起爆即相邻两排炮孔的奇偶数孔相连，同段起爆，其爆破顺序犹如波浪，如图 8-6 所示，其中多孔对角相连，称为大波浪式，如图 8-7 所示。该方式可以减少毫秒延期段数，并且推力较排间奇偶式起爆大，破碎效果较好。

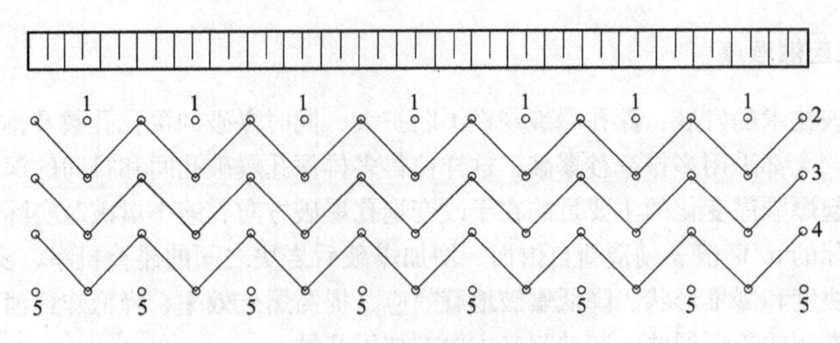

图 8-6　小波浪式起爆网路

1~5—起爆顺序

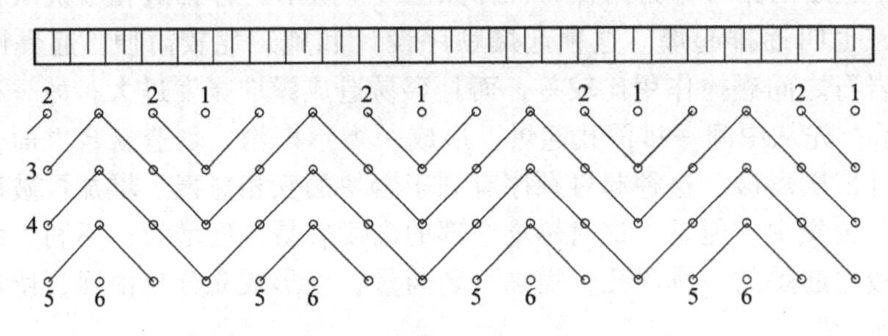

图 8-7　大波浪式起爆网路

1~6—起爆顺序

8.3.2.3　楔形起爆网路

楔形起爆网路的特点是爆区第一排中间 1~2 个深孔先起爆，形成一楔形空间，然后两侧深孔按顺序向楔形空间爆破，起爆网路如图 8-8 所示，这样可以达到岩块相互碰撞、改善破碎块度、缩小爆堆宽度的效果。同时，除第 1 排深孔外，其余各排深孔爆破的方向将改变，从而使实际的最小抵抗线 W_s 比设计的最小抵抗线 W_p 小，如图 8-8 所示。而实际的孔间距 a_s 比设计的孔间距 a_p 大，这是因为增大了炮孔密集系数 m 值，所以第一排炮孔爆破效果会较差，容易出现“根底”。

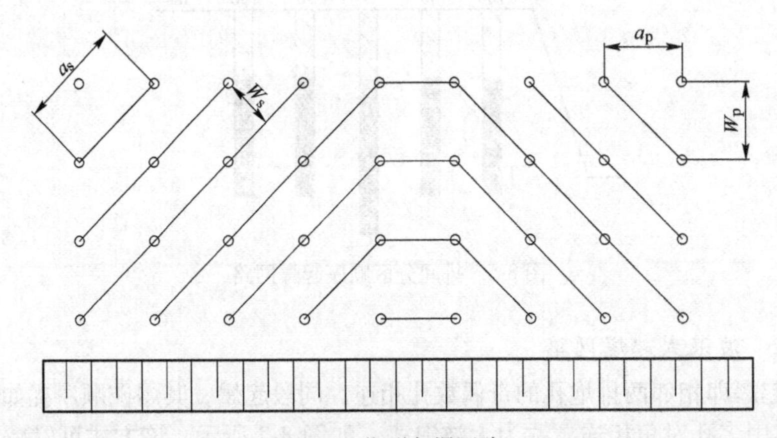

图 8-8　楔形起爆网路

W_p—设计的最小抵抗线；W_s—实际的最小抵抗线；a_p—设计的孔间距；a_s—实际的孔间距

8.3.2.4 对角线顺序起爆网路

对角线顺序起爆也称斜线起爆，从爆区侧翼开始，同时起爆的各排炮孔均与台阶坡顶线相斜交，毫秒爆破为后爆破孔相继创造了新的自由面，如图 8-9 所示。其主要优点是在同一排炮孔实现了孔间延期，最后的一排炮孔也是逐孔起爆，因而减少了后冲，有利于下一爆区的穿爆工作。

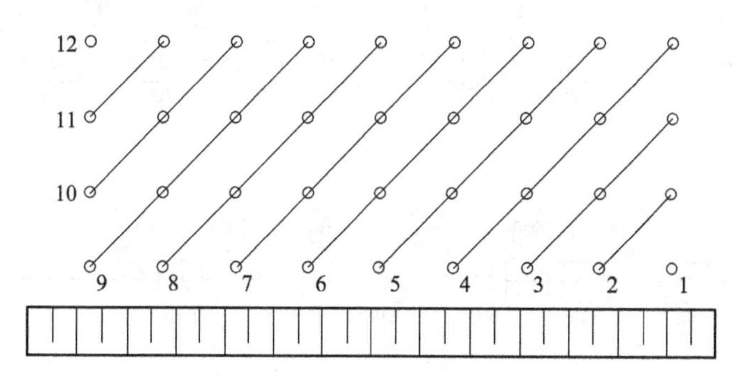

图 8-9 对角线起爆网路
1~12—起爆顺序

8.3.2.5 逐孔起爆网路

逐孔爆破是指所有炮孔均按一定的等间隔延期顺序接力起爆。逐孔起爆网路是露天矿山台阶炮孔开挖爆破技术的发展方向。推广应用实践表明，逐孔起爆网路具有爆破效果好、震动小和综合效益显著的特点，为爆破参数优化提供了科学的基础。逐孔起爆网路应用的关键是孔间和排间延时的精确性，由于雷管延期精度在 1%~2%，因此主控排孔间延时最佳范围为 2~5ms/m，传爆列排间延时范围为 10~20ms/m，这样能获得良好的爆破效果。

由于逐孔起爆网路具有充分发挥炸药能量的作用，所以逐孔起爆网路可以扩大孔网参数，减少穿孔工作量。逐孔起爆网路能够针对不同的岩石选取不同的段间延时，以控制和减少爆破产生的震动影响。

在逐孔网路的爆区中，主控制排方向的孔间延时主要影响爆区的破碎块度，传爆列方向的排间延时主要影响爆区的岩石位移。因此，当既要求破碎效果好又要求爆破震动小时，可以在保证主控制排方向最佳孔间延时不变的情况下调整传爆列方向的延时。

图 8-10 为常见的一种逐孔起爆网路。

8.3.2.6 周边深孔预裂起爆网路

周边深孔预裂起爆网路的特点是，首先起爆爆区周边的深孔，类似于预裂爆破，图 8-11所示为这种起爆的顺序。例如起爆后，周边深孔立即爆破，然后依次以 25ms、75ms、100ms、125ms 时间间隔先后起爆其他深孔。这样的起爆顺序，除了具有楔形起爆顺序的优点外，还有利于降低爆破震动对岩体和边坡的有害影响。但是深孔数增加，起爆网路比较复杂。因此，只是在一次爆破深孔数多、爆破装药量大的情况下，才考虑采用这种起爆顺序。

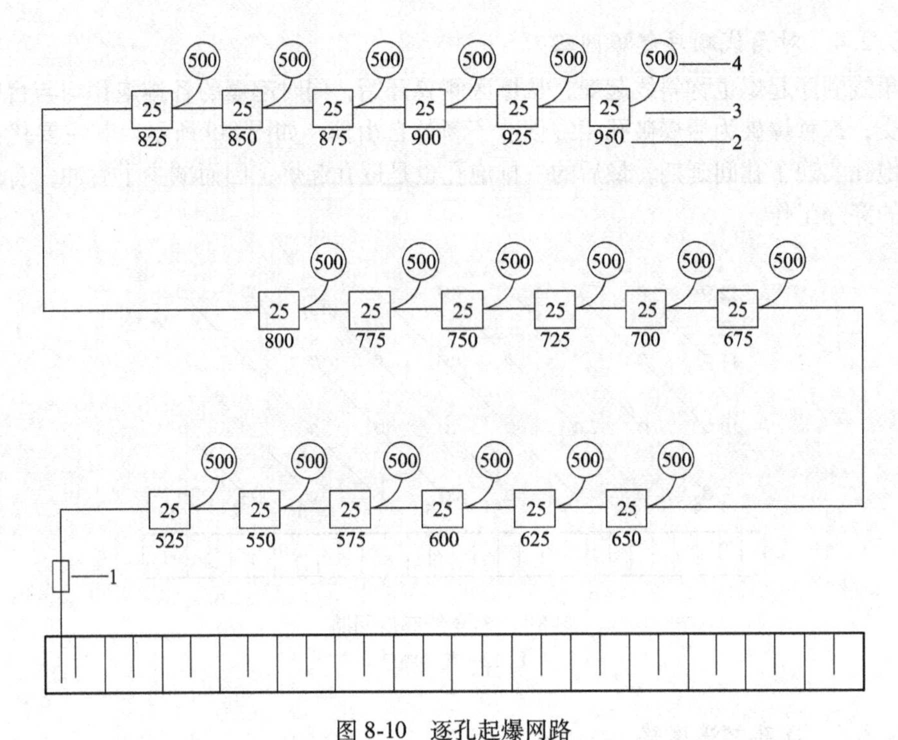

图 8-10 逐孔起爆网路

1—起爆点；2—炮孔雷管爆破时间；3—孔外雷管延期时间；4—孔内雷管延期时间

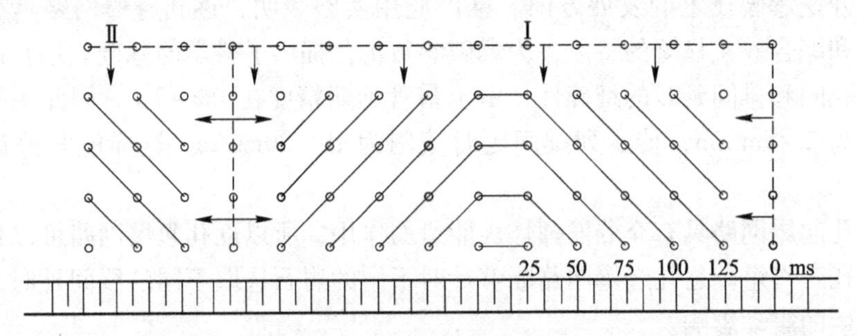

图 8-11 周边深孔预裂起爆

Ⅰ，Ⅱ—爆区

8.4 露天深孔爆破施工工艺

露天深孔爆破施工工艺包括布孔、凿岩、炮孔检查等钻孔作业和装药、炮孔堵塞、敷设网路与起爆等爆破作业技术。整个工艺过程的施工质量将会直接影响爆破安全与效果，因此，每一道工序都必须遵守爆破安全规程与操作技术规程的有关规定。

8.4.1 钻孔作业

8.4.1.1 布孔

在接到凿岩作业通知书以后，按照作业通知书上规定的参数实施布孔，布孔由有经验的老工人实施，也可以由技术人员来实施。布孔的原则是：

（1）先从安全角度来考虑孔边距的大小，孔位要避免布在岩石震松圈内及节理发育或岩性变化大的地方。出现这种情况时，可以调整孔位，调整时要注意抵抗线、排距和孔距之间的关系。一般说来，应保证调整前后的孔网面积不超过10%，过大或过小都是不恰当的。

（2）地形复杂时，布孔要注意炮孔的全部高度上的抵抗线变化，既要防止过大的底盘抵抗线造成根底和大块，又要防止因抵抗线过小而出现飞石事故。

（3）钻孔时要注意场地标高的变化，对于有标高变化的炮孔要用调整孔深的办法，保证下部平台的标高基本相同。

8.4.1.2　凿岩作业

凿岩作业应严格遵守设备使用维护规程，按标准化作业程序进行操作。在进行凿岩作业时，应把质量放在首位，炮孔的孔深、角度、方向都应满足设计要求。

8.4.1.3　炮孔检查

炮孔检查是指检查孔深、角度、方向和孔距。应实行三级检查负责制，即打完孔后个人检查、班长抽查及专职检查人员验收，检查的方法最简单的是用软绳（或测绳）系上重锤（球）来测量炮孔深度，测量时要做好记录。

根据实践，炮孔深度不能满足设计要求的原因有：炮孔壁片帮垮落片石堵孔；排出的岩砟因某种原因回填孔底；孔口封盖不严造成下雨时雨水冲垮孔口或孔内片石下落堵塞炮孔；凿岩时，因故岩砟未被吹出，残存岩砟在孔底沉积造成孔深不够。

为防止堵孔，应该做到：钻完孔后，将岩砟吹干净，防止回填，若不能吹净，应摸清规律适当加大钻孔深度；凿岩时将孔口岩石清理干净，防止掉落孔内；防止雨天的雨水流到孔内，可采用围住孔口做围堤的办法；在有条件的地方打完孔后，尽快爆破也是防止堵孔的一个重要方法。

对于没有防水炸药的情况，可以将孔内积水排除，排水方法有提水法、爆破法、高压风吹出法等，使用这些方法孔内积水仍无法排干时，应该采用防水炸药进行爆破。

8.4.2 爆破作业工艺

台阶深孔爆破是一项涉及面较广、影响范围较大、工作环节较多的作业，它包括爆区的准备工作、炸药的搬运、装药堵塞、网路的连接、爆破警戒、起爆、爆后检查等。

8.4.2.1　爆区的准备工作

爆区的准备工作是多方面的，从劳动组织、安全工作到技术准备都需要认真进行。其中包括：

（1）了解爆区岩石性质、结构构造、地形条件。

（2）施工机具及道路的准备。

（3）爆区劳动力的合理调配及使用。

（4）装药结构及起爆药包加工方法的要求。

（5）爆破网路的连接及点火起爆方式。

（6）炮孔装药的有关技术资料（如每米装药量、堵塞长度、装药长度等）。

(7) 按号填写出每孔装药品种数量、雷管段别、孔深。

(8) 听取施工负责人关于爆区安全情况及技术要求的介绍。

8.4.2.2 炸药的搬运

炸药的搬运应遵照爆破安全规程的有关规定，还要注意以下几点：

(1) 搬运时要做到专人指挥，专人清点不同品种的炸药，做到按品种、数量运到炮孔周围。

(2) 搬运炸药要做到轻拿轻放。

(3) 要有专人指挥车辆的移动，车辆移动前要鸣号示警，然后才能移动。

(4) 人工搬运时，道路要平整，防止跌倒或扭伤。

8.4.2.3 装药

装药方法有人工装药法与机械化装药法。人工装药法劳动强度大，装药效率低，装药质量也差，特别是水孔装药会产生药柱不连续，影响炸药的稳定爆轰。因此，人工装药将逐步为机械化装药所代替。

无论是人工装药，还是机械化装药，都必须严格控制每孔的装药量，并在装药过程中检查装药高度。装药时，严禁向孔内投掷炸药和起爆器材。在装药过程中，如发现堵塞，应停止装药并及时处理。在未装入雷管或起爆药柱等敏感的爆破器材前，可用木制长杆处理，严禁用钻具处理装药堵塞的钻孔。

装药一般采用单一连续的装药结构。当底盘夹制作用较大时，宜采用组合装药结构。当炮孔穿过强度悬殊的软、硬岩层或大破碎带、贯通大气的宽裂缝时，则宜采用间隔装药，将药包装在较坚硬的部位，而软弱部位则应进行堵塞，有时为了改善台阶上部的破碎质量，可采用提高装药高度的办法，将装药结构分成两段，上部的装药量仅为炮孔总装药量的1/3~1/4，中间用堵塞料分开，此时孔口堵塞长度不得小于最小抵抗线长度。

8.4.2.4 堵塞

深孔爆破装药后都应进行堵塞，不应使用无堵塞爆破。堵塞对于深孔爆破时炸药爆炸能量的利用有很大的影响，足够的堵塞长度和良好的堵塞质量有利于改善爆破效果，所以深孔爆破的堵塞长度应达到设计要求。堵塞材料可采用钻孔岩屑、砂或者细石屑混合物，不应使用石块和易燃材料堵塞炮孔。另外，在堵塞过程中，应保护好起爆网路和起爆药包。

8.4.2.5 起爆网路的连接

深孔台阶爆破可采用电力起爆网路、导爆管起爆网路和导爆索起爆网路，连接方法和施工要求按相关规范进行。连线时应注意如下安全问题：

(1) 导线或导爆管要留有一定富余长度，防止拉断网路。

(2) 网路的连接应在无关人员撤离爆区以后进行，连好后，禁止非爆破员进入爆破区段。

(3) 网路连接后要有专人警戒，以防意外。

8.4.2.6 起爆与爆后检查

爆破警戒和信号以及爆后检查除应遵守爆破安全规程有关规定外，实施警戒工作还要注意：

（1）按指定的时间到达警戒地点，进行警戒。

（2）按指定警戒范围，严格禁止人员、设备、车辆进入警戒范围内。

（3）警戒人员应保证自身的避炮位置安全、可靠。

（4）爆破后经检查确认安全，经爆破负责人许可后方可撤除警戒。

爆后必须对爆破现场进行检查，检查的内容包括是否全部炮孔起爆、爆后对周围设备及建筑物的影响情况、爆堆的形状及安全状况。检查出有盲炮时，应该分析出现拒爆的原因并及时处理。

8.5 深孔爆破新技术

8.5.1 大区多排孔毫秒爆破技术

毫秒爆破是指相邻炮孔或排间孔以及深孔内以毫秒级的时间间隔顺序起爆的一种爆破技术，大区和多排孔表示毫秒爆破的规模。在矿山多用爆破区域范围（爆破量）来衡量爆破规模的大小，在铁路、公路土石方工程中利用爆破排数来衡量爆破规模的大小。

大区多排孔毫秒爆破的特点：

（1）爆破规模大，爆破技术复杂、难度大。

（2）参加爆破施工的人数较多、工期较长，对施工组织和管理要求更高。

（3）由于爆破规模大，爆破有害效应（爆破振动、空气冲击波、噪声、飞石等）相对更严重些，要求采取更加严密的防护措施。

8.5.2 宽孔距、小抵抗线毫秒爆破技术

宽孔距、小抵抗线爆破是在保持炮孔负担面积不变的前提下，加大孔距，减小抵抗线，即增大密集系数的一种爆破技术。该项技术早期由瑞典 Langfors 提出，20 世纪 80 年代开始在我国进行研究和推广，至今已取得明显的效果。国内外研究表明，该项爆破技术无论是在改善爆破质量，还是在降低单耗、增大延米爆破量方面都表现出巨大的潜力。

8.5.2.1 宽孔距、小抵抗线爆破机理

（1）增大爆破漏斗角，形成弧形自由面，为岩石受拉伸破坏创造有利条件。在炮孔负担面积不变的情况下，减小最小抵抗线，则爆破漏斗角随之增大。由于每个爆破漏斗角增大，就为后排孔爆破创造了一个弧形且含有微裂隙的自由面。试验表明，弧形自由面比平面自由面的反射拉伸应力作用范围大，有利于促进爆破漏斗边缘径向裂隙的扩展，破碎效果好。

（2）防止爆炸气体过早泄气，提高炸药能量利用率。由于孔距增大，爆炸气体不会因相邻炮孔之间的裂隙过早贯通而逸散，因此提高了炸药能量利用率。

（3）炮孔间应力叠加作用减弱。使单孔的径向裂隙、环状裂隙得到充分发育，充分利用相邻炮孔连心线上的应力加强作用，把连心线中间两边产生的应力降低区推出界外，有利于改善岩石的破碎质量。

（4）增强辅助破碎作用。由于抵抗线减小及弧形自由面的存在，既可使拉伸碎片获得较大的抛掷速度，又可延缓爆炸气体过早逸散的时间，使其有较大能量推移破碎的岩体，有利于岩块的相互碰撞，增强了辅助破碎作用。

8.5.2.2 密集系数 k_m 值的选取

关于密集系数 k_m 值的选取，目前尚无统一的计算公式，可根据类似工程的成功案例或本工程的试验值选取。一般认为 $k_m=2\sim6$ 都可取得良好的爆破效果，个别情况下 $k_m=6\sim8$ 也是可行的。但是，在工程实施中有两点需要特别注意：

（1）保证穿孔质量（孔位、孔深）。

（2）定好第一排炮孔的 k_m 值至关重要，通常先定好第一排炮孔的参数，确保不留根底，然后再依次布置 k_m 值增大的第二排、第三排炮孔。

8.5.3 预装药技术

在多排孔大区微差爆破时，为了解决装药时间集中、空间紧张、任务重和需要大批劳动力的问题，可以采用预装药技术。所谓预装药，就是在大量深孔爆破时，在全部炮孔钻完之前，预先在验收合格的炮孔中装药，或炸药在孔内放置时间超过 24h 的装药作业。这样就可以把集中装药变为分散装药，减轻工人的劳动强度，而且也可解决炸药厂（或混装车）的均衡生产问题，同时也解决了透孔工作量，降低废孔率和穿爆成本。采用预装药作业时，应遵守以下规定：

（1）应制定安全作业细则并经爆破工作负责人审批。

（2）预装药爆区应设专人看管，并插红旗作为警示标志，无关人员和车辆不得进入预装药区。

（3）预装药时间不宜超过 7d。

（4）雷雨季节露天爆破不宜进行预装药作业。

（5）高温、高硫区不应进行预装药作业。

（6）预装药使用的雷管、导爆管、导爆索、起爆药柱等起爆器材应具有防水防腐性能。

（7）正在钻孔的炮孔和预装药孔之间应有 10m 以上的安全隔离区。

（8）预装药炮孔应在当班进行堵塞，填塞后应主要观察炮孔内装药长度的变化，由炮孔引出的导爆管端口应可靠密封，预装药期间不应连接起爆网路。

习 题

8-1 什么是露天深孔爆破，深孔爆破有什么特点？

8-2 深孔爆破钻孔形式主要分为几种，各适用于什么条件？

8-3 如何确定台阶高度与坡面角？

8-4 炮孔超挖的目的是什么，怎么确定超挖的长度？

8-5 炮孔孔径与炸药单耗、抵抗线有什么关系？

8-6 孔底间隔装药结构中的空气有什么作用？

8-7 露天深孔爆破常用的起爆网路主要有哪几种，它们各有什么优缺点？

8-8 周边深孔预裂起爆与楔形起爆相比，有什么不同？

8-9 露天深孔爆破的施工工艺主要有哪些？

8-10 大区多排孔毫秒爆破与其他爆破方式有什么不同，它是如何实现的？

9 控制爆破

控制爆破简称控爆，是根据工程条件和工程要求，通过精心设计、施工和有效的防护措施，对爆炸能量释放过程和介质的破碎过程进行严格控制的工程爆破方法的总称。

控爆的目的在于对爆破效果和爆破危害进行双重控制，既要使预期的爆破效果能够实现，又要将爆破范围、破坏程度以及爆破地震波、空气冲击波、噪声和飞石等危害控制在规定限度以内。控制爆破的基本要求是：

（1）控制破碎程度。例如要求碎而不抛，碎而不散，甚至只预裂而不飞散等。

（2）控制爆破范围。例如要求准确定位，或爆下留上、爆左留右等。

（3）控制爆破危害作用。通过对爆破参数和防护措施的正确选择，对四大爆害（震、波、声、抛）进行控制。

（4）控制爆破的塌、抛方向，如定向抛掷、定向倒塌等。

常见的控制爆破类型有以下几种：

（1）三定控爆，即定向、定距和定量爆破。

（2）四减控爆，即减震、减冲、减飞、减声，或有时只减其中某项。

（3）成型控爆，如机件加工、石材开采等要求成型的爆破。

（4）光稳控爆，指要求爆后岩面光滑和保证未爆部分稳定的控爆。这类控爆在工程中应用很广，如隧道或巷道掘进时的光面爆破、露天台阶爆破中的预裂爆破和缓冲爆破等。

（5）联合控爆，指上述四类的综合应用。

（6）特殊控爆，指满足某项特殊要求的控爆，如抛松控爆、高温控爆、水下岩塞控爆、医疗控爆、急救控爆、疏通控爆等。

实现控制爆破的方法较多，但其基本原理不外乎以下几点：

（1）等能原理。优选参数后使每孔产生的爆能与破碎岩石所需的最低能量相等，从而使转化为爆害的能量最少。

（2）微分原理。使总药量分散化和微量化，减少爆害，也就是所谓的“多打孔、少装药、多段起爆”，在时间上多段多次微差，在地点上多点微量装药。

（3）失稳原理。只爆去一部分，使自身失稳后利用自重继续破坏被爆物。

（4）缓冲原理。改变装药结构，使爆轰峰值压力得到缓冲，例如不耦合装药就具有缓冲作用。

（5）防护原理。对已采取的四减措施进行附加防护处理，如包缠被爆物或设置隔离物。

（6）定向原理。通过精心选择最小抵抗线，使爆破向预定方向进行。

9.1 微差爆破

微差爆破，又称毫秒爆破或毫秒延期爆破，就是指顺序起爆的炮孔或炮孔组之间在时间上相差若干毫秒的爆破方法，比起以秒为单位的秒差爆破，其延期时间要短得多，但又与同时起爆不同。多年来，微差爆破技术得到广泛应用。它在控制地震效应、扩大爆破规模、控制爆破块度和提高爆破效果，以及充分利用爆能、降低药耗等方面均起着重要作用，所以微差爆破是控制爆破的基础。

微差爆破有以下主要优点：

（1）增强破碎作用，降低炸药单耗，降低大块率，提高爆破效果。

（2）减小抛掷作用，爆堆集中，既能提高装岩效率，又能防止崩坏支架或损坏其他设备。

（3）地震效应小，对周围建筑物、构筑物和围岩破坏作用小。

（4）在有瓦斯和煤尘的工作面采用微差爆破，可实现全断面一次爆破，缩短爆破和通风时间，提高掘进速度。但在放炮前，瓦斯浓度不得超过1%，总延期时间不得超过130ms。

9.1.1 微差爆破原理

实践证明，微差爆破具有爆破岩石块度小而均匀、炮孔利用率高、岩壁震动小、巷道规格好等特点。微差爆破虽然在国内外应用了多年，但由于矿岩性质复杂，爆破作用极短，因而至今尚未总结出一个能够准确指导生产实践的微差爆破理论。

综合目前国内外的研究资料，微差爆破的基本原理有以下几点。

9.1.1.1 *应力波叠加*

第一组炮孔起爆形成爆破漏斗后的很短时间，第二组微差延期的炮孔装药紧跟着起爆，新形成的爆破漏斗侧边以及漏斗体外的细微裂缝和已形成的应力场，对后起爆的炮孔来说将是有利的破碎条件，相当于新增加自由面并处于应力状态下；同时，后起爆的炮孔最小抵抗线方向和爆破作用方向都有所改变，加强了入射压缩波和反射拉伸波在自由面方向上的岩石破碎作用。随着自由面的增加和岩石夹制作用的减小，爆破能量可较为充分地加以利用，从而有利于降低大块率，提高爆破效果；同时，先起爆炮孔形成的应力场在岩体内尚未消失前，后爆炮孔即起爆，两组炮孔的应力场相叠加，可增强应力波作用，也有利于提高爆破率。

9.1.1.2 *自由面增多*

微差爆破时，先起爆的炮孔相当于单孔漏斗爆破，在压缩波、反射拉伸波和爆生气体的作用下，在岩石中形成破裂漏斗，即先起爆的炮孔在岩体内产生了有一定宽度的径向裂隙和附加自由面，对后起爆炮孔将是一个有利的破碎条件，相当于新增加了自由面；同时，后起爆炮孔的最小抵抗线方向和爆破作用方向都发生了变化，朝向了新形成的附加自由面。由于附加自由面的出现，岩石的夹制作用减小，爆炸能量能较充分地加以利用，破碎岩石，有利于降低大块率、减小抛掷距离和爆堆宽度。

9.1.1.3 *岩块碰撞*

先起爆的岩块在未落下之前，与后起爆的岩块相互碰撞，利用动能使其再次发生破碎，导致运动速度降低。这样就充分地利用了能量，使抛掷距离减小、爆堆集中，提高了爆破质量。

9.1.1.4　地震波干扰

由于相邻两组炮孔的起爆顺序相同，相邻炮孔以毫秒时间间隔起爆，故爆破产生的地震波能量在时间和空间上都分散。地震效应之所以能减弱，主要是因为错开了主震相的相位，这样，即使初震相或余震相可能叠加，也不会超过原来主震相的最大振幅。

根据实验，微差爆破的地震效应比一般爆破降低1/3~2/3。对于不同的岩石和不同的爆破条件，相邻炮孔之间的爆破必须根据具体条件选择合理的微差间隔时间、爆破参数和起爆顺序，以改善爆破效果，提高炸药的能量利用率，并减轻对建筑物、构筑物的破坏。

下面以露天台阶单排炮孔微差间隔起爆为例，特别介绍以上特点。

图9-1中，炮孔按奇偶数分别先后起爆，在先起爆的药包形成爆破漏斗并与原来的岩体发生分离但未有明显位移时，后起爆的炮孔起爆。此时，会出现以下的效应：

（1）先起爆的药包在岩体内造成应力场，在它未消失前，后爆药包起爆，岩体受叠加应力而易于破碎。

（2）先起爆药包为后起爆药包创造了附加自由面，改善了后爆药包的爆破条件，从而改善了爆破效果。

（3）由于先后爆的时差极短，故先后抛移的岩块相互碰撞，造成岩石再次破碎的优越破岩条件。

（4）爆破地震能量在时间上空间上的分散，使主震相相位错开而削减，可减震1/3~2/3。图9-2所示为典型的爆破地震波形，合成波形不会超过原来的峰值振幅（即主震相最大振幅）。

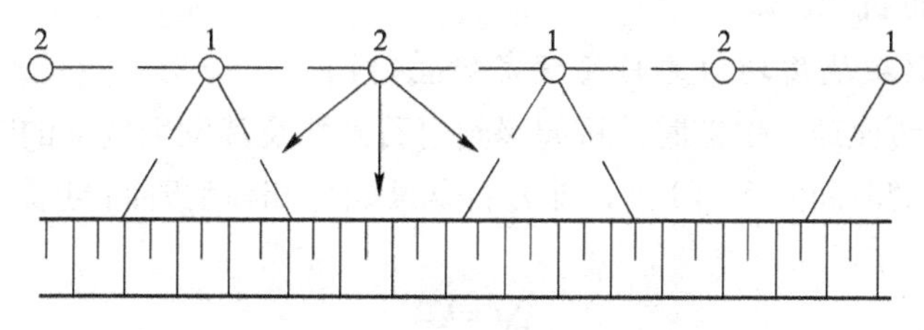

图9-1　露天台阶单排孔起爆

1—第一段起爆；2—第二段起爆

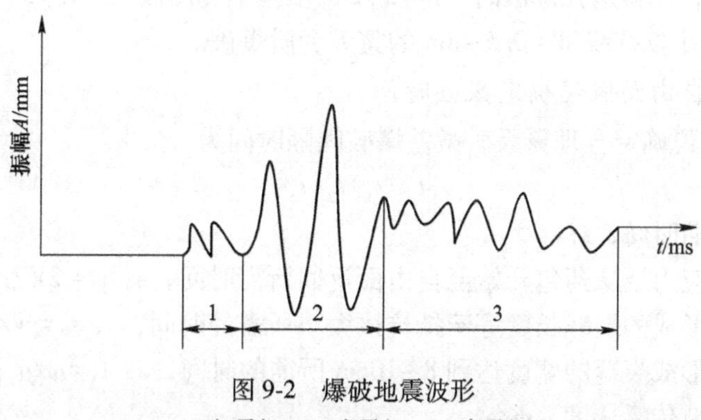

图9-2　爆破地震波形

1—初震相；2—主震相；3—余震相

在实际生产中，微差爆破还有利于减少爆破次数和增大爆破规模（有的爆破矿岩量达150万吨以上），提高运输设备效率，改善爆堆形状等。

9.1.2 合理微差爆破间隔时间的确定

合理微差爆破间隔时间的确定是保证微差爆破效果的关键。在露天爆破中，人们根据微差爆破的作用原理、实验室模型试验及现场测试手段，建立了一系列微差爆破间隔时间的理论计算公式和经验公式。

9.1.2.1 *以应力波叠加确定微差时间*

若相邻两装药间隔一定时间起爆，当先爆破炮孔产生压缩波，使自由面方向的岩石或邻近炮孔间岩石产生拉应力，拉应力波从先爆破炮孔传播至后爆破炮孔时，后爆破炮孔立即起爆，这时可达到良好的爆破效果。因此，微差爆破间隔时间为

$$\Delta t=\frac{a}{c_p}+t_p \tag{9-1}$$

式中 a——炮孔间距，m；

c_p——压应力波传播速度，m/s；

t_p——深孔内爆炸应力波在孔壁上的作用时间，s；经验值为 $t_p=5\times10^{-4}\sqrt{Q}$，其中 Q 为深孔装药量，kg。

Pokrovsky 给出的能增加爆破效果的合理微差时间为

$$\Delta t=\frac{\sqrt{a^2+4W^2}}{c_p} \tag{9-2}$$

式中 W——最小抵抗线，m。

9.1.2.2 *以爆破块度均匀为目的确定微差时间*

根据最小抵抗线原理，爆破时，从起爆到岩石破坏及其发生位移的时间，大约是应力波传播到自由面所需时间的5~10倍，即岩石爆破破坏和移动时间与最小抵抗线的大小成正比，故

$$\Delta t=KW \tag{9-3}$$

式中 W——最小抵抗线，m；

K——系数，单排炮孔爆破时，$K=3\sim5$，多排炮孔爆破时，$K=5\sim8$。

此式适用于最小抵抗线 $W=0.5\sim8$m 的露天台阶爆破。

9.1.2.3 *以自由面假说确定微差时间*

根据自由面假说确定合理露天矿微差爆破间隔时间为

$$t_z=t_1+t_2+t_3 \tag{9-4}$$

式中 t_z——总延期时间，s；

t_1——爆炸应力波从药包开始至自由面返回所需时间，s，$t_1=2W/c_p$；

t_2——要求形成的裂缝长度等于抵抗线大小所需的时间，s，$t_2=W/\mu_{tr}$；

t_3——要求形成裂缝的宽度达到8~10cm所需的时间，s，$t_3=\omega/\mu_r$；

c_p——应力波传播速度，m/s；

μ_{tr}——裂缝扩展速度，m/s；

ω——裂缝宽度，m；

μ_r——岩石移动平均速度，m/s。

上式可写为

$$\Delta t=\frac{2W}{c_{\mathrm{p}}}+\frac{W}{\mu_{\mathrm{tr}}}+\frac{\omega}{\mu_{\mathrm{r}}} \tag{9-5}$$

长沙矿冶研究院在总结微差爆破研究的基础上，对上述公式提出了修正，即

$$\Delta t=(K_1+K_2)\sqrt[3]{Q}+l/v \tag{9-6}$$

式中 K_1——正波历时系数，由试验得 $K_1=1.25\sim1.80$；

K_2——负波历时系数，由试验得 $K_2=q(\varphi-0.18)$，其中 φ 是炸药与岩石波阻抗的比值，q 为炸药单耗，kg/m；

l——爆区岩块与岩体脱开距离，一般 $l=0.01$m；

v——岩块平均移动速度，由试验得 $v=4\sim7$m/s。

9.1.2.4 *适用于我国鞍山本溪地区岩石条件*

$$\Delta t=KW(24-f) \tag{9-7}$$

式中 W——最小抵抗线，m；

K——与岩石裂隙有关的系数，一般取 0.5~0.55。

9.1.2.5 *以可获得岩石最大的碰撞条件为主来确定*

英国科学工作者提出，当最小抵抗线 $W=1.5\sim2.0$m 时，$\Delta t=12$ms；$W=3.0\sim4.5$m 时，$\Delta t=17$ms；$W=4.6\sim6.0$m 时，$\Delta t=25$ms 为最佳值，此时间能使岩块以最大速度碰撞。

研究表明，药包爆炸后 10ms 岩石地表开始有明显的移动，接着在加速过程中形成鼓包，到 20ms 时鼓包运动接近最大速度，到 100ms 时鼓包严重破裂。因此，在一般微差爆破中选择 15~60ms 时间间隔，可获得良好的爆破效果。

一般矿山采用经验取值法，并受起爆器材限制，多采用 $\Delta t=15\sim75$ms，常为 15~30ms。根据矿山条件不同，Δt 也会存在最优值。选择时，大体上应考虑下列因素：

（1）爆破目的。如松动爆破时，Δt 宜短；抛掷爆破时，Δt 宜长，应为松动爆破的 2~4 倍。

（2）岩石条件。坚硬岩石时 Δt 宜短。

（3）孔网参数。W 大 Δt 宜长，W 小则 Δt 宜短。

（4）起爆方式。孔间微差 Δt 宜短，排间微差则 Δt 宜长。

（5）炮孔的作用。掏槽炮孔 Δt 宜长，崩岩孔则 Δt 宜短。

（6）其他特殊要求。

9.1.3 多排孔微差爆破

目前，实现微差爆破主要以延时电雷管起爆网路或导爆管延时雷管起爆网路起爆，或用导爆索与继爆管的微差起爆网路起爆。

微差爆破的布孔方式和爆破顺序安排，应根据爆破工程的不同要求，采用多种孔网方式。

多排孔微差爆破一般是指多排孔各排之间以毫秒级间隔时间起爆的爆破。与过去普遍使用的单排孔齐发爆破相比，多排孔微差爆破有以下优点：

（1）提高爆破质量，改善爆破效果，如大块率低、爆堆集中、根底减少、后冲减少。

（2）可扩大孔网参数，降低炸药单耗，提高每米炮孔崩矿量。

（3）一次爆破量大，故可减少爆破次数，提高装运工作效率。

（4）可降低地震效应，减少爆破对边坡和附近建筑物等的危害。

下面就设计施工中的四个问题加以分析。

9.1.3.1　微差间隔时间的确定

微差间隔时间 Δt 以毫秒（ms）为单位。Δt 值的大小与爆破方法、矿岩性质、孔网参数、起爆方式及爆破条件等因素有关。确定 Δt 值的大小是微差爆破技术的关键，国内外对此进行了许多试验研究工作。由于观点不同，提出了多种计算公式和方法。

根据我国鞍山本溪矿区的爆破经验，在采用排间微差爆破时，$\Delta t=25\sim75$ms 为宜。若矿岩坚固，采用松动爆破、孔间微差且自由面暴露充分、孔网参数小时，取较小值，反之，取较大值。

9.1.3.2　微差爆破的起爆方式及起爆顺序

爆区多排孔布置时，孔间多呈三角形、方形和矩形。布孔排列虽然比较简单，但利用不同的起爆顺序对这些炮孔进行组合，就可获得多种多样的起爆形式。

（1）排间顺序起爆，如图 9-3 所示。这是最简单、应用最广泛的一种起爆形式，一般呈三角形布孔。在大区爆破时，由于同排（同段）药量过大，容易造成爆破地震危害。

（2）横向起爆，如图 9-4 所示。这种起爆方式没有向外抛掷作用，多用于掘沟爆破和挤压爆破。

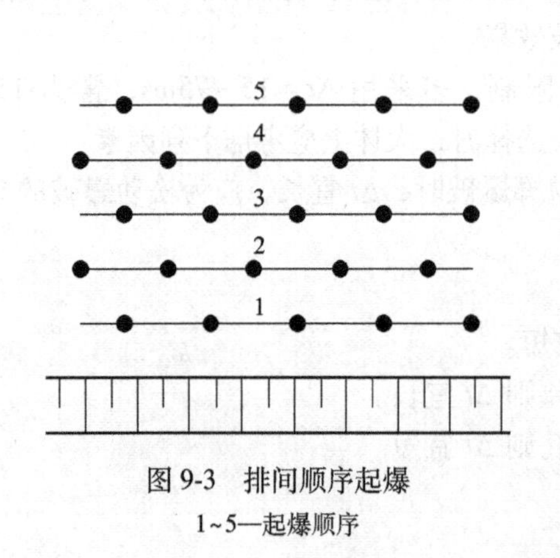

图 9-3　排间顺序起爆
1~5—起爆顺序

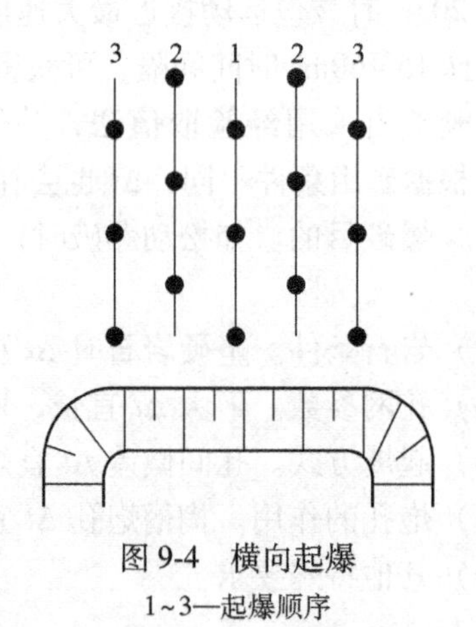

图 9-4　横向起爆
1~3—起爆顺序

（3）斜线起爆，如图 9-5 所示。分段炮孔的连线与台阶坡顶线呈斜交的起爆方式称为斜线起爆。图 9-5（a）所示为对角线起爆，常在台阶有侧向自由面的条件下采用。利用这种起爆形式时，前段爆破能为后段爆破创造较宽的自由面，如图中的连线。图 9-5（b）所示为楔形或 V 形起爆方式，多用于掘沟工作面。图 9-5（c）所示为台阶工作面采用 V 形或梯形起爆方式。

斜线起爆的优点：

1）可正方形、矩形布孔，便于穿孔、装药、填塞机械的作业，还可加大炮孔的密集

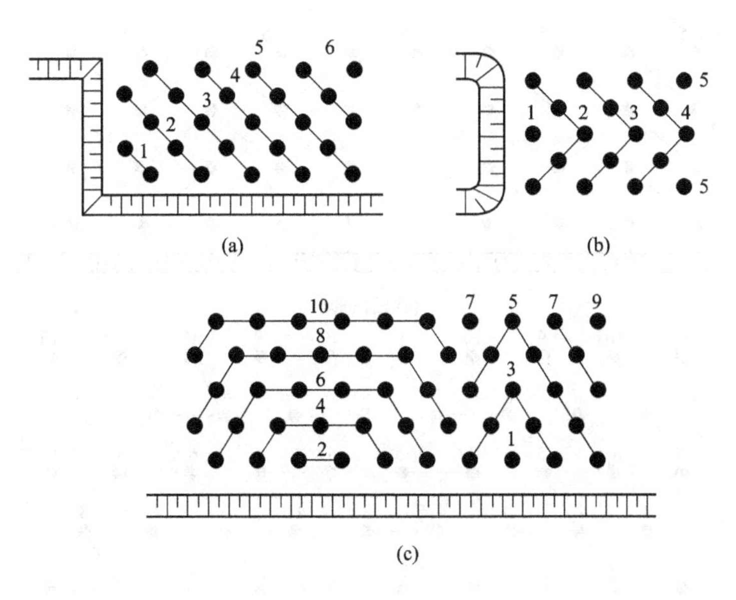

图 9-5　斜线起爆
1～10—起爆顺序

系数。

2）由于分段多，每段药量少且分散，可降低爆破地震的破坏作用，后、侧冲小，可减轻对岩体的直接破坏。

3）由于炮孔的密集系数加大，岩块在爆破过程中相互碰撞和挤压的作用大，有利于改善爆破效果，而且爆堆集中，可减少清道工作量，提高采装效率。

4）起爆网路的变异形式较多，机动灵活，可按各种条件进行变化，能满足各种爆破的要求。

斜线起爆的缺点是：由于分段较多，后排孔爆破时的夹制性较大，崩落线不明显，影响爆破效果；分段网路施工及检查均较繁杂，容易出错；要求微差起爆器材段数较多，起爆材料的消耗量也大。

（4）孔间微差起爆。孔间微差起爆是指同一排孔按奇、偶数分组顺序起爆的方式，如图 9-6 所示。图 9-6（a）所示为波浪形方式，它与排间顺序起爆比较，前段爆破为后段爆破创造了较大的自由面，因而可改善爆破效果。图 9-6（b）所示为阶梯形方式，爆破过程中岩体不仅受到来自多方面的爆破作用，而且作用时间也较长，可大大提高爆破效果。

（5）孔内微差起爆。随着爆破技术的发展，孔内微差爆破技术得到了广泛应用。孔内微差起爆，是指在同一炮孔内进行分段装药，并在各分段装药间实行微差间隔起爆的方法。图 9-7 所示为孔内微差起爆结构示意图。实践证明，孔内微差起爆具有微差爆破和分段装药的双重优点。孔内微差的起爆网路既可以采用非电导爆管网路、导爆索网路，也可以采用电爆网路。就我国当前的技术条件而言，孔内一般分为两段装药。就同一炮孔而言，起爆顺序有上部装药先爆和下部装药先爆两种，即有自上而下孔内微差起爆和自下而上孔内微差起爆两种方式。

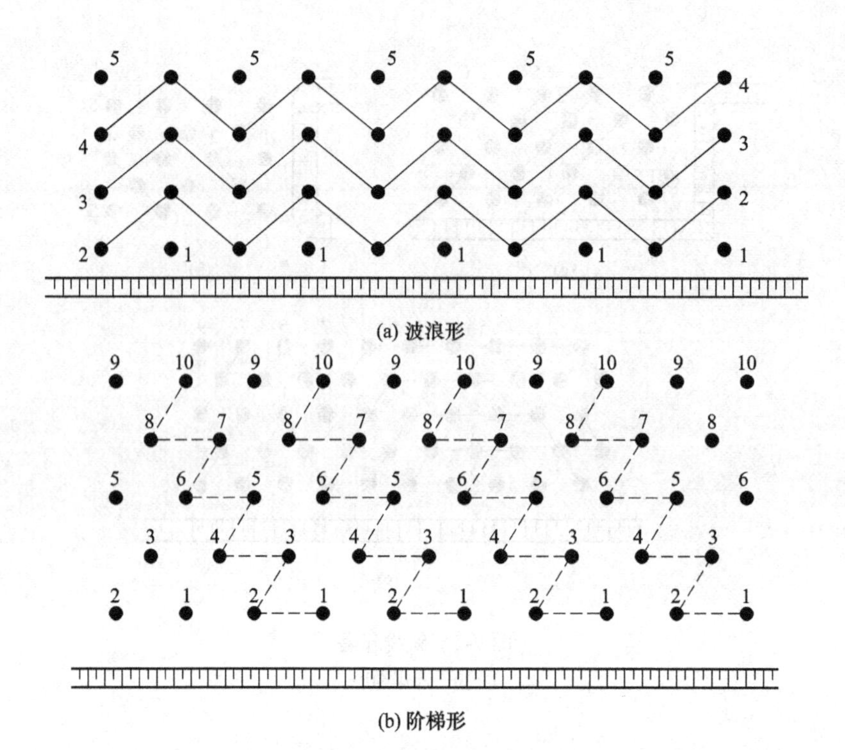

(a) 波浪形

(b) 阶梯形

图 9-6　孔间微差起爆

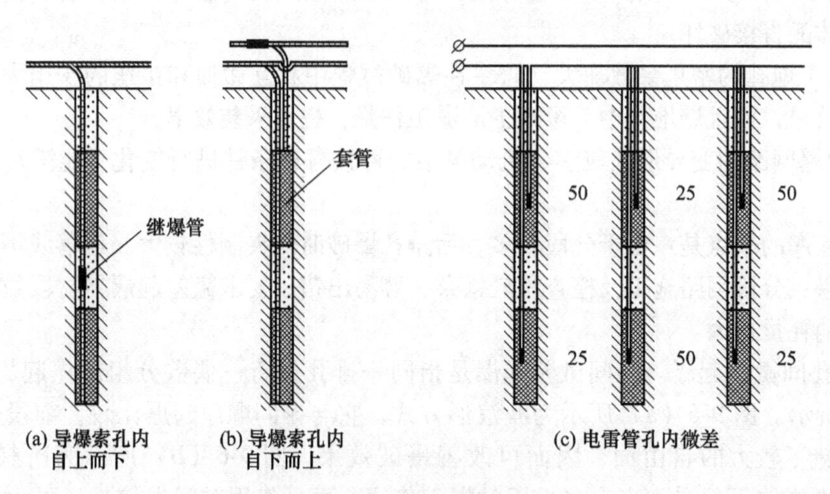

(a) 导爆索孔内自上而下　(b) 导爆索孔内自下而上　(c) 电雷管孔内微差

图 9-7　孔内微差起爆结构

25，50—微差间隔的毫秒数

对于相邻两排炮孔来说，孔内微差的起爆顺序有多种排列方式，它不仅在水平面内，而且在垂直面内也有起爆时间间隔，矿岩将受到多次反复的爆破作用，从而可以大大提高爆破效果。

采用普通导爆索自下而上孔内微差起爆时，上部装药必须用套管将导爆索与炸药隔开。为了施工方便，国外常使用低能导爆索。这种导爆索药量小，仅为 0.4g/m，它只能传播爆轰波，不能引爆炸药。

9.1.3.3 分段间隔装药

如上所述，分段间隔装药常用于孔内微差爆破。为了使炸药不过分地集中于台阶下部，使台阶中部、上部都能在一定程度上受到炸药的直接作用，减少台阶上部大块产出率，台阶爆破也可采用分段间隔装药。

在台阶高度小于15m的条件下，一般以两段装药为宜，中间用空气（间隔）或填塞料隔开。分段过多，装药和起爆网路过于复杂。孔内下部一段装药量约为装药总量的17%~35%，矿岩坚固时取大值。

国内外曾试验并推广在炮孔顶底部采用空气或水为间隔介质的间隔装药方法。用空气为介质时又叫空气垫层或空气柱爆破。采用炮孔顶底部空气间隔装药的目的是：降低爆炸起始压力峰值，以空气为介质，使冲量沿孔壁分布均匀，故炮孔顶底部破碎块度均匀；延长孔内爆轰压力作用时间。由于炮孔顶底部空气柱的存在，爆轰波以冲击波的形式向孔壁、孔顶底部入射，必然引起多次反射，加之紧跟着产生的爆炸气体向空气柱高速膨胀飞射，可延长炮孔顶底部压力作用时间和获得较大的爆破能量，从而加强对炮孔顶底部矿岩的破碎。

炮孔底部以水为介质间隔装药利用的原理是：水具有各向均匀压缩，即均匀传递爆炸压力的特征，在爆炸初始阶段，充水腔壁和装药腔壁同样受到动载作用而且峰压下降缓慢；到了爆炸的后期爆炸气体膨胀做功时，水中积蓄的能量随之释放，故可加强对矿岩的破碎作用。

另外，以空气或水为介质孔底间隔装药，可提高药柱重心，加强对台阶顶部矿岩的破碎。

不难看出，水间隔和空气间隔作用原理虽然不同，但都能提高爆炸能量的利用率。水间隔还具有破碎硬岩之功能。

9.1.3.4 微差爆破的安全性

在有瓦斯的煤巷和采煤工作面，为了防止引起瓦斯爆炸事故，一般采用瞬发爆破。在这种情况下，全断面只能采用分次放炮。由于爆破次数多，辅助时间长，故会影响巷道掘进速度和生产能力。如果采用秒延期爆破，延期时间过长，在爆炸过程中，从岩体内泄出的瓦斯有可能达到爆炸界限，引起瓦斯爆炸，因而秒延期爆破不能用于有瓦斯爆炸危险的工作面。

微差爆破除能克服瞬发爆破的上述缺点外，只要总延期时间（即最后一段雷管的延期时间）不超过安全规程的规定限度，就不会引起瓦斯爆炸事故。

《煤矿安全规程》规定：在有瓦斯与煤尘爆炸危险的煤层中，采掘工作面都必须使用煤矿炸药和瞬发电雷管。若使用毫秒延期电雷管，最后一段的延期时间不得超过130ms。

在有瓦斯与煤尘的工作面采用微差爆破是防止瓦斯引爆的重要安全措施，爆破前必须严格检查工作面内的瓦斯含量，并按安全规程规定进行装药、放炮。

9.1.4 孔内微差爆破

以上所述的是装药（或装药群）之间的微差延期爆破。除此之外，还有孔内微差爆破，即将孔内装药分成两段——上段（靠近孔口的装药段）和下段（孔底部分的装药段)，上下装药段之间用惰性材料隔开，不同时间起爆。在深炮孔内采用这种方法有以下优点：

（1）分段装药能使炸药沿炮孔分布更加均匀。

（2）分段装药能使炸药反应更加完全，释放出更多的能量。

（3）以合理延期间隔时间起爆孔内分段装药，能够增加对岩体的爆炸作用时间。

（4）与连续装药相比，可以提高岩石的破碎度和均匀性。

按上下装药段起爆顺序不同，孔内微差爆破又分为正向（上段装药先起爆）和反向（下段装药先起爆）两种。

在孔内正向微差爆破的情况下，上段装药爆炸时，岩体内产生的应力场使上部岩体破坏，其后在爆炸产物的作用下，岩体开始运动并形成新自由面，在自由面形成瞬间，上段装药在岩体下部产生的应力尚未消失，若在此刻起爆下段装药，则既能利用自由面，又能利用岩体内的残余应力，提高爆破效果。

在孔内反向微差爆破的情况下，下段装药爆炸时，岩体内产生的应力场可使下部岩体产生和增长裂缝，为上段装药爆炸激起应力波的反射和爆炸气体的渗入创造了有利条件，同时也延长了气体逸出自由面的时间。此外，若延期时间合适，上部岩体的破坏还可以利用下段装药产生的剩余应力。由于上述原因，这种方法同样可以提高爆破效果，甚至比正向效果还好。

目前，孔内微差爆破还仅在露天爆破中应用，由于井下炮孔深度普遍较小（一般在2.5m以下）及孔内微差爆破装药较复杂，矿山井巷掘进中很少采用该方法。但随着井下深孔爆破的发展，也可以考虑采用孔内微差爆破。

9.2 挤压爆破

挤压爆破，又叫压碴爆破，是矿山爆破中常用的一种控制爆破技术。众所周知，矿岩破碎后其体积通常会比原生状态时增加50%~60%，故在自由面处应留出足够的补偿空间来容纳爆碎的岩石。地下崩矿时，进行拉底或拉切割槽工程，就是为了提供补偿空间。在这种爆破条件下，常产生碎块的抛掷和空气冲击波，致使炸药爆炸能量的利用率不高。在露天台阶爆破时，为了避免设备损坏，还需要在爆破前后拆、装轨道和运移大型设备，因而费时费力还不经济。

挤压爆破与多排孔微差爆破的综合应用，在地下采场爆破和露天台阶爆破中得到了广泛的应用。传统爆破技术要求在自由面处保留一定空间作为岩石破碎后体积增大的补偿空间，而且爆下的岩碴堆应清理后才能进行下排孔的爆破。挤压爆破则相反，它要求在工作面上留有一定厚度的爆落松散岩石，即在不留足够补偿空间的条件下爆破。由于此时的爆破自由面是原岩体与爆落松散岩体间的界面，所以，又可以将挤压爆破理解为特殊自由面条件下的爆破。

9.2.1 挤压爆破原理

药包爆破时会在岩石中引起应力波的传播。当应力波传播到岩体与破碎岩堆交界面时，一部分入射波能量转化为反射波，而其余部分则转化为透射波。

根据应力波理论有

$$\sigma_r = \frac{\rho_2 c_2 - \rho_1 c_1}{\rho_1 c_1 + \rho_2 c_2} \sigma_i \tag{9-8}$$

$$\sigma_t = \frac{2\rho_2 c_2}{\rho_1 c_1 + \rho_2 c_2} \sigma_i \tag{9-9}$$

反射波能量、透射波能量也存在相应的关系

$$E_r = \left(\frac{\rho_1 c_1 - \rho_2 c_2}{\rho_1 c_1 + \rho_2 c_2}\right)^2 E_i \tag{9-10}$$

$$E_t = \frac{4\rho_1 c_1 \rho_2 c_2}{\rho_1 c_1 + \rho_2 c_2} E_i \tag{9-11}$$

式中　σ_i，σ_r，σ_t——入射波、反射波和透射波的应力，Pa；

E_i，E_r，E_t——入射波、反射波和透射波的能量，J；

$\rho_1 c_1$，$\rho_2 c_2$——岩体、岩堆的波阻抗，MPa/s。

挤压爆破跟一般爆破情况不同，爆破前在自由面前方留有一定厚度的爆堆。由于自由面前松散矿石的波阻抗大于空气的波阻抗，因而反射波能量将减小（减小 20%～30%），而透射波能量增大。由于这部分透射能量被爆堆碎矿石所吸收，不利于矿石的充分破碎。但自由面上的松散介质（矿石）又阻碍了新破碎矿岩向前运动，延长了爆破应力波和爆生气体的作用时间，提高了爆炸能量利用率。在爆生气体膨胀阶段，新分离岩块带有一定的能量，以 50～100m/s 的速度撞击留碴或前排爆破体，进一步破碎矿石，同时把抛掷能量和空气冲击波能量转变为破碎矿石的有用功。在有自由面空间的条件下，岩石向前运动的动能完全用于岩石抛掷。所以，与清碴爆破相比，挤压爆破可延长爆炸气体的作用时间，降低岩石的抛掷距离，改善矿石的爆破效果和爆堆形状（图 9-8）。

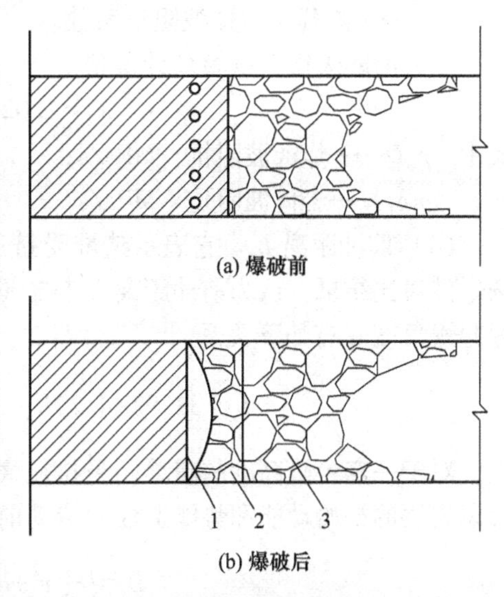

图 9-8　挤压爆破空槽的形成
1—空槽；2—位移区；3—挤压区

9.2.2　挤压爆破参数

在上述机理的基础上，通过实践建立了半理论半经验的挤压爆破参数计算公式。

（1）炸药单耗 q。根据波阻抗原理及波动定律，当爆炸应力波从岩体进入碴堆时，由于岩体波阻抗 $\rho_1 c_1$ 大于碴堆波阻抗 $\rho_2 c_2$，为了不降低反射波能量，需要相应增大入射波能量，故挤压爆破炸药单耗为

$$q = kq_0 \tag{9-12}$$

式中，$k = [(\rho_1 c_1 - \rho_2 c_2)/(\rho_1 c_1 + \rho_2 c_2)]^2$ 称为挤压系数，它表示挤压爆破炸药单耗 q 比普通爆破炸药单耗 q_0 需要增大的倍数。

（2）留碴厚度 B。它取决于底盘抵抗线 W_d 和碴堆碎胀系数 K_p，并要考虑总体与碴堆二者波阻抗关系，留碴厚度为

$$B=(W_dK_p/2)[1+(\rho_2c_2/\rho_1c_1)] \tag{9-13}$$

（3）微差时间 Δt。按照岩体爆破发生前移和回弹两个作用的运动过程，并考虑自由面原理，挤压爆破微差延迟起爆时间应该等于岩体向前运动和向后回弹以及形成裂隙自由面的总时间，即

$$\Delta t=K_1Q^{1/3}+K_2Q^{1/3}+\frac{B}{v} \tag{9-14}$$

式中 Q——炸药量，kg；

K_1——岩体系数，$K_1=1.2\sim2$，当岩体容重小、纵波速度低、节理发育时，取小值；反之，则取大值；

B——形成裂隙宽度，一般取 10mm；

v——岩块平均移动速度，据大冶露天铁矿实测，该值为 4~7m/s；

K_2——炸药与岩体波阻抗系数。

据大冶露天铁矿试验统计得到

$$K_2=1.02(\rho_eD/\rho_1c_1)-1.78 \tag{9-15}$$

式中 ρ_eD——炸药波阻抗，MPa/s；

ρ_1c_1——岩体波阻抗，MPa/s。

（4）前冲距离 L_q。它表示碴堆受挤压爆破作用向前冲出的距离。根据模型爆破和现场爆破对比结果，认为前冲距离 L_q 与碴堆顶部平均厚度 B_1 和碴堆碎胀系数 K_p 以及炮孔布置起爆角度 α 有如下关系

$$L_q=31.92+4.23K_p-3.81B_1-0.15\alpha+\frac{B_1^2}{K_p}+0.0017\alpha^2 \tag{9-16}$$

对于一定台阶高度的碴堆，受挤压爆破作用产生上部表面岩块向下滚动现象。此时，考虑岩块的初始动能和势能造成的滚动前冲距离为

$$L_q=\left(\frac{1}{2}v_0^2+hg-K_fhg\cot\theta\right)/(K_fg) \tag{9-17}$$

式中 v_0——岩块初速度，m/s；

K_f——岩石滚动摩擦系数；

θ——岩石自然安息角，(°)；

h——岩石滚动前高度，m；

g——重力加速度，取值为 9.8m/s²。

（5）一次爆破的排数。一次爆破的排数一般以不少于 3~4 排，不大于 7 排为宜。排数过多，势必增大炸药单耗，爆破效果变差。

（6）第一排炮孔的抵抗线。第一炮孔的抵抗线应适当减小，并相应增大超深值，以装入较多药量。实践证明，由于留碴的存在，第一排炮孔爆破效果的好坏很关键。

（7）各排孔药量递增系数的问题。由于前面留碴的存在，爆炸应力波入射后将有一部分能量被碴堆吸收而损耗，因此必然用增加药量加以弥补。有些矿山采用第一排以后各排炮孔依次递增药量的方法。如果一次爆破 4~6 排，则最后一排炮孔的药量将增加 30%~

50%。药量偏高，必将影响爆破的技术经济效果。通常，第一排炮孔对比普通微差爆破可增加药量10%~20%，起到将留碴向前推移，为后排炮孔创造新自由面的作用。中间各排可不必依次增加药量，最后一排可增加药量10%~20%。因为最后一排炮孔爆破必须为下次爆破创造一个自由面，即最后一排炮孔的被爆矿岩必须与岩体脱离，至少应有一个贯穿裂隙面（槽缝），如图9-9所示。

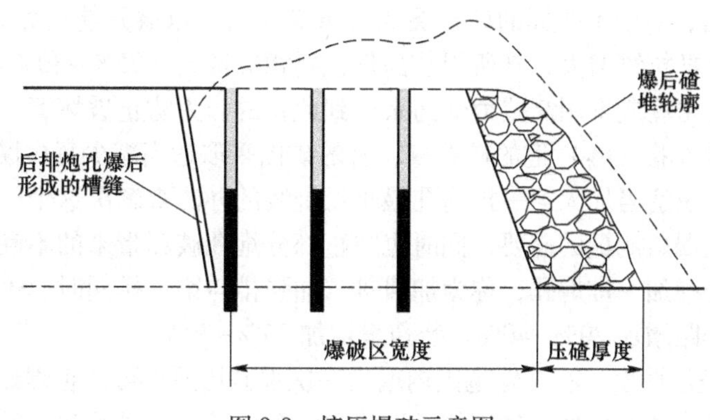

图9-9　挤压爆破示意图

9.2.3　地下深孔挤压爆破

根据获取补偿空间的方法不同，地下深孔挤压爆破可分为向相邻松散矿岩挤压和向小补偿空间挤压两种。

9.2.3.1　向相邻松散矿岩挤压爆破

爆破时事先不开凿专门补偿空间，而是借爆炸应力波强烈压缩和爆炸气体膨胀推力的作用，挤压相邻松散岩石来获得补偿空间。爆破后在工作面处的松散矿石受挤压形成一道空槽，其最大宽度可达1m左右。随着爆破层厚度的增加，工作面的空槽逐渐减小，直至完全消失。

单排孔爆破只有一次挤压作用，爆破效果改变不大。因此，多排挤压爆破毫秒起爆法是地下深孔爆破常用的挤压爆破方法。第一排孔的爆破情况和单排孔相似，后面各排以毫秒间隔顺序起爆。由于前后各排深孔间的起爆时间间隔很短，前面爆下的矿石以一定的速度向前挤压，爆破工作面前形成暂时空槽，这时后排深孔起爆，可以充分利用反射波能量将矿石拉伸破碎，加大飞石速度，而且受碴堆阻挡作用，爆炸气体的作用时间延长，有利于破碎。

在中厚和厚矿体的崩矿中，常使用多排孔微差挤压爆破，一次爆破孔数、排数较多，崩矿体范围较大。所以，地下采矿深孔多排挤压爆破的主要参数及工艺与微差爆破相同，除了要严格按照微差爆破的基本要求外，还必须考虑下列参数：

（1）松动系数。爆破后，松散矿石被挤压，为了保证下一次挤压爆破有足够的松散度，必须通过松动放矿来实现，放出矿量是前次崩矿量的20%~30%。

（2）补偿系数。挤压爆破可以不开凿专门的补偿空间，但是为了容纳爆破后具有一定碎胀系数的松散矿石，仍需要一定补偿空间，其容积以补偿系数K_B来表示

$$K_B=(V_B/V)\times 100\% \tag{9-18}$$

式中 V_B——补偿空间的体积，m^3；

V——崩落矿体原体积，m^3。

一般条件下，$K_B=10\%\sim30\%$。

(3) 最小抵抗线。爆破的主要参数之一，与矿石性质、炸药性能、炮孔直径和爆破层厚度等因素有关。每次爆破的第一排孔的最小抵抗线要比正常排距大些，对于较坚固的矿石要增大20%左右，对于不坚固的矿石要增大40%左右，以避开前次爆破后裂隙的影响。由于第一排孔最小抵抗线增大，其所用装药量也要相应增大（25%~30%），可用增大孔径或孔数、提高装药密度或采用高威力炸药来达到此目的。为防止破坏下一次爆破的第一排孔，减少或消除冲入巷（隧）道的矿石量，有的矿山采取适当减少每次爆破最后一排炮孔孔口部分装药量以及适当加大第一排炮孔最小抵抗线的办法来解决这个问题。为了满足第一排炮孔要求加大爆破能量的需要，同时也防止部分炮孔破坏带来的不利影响，在第一排孔后0.4~0.6m处增加一排炮孔，称为加强排。加强排与第一排同时起爆。一般第一排孔的最小抵抗线比排距增加20%~40%，装药量增加25%~30%。

(4) 一次爆破层厚度。在一定范围内增大一次爆破层厚度可改善爆破效果。但是爆破层太厚，随着爆破排数的增加，破碎的矿石块愈来愈被压实，最后起爆的几排炮孔完全没有补偿空间可供破碎膨胀，将使最后几排深孔爆破效果受到很大影响；同时，矿石过度挤压，也会造成放矿困难，甚至放不出来。一次爆破层厚度可根据矿床赋存条件、矿石性质、爆破参数、挤压条件等因素来确定。一般中厚矿体的挤压爆破可采用10~20m的爆破层厚度，厚矿体的挤压爆破可采用15~30m的爆破层厚度。

(5) 装药结构。扇形深孔不装药长度应大于最小抵抗线1~2倍；孔口装药端的相互距离应大于0.8倍的最小抵抗线长度。

(6) 毫秒间隔时间。多排孔微差挤压爆破排间间隔时间应比普通微差爆破长30%~60%，以便使前排孔爆破的岩石产生位移，形成良好的空隙槽，为后排创造更多补偿空间，充分发挥挤压作用。一般崩落矿石产生位移移动时间为15~20ms，挤压爆破的排间间隔时间必须大于此值。通常对坚硬的脆性矿石可取小的微差间隔时间，对松软的塑性矿石则可取长些的间隔时间。

(7) 炸药单耗。多排孔微差挤压爆破的炸药单耗比普通的微差爆破高一些，一般为$0.4\sim0.5kg/m^3$。装药不可过量，否则将造成过度挤压。扇形炮孔的装药不可过长，否则不利于爆炸能的利用。

(8) 放矿量。爆破后松散矿石压实，密度较高，为使下一次爆破得到足够的补偿空间和提高炸药爆炸的能量利用率，必须在下一次爆破前进行松动放矿，放矿量为前次崩落矿量的20%~30%。

9.2.3.2 向小补偿空间挤压爆破

地下矿小补偿空间挤压爆破，要预先开设专门的补偿空间。只有崩落矿石的松散系数小于1.2~1.3时，才可采用小补偿空间挤压爆破。这种挤压爆破是在待崩落的矿体内预先开凿一个或几个小补偿空间。由于补偿空间比较小，自由空间爆破时，抛掷矿石的部分能量转化为破碎矿石。当崩落矿石已充满补偿空间后，其继续崩落矿石的爆破机理与前述挤压爆破相同。小补偿空间挤压爆破可以广泛用于有底部结构强制崩落法的各种回采方案中。由于回采方案不同，这种挤压爆破大体可以分为两类：一是利用切割槽（井）作自由面的小补偿空间挤压爆破；二是利用拉底空间作自由面的小补偿空间挤压爆破。

在小补偿空间挤压爆破中，切割槽（井）的位置和数量是一个重要因素。一个槽（井）负担的崩矿厚度，一般可达10~15m。切割槽（井）的位置应布置在矿体的最厚部位。切割槽（井）的爆破质量和拉底层临时矿柱的爆破质量，往往决定整个采场爆破的成败。小补偿空间挤压爆破独立性强、灵活性大，除黏结性大的矿石外，一般都能应用。国内几个矿山的挤压爆破参数见表9-1。

表9-1 国内几个矿山的地下挤压爆破参数

矿山	矿体条件	爆破参数	挤压条件	一次崩落矿层厚度/m
篦子沟铜矿	M=30~50m，f=8~10	垂直扇形中深孔 d=65~72mm，l=10~15m，W=1.5~1.8m，q=0.446kg/t	向相邻松散矿石挤压	15~18
胡家峪铜矿	M=15m，f=8~10	垂直扇形中深孔 d=65~72mm，l = 12 ~ 15m，W = 1.8m，q = 0.479kg/t	向相邻松散矿石挤压	6~13
易门狮子山铜矿	M=20~30m，f=8~10	垂直水平扇形中深孔 d=105~110mm，l=15m	向相邻松散矿石挤压；向两侧松散矿石挤压	20~30

注：M—矿体厚度；l—炮孔深度；d—炮孔直径。

9.2.4 露天台阶挤压爆破

图9-10所示为露天台阶多排孔微差挤压爆破的炮孔布置。自由面前堆积的碎矿石特性是影响挤压爆破效果的重要因素，故应对压碴爆破参数进行合理的选择。

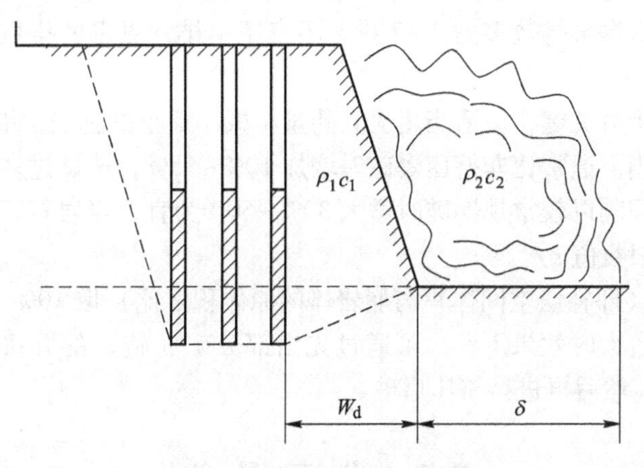

图9-10 露天台阶挤压爆破

ρ_c—波阻抗；δ—压碴厚度；W_d—底盘抵抗线

9.2.4.1 爆堆密度和应力波传播速度对爆破效果的影响

挤压爆破时，爆堆密度一般比清碴爆破的爆堆密度大。爆堆密度随矿岩块度、堆积形状、堆积时间以及有无积水而变化。爆堆中应力波速度随密度增大而增大。一般松散系数为1.10~1.30。通常，爆堆松散系数大时，挤压效果良好，炸药能量利用率高。但由于挤压爆破时碴堆密度比空气高得多，使反射波能量降低，这时为获得较好的爆破效果，必须适当增大炸药单耗或改变其他参数。

9.2.4.2 爆堆厚度和高度对爆破质量的影响

压碴爆破的次数愈多，厚度就愈大，堆积的时间就愈久，这样就使爆堆的密度升高而松散系数降低，缺乏必需的补偿空间，使得爆堆的高度增加。一些矿山经常使爆堆（压碴）厚度保持在10~20m，如孔网参数小，压碴厚度可取大值。一般爆堆的厚度愈大，其高度也就愈高，应根据台阶高度来决定合理的爆堆高度。如果台阶高度小，并且铲装设备容积小，须注意控制爆破爆堆高度，应尽可能减小爆破前的爆堆厚度，或者控制爆破的排数，以及改变布孔方式和起爆顺序。

9.2.5 挤压爆破的评价

挤压爆破的优点是爆堆集中、块度小、易装运、能储矿，使生产均衡，尤其是对露天矿山更有意义，飞石少且飞距小，安全性好，可减少地下切割空间的开掘工作量和开掘时间。

挤压爆破的缺点是由于要留大量的碴堆作为挤压的物质，大量占用已崩落的矿（岩）石量而致资金积压，炸药消耗量大；当矿（岩）石易结块时，会造成后续的装运工作困难。

9.2.6 挤压爆破工艺中应注意的特殊技术问题

应注意的特殊技术问题为：

（1）留碴厚度要适当。一般为2~6m，但也有的露天矿达到10~25m，需用试验确定。

（2）适宜的一次爆破排数多为3~7排，不宜用单排，更多的排数会增大药耗，效果难以保证。

（3）第一排孔十分关键，应适当增大其药量，减小最小抵抗线，增加超深值。

（4）药量要适当。通常比非挤压爆破时增加10%~15%，药量过多则效果适得其反。

（5）微差时间间隔以较常规爆破时增大30%~60%为宜，当岩石坚硬且碴堆（挤压材料）较密时应取上限数值。

（6）补偿系数（即补偿空间体积与崩岩体的原体积之比）取10%~30%为宜。

（7）压碴密度过大时效果不良，可通过先出部分矿（碴）的办法，人为地使碴堆密度降低至合适程度，然后再进行挤压爆破。

9.3 光面爆破

9.3.1 光面爆破的定义

光面爆破是井巷掘进中的一种新爆破技术，它是控制爆破中的一种方法，目的是使爆破后留下的井巷围岩形状规整，符合设计要求，具有光滑表面，损伤小，保持稳定。光面爆破只限于断面周边一层岩石（主要是顶部和两帮），所以又称为轮廓爆破或周边爆破。

在井巷掘进中应用光面爆破具有以下优点：

（1）能减少超挖，特别在松软岩层中更能显示其优点。

（2）爆破后成形规整，提高了井巷轮廓质量。

（3）爆破后井巷轮廓外围岩不产生或少产生裂缝，提高了围岩稳定性和自身承载能力，不需要或很少需要加强支护，减少了支护工作量和材料消耗。

（4）能加快井巷掘进速度，降低成本，保证施工安全。

目前，在井巷掘进中，光面爆破已全面推广，并成为一种标准的施工方法。光面爆破分为普通光面爆破和预裂爆破两种，其原理和起爆顺序完全不同。

9.3.2 光面爆破的机理

光面爆破的实质是在井巷掘进设计断面的轮廓线上布置间距较小、相互平行的炮孔，控制每个炮孔的装药量，选用低密度和低爆速的炸药，采用不耦合装药结构，同时起爆，使炸药的爆炸作用刚好产生炮孔连线上的贯穿裂缝，并沿各炮孔的连线——井巷轮廓线，将岩石崩落下。关于裂缝形成的机理有以下3种观点。

9.3.2.1 应力波叠加作用理论

该理论认为，当同时起爆的相邻炮孔之间产生的应力波在炮孔连心线的中点相遇时，便产生波的叠加，于是垂直连心线中点的方向上生成合成拉应力，如图9-11所示。如果合成拉应力值超过岩石的极限抗拉强度，两个炮孔中间首先产生裂隙，然后沿连心线向两个炮孔方向发展，最后形成断裂面。

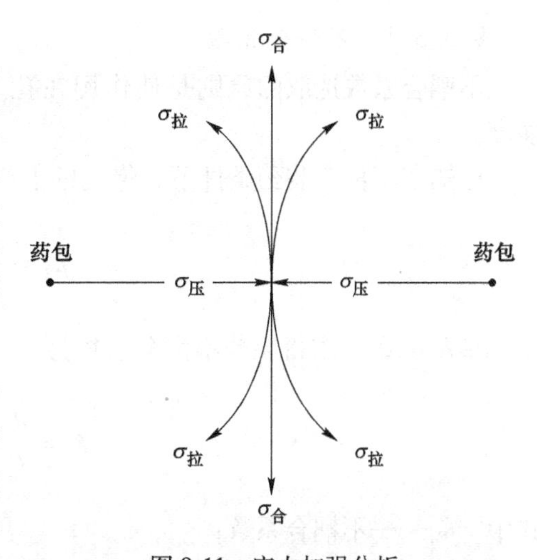

图9-11 应力加强分析

用这种理论说明断裂面形成的原因存在的问题是，相邻的炮孔是不可能同时起爆的。若有极小的起爆时差，应力波（波峰部分）就不会在两个爆破炮孔连线的中间叠加。当孔距为30cm，弹性波速度为3000m/s时，如果起爆时差0.1ms，则应力波在中间处就不会发生叠加。用高速摄影机拍摄的资料表明，裂隙是先从炮孔内壁向相邻孔方向发展，最后在炮孔连线中央相遇的。

9.3.2.2 静压力作用理论

该理论认为，由于空气间隙的缓冲作用，使作用于孔壁的冲击波峰值压力消失，然而爆轰气体产物在孔内却能较长时间地维持高压状态，在这种准静压力的作用下，在炮孔连心线上产生非常大的切向拉伸应力，而且在连心线与孔壁相交处产生最大的应力集中，如图9-12所示。两个炮孔越接近，应力集中越显著，因此，在孔壁上应力集中处首先出现拉伸裂隙，然后这

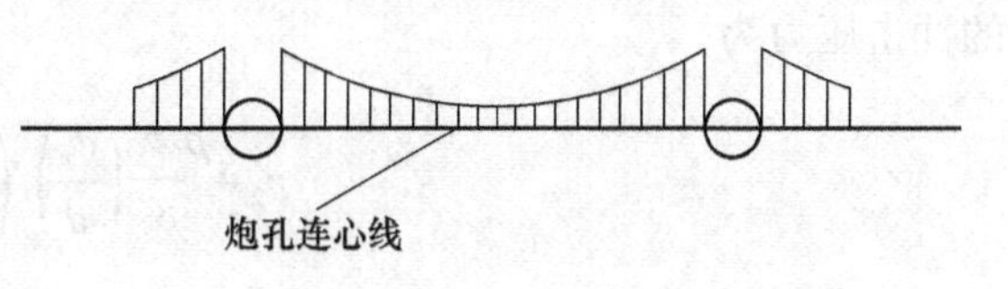

图9-12 拉应力集中

些裂隙沿炮孔连线向外延伸，形成平整的断裂面。

9.3.2.3 应力波和爆轰气体共同作用理论

该理论认为，首先，在最先起爆装药孔的应力波作用下，不仅在装药孔周围，而且在相邻孔的壁面上，沿着预裂面生成封闭裂缝；随后在已生成裂缝的装药孔内起爆炸药，使封闭裂缝进一步扩展，沿预裂面扩展成长裂缝，而其他方向产生的裂缝则不多，同时，随着该装药孔的爆炸，还使相邻装药孔周围生成新的裂缝，于是，在后继装药依次起爆的情况下，先爆装药孔使后爆炮孔周边沿预裂面生成封闭裂缝，随后起爆这些炮孔，使封闭裂缝沿预裂面越来越大。这种应力波产生的裂缝，是在起爆后几毫秒之内完成的，在应力波生成裂缝结束后，还有相当大的爆炸气体压力作用于所有装药孔内壁。在各孔内的爆炸气体压力作用下，封闭裂缝将沿各孔的连线得到进一步扩大，结果使各封闭裂缝相互贯穿，形成一条贯穿裂缝，岩石便沿这一裂缝裂开。

9.3.3 光面爆破参数

在井巷掘进中采用光面爆破时，全断面炮孔的起爆顺序与普通爆破相同，但周边孔的爆破参数却有不同的计算原理和方法。

9.3.3.1 不耦合系数

不耦合系数选取的原则是使作用在孔壁上的压力低于岩石抗压强度，而高于其抗拉强度。

已知在不耦合装药条件下，炮孔壁上产生的冲击压力为

$$p_2=\frac{\rho_0 v^2}{8}\left(\frac{d_c}{d}\right)^6 n' \tag{9-19}$$

令 $p_2 \leqslant K_b \sigma_c$，可求得装药不耦合系数为

$$K_d=\frac{d}{d_c} \geqslant \left(\frac{n' \rho_0 v^2}{8 K_b \sigma_c}\right)^{\frac{1}{6}} \tag{9-20}$$

式中 K_d——不耦合系数；

ρ_0，v——炸药的密度和爆速，m/s；

d，d_c——炮孔直径和装药直径，m；

K_b——体积应力状态下岩石抗压强度增大系数；

n'——压力增大倍数；

σ_c——岩石单轴抗压强度，MPa。

当采用空气柱装药时，可按式（9-21）计算：在空气间隙装药条件下，炮孔壁上产生的冲击压力为

$$p_2=\frac{\rho_0 v^2}{8}\left(\frac{d_c}{d}\right)^6\left(\frac{l_c}{l_c+l_a}\right) n' \tag{9-21}$$

式中 ρ_0——炸药密度，kg/m^3；

v——炸药爆速，m/s；

d，d_c——炮孔直径和装药直径，m；

l_c——装药长度，m；

l_a——堵塞长度，m。

若炮泥长度不计（炮泥长度一般为0.2~0.3m），则 $l_c+l_a=l_b$，其中 l_b为炮孔长度。令 $p_2 \leqslant K_b\sigma_c$，由式（9-21）可求得 l_L为

$$l_L \leqslant \frac{8K_b\sigma_c}{n\rho_0 v^2}\left(\frac{d}{d_c}\right)^6 \tag{9-22}$$

式中 l_L——每米炮孔的装药长度，m。

换算为每米装药量

$$q' = \frac{\pi d_c^2}{4} l_L \rho_0 \tag{9-23}$$

实践表明，不耦合系数的大小因炸药和岩层性质不同，一般取1.5~2.5。

9.3.3.2 炮孔间距

合适的间距应使炮孔间形成贯穿裂缝。以应力波干涉为观点，以两孔在连线上叠加的切向应力大于岩石的抗拉强度为原则，可以得到合适的炮孔间距。设作用于炮孔壁上的初始应力峰值为 p_2，则在相邻装药连线中点上产生的最大拉应力为

$$\sigma_\theta = \frac{2bp_2}{\bar{r}^\alpha} \tag{9-24}$$

式中 $\bar{r}$——比例距离，$\bar{r}=\frac{a}{d}$，m。

将 $\bar{r}=\frac{a}{d}$，$\sigma_\theta=\sigma_t$ 代换后，由式（9-24）可求得

$$a = \left(\frac{2n_t p_2}{\sigma_t}\right)^{\frac{1}{\alpha}} d \tag{9-25}$$

式中 a——炮孔间距，m；

p_2——炮孔壁上初始应力峰值，MPa；

n_t——切向应力与径向应力比值，$n_t=\frac{\mu}{1-\mu}$，μ 为泊松比；

σ_t——岩石抗拉强度，MPa；

α——应力波衰减系数，$\alpha=2-\frac{\mu}{1-\mu}$。

若以应力波和爆炸气体共同作用理论为基础，则炮孔间距为

$$R = 2R_k + \frac{p}{\sigma_t} r \tag{9-26}$$

式中 p——爆炸气体充满炮孔时的静压，MPa；

R_k——每个炮孔产生的裂缝长度，m，$R_k=\left(\frac{bp_2}{\sigma_t}\right)^{\frac{1}{\alpha}}r$；

r——炮孔半径，m。

根据凝聚炸药的状态方程，有

$$p=\left(\frac{p_c}{p_k}\right)^{k'/n''}\left(\frac{V_c}{V_b}\right)^{k'}p_k \tag{9-27}$$

式中 p_k——爆生气体膨胀过程临界压力，$p_k\approx100\text{MPa}$；

p_c——爆轰压，MPa；

k'——凝聚炸药的绝热指数；

n''——凝聚炸药的等熵指数；

V_b，V_c——炮孔体积和装药体积，m^3；

其余符号意义同上。

根据实践经验，a 一般为炮孔直径的 10~20 倍。

9.3.3.3 邻近系数和最小抵抗线

确定孔距后，应进一步选取邻近系数值，以表征孔距与最小抵抗线的比值。

光面爆破炮孔的最小抵抗线是指周边孔至邻近崩落孔的垂直距离，或称光爆层厚度。最小抵抗线过大，光爆层的岩石得不到适当破碎；反之，在反射波作用下，围岩内将产生较多的裂缝，影响围岩稳定。

合理的最小抵抗线是与装药邻近系数 $K_m=\frac{a}{W}$相关的。实践中多取 $K_m=0.8\sim1.0$，此时光爆效果最好。所以，合适的抵抗线为孔距的 1~1.25 倍。

光爆层岩石的崩落类似于露天台阶爆破，可以采用下列经验公式（9-28）确定最小抵抗线 W，即

$$W=\frac{Q}{Kal_b} \tag{9-28}$$

式中 Q——炮孔内的装药量，kg；

l_b——炮孔长度，m；

a——炮孔间距，m；

K——爆破系数，相当于炸药单耗值。

9.3.3.4 起爆时差

模型试验和实际爆破表明，周边孔同时起爆时，贯穿裂缝平整；微差起爆次之；秒延期起爆最差。同时起爆时炮孔间的贯穿裂缝形成得较早，一旦裂缝形成，使其周围岩体内应力下降，从而抑制了其他方向裂缝的形成和扩展，爆破形成的壁面较平整。若周边孔起爆时差超过 0.1s，各炮孔就如同单独起爆一样，炮孔周围将产生较多的裂缝，并形成凹凸不平的壁面。因此，在光面爆破中应尽可能减小周边孔之间的起爆时差。周边孔与其相邻炮孔的起爆时差对爆破效果的影响也很大。如果起爆时差选择合理，可获得良好的光爆效果。理想的起爆时差应该使辅助孔爆破的岩石应力作用尚未完全消失，且岩体刚开始断裂移动时周边孔立即起爆。在这种状态下，既为周边孔爆破创造了自由面，又能造成应力叠

加，发挥微差爆破的优势。实践证明，周边孔与相邻层辅助孔起爆时差随炮孔深度的不同而不同，炮孔越深，起爆时差应越大，一般为50~100ms。

9.3.4 光面爆破的施工方法

为保证光面爆破的良好效果，除根据岩层条件、工程要求正确选择光爆参数外，精确钻孔也极为重要，是保证光爆质量的前提。

对钻孔的要求是“平、直、齐、准”。炮孔要按照以下要求施工：

（1）所有周边孔应彼此平行，并且其深度一般不应比其他炮孔深。

（2）各炮孔均应垂直于工作面。实际施工时，周边孔不可能完全与工作面垂直，必然有一个角度，根据炮孔深度一般此角度取3°~5°。

（3）如果工作面不齐，应按实际情况调整炮孔深度及装药量，力求所有炮孔底落在同一个横断面上。

（4）周边孔位置要准确，偏差值不大于30mm。周边孔位置均应位于井巷断面的轮廓线上，不允许有偏向轮廓线里面的误差。

光面爆破掘进巷道时有两种施工方案，即全断面一次爆破和预留分次爆破。全断面一次爆破时，按起爆顺序分别装入多段毫秒电雷管或非电塑料导爆管起爆系统起爆。

在大断面巷道和硐室掘进时，可采用预留光爆层的分次爆破，如图9-13所示。采用超前掘进小断面导硐，然后扩大至全断面。这种爆破方法的优点是可以根据最后留下光爆层的具体情况调整爆破参数，节约爆破材料，提高光爆效果和质量；其缺点是巷道施工工艺复杂，增加了辅助时间。

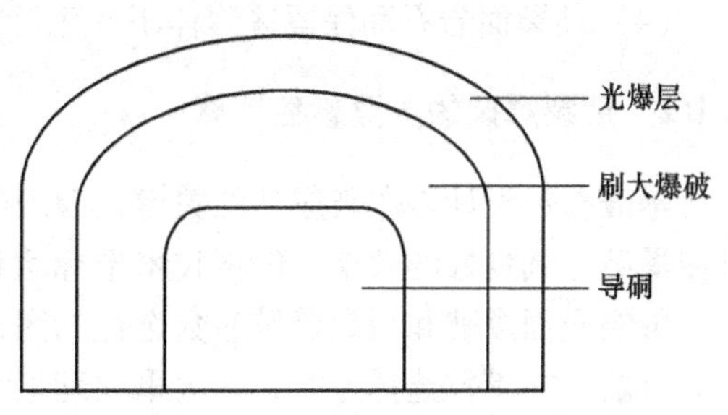

图9-13 预留光爆层（分次爆破）

我国光面爆破常用参数见表9-2。

表9-2 我国光面爆破常用参数

围岩条件	巷道或硐室开挖跨度/m		周边孔爆破参数				
			炮孔直径/m	炮孔间距/mm	光爆层厚度/mm	临近系数	线装药密度/kg·m^{-1}
整体稳定性好，中硬到坚硬	拱部	<5	35~45	600~700	500~700	1.0~1.1	0.20~0.30
		>5	35~45	700~800	700~900	0.9~1.0	0.20~0.25
	侧墙		35~45	600~700	600~700	0.9~1.0	0.20~0.25
整体稳定一般或欠佳	拱部	<5	35~45	600~700	600~800	0.9~1.0	0.20~0.25
		>5	35~45	700~800	800~1000	0.8~0.9	0.15~0.20
	侧墙		35~45	600~700	700~800	0.8~0.9	0.20~0.25
节理、裂隙很发育，有破碎带，岩石松软	拱部	<5	35~45	400~600	700~900	0.6~0.8	0.12~0.18
		>5	35~45	500~700	800~1000	0.5~0.7	0.12~0.18
	侧墙		35~45	500~700	700~900	0.7~0.8	0.15~0.20

9.4 预裂爆破

9.4.1 预裂爆破的定义

预裂爆破是在设计的开挖边界线上钻凿一排间距较密的炮孔，每孔装少量炸药，在主爆孔前起爆，形成一条具有一定宽度能反射应力波的预裂缝，以减弱应力波对围岩的破坏。

预裂爆破的成缝机理和光面爆破是一致的，爆破后也能沿设计轮廓线形成平整的光滑表面，减少超、欠挖量，而且利用预裂爆破可将开挖区和保留区岩体分开，使开挖区爆破时的应力波在裂缝面上产生反射，透射到保留区岩体的应力波强度大为减弱，同时，还可使地震效应大大下降，从而可有效保护保留区的岩体。

预裂爆破的质量标准：

（1）岩体在预裂面上应形成贯通裂缝，其表面宽度最低不小于1cm。

（2）预裂面应保持平整，不平整度应小于15cm。

（3）孔痕保留程度：坚硬岩石大于85%；中硬岩石大于70%；软岩大于50%。

（4）预裂面岩石和保留区岩体不产生严重的爆破裂缝。

9.4.2 预裂爆破的主要参数计算

爆破参数设计是爆破成功的关键，合理的爆破参数不但能满足工程的实际要求，而且可使爆破达到良好的效果，经济技术指标达到最优。

影响光面爆破和预裂爆破参数选择的因素很多，参数的选择很难用一个公式来完全表达。目前，在参数选择方面，一般采取理论计算、直接试验和经验类比法。在实际应用中多采用工程类比法进行选取，但误差较大，效果不佳。因此，应在全面考虑影响因素的前提下，以理论计算为依据，以工程类比做参考，并在模型试验的基础上综合确定爆破参数。

正确选择预裂爆破参数是取得良好爆破效果的保证，但影响预裂爆破的因素很多，如钻孔直径、钻孔间距、装药量、钻孔直径与药包直径的比值（称不耦合系数）、装药结构、炸药性能、地质构造与岩石力学强度等。目前，一般根据实践经验，并考虑这些因素中的主要因素和它们之间的相互关系来进行参数的确定。

（1）钻孔直径 d。目前，孔径主要是根据台阶高度钻机性能决定。对于质量要求高的工程，采用较小的钻孔。一般工程钻孔直径以80~150mm为宜，对于质量要求较高的工程，钻孔直径以32~100mm为宜，最好能按药包直径的2~4倍选择钻孔直径。

（2）钻孔间距 a。预裂爆破的钻孔间距比光面爆破要小一些，它与钻孔直径有关。通常一般工程取 $a=(5\sim7)d$；质量要求高的工程取 $a=(7\sim10)d$。选择 a 时，钻孔直径大于100mm时取小值，小于60mm时取大值；对于软弱破碎的岩石 a 取小值，坚硬的岩石取大值；对于质量要求高的 a 取小值，要求不高的取大值。

（3）不耦合系数 K_r。不耦合系数 K_r 为炮孔内径与药包直径的比值。K_r 值大时，表示药包与孔壁之间的间隙大，爆破后对孔壁的破坏小；反之对孔壁的破坏大。一般可取 $K_r=$

2~4。实践证明，当 $K_r \geqslant 2$ 时，只要药包不与保留的孔壁（指靠保留区一侧的孔壁）紧贴，孔壁就不会受到严重的损害。如果 $K_r<2$，则孔壁质量难以保证。药包应放在炮孔中间，绝对不能与保留区的孔壁紧贴，否则 K_r 值再大一些，就可能造成对孔壁的破坏。

（4）线装药密度 l_L。装药量合适与否关系爆破的质量、安全和经济性，因此它是一个很重要的参数。

（5）预裂孔孔深。预裂孔孔深的确定以不留根底和不破坏台阶底部岩体的完整性为原则，因此应根据具体工程的岩体性质等情况来确定。

（6）堵塞长度。良好的堵塞不但能充分利用炸药的爆炸能量，而且能减少爆破有害效应的产生。一般情况下，堵塞长度与炮孔直径有关，通常取炮孔直径的 12~20 倍。

9.4.3 影响预裂爆破效果的主要因素

（1）岩石物理力学性质及地质条件的影响。岩石的物理力学性质（如岩石的 f 值）与线装药密度、孔间距的大小直接有关。因此，在进行预裂爆破设计时，应取得较准确的岩石力学性质参数，以保证爆破参数的准确性。

地质条件如岩石的层理、产状、断层裂隙破碎带的发育程度和方向等，对预裂爆破效果影响最大，一般可采取减小孔间距或减少装药量和改变装药结构等措施降低地质条件对预裂爆破的影响。

（2）不耦合作用的影响。不耦合作用就是利用装药和孔壁之间存在的间隙，降低炸药爆炸作用在孔壁上的初始压力，一般不耦合系数在 2~5 的范围内均可获得满意的结果。

（3）装药结构的影响。由于预裂爆破采用的炸药与光面爆破的一样，故为了保证细长药卷间隔装药起爆的可靠性，必须在炮孔内沿孔全长敷设导爆索。

（4）起爆时间间隔的影响。预裂孔最好在主爆孔钻凿之前起爆，但是在岩石中含水量较多或岩石比较松软情况下，水和细块岩石会充填预裂缝，降低预裂缝的作用。在这种情况下预裂孔可超前主爆孔 50~100ms 起爆，效果会好些。

（5）钻孔质量。钻孔质量对预裂爆破效果影响较大，一般要求孔钻在一个平面上，垂直于钻孔平面的偏差小于 20cm；孔底落在一条线上，偏差不超过 15cm；否则，容易导致爆后壁面凹凸不平。

（6）预裂孔的布孔。预裂缝的作用是削弱应力波和地震效应对岩壁的影响，为此预裂孔的深度一定要超过主爆孔的深度，以达到降低应力波和地震波效应的作用。

9.5 拆除爆破

在人口稠密的城市居民区或繁华街道以及各种设备密集的厂矿区内，采用控制爆破技术拆除废弃的楼房、烟囱、水塔等高大建筑物及地震后的高大危险建筑物，是一种最有效的、安全的施工方法。与人工拆除或机械拆除相比，它不仅能拆除某些用人工或机械法难以拆除的高大建筑物，而且能获得效率高、速度快、费用省和安全可靠的显著效果。例如高几十米乃至一百多米、重达数百吨的高大烟囱，若采用控制爆破拆除，包括准备工作、爆破设计和机械钻孔、施爆作业，一般 3~4 天内即可完成；而在爆破时，仅需几秒钟便可使庞大的烟囱在预定的范围之内坍塌。

采用控制爆破拆除建（构）筑物，一方面必须使爆破飞石、震动、噪声和爆破影响范围受到有效控制；另一方面必须根据待拆建筑物周围的环境、场地条件及建筑结构特点，控制其倒塌方向和坍塌范围。高大建筑物的爆破坍塌范围除了与其本身高度有关外，通常取决于坍塌方式及相应的施爆工艺；其爆破坍塌方式基本上可分为两种类型：一种为“原地坍塌”以及由此派生出的，如高层楼房层层“内向折叠坍塌”等；另一种为“定向倒塌”以及由此派生的，如“单向折叠倾倒坍塌”“双向交替折叠倾倒坍塌”等。

对于高耸建筑物，如楼房、烟囱、水塔的控制爆破拆除，无论采用哪一种爆破坍塌方式，其基本设计原理是，必须充分破坏建筑结构的大部或全部承重构件，如承重墙体或立柱与横梁等，从而使整个建筑物的稳定性遭受破坏，重心失去平衡和产生位移，并在巨大的自重作用下形成倾覆力矩或重力转矩，迫使建筑物原地坍塌或按预定方向倒塌。

拆除爆破还广泛使用在基础和地坪拆除爆破、水压拆除爆破、金属拆除爆破中（后者如采用聚能药包拆除桥梁、船舶（沉船、废旧船等）、钢架、钢柱、钢管、钢板、大型金属块体等），高温凝结物拆除爆破（如高炉、炼焦炉中凝固的熔渣和炉瘤等的拆除），以及其他各类需要严格控制爆破范围或爆破危害的地方。

20 世纪 70 年代以来，拆除爆破技术在国内得到了日益广泛的应用，国内成立了数百家研究机构和专业爆破公司，大型拆除爆破经常见诸媒体。在国外，拆除爆破技术发展很快，应用更为广泛。拆除爆破已经成为一项不可缺少的重要技术。

近年来，拆除爆破的主要特点为：

(1) 建（构）筑物拆除爆破趋向高层化和结构形式多样化。近年来，高层建（构）筑物的拆除爆破发展迅速。比如高层建筑结构已从框架、框架-剪力、剪力三大常规结构逐渐发展成筒体或筒束结构，结构形式更趋多样化；其结构柔性和混凝土强度等级增加，使拆除工艺更加复杂。

(2) 拆除方式多样化。目前，城市高层建筑物从材料结构上分类有三种，即钢筋混凝土结构，钢结构，钢骨、钢筋混凝土结构。结构类型不同，拆除方法也不尽相同，概括起来有以下几类：重力锤冲击破坏拆除法、推力臂拆除法或机械牵引定向倒塌拆除法、静态膨胀剂破碎法、水压爆破法和爆破拆除法。

(3) 城市拆除爆破中更加重视对环境的影响，综合减灾的大安全观念越来越受重视。

拆除爆破需严格控制爆破，要求做到：

(1) 控制破碎程度，要求被拆物充分破碎以利装运。

(2) 控制坍塌方向和废碴堆积范围、高度。

(3) 严格控制有害效应，包括飞石、地震、空气冲击波、噪声、漫水、烟尘等。

(4) 对于拆除爆破的破坏范围，应该做到使该拆的落地，不该拆的保存完好，尤其对于整栋建筑拆一部分保留一部分的爆破工程，该要求往往是评价工程成败的关键。

为了适应现代拆除爆破的特点和要求，满足减灾的大安全观念，拆除爆破与其他工程爆破一样，在做到最理想的爆破效果的同时，要保证绝对安全。

9.5.1 拆除爆破原理

9.5.1.1 最小抵抗线原理

由于从药包中心到自由面的距离沿最小抵抗线方向最小，因此，受介质的阻力最小；

又由于在最小抵抗线方向上冲击波（或应力波）传播的路程最短，所以在此方向上波的能量损失最小，因而在自由面处最小抵抗线出口点的介质首先突起。我们将爆破时介质抛掷的主导方向是最小抵抗线方向这一原理，称为最小抵抗线原理。

最小抵抗线方向不仅决定着介质的抛掷方向，而且对爆破飞石、振动以及介质的破碎程度等也有一定的影响。此外，最小抵抗线的大小，还决定着装药量的多少和布孔间距的大小，并对炮眼深度和装药结构等有一定的影响。

最小抵抗线的方向和大小是人为决定的，根据炮眼的方向和深度或布孔的位置与起爆顺序，在特定的爆破对象条件下即可确定。但是，此时的最小抵抗线的方向和大小是否是最优的，还要从具体的爆破对象出发，权衡其安全程度、破碎效果、施工方便与经济效益等方面因素，综合考虑予以选择。一般来说，在城市建筑物拆除控制爆破中，应严格应用最小抵抗线原理。

9.5.1.2 分散装药的微分原理

将欲要拆除的某一建（构）筑物爆破所需的总装药量分散地装入许多个炮眼中，形成多点分散的布药形式，采取分段延时起爆，使炸药能量释放的时间错开，从而达到减少爆破危害、控制破坏范围和提高爆破效果的目的，这就是分散装药原理（也叫微分原理）。“多打眼、少装药”是拆除控制爆破中微分原理的形象而通俗的说法。

布药形式基本上有两种：其一是集中布药，即将所需药量装在一个炮孔中或集中堆放；其二是分散布药，即将所需药量分别装入许多炮孔内，并分段延时起爆。这两种布药形式均可达到一定的爆破效果和拆除目的。但是，两者产生的后果却截然不同。前者将会引起较强烈的震动、空气冲击波、噪声和飞石等爆破危害，这是拆除控制爆破尤其是城市拆除爆破所不允许的；后者既可满足爆破效果的要求，又能在某种程度上控制爆破危害。

例如，某钢铁厂的一台烧结机基础，离正在运转的另一台烧结机仅 2m，离运输皮带 0.2~0.5m。将 12kg 炸药分散装在 140 多个炮孔中，在周围设备正常运转的情况下安全施爆。瑞典哥德堡市中心一条繁华的大街上有一幢大楼，为拆除这栋大楼，将 200kg 炸药分散装入 800 多个炮孔中，用 18 段毫秒雷管起爆，爆后大楼原地坍塌，周围建筑物安然无恙，交通也未中断。我国北京天安门广场两侧总建筑面积达 1.2 万平方米的三座钢筋混凝土大楼采用拆除爆破，将 439kg 的总药量分散地装入 8999 个炮孔中，平均每孔装药量仅为 48.8g，有效控制了爆破危害，收到了预期的爆破效果。

9.5.1.3 等能原理

等能原理指根据爆破的对象、条件和要求，优选各种爆破参数，如孔径、孔深、孔距、排距和炸药单耗等，同时选用合适的炸药品种、合理的装药结构和起爆方式，使每个炮孔所装炸药在其爆炸时释放出的能量与破碎该孔周围介质所需的最低能量相等。也就是说，在这种情况下介质只产生一定的裂缝，或就地破碎松动，顶多是就近抛掷，而无多余的能量造成爆破危害，这就是等能原理。

假设介质破坏所需要的总能量为 A，为破坏它由外界提供的能量为 B，若能量在做功过程中没有任何损失而全部被有效利用，则满足 $A=B$ 时，介质便被破坏。但是在爆破过程中，炸药释放出的能量并非全部都做有用功，而是有相当一部分转化为无用功，如声、光、热和震动以及部分从裂隙中逸出，因此上式变为 $A=KB$，其中 K 为一个小于 1 的炸药有效利用系数，它取决于炸药种类、药量、孔网参数、装药结构、堵塞状况、起爆方式、介质强度与介质破碎面积等诸多因素。

该原理初看起来是十分理想的，它符合能量准则，即它是一个材料的破坏判据，正如材料在某时某处一旦达到了允许极限强度，它就在该处立即破坏一样。但是，作为主要破坏判据的装药量，其影响因素很多，又由于炸药爆炸反应过程十分复杂，所以迄今为止，关于药量的计算还没有建立起一套完整的公式。即便如此，该原理对建立经验或半经验的装药量公式仍有一定的指导意义。

9.5.1.4 失稳原理

在认真分析和研究建（构）筑物的受力状态、荷载分布和实际承载能力的基础上，利用控制爆破将承重结构的某些关键部位爆松，使之失去承载能力，同时破坏结构的刚度，使建（构）筑物在整体失去稳定性的情况下，在其自重作用下原地坍塌或定向倾倒，这一原理称为失稳原理。

例如，当采用控制爆破拆除楼房时，根据上述失稳原理，应使其形成相当数量的铰支和倾覆力矩。铰支是结构的承重构件某一部位受到爆破作用破坏时，失去其支撑能力形成的。对于素混凝土立柱来讲，一般只需对立柱的某一部位进行爆破，使之失去承载能力，立柱在自重作用下下移，造成偏心失稳，便可形成铰支。对于钢筋混凝土立柱来说，则需要对立柱某一部位的混凝土进行爆破，使钢筋露出，钢筋在结构自重作用下失稳或发生塑性变形，失去承载能力，则可形成铰支。

当采用控制爆破拆除钢筋混凝土框架大楼时，根据上述的失稳原理，设计和施工时应当遵守下述几点原则：

（1）钢筋混凝土整体框架结构的控爆拆除方式可分为原地坍塌、折叠坍塌（倾倒）和定向倒塌等，其共同点是，均需形成相当数量的铰支和倾覆力矩。

（2）必须对整体框架承重立柱的一定高度的混凝土加以充分破碎，造成在自重作用下偏心失稳，使被控爆破碎的混凝土脱离钢筋骨架，当该骨架顶部承受的静压荷载超过其抗压强度极限或达到失稳临界荷载时，立柱便失稳下塌。

（3）对于钢筋混凝土框架结构，为确保失稳，需将框架结构的刚度加以部分或全部破坏。凡妨碍倾倒的一切梁、柱、板、箍等，必须在主爆之前预先切除。

9.5.1.5 缓冲原理

拆除控制爆破如能选择适宜的炸药品种和合理的装药结构，便可降低爆轰波峰值压力对介质的冲击作用，并可延长炮孔内压力的作用时间，从而使爆破能量得到合理的分配与利用，这一原理称为缓冲原理。

爆破理论研究表明，常用的硝铵类炸药在固体介质中爆炸时，爆轰波阵面上的压力可达490~980MPa。此高压力首先使紧靠药包的介质受到强烈压缩，特别是在3~7倍药包半径的范围内，由于爆轰波压力大大超过了介质的动态抗压强度，致使该范围内的介质极度粉碎形成粉碎区。虽然该区范围不大，但却消耗了大部分爆破能量，而且粉碎区内的微细颗粒在气体压力作用下又易将已经开裂的缝隙填充堵死，这样就阻碍了爆炸气体进入裂缝，从而减弱了爆轰气体的尖劈效应，缩小了介质的破坏范围和破碎程度，并且还会造成爆轰气体的积聚，给飞石、空气冲击波、噪声等危害提供能量。由此可见，粉碎区的出现，既影响爆破效果，又不利于安全。所以在拆除控制爆破中，应充分利用缓冲原理，缩小或避免粉碎区的出现。

大量实践证明，如采用与介质阻抗相匹配的炸药、不耦合装药、分段装药、条形药包等装药结构形式，可达到上述目的。

9.5.1.6 剪切破碎

对于现浇楼板或大体量楼房的拆除爆破，应充分利用延期起爆技术。通过设计和布置，使一些承重立柱先炸，利用爆破的时间差解除局部支撑点，从而改变结构原有的受力状态，使楼板和梁受弯矩和剪切力的多重作用，在这种反复弯剪的状态下破坏而自然解体。

目前国外大量采用的内爆法就是一个很好的范例。国外大量楼房受环境限制无法采用定向倾斜拆除时，大多采用内爆法，看似原地坍塌，实为在各层面适当部位爆破拆除部分承重立柱，使承受重力作用的主梁、圈梁和楼板弯曲变形，直至发生剪切破坏而层层解体，最终导致整栋大楼的完全解体。国内利用逐段塌落爆破拆除楼房，就是使整栋楼房爆后充分解体，全部塌落于原地。

9.5.1.7 防护原理

在研究与分析控制爆破理论和爆破危害作用基本规律的基础上，通过采用行之有效的技术措施，对已受到控制的爆破危害再加以防护，这称为防护原理。

9.5.2 拆除爆破设计

9.5.2.1 拆除爆破设计的原则

拆除爆破是一种控制爆破技术，即控制倒塌方向，控制破坏范围，控制爆破危害性，控制破碎程度。它是根据拆除爆破对象的具体情况，通过选择合理的爆破方法和参数，采取一定的防护措施，使爆破效果满足工程要求，并保证爆点周围结构物、设备和人员的安全。

对于拆除爆破，无论采用哪一种爆破方案，都必须充分破坏建（构）筑物的结构或全部承重构件，如承重墙体或立柱、横梁等，从而使建（构）筑物的稳定性遭受破坏而倒塌。根据拆除爆破的特点，拆除爆破设计必须遵循以下原则：

（1）选择合理的最小抵抗线。爆破破碎和抛掷的主导方向是最小抵抗线方向，同时也是爆破无效能量的释放方向。在这个方向上爆破介质的破碎程度最严重，最容易产生飞石。因此，在基础类构筑物的拆除爆破中，最小抵抗线方向必须避开保护对象；如果不能避开保护对象，必须严格计算装药量并加强防护。

（2）使爆破拆除物失去稳定，而后倒塌、破坏。利用拆除爆破，使建筑物和高耸构筑物中的部分（或全部）承重构件失去承载能力，而后使建筑物或构筑物在其自身重力作用下产生倾覆力矩而失衡，进而原地塌落或定向倾倒，并在倾倒过程中发生解体破碎。

（3）严格控制爆破装药量。根据爆破对象、条件和要求的不同，选择合适的炸药品种、爆破参数以及合理的装药结构，达到每个炮孔的装药爆炸时释放的能量与破碎该孔周围介质所需的最低能量相等，使介质只产生一定的裂缝或松动破碎，最多产生就近抛掷，防止富余的能量造成爆破地震、空气冲击波、飞石等危害。

(4) 坚持多打孔、少装药。在拆除爆破中除需严格控制装药量以外，还应合理布置炮孔的间距、排距、孔深等，使炸药均匀分布在被爆体中，形成多点分散的形式，并实现分批多段起爆，即坚持多打孔、少装药。

(5) 加强防护。现阶段拆除爆破中，炸药消耗量等爆破参数的计算主要以经验公式为主。采用这些参数进行爆破时，虽然能使爆破产生的振动、冲击波、飞石和噪声等危害得到一定控制，但不能做到完全消除。因此，为确保安全，还必须采取有效的防护措施。

9.5.2.2 拆除爆破设计的内容

拆除爆破设计的内容一般包括方案制订、技术设计和施工设计三个方面。

A 方案制订

一般来说，用爆破方法拆除建筑物时有以下问题要研究：建筑物的结构和材料构成，相邻建筑物情况的调查，建筑结构在爆破后失稳塌落的研究，爆破造成的振动和解体构件下落撞击地面时造成的振动对邻近建筑物的影响，爆破时的飞石，主要爆破部位的覆盖以及要保护建筑物的防护，爆破时造成的尘土污染和噪声。

由于各个建筑物或建筑物群的爆破内容各不相同、各有特点，因此不存在一成不变的爆破设计方案。不同建筑物的拆除爆破设计方案很不一样，同一座建筑物也有多种拆除爆破方案可供选择。一个正确的爆破设计方案有赖于多个条件的确定，只有进行详细的研究并把握住各个环节及其影响因素，才能设计出有效、安全的拆除爆破方案，考虑不周或计算错误都会造成严重事故。

拆除爆破设计是对要拆除的建（构）筑物确定采用的最基本的爆破方案、设计思想。如对一座建筑物的拆除爆破，是采用定向倒塌方案、折叠倒塌方案，还是一次爆破方案；对烟囱、水塔类结构物爆破时倒塌方向的选择，如果整体定向倒塌的场地不够，或是对倒塌方向有严格的约束条件时，是否需要提高爆破部位的高度？是否要采用分段（高度）进行折叠的定向爆破倒塌方案？

爆破设计方案要在对多种设计方案进行比较的基础上确定。比较的内容为设计方案的安全可靠性、爆破后建筑物构件解体是否充分、爆破施工作业量和在经济上是否节省。

B 技术设计

拆除爆破技术设计是指在爆破设计方案确定后进行的设计工作。设计文件的具体内容有工程概况、爆破设计方案、爆破参数的选择、爆破网路设计、爆破安全设计及防护措施等。

C 施工设计

拆除爆破施工设计主要是为实现爆破技术目的而对施工具体内容、步骤的设计。其包括炮孔的平面布置，炮孔的深度、方向和编号，分层装药结构设计，墙和柱的编号，药包的装药量和编号，起爆击发点个数和位置的确定，安全防护材料的选择和防护措施等。

9.5.2.3 拆除爆破网路设计

一座大型建筑物的拆除爆破需要布置多个炮孔，有的多达数千甚至上万个。要确保每个雷管都能安全准爆，爆破网路设计和施工质量十分重要。拆除爆破起爆网路的特点是雷管数量多，起爆时间要求准确。为此，拆除爆破起爆网路一般采用电起爆网路和导爆管雷管起爆网路。拆除爆破禁止采用导爆索起爆方法，因为导爆索传爆时有大量炸药在空中爆炸，空气冲击波对周围环境的危害和干扰很大。

拆除爆破采用电力起爆系统时要严格按设计网路施工，校核起爆电源的输出功率，确保流经每个雷管的电流大于《爆破安全规程》（GB 6722—2003）的要求值和工程设计值。拆除爆破工程多采用起爆器作为起爆电源。

导爆管起爆网路起爆量大，网路连接方便，目前在拆除爆破工程中用得最多。导爆管起爆网路连接多采用束（簇）接和四通连接的方法，大型起爆网路都会设计采用复式交叉起爆网路。导爆管起爆网路和起爆点火可以采用电力起爆或导爆管击发点火的方法。这两种方法都可以实现准时起爆。准时起爆是城市拆除爆破工程管理中必须做到的。

大型起爆网路设计若采用孔内外延期技术，则孔内应采用高段位的延期雷管，孔外采用低段位的延期雷管，且孔内起爆时间应大于孔外延期累计时间，以避免第一响药包爆破的飞片打坏孔外正在传播信号的导爆管或雷管，造成拒爆事故。

9.5.2.4 拆除爆破药量的计算

在拆除爆破药量计算经验公式中，爆破的破碎程度和材料强度的影响都体现在单位炸药消耗量 q 内。选择合适的单位炸药消耗量 q 值时，应考虑临空面条件、爆破器材的品种和性能，以及填塞质量要求。

9.5.3 拆除爆破设计参数

在拆除爆破的技术设计中，如何正确选择设计参数是一个非常重要的问题，每一个参数选择是否恰当，直接影响到爆破效果和爆破安全。目前，在拆除爆破工程中，设计参数一般是根据经验数据，并参照同类型爆破的成功参数，有时还结合小型爆破试验的结果进行综合分析比较加以确定。采用浅孔爆破法的拆除爆破，其设计参数包括最小抵抗线、炮孔间距 a、排距 b，炮眼深度 l、单位用药量 q 及单孔装药量 Q 等，这些参数应根据一定的原则和方法选取。

基本计算公式为

$$Q=qV \tag{9-29}$$

式中 Q——单孔装药量，kg；

q——单位炸药消耗量，kg/m^3；

V——爆破破碎体积，m^3。

于是，不同结构条件下单孔装药量 Q 的计算公式有如下形式：

$$Q=qaWH \tag{9-30}$$

$$Q=qabH \tag{9-31}$$

$$Q=qaBH \tag{9-32}$$

$$Q=qW^2l \tag{9-33}$$

式中 a——炮孔间距，m；

W——最小抵抗线，m；

b——炮孔排距，m；

B——爆破体的宽度或厚度，$B=2W$，m；

H——爆破体的高度，m；

l——炮孔深度，m；

q——单位炸药消耗量，kg/m^3。

式（9-31）适用于多排布孔时中间各排炮孔的单孔装药量计算，这些炮孔只有一个临空面。

式（9-32）适用于爆破体较薄，只在中间布置一排炮孔时的单孔装药量计算。

式（9-33）适用于钻孔桩头爆破的单孔装药量计算，爆破时在桩头中心向下钻一个垂直炮孔。柱头爆破是多面临空条件下的爆破，式中的 W 即为桩头半径。

实爆前，可选择典型部位按设计选取的单位炸药消耗量和单孔装药量进行试爆。试验爆破要按实爆时的孔网参数布置炮孔，试爆的炮孔应有一定的数量，一般不少于 3 个，应根据爆破效果调整爆破单位炸药消耗量。

9.6 聚能爆破技术

聚能爆破，是利用一定的装药结构设计出特定的聚能药包对爆破对象进行作用的一种爆破方法。该方法的特点是能量集中、方向性强、穿透力大、能量密度高等，在实际工程中聚能药包还具有体积小、效果好、作用迅速、减少施工人员、减轻作业人员的劳动强度等优点，而整个施工过程更具有操作简单、对作业环境要求较低等特点，能给整个工程带来可观的经济效益。因此，逐渐受到国内外爆破界的普遍重视。

9.6.1 聚能爆破技术

9.6.1.1 基本原理

聚能爆破技术主要是以聚能效应为基础，将装药前段（即与致裂方向一致）做成空穴，将聚能穴用金属制成药型罩，使当爆轰波传至药型罩时，爆轰产物将改变由于方向，就会在装药轴线上汇集、碰撞，产生高压，使金属罩变成液体形成沿轴向方向向前射出的一股高速、高密度的细金属射流并穿透岩体，产生初始裂缝，通过爆生气体进一步将裂缝扩展贯通形成断裂面。

9.6.1.2 聚能药包的结构与形式

A 基本构成

聚能药包由外壳、药型罩、炸药和起爆装置组成，如图 9-14 所示。

B 药包形式

无论聚能药包应用于什么目的，其作用主要是穿孔或切割。根据形成射分流形式的不同，聚能药包有：

(1) 圆柱形聚能药包，药型罩的形状为轴对称型，其装药爆炸后可形成一束线性射流，主要用于穿孔。

(2) 线性楔形聚能药包，产生的射流为一个平面，即形成面性射流，其药型罩的形状为面对称型，这类聚能药包主要用于金属板材、管材的线性切割，即“聚能切割刀”。

(3) 球形聚能药包，其药型罩为中心对称型，中心有球形空腔和球形罩，外表敷装炸药，在中心可获得极大的能量集中，应用很少。

9.6.1.3 多点聚能爆破

多点聚能切割爆破新工艺的设想来源于邮票的启示，在一整张邮票上，纵向和横向都

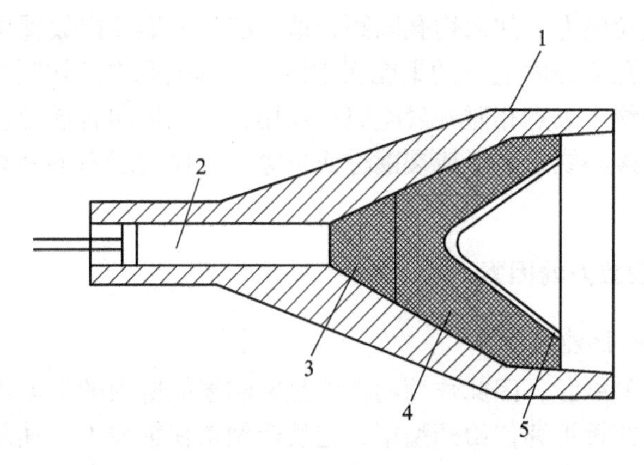

图 9-14 穿孔聚能药包构成
1—外壳；2—电雷铧；3—传爆炸药；4—主爆炸药；5—药型罩

有整齐致密的针孔，只需要轻轻一撕，一张张小邮票就沿着针孔被整齐地撕下来，而且小邮票边缘不会受到破坏。鉴于聚能射孔的作用，可以设想，如果在岩石炮孔中用导爆索串联若干个小聚能药包，聚能药包的聚能穴均对准预定方向，则当聚能药包被引爆后，就可以沿炮孔轴向、在炮孔壁预定的方向上形成一排射孔，如图 9-15 所示。若各个聚能药包间隔距离适当，则炮孔壁岩石就可以在爆生气体的膨胀作用下沿着多个射孔的连线（预定方向）被拉开，使岩体按设定方向拉裂成型。

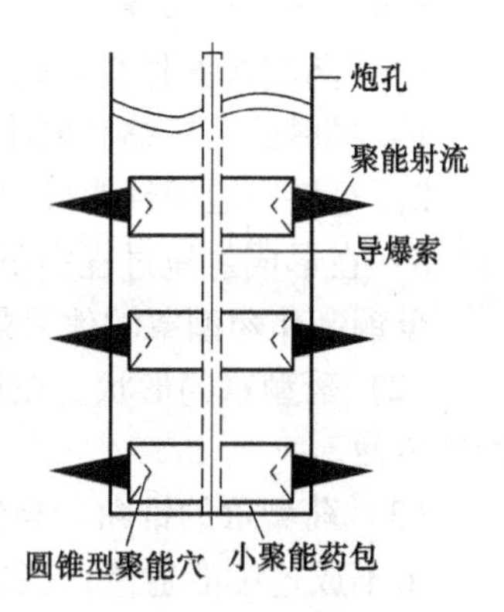

图 9-15 多点聚能爆破技术示意图

9.6.1.4 多点聚能爆破切割器

巷（隧）道掘进过程中，巷道断面的成型未能得到很好的解决，使得炮孔利用率偏低，是影响施工质量、速度的主要因素。此外，许多大型水电工程都要求高精度开挖爆破，不仅需要开挖断面规格符合设计要求，而且要尽量减少爆破破坏深度，聚能爆破技术无疑是解决此类问题的一种好方法。根据聚能原理，当带楔形罩的聚能炸药被引爆后，由起爆点传播出来的爆轰波到达药型罩罩面时，金属罩由于受到强烈的压缩，将迅速向对称面运动，速度很高，结果在对称面上金属会发生高速碰撞，并从药型罩内表面挤出一部分高速运动的金属，爆轰波连续向罩底运动，内表面连续挤出金属，当药型罩全部被压向对称面以后，就在对称面上形成一股高速运动的刀片状金属射流和一个伴随金属流低速运动的杵体。这种高速、高能量密度的金属射流与靶子作用时，穿透效果大大超过无罩聚能装药。

岩石作为脆性材料，抗拉强度很低，线型聚能爆炸切割器对岩石的切割作用就是利用其所产生的高速、高能量密度刀片状金属射流在岩石上开槽，以控制断裂方向，然后在应力波和爆轰气体的作用下，把岩石拉断。

线型聚能爆炸切割器（以下简称切割器）爆炸时，在炮孔连心方向上金属聚能流把岩石打出切割槽，造成应力集中。当高压爆轰气体进入切割槽后起到了“气楔”的作用，使切割槽前端产生裂隙并进一步向前发展。切割器爆轰引起的径向压缩应力波，在传播过程中会在切向形成衍生拉应力。如果炮孔间距合适，在相邻炮孔内放置切割方向相对（即切割方向相对且处于炮孔连心面上）的聚能切割器，则两炮孔内的切割器齐发爆破时，应力波将会在两炮孔连心线中央点相碰并发生叠加作用，形成切向合成拉应力。在以上几种力的共同作用下，炮孔连心线上将形成裂隙进而贯穿，可控制岩石的断裂方向，进而达到控制爆破的目的。

9.6.2 影响聚能爆破威力的因素

9.6.2.1 炸药的性能

炸药是聚能爆破的能源，因此炸药的性能是影响聚能威力的根本因素。当聚能药包爆炸时，它释放出来的能量迅速传给药型罩，迫使药型罩在轴线上高速压合和碰撞，产生高速运动的射流。药型罩压合和碰撞的速度主要取决于炸药的爆轰压力，理论分析和试验结果表明，聚能威力随着爆轰压力的增加而增加。

9.6.2.2 药型罩

（1）药型罩的材料。药型罩材料必须满足以下几点要求：

1）材料的可压缩性要小，密度要大。

2）塑性和延展性要好。

3）在形成射流过程中不会产生汽化。

紫铜制作药型罩的效果最好，其次是铸铁、钢和陶瓷。

（2）药型罩的形状。在选取药型罩的形状时，应考虑它的聚能效果要好，形状简单和加工方便。

（3）药型罩的锥角。当锥角小于30°时穿孔性能很不稳定，0°时射流的质量极小，基本上形不成连续的射流；当锥角介于30°~70°之间时，射流具有足够的质量和速度，才能起到破碎和穿孔的作用。小锥角时，射流速度较高，有利于提高穿孔深度；大锥角时射流质量提高，穿孔深度变小，但穿孔直径增大。

（4）药型罩的壁厚。药形罩的最佳壁厚随着药型罩材料比重的减小而增加，随锥角的增大而增加，随罩的直径增大和外壳的加厚而增加。

9.6.2.3 炸高

炸高是指从聚能药包底面（药型罩底面）到目标物间的最短距离。爆轰产物在药型罩作用下向轴线方向汇聚、碰撞、聚焦、延伸形成射流的过程中，需要一个适当的空间距离。如距离过大，射流会发生径向分散、摆动，延伸到一定程度后会发生断裂的现象，使穿孔效果降低，甚至失效。与最大穿孔深度相对应的炸高，称为有利炸高，它与药型罩的材质、锥角大小、炸药性能以及有无隔板都有关系。一般来说，有利炸高是药型罩底部直径的1~3倍。

9.6.2.4 隔板

隔板是装在药型罩顶部和聚能药包顶面之间的一块板材。在聚能药包中采用隔板，目的在于改变在聚能药包中传播的爆轰波波形、控制爆轰方向和爆轰波到达药型罩的时间，提高爆炸载荷，从而增加射流速度，提高聚能度。

9.6.2.5 药包的壳体

壳体对穿孔效果的影响是通过壳体对爆轰波波形的影响产生的。主要表现在爆轰波形成的初始阶段没有壳体时，隔板前的中心爆轰波与通过隔板周围的侧向爆轰波同时到达罩的顶部，使罩顶受载均衡。当使用有壳药柱时，爆轰波在壳体壁面发生反射，从而使壁面附近爆轰波能量加大，使侧向爆轰波较中心爆轰波提前到达药型罩壁面，造成罩壁受载不均衡，迫使罩壁向后喷形成反射流，一方面，使整个射流不集中和不稳定，导致穿孔深度减小；另一方面，有壳药柱可以减弱稀疏彼此的作用，有利于提高炸药能量的利用率。

9.6.2.6　药包形状的几何参数

在确定药包的结构形状时必须综合考虑各方面的因素，既要使装药重量最轻，又要使聚能效果好，这就要求更有效地利用炸药，选择合适的装药结构。在整个聚能药包中，参与形成聚能射流的炸药仅是靠近药型罩的一定厚度的炸药层，这一层炸药叫作有效炸药层。其他不直接参与聚能效应的那部分炸药叫作非有效炸药，它的作用是使有效炸药层达到稳定爆轰，并使有效炸药层的能量得到充分利用。根据聚能药包中炸药层的作用不同，同时考虑到药型罩顶部至轴线闭合距离很短，因此常将圆柱形药包做成截头圆锥形，这样既可减轻装药重量，又可保证聚能效果。

习　题

9-1　什么是控制爆破，控制爆破有什么特点？

9-2　简述控制爆破的分类，各自有什么优缺点？

9-3　什么是微差爆破？微差爆破有哪些作用？

9-4　光面爆破的装药结构有几种，各自的使用条件是什么？

9-5　炮孔填塞的作用有哪些？

9-6　光面爆破有哪些优点？解释光面爆破破岩机理。

9-7　光面爆破参数如何确定，对光面爆破施工有哪些要求，光面爆破质量检验标准和方法是什么？

9-8　挤压爆破的原理及爆破参数有哪些？

9-9　光面爆破和预裂爆破相比，有什么不同？

9-10　预裂爆破的主要参数有哪些？

9-11　简述聚能爆破技术的基本原理。

10 爆破数值模拟技术

10.1 爆破数值模拟发展简述

在爆炸力学问题中，由于各种相关的参量如应力、温度以及质点振动速度等在空间和时间上变化剧烈，因此解析法只能对一些极其简化的典型问题进行求解。同时，由于测量方法和工具的限制，对于岩体爆破这种瞬间发生的高温高压过程，实验室试验很难直观反映出来，并且试验的重复性也较差。随着计算机和数值算法的不断进步，数值试验由于可以再现整个爆破过程，从而受到越来越多研究者的重视，并取得了很多重大的研究成果。

岩石爆破数值模拟的研究始于20世纪四五十年代，在这一阶段，美国的一些实验室，如加利福尼亚大学劳伦斯辐射实验室，根据弹塑性力学、应力波理论以及流体力学的研究成果，提出了一系列爆炸力学数值计算方法，为岩石爆破数值模拟的发展奠定了基础。此后，关于岩石爆破模拟的发展进入了快速发展时期。同时，基于不同算法的模拟软件相继问世。

从20世纪70年代开始，美国Sandia国家实验室（SNL）基于一维和二维应力波传播理论，设计了WONDY和TOODY两个可用于岩石爆破模拟的程序。英国ICI公司澳大利亚分公司高级爆破工程师G. Harries提出了广为人知的HARRIES模型，该模型将炮孔等价于厚壁圆筒，可以模拟在爆炸载荷下岩体的裂隙发展、断裂和破碎过程。加拿大皇家军事学院物理学教授Roger Favreau和杜邦公司于20世纪80年代合作推出了BLASPA实用爆破优化系统，并在全世界多个矿山中得到了应用。俄罗斯列别金采选公司还以BLASPA模型理论为基础，研制了ИBC-1爆破数学模拟程序，研究了多种因素对台阶爆破破碎带的影响。20世纪80年代末90年代初SNL开发了CAROM程序，该程序用二维有限元描述运动中的岩石碎块，从而实现对爆破过程中岩石的运动规律和爆堆最终形态的预测。此外，澳大利亚的S. Valiappan和I. D. Lee，瑞典的P. J. Digby，南非的U. M. Llwnds等人也各自开发了岩石爆破模拟程序，并在特定的领域得到了应用。LS-DYNA、ABAQUS以及AUTO-DYNA等通用非线性动力学软件的推出和广泛应用，表明对岩石爆破数值模拟的研究达到了一个新的水平。

我国对于岩石爆破模拟的研究略晚于西方发达国家，但也取得了很多研究成果。20世纪80年代，马鞍山矿山研究院基于“露天矿台阶爆破矿岩破碎过程的三维数学模型”，编制了BMMC程序，其计算结果和实际工程吻合较好。长沙矿山研究院也推出了BAST岩石爆破块度分布模拟程序，并在德兴铜矿爆破参数优化研究项目中得到了应用。国内高校的一些学者，如金乾坤、王志亮、于亚伦和王庆国等人，根据各自提出的岩石爆破理论模型，利用通用的商业软件对岩石爆破断裂损伤等相关问题进行了研究。

10.2 岩石爆破数值模拟方法

10.2.1 动力有限元法

弹性静力学问题一般是基于连续性、均匀性、各向同性和小变形假设，通过建立弹性力学的基本方程——平衡方程、几何方程和物理方程，在附加边界条件的情况下求解应力、应变和位移。

静力学问题的有限元数值计算首先是将结构空间离散化，然后在离散的单元上进行位移插值

$$u_i(x,y,z)=\sum_{j=1}^{n}N_j(x,y,z)u_{ij} \tag{10-1}$$

式中 i——空间坐标指标，$i=1,\ 2,\ 3$；

j——有限元单元节点编号，$j=1,\ 2,\ \cdots,\ n$；

u_{ij}——单元第 j 个节点 i 方向位移；

$N_j(x,\ y,\ z)$——单元第 j 个节点 Lagrange 插值函数。

可见，式（10-1）实质上规定了单元的变形模式。

将几何方程和物理方程改写为矩阵形式

$$\boldsymbol{u}=\boldsymbol{N}U,\boldsymbol{\varepsilon}=Cu=CNU=\boldsymbol{B}_{\mathrm{B}}U,\boldsymbol{\sigma}=D\boldsymbol{\varepsilon}=\boldsymbol{D}\boldsymbol{B}_{\mathrm{B}}U=\boldsymbol{S}U \tag{10-2}$$

式中 $\boldsymbol{\sigma}=\{\sigma(x,y,z)\}$；

$\boldsymbol{\varepsilon}=\{\varepsilon(x,y,z)\}$；

$\boldsymbol{u}=\{u(x,y,z)\}$；

$U=U(x,y,z)$；

$\boldsymbol{N}$——单元形函数矩阵，$\boldsymbol{N}=[N]$；

$\boldsymbol{B}_{\mathrm{B}}$——单元几何矩阵，$\boldsymbol{B}_{\mathrm{B}}=[B]$；

$\boldsymbol{S}$——单元应力矩阵，$\boldsymbol{S}=[S]$。

然后根据虚功原理，有

$$F=\iiint \boldsymbol{B}_{\mathrm{B}}^{\mathrm{T}}\boldsymbol{D}\boldsymbol{B}_{\mathrm{B}}\mathrm{d}x\mathrm{d}y\mathrm{d}z\cdot U=\boldsymbol{K}\cdot\boldsymbol{U} \tag{10-3}$$

式中 $\boldsymbol{K}$——结构的刚度矩阵，$\boldsymbol{K}=\iiint \boldsymbol{B}_{\mathrm{B}}^{\mathrm{T}}\boldsymbol{D}\boldsymbol{B}_{\mathrm{B}}\mathrm{d}x\mathrm{d}y\mathrm{d}z$。

若将边界条件代入，则可求出 U，再将 U 代回式（10-2）求得相应的位移、应力和应变值。

与静力学问题相比，动力学问题要复杂得多。求解动力学问题时，除了考虑变形体的应变能和外力势能，还需考虑物体的动能，并建立包含这些能量的泛函数，然后根据其驻值条件才可得到动力学的控制方程及定解的条件。一般而言，求解弹性动力学问题主要有以下三类方法：频域方法、时域方法和响应谱方法（冲击谱方法）。其中时域方法根据解法的不同又可以分为直接积分法、模态叠加法与状态空间法。直接积分法是最常用且较容易实现的方法，其主要的算法包括中心差分法（显式）、Houbolt 法（隐式）、Wilson-θ 法（隐式）和 Newmark 法（隐式）等。显式中心差分法是软件 LS-DYNA^{3D} 采用的主要算法，

隐式 Newmark 法是 ANSYS 软件中动力响应计算部分的主要算法。

10.2.2　离散元法

岩石爆破过程的断裂和破碎是一个复杂的物理过程，当药包在孔中起爆后，冲击波和爆生气体作用于周围岩石并使之产生初始裂纹，由于岩石中含有许多天然节理、裂隙等不连续面，因而有利于新生裂纹充分扩展，形成密集裂纹网格，最后导致岩石破碎。在岩石爆破模拟中若采取有限元方法不能解决岩石中的不连续面对爆破作用的影响，使用离散元计算可以弥补这一缺陷。

离散单元法（DEM）最初是由 Cundall 和 Strack 提出并用于分析非连续介质问题的一种数值方法。对于岩体介质而言，该方法把节理岩体视为由离散岩块和岩块间节理面组成，允许岩块平移、转动和变形，而节理面可被压缩、分离或滑动。其一般求解过程为：

(1) 将求解空间离散为离散元单元阵，并根据实际情况选择相应的连接元件将相邻单元进行连接；

(2) 将单元间相对位移视为基本变量，并由力与相对位移的关系可求得单元间法向与切向作用力；

(3) 基于牛顿第二运动定律，对各个方向上单元间作用力以及外力对单元作用力进行求解，并以此求得单元加速度；

(4) 以单元加速度对时间进行积分，求得单元速度和位移，进一步得到所有单元在任意时刻速度、加速度、角速度、线位移和转角等物理量。

对于岩体爆破问题，离散元法只需将爆炸载荷作为外力载荷即可。如将单元视为刚性块体，对于相邻单元采用面-面接触，则单元的运动可由式（10-4）确定。

$$\boldsymbol{M}\boldsymbol{a}+\boldsymbol{C}\boldsymbol{v}=\boldsymbol{F}^{\mathrm{ext}}-\boldsymbol{F}^{\mathrm{int}} \tag{10-4}$$

式中　$\boldsymbol{a}$——块体的加速度向量；

$\boldsymbol{v}$——块体的速度向量；

$\boldsymbol{M}$——质量矩阵；

$\boldsymbol{C}$——阻尼矩阵；

$\boldsymbol{F}^{\mathrm{ext}}$——作用于块体的外力之和，N；

$\boldsymbol{F}^{\mathrm{int}}$——作用于块体的 6 个面和 24 个形心的接触力及其产生的力矩向量。

如用爆炸载荷 $\boldsymbol{F}^{\mathrm{blast}}$ 替代 F^{ext}，则可得到爆炸载荷下单元的运动方程：

$$\boldsymbol{M}\boldsymbol{a}+\boldsymbol{C}\boldsymbol{v}=\boldsymbol{F}^{\mathrm{blast}}-\boldsymbol{F}^{\mathrm{int}} \tag{10-5}$$

此时，再在此运动方程基础上，添加爆炸相关的其他状态方程，就可实现对岩体爆破过程的离散元模拟。

10.2.3　复合分析方法

复合分析方法是指利用多种数值算法对某一问题进行复合分析的方法。这种方法由于可以发挥不同数值算法各自优势，从而受到研究者广泛关注。下面介绍利用有限元-离散元复合分析方法建立的岩石爆破断裂、破碎及抛掷模型。

典型的有限元-离散元复合分析，包括对大量分离体变形、断裂、破碎、运动以及它们之间相互作用的分析。采用有限元-离散元复合分析岩石爆破过程，需要给出岩石从初始整体岩体变成碎石爆堆之间相应的机制。这些机制包括从初始爆炸载荷及引起的岩体应力波等因素，到岩石变形与爆生气体的膨胀过程，岩石的断裂、破碎，以及进一步变形和破坏岩石在重力、内部作用力的作用下的运动，直至最终状态的能量耗散机制。从连续到非连续的转变，在岩石爆破的有限元-离散元复合分析中起着重要作用。

脆性材料破坏是由于靠近裂纹尖端单向应力场的作用，该作用以能量释放率 G_1 应力强度因子或轮廓线积分来表征。在有限元-离散元复合分析方法中把这些相对简单的公式化为相对复杂的算法程序，包括裂纹的产生、延伸，网格的重新划分，旧网格参数改变为新网格参数，以及内部应力释放、等效作用力替代等。有限元-离散元复合分析方法更适用于局部裂纹破碎处理和裂纹生成处理。其中包含平滑裂纹和单个裂纹处理两个方面。

10.2.3.1　平滑模型

裂纹平滑处理是用钝化的裂纹近似代替单个裂纹。此方法符合如下事实，即当岩石承受荷载达到最大值以后，随着局部应变发展，其承载能力下降。峰值载荷过后，可观察到两种破坏机制，即凝聚力丧失和摩擦滑动。裂纹平滑模型试图用应变软化本构原理描述这些过程，然而由于数学方程的不完善还不能解决局部破坏问题。

虽然假设完善的数学问题能用高阶连续方程对固体软化进行精确地表达，但基于塑性软化模型的断裂能量直接解法已在有限元-离散元复合分析方法中得到了成功应用。从有限元-离散元复合算法应用来看，基于塑性软化模式利用断裂能量来控制表面破坏的演化在多数情况下能够解决网格依赖问题。这是因为小范围的离散单元网格调整，不会对整体结果有多大的影响。

10.2.3.2　单个裂纹模型

有限元-离散元复合算法对局部单个裂纹的处理是建立在 Barenblatt 模型之上的。模型基于岩石正应力近似试验压力曲线，典型应力应变曲线包含了岩石硬化阶段和应变软化阶段，此时应力随应变的增加而降低。应力应变曲线中的应变软化部分与应变局部化有关，一般的网格尺寸敏感问题和网格方位问题可通过约束力分隔裂纹的作用来实现。

10.3　岩石爆破数值模拟常用软件

10.3.1　非线性动力学软件 LS-DYNA

LS-DYNA 是以显式为主和隐式为辅的非线性有限元动力学分析程序，特别适合于求解各种二维或三维非线性结构的高速爆炸、碰撞和金属成形等动力冲击问题，还可以求解流体、传热及流固耦合问题。

最初 DYNA 系列程序是 1976 年在美国 Lawrence Livermore National Lab，由 J. O. Hallquist 博士主持开发并完成的，其研究的主要目的是为武器设计工作提供分析应用程序，经功能扩充和改进后，成为著名的非线性动力学分析软件，广泛应用于内弹道和终点弹道、武器结构设计和军用材料研制等领域。1988 年 J. O. Hallquist 创建 LSTC 公司，推出 LS-DYNA 系列程序，添加薄板冲压成形过程模拟、汽车安全性分析以及流体与固体耦合（Euler 和 ALE）算法等新功能，使得 LS-DYNA 程序系统在军用和民用应用领域的进一步扩大。现在 LS-DYNA 程序已经是功能齐全的几何非线性、材料非线性和接触非线性程序。它以 Lagrange 算法为主，兼有 ALE 和 Euler 算法；以显式求解为主，兼有隐式求解；以结构分析为主，并同时兼有热分析、流体-结构耦合功能；以非线性动力学分析为主，兼有静力学分析功能。如今已成为军用和民用相结合的非线性有限元结构分析程序。

10.3.1.1　LS-DYNA 程序基本功能

分析功能：LS-DYNA 具有广泛的分析功能，可以模拟多种二维、三维结构的物理特性，包括非线性动力学、失效分析、接触分析、任意拉格朗日-欧拉（ALE）分析、多物理场耦合分析和不可压缩流体分析等。

单元库：LS-DYNA 现在有 16 种单元类型，有二维和三维单元。各类单元同时又有多种理论算法可供选择，具有大应变、大位移和大转动等性能，单元积分时采用沙漏黏性阻尼模拟存在的零能模式，可以满足各种薄壁结构、实体结构和流体-固体耦合结构的有限元网格划分需要。

材料模型：LS-DYNA 程序有 140 多种金属和非金属材料模型可供用户选择，如弹塑性、弹性、超弹性、玻璃、泡沫、地质、土壤、流体、混凝土、炸药、复合材料及起爆燃烧、刚性材料及用户自定义材料，并可考虑材料损伤、失效、黏性、蠕变、与温度相关和与应变率相关等物理性质。

接触分析功能：LS-DYNA 的全自动接触分析功能不但易于使用，而且功能十分强大。现有的 40 多种接触类型可以求解接触问题，如变形体对刚体的接触、变形体对变形体的接触、刚体对刚体的接触、板壳结构的单面接触（屈曲分析）等物理性质。

ALE 和 Euler 算法：LS-DYNA 同时具有 Lagrange 算法和 Euler 算法，Lagrange 算法的划分单元网格附着在材料上，在结构变形过大时，有可能使得有限元网格造成严重畸变，导致数值计算的困难或失效。ALE 和 Euler 算法不但可以克服单元严重畸变引起的数值计算困难，而且可实现流固耦合的动态分析。LS-DYNA 还可将 Euler 网格与全 Lagrange 有限元网格很方便地进行耦合。

10.3.1.2　LS-DYNA 显式算法

非线性显式算法不同于隐式算法，对于存在内部接触这样的高度非线性动力学问题，应用隐式算法求解往往无法保证收敛，LS-DYNA 采用显式中心差分法进行求解计算保证了其有条件稳定计算。由于 LS-DYNA 程序的功能和规模很大，采用的理论和算法非常多，以下仅就部分显式算法进行简单介绍。

A　控制方程

取初始时刻的质点坐标为 $X_j(j=1, 2, 3)$，在任意 t 时刻该质点的坐标为 $x_j(j=1, 2, 3)$，则质点的运动方程为

$$x_i = x_i(X_j, t) \tag{10-6}$$

当 $t=0$ 时，初始条件应为

$$x_i(X_j, 0) = X_j \tag{10-7}$$

$$x_i'(X_j, 0) = v_i(X_j, 0) \tag{10-8}$$

式中　v_i——初始速度，m/s。

（1）动量方程：

$$\sigma_{ij,j} + \rho f_i = \rho x_i'' \tag{10-9}$$

式中　f_i——单位质量体积力，N；

σ_{ij}——柯西应力，Pa/s^2；

x_i''——加速度，m/s^2。

（2）质量守恒：

$$\rho V=\rho_0 \tag{10-10}$$

式中　ρ_0——初始质量密度，kg/m^3；

ρ——当前质量密度，kg/m^3；

V——相对体积，变形梯度 $V=|F_{ij}|$，$|F_{ij}|=\dfrac{\partial x_i}{\partial X_j}$。

（3）能量方程。方程用于对状态方程和总能量平衡计算。

$$\dot{E}=VS_{ij}\dot{\varepsilon}_{ij}-(p+q_t)\dot{V} \tag{10-11}$$

$$S_{ij}=\sigma_{ij}+(p+q_t)\sigma_{ij} \tag{10-12}$$

$$p=-\frac{1}{3}\sigma_{ij}\delta_{ij}-q_t=-\frac{1}{3}\sigma_{kk}-q_t \tag{10-13}$$

式中　$\dot{V}$——当前构形体积，m^3；

$\dot{\varepsilon}_{ij}$——应变率张量；

q_t——体积黏性阻力，N；

S_{ij}——偏应力，MPa；

p——压力，N；

δ_{ij}——Kronecker 记号。

（4）边界条件。其中面应力条件如图10-1所示，在 S^1 面力边界上有

$$\sigma_{ij}n_j=t_i(t) \tag{10-14}$$

式中　$n_j(j=1,2,3)$——当前构形边界 S^1 的外法线方向余弦值；

$t_i(j=1,2,3)$——面力载荷。

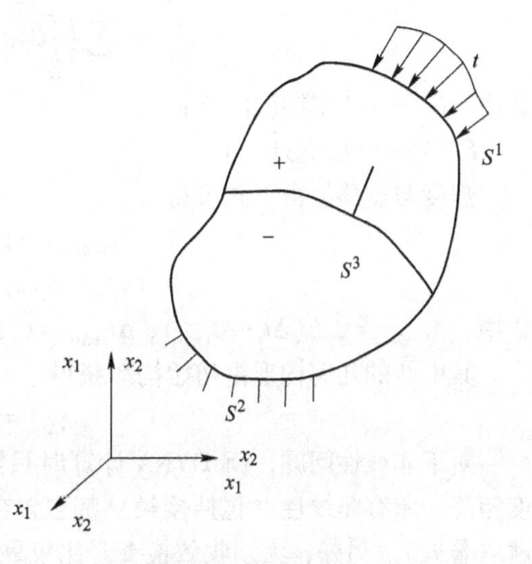

图 10-1　边界条件

S^2 位移边界上位移条件为

$$x_i(X_j,t)=K_i(t) \tag{10-15}$$

式中　$K_i(t)(i=1,2,3)$——给定的位移函数。

滑动接触面 S^2 作为间断处的跳跃条件为

$$(\sigma_{ij}^{+}-\sigma_{ij}^{-})n_j=0 \tag{10-16}$$

由伽辽金法弱形式平衡方程可知

$$\int_V(\rho\dot{x}-\sigma_{ij,j}-\sigma f_i)\delta_{x_j}\mathrm{d}V+\int_{S^1}(\sigma_{ij}n_j-t_i)\delta_{x_j}\mathrm{d}S+\int_{S^3}(\sigma_{ij}^{+}-\sigma_{ij}^{-})n_j\delta_{x_j}\mathrm{d}S=0 \tag{10-17}$$

式中　V——当前构形体积，m^3；

δ_{x_j}——在位移边界上时满足位移边界条件。

应用散度定理可得

$$\int_V (\sigma_{ij}\delta_{x_j})_{,j}\mathrm{d}V = \int_{S1}\sigma_{ij}n_j\delta_{x_j}\mathrm{d}S + \int_{S3}(\sigma_{ij}^{+} - \sigma_{ij}^{-})n_j\delta_{x_j}\mathrm{d}S = 0 \tag{10-18}$$

进行分部积分

$$(\sigma_{ij}\delta_{x_j})_{,j}\sigma_{ij,j}\delta_{x_j} = \sigma_{ij}\delta_{ij,j} \tag{10-19}$$

从而得到虚功方程

$$\delta\pi = \int_V \rho\ddot{x}_j\delta_{x_j}\mathrm{d}V + \int_V \sigma_{ij}\delta_{i,j}\mathrm{d}V - \int_V \rho f_i\delta_{x_j}\mathrm{d}V - \int_{S1} t_i\delta_{x_j}\mathrm{d}S = 0 \tag{10-20}$$

在程序求解循环中，新时步长由所有单元的最小时步长值来确定

$$\Delta t^{n+1} = \alpha\min(\Delta t_{e1}, \Delta t_{e2}, \cdots, \Delta t_{eN}) \tag{10-21}$$

式中 N——单元总数；

Δt_i——第 i 个单元限时步长；

α——比例因子，缺省值一般为 0.90，对高能炸药材料，缺省值为 0.67。

B 显式时间积分

LS-DYNA 在进行动力计算时采用中心差分法在时间 t 时求加速度

$$\{\boldsymbol{a}_t\} = [\boldsymbol{M}]^{-1}(\{\boldsymbol{F}_t^{\mathrm{ext}}\} - \{\boldsymbol{F}_t^{\mathrm{int}}\}) \tag{10-22}$$

式中 $\{\boldsymbol{F}_t^{\mathrm{ext}}\}$——施加外力及体力矢量；

$\{\boldsymbol{F}_t^{\mathrm{int}}\}$——下式决定的内力矢量

$$\boldsymbol{F}^{\mathrm{int}} = \sum\left(\int_{\Omega}\boldsymbol{B}_{\mathrm{B}}^{\mathrm{T}}\sigma_n\mathrm{d}\Omega + F^{\mathrm{hg}}\right) + F^{\mathrm{contact}} \tag{10-23}$$

式中 $\boldsymbol{F}^{\mathrm{hg}}$——沙漏阻力，N；

$\boldsymbol{F}^{\mathrm{contact}}$——常量力，N。

速度与位移值由下式可得

$$\{v_{t+\Delta t/2}\} = \{v_{t-\Delta t/2}\} + \{a_t\}\Delta t_t \tag{10-24}$$

$$\{u_{t+\Delta t}\} = \{u_t\} + \{v_{t+\Delta t/2}\}\Delta t_{t+\Delta t/2} \tag{10-25}$$

式中，$\Delta t_{t-\Delta t/2} = 0.5(\Delta t_t - \Delta t_{t+\Delta t})$，$\Delta t_{t+\Delta t/2} = 0.5(\Delta t_t + \Delta t_{t+\Delta t})$。

其中新的几何构形由初始构形获得

$$\{x_{t+\Delta t}\} = \{x_0\} + \{u_{t+\Delta t}\} \tag{10-26}$$

对于非线性问题，LS-DYNA 计算时只需要对块质量矩阵进行简单转置，无须转置刚度矩阵，所有非线性（包括接触）都包含在内力矢量中。运动方程非耦合时，可以直接求解（显式）。另外，无须收敛检查。比较重要的是控制时间步长。

此外，与 LS-DYNA 软件类似的常用的非线性动力学软件还有 AUTODYNA、MSC/DYTRAN 等。

10.3.2 颗粒流软件 PFC

PFC^{2D}和 PFC^{3D}软件是由 Itasca 公司开发的基于颗粒流算法的商业软件。该软件采用的理论算法是一种简化的离散单元法，它是用刚性圆形颗粒集合体来表示研究的对象实体，颗粒单元之间通过一定的接触特性相互连接，从而使颗粒结合体宏观力学特性与被离散研

究对象实体力学特性相一致。

在解决连续介质力学问题时，除了边界条件以外，还有3个方程必须满足，即本构方程、平衡方程和变形协调方程。本构方程即物理方程，表征介质应力和应变之间的物理关系。就颗粒介质而言，体现为颗粒接触模型中力与位移的关系。颗粒的运动不是自由的，要受到周围接触颗粒的阻力限制，在离散元方法中这种位移和阻力的规律相当于物理方程，既可以是线性的也可以是非线性的。同样地，平衡方程也需要满足，如果作用在颗粒上的合力和合力矩不等于零，则按照牛顿第二运动定律运动。若使用连接型模型，还要考虑位移是否符合变形协调关系。

进行离散元数值计算时，往往通过循环计算的方式，跟踪计算材料颗粒的移动状况。每一次循环包括以下两个主要计算步骤：

（1）由作用力、反作用力原理和相邻颗粒间的接触本构关系确定颗粒间的接触作用力和相对位移。

（2）通过牛顿第二运动定律确定由相对位移在相邻颗粒间产生的新的不平衡力，直至需要的循环次数或颗粒移动趋于稳定或颗粒受力趋于平衡。

以上计算过程按照时步迭代遍历整个颗粒体，直到每一颗粒都不再出现不平衡力和不平衡力矩为止。计算流程图如图10-2所示。

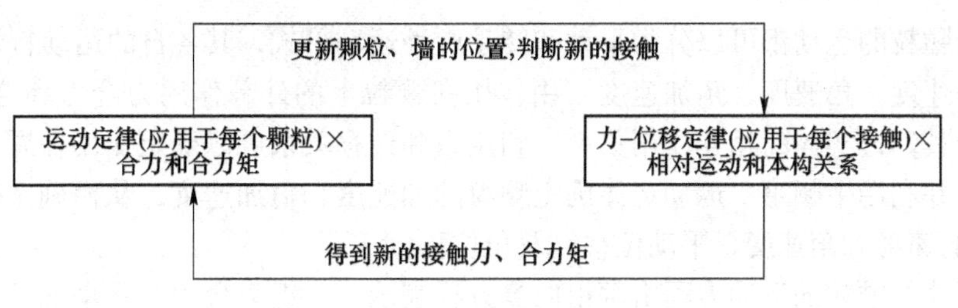

图10-2 计算流程

10.3.2.1 力和位移的关系

颗粒流模型中接触形式有“球-球”接触和“球-墙”接触，如图10-3所示。接触点

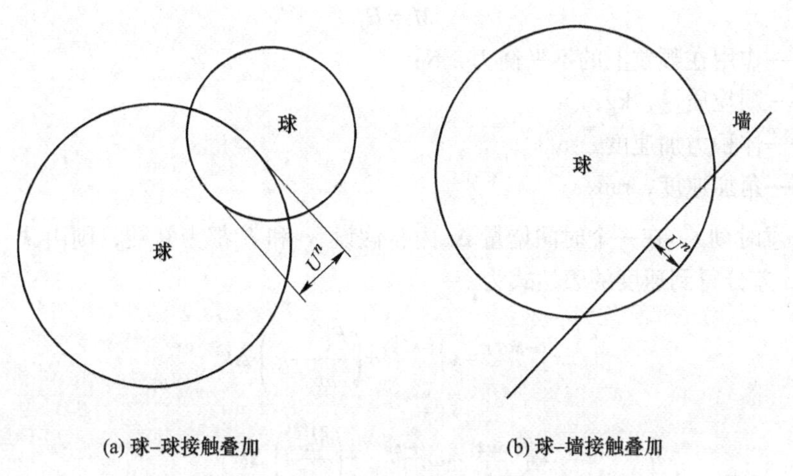

图10-3 球与球及球与墙的接触叠加示意图

的位置根据两个接触实体单元法向量 n 来描述。对于“球-球”接触，单位法向量 n 是沿着两接触颗粒中心连线的方向；对于“球-墙”接触，单位法向量 n 是沿着颗粒中心到墙体最短距离的直线的方向。接触力可以分解为沿法线方向的法向量和在接触平面内的切向分量。力-位移定律通过接触处的法向刚度和切向刚度将接触力的分量与法向和切向相对位移联系起来。

假定两接触实体之间的法向力 F^n 正比于它们之间法向“重叠”量 U^n，则有

$$F^n = K^n U^n \tag{10-27}$$

式中 K^n——接触法向刚度系数，对于线性接触本构，其为常数；对于非线性接触本构，K^n 是颗粒半径、颗粒材料参数的函数。

由于颗粒所受的剪切力与颗粒运动和加载历史或途径有关，所以对剪切力以增量形式计算。当接触形成时，总的切向接触力 F^s 初始化为零，以后的相对位移引起的弹性切向接触力累加到现值上

$$F_i^s = F_{i-1}^s + K^s U^s \tag{10-28}$$

式中 F_{i-1}^s——上一时步的剪切力，N；

K^s——接触切向刚度系数。

10.3.2.2 运动法则

每一个颗粒的运动都可以分为平动和转动两种运动形式，其各自的运动特性（包括平动速度、加速度、角速度、角加速度）由作用在颗粒上的外部作用力合力和合力矩决定。根据颗粒与其邻近实体的相互作用关系，利用力和位移关系可以确定作用在颗粒上的合力和合力矩，并利用牛顿第二运动定律确定颗粒的加速度和角加速度，从而确定颗粒在计算时步 Δt 内的速度、角速度、平动位移以及角位移。

如上所述，颗粒的运动方程由两组向量方程表示，一组为合力与平动的关系，另一组为合力矩与转动的关系，对于二维问题，其运动方程分别如式（10-29）和式（10-30）所示。

$$F_i = m(\ddot{x} - g_i) \tag{10-29}$$

$$M_i = H_i \tag{10-30}$$

式中 F_i——作用在颗粒上的不平衡力，N；

m——颗粒质量，kg；

g_i——体积力加速度，m/s^2；

H_i——角加速度，rad/s。

对于任意时刻 t，在一个时间增量 Δt 内，假设 $\ddot{x}$ 和 H_i 都为常数，则由式（10-29）和式（10-30）差分得到速度的表达式为

$$\dot{x}_i^{(t+\Delta t/2)} = \dot{x}_i^{(t-\Delta t/2)} + \left(\frac{F_i^{(t)}}{m} + g_i\right)\Delta t \tag{10-31}$$

$$\omega_i^{(t+\Delta t/2)} = \omega_i^{(t-\Delta t/2)} + \left(\frac{M_i^{(t)}}{I}\right)\Delta t \tag{10-32}$$

根据式（10-32）确定颗粒在任意时刻的速度和转动速度，并进行数值积分，可以得

到在下一时步开始时颗粒的位置和转角

$$x_i^{(t+\Delta t)} = x_i^{(t)} + \dot{x}_i^{(t+\Delta t/2)} \Delta t \tag{10-33}$$

$$\theta_i^{(t+\Delta t)} = \theta_i^{(t)} + \omega_i^{(t+\Delta t/2)} \Delta t \tag{10-34}$$

利用式（10-33）和式（10-34）可得到模型中每个颗粒单元的新位置坐标，从而就可以进一步判定颗粒之间的空间位置关系（接触或分离），然后继续利用力-位移关系，并选取合适的接触模型分布求出颗粒间的接触力，循环利用式（10-33）和式（10-34），直到建立的模型达到平衡条件为止。

10.3.2.3　阻尼作用

由颗粒组成的模型中，可以通过颗粒间的摩擦滑动来耗散外部输入能量，但当摩擦滑动在某些特殊情况下不起作用，或者在合理的运算时步内颗粒系统通过摩擦滑动不能有效地得到稳态解时，就需要添加其他能量耗散阻尼，PFC 系统提供了 4 种机械阻尼，分别为局部阻尼、类滞回阻尼、组合阻尼以及黏滞阻尼。当黏滞阻尼被激活时，在颗粒之间每个接触处增加了法向和切向阻尼器。这些阻尼器与现存的接触模型并行作用，如图 10-4 所示。阻尼力加入接触力中，阻尼力的法向分量和切向分量为

$$D_i = C_i \left| v_i \right| \tag{10-35}$$

式中　C_i——阻尼常数（$i=n$：法向，s：切向）；

　　　v_i——接触处的相对速度，m/s。

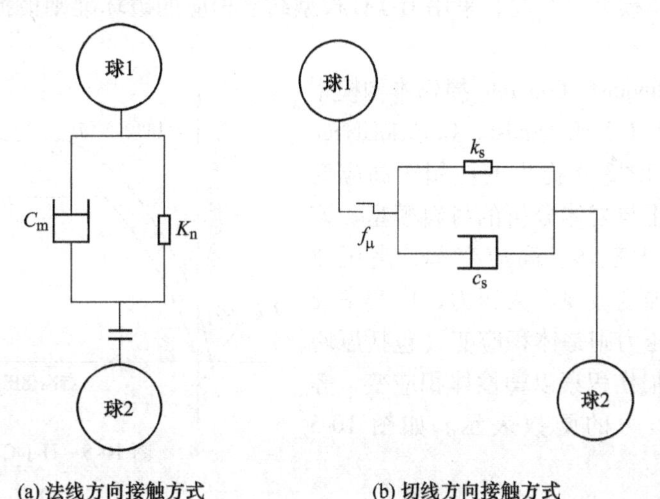

(a) 法线方向接触方式　　(b) 切线方向接触方式

图 10-4　带黏滞阻尼器的接触线形模型

黏性阻尼力与运动方向相反。阻尼常数没有直接给定，法向临界阻尼比和切向临界阻尼比被设定，并且阻尼常数满足方程

$$C_i = \beta_i C_i^{\text{crit}} \tag{10-36}$$

式中　C_i^{crit}——临界阻尼常数，此常数可以由下式计算求得

$$C_i^{\text{crit}} = 2m\omega_i = 2\sqrt{mK_i} \tag{10-37}$$

式中　ω_i——无阻尼系统的固有频率（$i=n$：法向，s：切向）；

K_i——接触切线刚度（$i=n$：法向，s：切向）；

m——颗粒系统的有效质量，g。

在球-墙接触的情况下，m 为球的质量；在球-球接触情况下，m 可通过下式计算求得

$$m=\frac{m_1 m_2}{m_1+m_2} \tag{10-38}$$

式中 m_1，m_2——两接触颗粒的质量，g。

当采用黏滞阻尼时，系统的运动特性取决于临界阻尼比的取值。当 $\beta=1$ 时，系统的响应将以最快的速度衰减到零；当 $\beta>1$ 时，系统处于过阻尼状态，此时系统在一个震动周期内以较慢的速度回归到平衡位置；当 $\beta<1$ 时，系统处于弱阻尼状态，此时系统将在平衡位置处摆动，最终系统的动能衰减为零。

10.4 岩石中爆炸的数值模拟

10.4.1 岩体模型及破坏准则

10.4.1.1 H-J-C 材料模型

炸药在爆炸近区起爆后，岩体将产生很大的应变以至被破坏，应变率效应非常明显，因此岩体模型应当选用与应变率相关的材料模型。目前没有能准确反映岩体脆性材料发生屈服破坏的动力学模型。为此，采用 H-J-C 模型结合相应的破坏准则模拟炸药对岩体的破坏效应。

JoHNSon_ Holmquist_ Concrete 损伤本构模型（H-J-C 模型）是 T. J. Holmqulst、G. R. JoHNSon 和 W. H. Cook 于 1993 年提出的应用于高应变率、大变形混凝土与岩体分析的材料模型。该模型综合考虑了大变形、高应变率、高压效应，其等效屈服强度被规定为压力、应变率及损伤的函数，而压力则是体积应变（包括压垮状态）的函数，损伤积累以塑性体积应变、等效塑性应变及压力的函数表示。如图 10-5 所示。

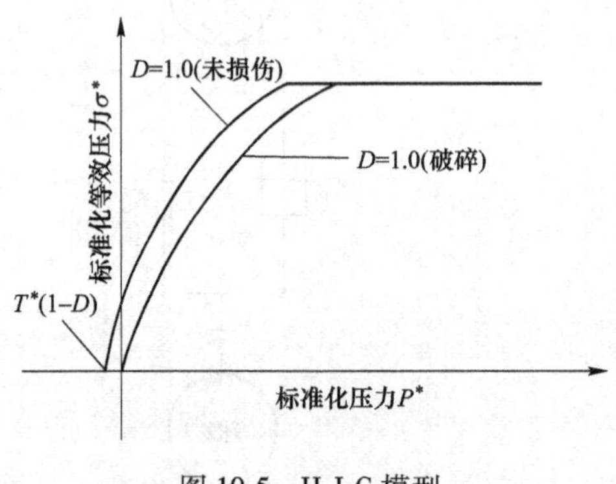

图 10-5 H-J-C 模型

A 等效强度模型

在材料强度的压力相关性和应变率效应的基础上，以规范化等效应力描述该模型的强度

$$\sigma^*=\sigma/f'_c \tag{10-39}$$

式中 σ——实际等效应力，Pa；

f'_c——静态屈服强度，Pa。

$$\sigma^*=[A(1-D)+Bp^{*N}](1+C\ln\dot{\varepsilon}^*) \tag{10-40}$$

式中 p^*——规范化应力，$p^*=p/f'_c$；

$\dot{\varepsilon}^*$——无量纲应变率，$\dot{\varepsilon}^*=\dot{\varepsilon}/\dot{\varepsilon}_0$；

A——标准化内聚力强度，Pa；

B——标准化压力硬化系数；

N——压力硬化系数；

C——应变率系数；

D——损伤量。

B　损伤演化方程

H-J-C 模型以损伤因子表达岩石材料破坏时，在加载过程中微裂纹的出现和扩展，微缺陷的孕育、扩展和汇合以及宏观开裂和材料破坏（图 10-6）。此模型中损伤因子 $D(0\leqslant D\leqslant 1)$ 由等效塑性应变和体积应变累加得到

$$D=\sum\frac{\Delta\varepsilon_{\mathrm{p}}+\Delta\mu_{\mathrm{p}}}{D_1\left(p^*+T^*\right)^{D_2}}\tag{10-41}$$

式中　$\Delta\varepsilon_{\mathrm{p}}$——等效塑性应变增量；

$\Delta\mu_{\mathrm{p}}$——等效体积应变增量；

D_1，D_2——损伤常数；

T^*——材料所能承受的规范化最大拉伸静水压力，$T^*=T/f'_{\mathrm{c}}$。

岩体在自然状态下含有大量的微小孔隙和裂隙，是一种多孔脆性材料。如图 10-7 所示，图中 p_{crush} 和 p_{lock} 分别表示弹性极限点和孔隙压实点的压力，μ_{crush} 和 μ_{lock} 是对应的体应变。故岩体的状态方程可分三段表述。

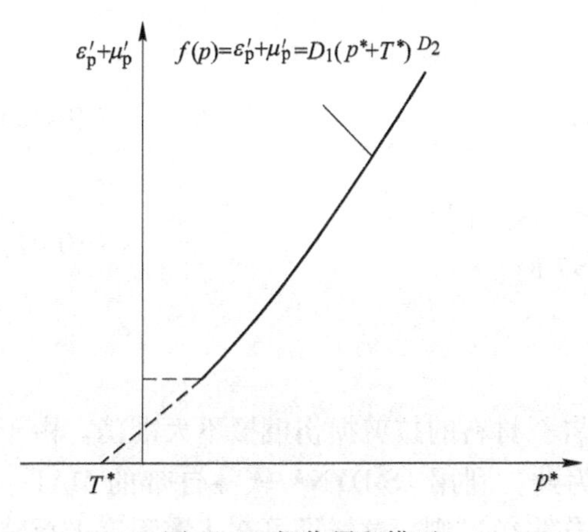

图 10-6　损伤累积模型

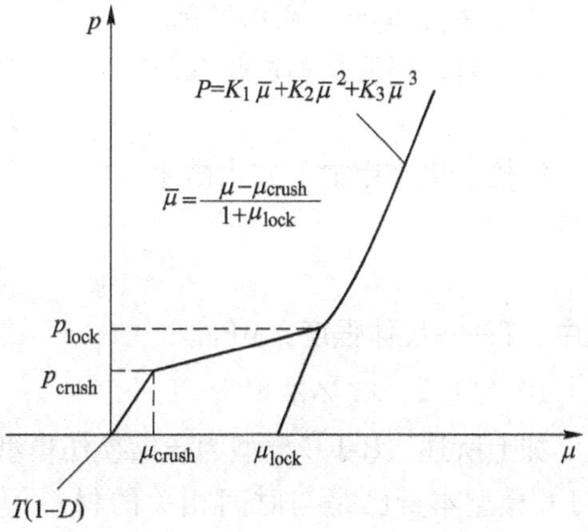

图 10-7　压缩过程中的计算模型

a　线弹性阶段

加载初期，岩体仍表现一定的线弹性特点，此阶段加卸载的体积压缩率可以统一写为

$$p=Ku\tag{10-42}$$

式中　p——初始弹性体积模量，Pa；

u——体积变形，$u=V_0/V-1$；

V_0——单元的初始体积，m^3；

V——单元的现时体积，m^3。

b 压实阶段

在此阶段试样内部的气孔被逐渐排除，结构受到损伤，并开始产生破碎性裂纹，材料出现明显的永久性体积变形。该阶段加卸载路径不同，加载时应力应变可近似呈线性关系，其增量形式表示为

$$\mathrm{d}p=K'\mathrm{d}u \tag{10-43}$$

式中 K'——压实段模量，$K'=(p_{\mathrm{lock}}-p_{\mathrm{crush}})/(\mu_{\mathrm{lock}}-\mu_{\mathrm{crush}})$。

卸载时将出现永久塑性体积变形，以如下插值方式体模量描述卸载过程

$$\mathrm{d}p=[(1-F)K+FK_1]\mathrm{d}u \tag{10-44}$$

式中 K_1——压实点μ_{lock}的体模量，即实体体积模量；

F——插值函数，$F=(\mu^*-\mu_{\mathrm{crush}})/(\mu_{\mathrm{lock}}-\mu_{\mathrm{crush}})$；

μ^*——弹性卸载开始点的体应变。

c 基体压缩阶段

该阶段试样已经完全密实，加载时，应力应变采用非线性关系描述

$$p=K_1\bar{\mu}+K_2\bar{\mu}^2+K_3\bar{\mu}^3 \tag{10-45}$$

式中 $\bar{\mu}=\dfrac{\mu-\mu_{\mathrm{lock}}}{1+\mu_{\mathrm{lock}}}$——实体体积变形；

K_1，K_2，K_3——材料常数。

卸载时，仍遵从弹性卸载假定

$$\mathrm{d}p=K_1\mathrm{d}\bar{u} \tag{10-46}$$

抗拉效果采用如下方式描述

$$p=\begin{cases}Ku & (\text{当}\ 0\leqslant -p\leqslant T\ \text{时})\\ 0 & (\text{当}-p>T\ \text{时})\end{cases} \tag{10-47}$$

式中 T——拉伸强度，MPa。

10.4.1.2 破坏准则

如上所述，H-J-C 模型为压缩损伤模型，对岩石材料的拉剪损伤模拟不大准确。由于H-J-C 模型本身已是与时间相关的材料模型，为此，利用 LS-DYNA 软件自带的 MAT_ADD_EROSION 关键字添加拉伸应力和剪应变损伤失效准则，这样即可在一定程度上反映岩体的动力破坏准则。

在 LS-DYNA 中，以压缩为正，故上述两个破坏准则可用式（10-48）和式（10-49）表示。

$$\sigma_{\mathrm{t}}\leqslant\sigma_{\mathrm{td}} \tag{10-48}$$

$$\gamma\geqslant\gamma_{\max} \tag{10-49}$$

式中 σ_{td}——岩体的动态抗拉强度，MPa；

$\gamma_{\max}$——失效剪应变。

10.4.1.3 材料参数

材料参数可以用岩石的静力学试验参数表示，岩体的动态抗压强度和抗拉强度可近似地用式（10-50）和式（10-51）表示。

$$\sigma_t = \sigma_{td}\varepsilon^{-\frac{1}{3}} \tag{10-50}$$

$$\sigma_c = \sigma_{cd}\varepsilon^{-\frac{1}{3}} \tag{10-51}$$

式中 σ_{cd}——岩体的动态抗压强度，MPa；
σ_c——岩体的静态抗压强度，MPa；
σ_{td}——岩体的动态抗拉强度，MPa；
σ_t——岩体的静态抗压强度，MPa；
ε——加载应变率，对工程爆破，岩体的应变率在 $10^2 \sim 10^4$，此处主要研究岩体的破坏范围，一般取 ε 为 10^4。

10.4.2 基于 LS-DYNA 的爆破模拟

案例简单描述如下：在岩石中一定深度埋置一定质量的立方体炸药，分析炸药起爆后形成的空腔。

建立如图 10-8 所示的计算模型，由于问题对称性，为了节省时间只建立 1/4 个模型，考虑爆炸作用后形成的空腔经验尺寸，取计算区域为 75cm×75cm×150cm 的矩形体，并在地表处建立厚度为 50cm 的空气层，炸药中心位于自由表面以下 70cm 处，计算中的炸药区域尺寸取 5cm×5cm×10cm，图 10-9 所示为计算数值网格。

为避免 Lagrange 单元网格形状畸变可能导致的计算中断问题，采用多物质 ALE 算法，允许同一个网格中包含多种物质。整个建模过程采用 cm-g-μs 单位制。

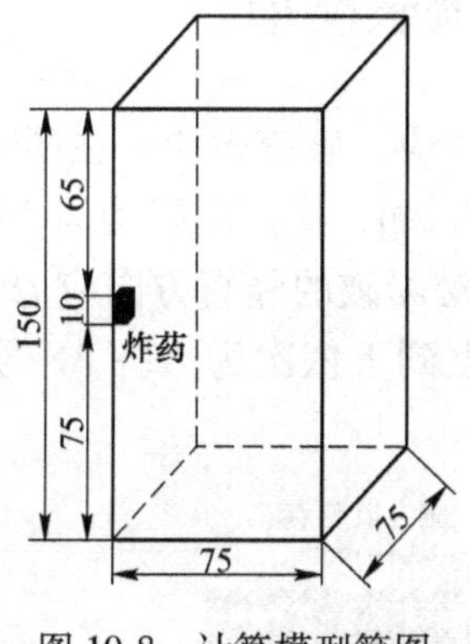

图 10-8 计算模型简图

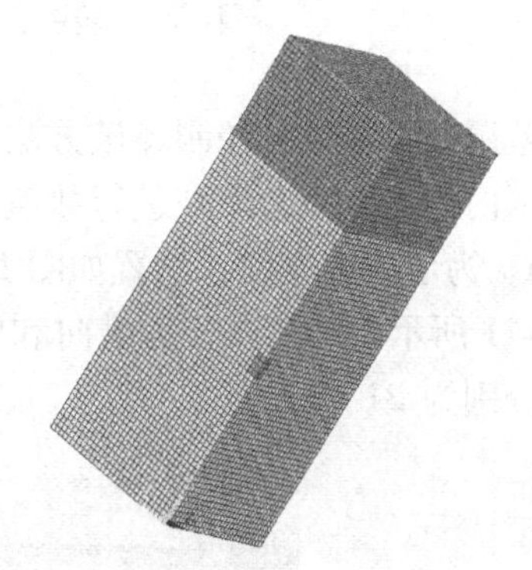
图 10-9 分 PART 显示

将导出的关键词文件修改后递交 LS-DYNA 求解程序并开始计算，将二进制结果文件 d3plot 导入专用的后处理软件 LS-PrePost 中，并分窗口显示压力分布，如图 10-10 所示。

从图中可以看出，炸药在起爆后，应力波以柱面波的形式向外扩展，且随着时间推移，应力波覆盖的范围逐渐扩大，表示炸药对岩石影响的范围逐渐扩大。

除此之外，还可以利用 LS-DYNA 自带的后处理软件 Ls-PrePost 观察空腔形成过程和地面鼓包过程。

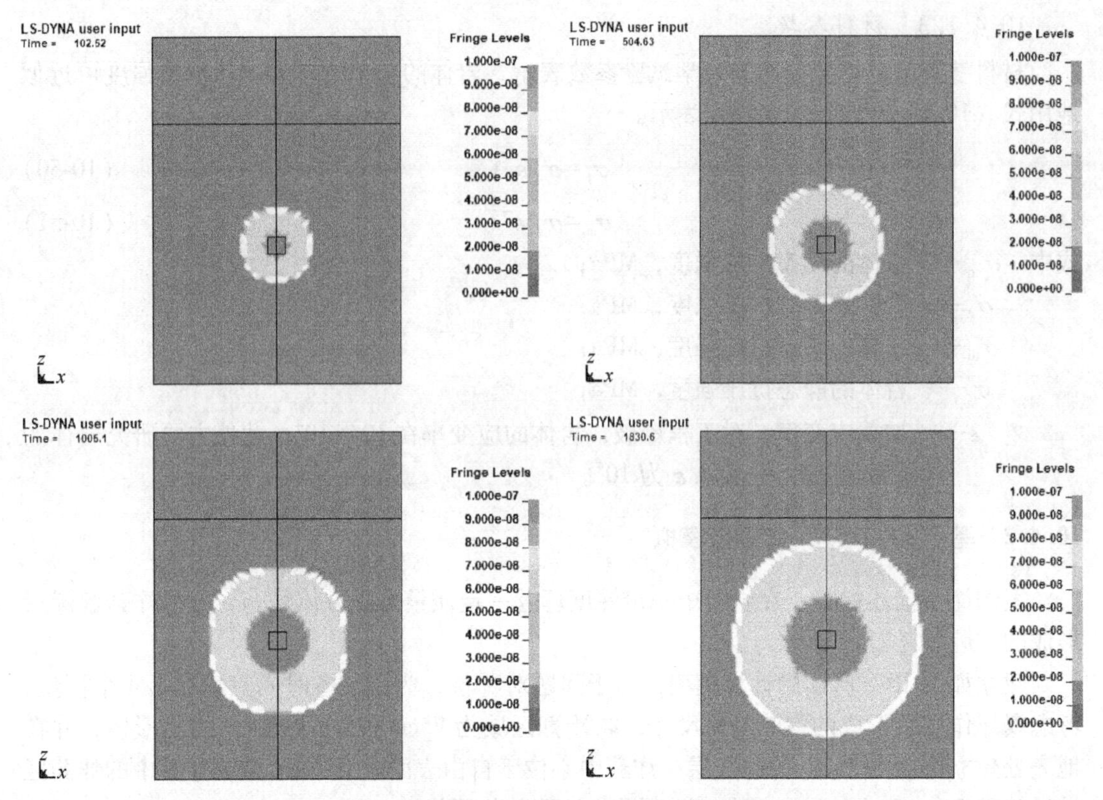

图 10-10 不同时刻的压力分布

10.5 基于 PFC^{2D} 的微差爆破模拟

微差爆破是常见的控制爆破方法，为了分析其错峰效应、破碎效应，在图 10-11 所示岩石范围内对三点微差爆破进行数值模拟。药包埋深均为 2m，横向间距均为 2m，药孔直径 0.1m。为了研究方便，设置如图 10-11 所示的监测点对爆破的竖直方向应力进行监测。如图 10-11 所示，监测点分为横向和竖向两排，竖向从上到下依次为 A1～A8 号，横向从右到左分别为 B1～B10 号。

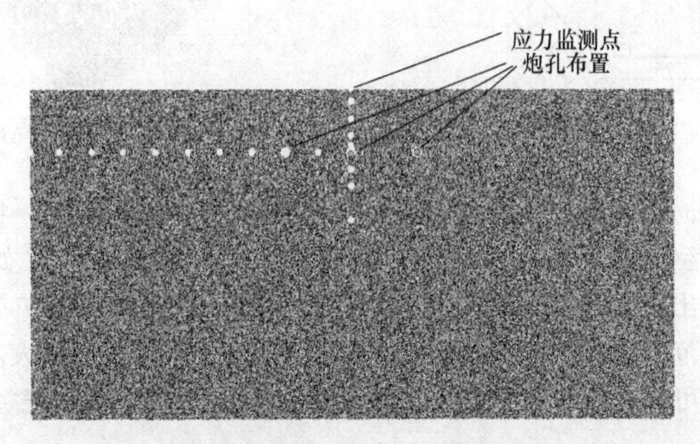

图 10-11 微差爆破炮孔与应力监测布置

微差爆破过程中，使中间药包先起爆，两侧的药包延时 15ms 起爆。第一个药包起爆 6ms 后，即爆破应力达到峰值应力后，爆破漏斗下方的岩体中所产生的岩体裂隙停止发展，而裂隙仅在爆破漏斗内部的岩体中继续发展，使得抛掷的岩块更为破碎。两侧设置的爆炸点在第一个药包爆炸产生的爆破漏斗的范围之外，即第一个药包爆炸并未破坏两侧的爆炸点。在两侧爆炸点起爆的时候，由于第一个药包爆炸已经产生了爆破漏斗，对两侧的爆炸点而言其有 2 个自由面，其最小抵抗线对应的自由面为 *OA* 面（*OB* 面），而非上表面，因此两侧会形成分别以 *OA* 面、*OB* 面为自由面的爆破漏斗。

爆炸过程如图 10-12 所示，其中图 10-12（a）所示分别是 14ms、20ms、100ms 岩石破

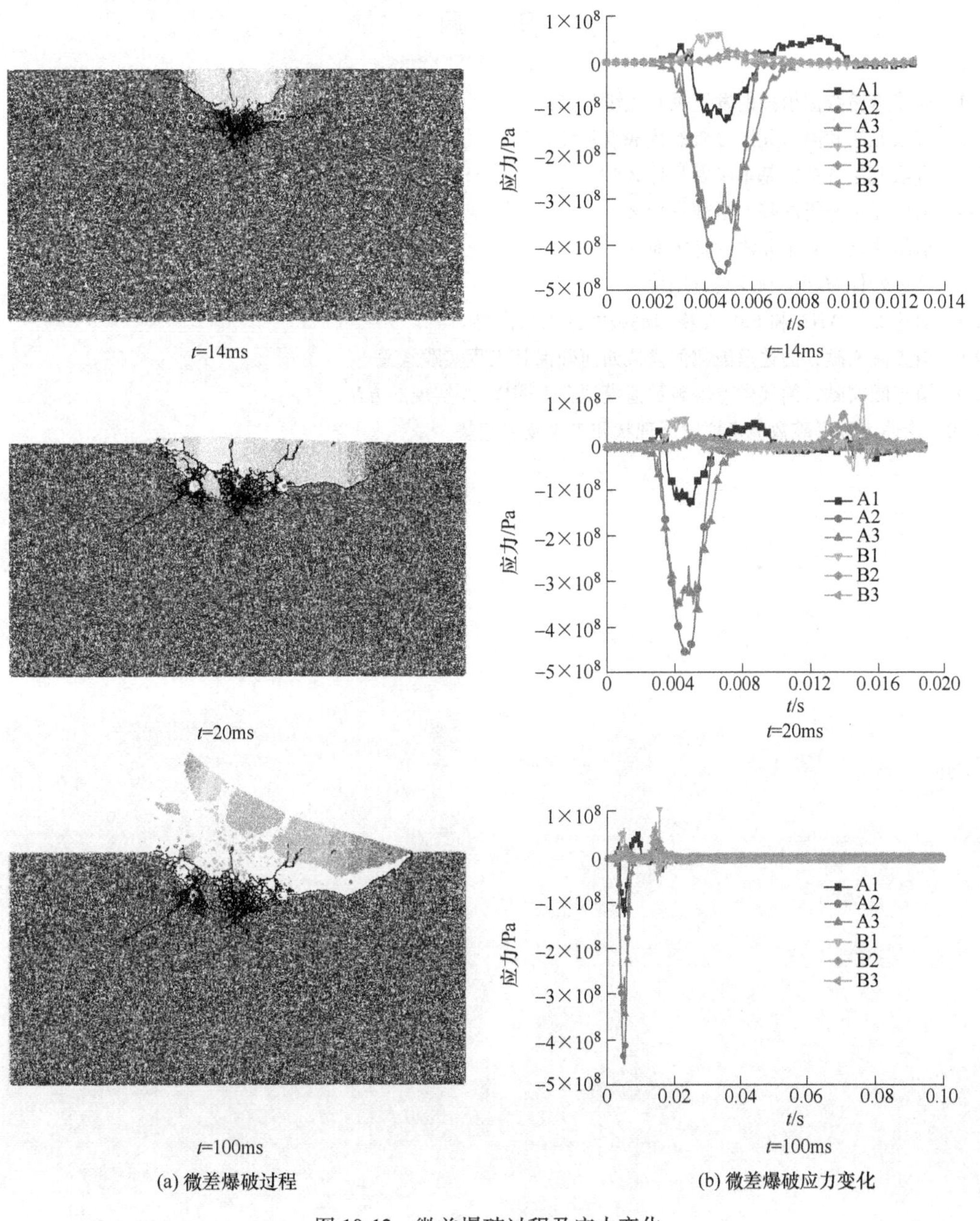

(a) 微差爆破过程　　(b) 微差爆破应力变化

图 10-12　微差爆破过程及应力变化

碎示意图。可以看见，在 14ms 的时候，图中仅有中间炮孔发生爆炸，产生了爆破漏斗且并未影响左右两侧的岩体，与此同时其应力最大 450MPa。图中黑色部分为爆破时岩体裂纹扩展，也并未影响两侧炮孔。随着时间推移到 20ms，左右两侧炮孔爆破，其分别形成新的爆破漏斗，裂纹产生新的扩展。在爆破 100ms 后，爆破产生的应力变化逐渐趋于平静，只剩下爆堆还在进行抛掷。图 10-12（b）所示为对应的应力变化图，爆破应力变化大同小异，仅放爆破漏斗几个监测点的应力变化图，其中在 6ms 之后，第一次爆破产生的应力逐渐趋于稳定，20ms 以后微差爆破形成的应力也逐渐稳定。

习　题

10-1　简述爆破数值模拟的发展及其关键节点。

10-2　有限元法和离散元法分析的优缺点是什么？

10-3　有限元法分析的基本步骤是什么？

10-4　离散元法分析的基本步骤是什么？

10-5　请简述动力有限元法的基本原理。

10-6　简述岩体破坏准则及其适用性。

10-7　简述 LS-DYNA 和 PFC 在模拟爆破的区别与优势。

10-8　请查阅文献，简述爆破数值模拟如何确保其工程实践意义。

10-9　请查阅文献，简述微差爆破数值模拟在 LS-DYNA 实现的方法。

10-10　论述工程爆破数值模拟发展现状和未来发展趋势。

11 爆破安全技术

爆破是目前破碎岩石等坚固介质的有效办法。爆破技术的高效性、经济性和可控性为生产建设开辟了广阔前景。但是如果爆破设计不当，施工操作不规范或爆破器材质量不佳，在爆破生产过程中，如果发生人的非安全行为（失误）和物质环境的非安全状态（故障），或两者交融作用的结果，致使系统能量超越正常范围，导致能量意外转移，形成或增加爆破公害，不仅会影响炸药的能量利用，而且影响周围建（构）筑物设施和人员安全。因此，在爆破设计施工过程中，必须牢固树立“安全第一”“预防为主”的思想观念，真正视安全如生命，树立安全是爆破的永恒目标。全面地运用爆破安全理论分析爆破公害致因，科学地应用降低或消除爆破公害的有效控制技术与安全措施，保证周围人员和建（构）筑物设施与环境的安全。

11.1 爆破危险源及其分类

根据爆破作业特点，爆破施工过程中可能诱发爆破公害的主要危险源包括：

（1）物质器材源。如凿岩设施或检测器具性能状态欠佳，或爆破器材质量不良，炸药变质、过期、雷管断线、断药或变形等；爆破器材储存超量、不同等级的爆破器材混存混放或同车运输等。

（2）人的行为状态源。这是产生爆破事故的主要原因，爆破设计人员技术素质不高，爆破设计方案不合理，参数计算选择不正确；安全意识淡薄，一次允许最大起爆药量或一次爆破规模过大；没有设计选择有效的控制技术；安全管理机制制度不健全；作业人员没按设计规范施工、装药、连线，起爆操作不规范或违规作业；作业人员存在侥幸心理，麻痹大意，防护措施不力等。

（3）电效应源。电效应是各种电磁（流）现象使雷管非正常爆炸的现象，如杂散电流、静电、雷电或射频感应电流等引起的早爆事故。

（4）爆破效应源。爆破效应是爆破介质破碎效果与无功能量对环境引起或衍生的爆破有害影响。如爆破参数设计不合理，最小抵抗线过（变）小过大，炸药单耗大，过量装药，没有应用分能准则合理地分散装药，毫秒爆破或起爆方式不当等，导致爆破对爆区周围人员生命健康、心理和建（构）筑物设施、结构形态产生有害影响。这是目前爆破作业过程中发生的主要爆破危害。

（5）爆破环境源。指爆区环境复杂，人流、交通繁忙，气象风、雨、雾变迁等引发的爆破事故。如爆破引起的近、危建（构）筑物或养殖区损伤事件。

11.2 爆破安全控制

11.2.1 爆破地震效应

爆破岩土介质引起地面质点震动而对周围岩土和建（构）筑物等（物质环境）的影响称为爆破地震效应。爆破地震是由爆破直接引起的地震或建（构）筑物拆除爆破塌落冲击地面引起的冲击地震。爆破地震强度大于某允许限阈时，可能对爆区附近的岩体、边坡或建（构）筑物设施的结构、精度等造成损坏或影响。如滑坡、开裂或结构破坏、坍塌及影响岩体结构稳定性等。爆破地震是当前工程爆破的主要公害。

目前，国内外评价爆破地震强度的物理量主要有地面质点震动的加速度峰值、速度峰值和位移峰值。

我国《爆破安全规程》规定，地面建筑物的爆破震动判据，采用保护对象所在地质点峰值震动速度和主震频率；水工隧道、交通隧道、矿山巷道、电站（厂）中心控制室设备、新浇大体积混凝土的爆破震动判据，采用保护对象所在地质点峰值震动速度。

11.2.1.1 爆破地震强度计算

（1）Sadowski 公式

$$v_j = K_1 \left(\frac{Q^{\frac{1}{3}}}{L_0} \right)^{k_1} \tag{11-1}$$

式中 v_j——介质质点的速度，cm/s；

L_0——观测（计算）点到爆源的距离，m；

K_1，k_1——分别为与爆破条件、岩石特性等有关的系数，不同岩性的取值见表 11-1；

Q——炸药量，kg；齐发爆破时取总装药量；延迟爆破为最大一段的装药量。

表 11-1 爆区不同岩性的 K_1、k_1 值

岩 性	K_1	k_1
坚硬岩石	50~150	1.3~1.5
中硬岩石	150~250	1.5~1.8
软岩石	250~350	1.8~2.0

《爆破安全规程》规定的主要类型的建筑物地面质点的安全振动速度见表 11-2。

表 11-2 《爆破安全规程》规定的安全振动速度

序号	保护对象类别	安全允许振动速度/cm·s^{-1}		
		<10Hz	10~50Hz	50~100Hz
1	土窑洞、土坯房、毛石房屋	0.5~1.0	0.7~1.2	1.1~1.5
2	一般砖房、非抗震的大型砌块建筑物	2.0~2.5	2.3~2.8	2.7~3.0
3	钢筋混凝土结构房屋	3.0~4.0	3.5~4.5	4.2~5.0
4	一般古建筑与古迹	0.1~0.3	0.2~0.4	0.3~0.5
5	水工隧道	7~15		

续表 11-2

序号	保护对象类别		安全允许振动速度/cm·s^{-1}		
			<10Hz	10~50Hz	50~100Hz
6	交通隧道		10~20		
7	矿山巷道		15~30		
8	水电站及发电厂中心控制室设备		0.5		
9	新浇大体积混凝土	龄期：初凝~3d	2.0~3.0		
		龄期：3~7d	3.0~7.0		
		龄期：7~28d	7.0~12		

（2）抛掷爆破的震动速度计算公式

$$v_{\mathrm{j}}=\frac{K_1}{\sqrt[3]{f(n)}}\left(\frac{Q^{\frac{1}{3}}}{R}\right)^{k_1} \tag{11-2}$$

式中　$f(n)$——爆破作用指数 n 的函数，根据 Baleskov 的建议，$f(n)=0.4+0.6n^3$。

11.2.1.2　爆破地震安全距离

（1）安全距离的一般公式

$$L_0=\left(\frac{K_1^{\frac{1}{3}}}{v_{\mathrm{j}}}\right)Q^{\frac{1}{3}} \tag{11-3}$$

对群药室爆破，当各药室至建筑物的距离差值超过平均距离 10%时，用等效距离 L_{e}和等效药量 Q_{e}分别代替 L_0和 Q，其计算公式为

$$L_{\mathrm{e}}=\frac{\sum_1^n \sqrt[3]{q_i}\,r_i}{\sum_1^n \sqrt[3]{q_i}} \tag{11-4}$$

$$Q_{\mathrm{e}}=\sum_1^n q_i\left(\frac{R_{\mathrm{e}}}{q_i}\right)^3 \tag{11-5}$$

式中　r_i——第 i 个药室至建筑物的距离，m；

q_i——第 i 个药室的药量，kg。

对于条形药包，可将条形药包以 1~1.5 倍最小抵抗线长度分为多个集中药包，参照群药包爆破时的方法计算其等效距离和等效药量。

（2）单药室爆破对邻近巷道硐室的安全距离

$$L_0=K_{\mathrm{s}}W\sqrt[3]{f(n)} \tag{11-6}$$

式中　K_{s}——经验系数，与巷道围岩有关，取值见表 11-3。

W——最小抵抗线，m；

$f(n)$——爆破作用指数函数，$f(n)=0.4+0.6n^3$。

表 11-3　K_{s} 的经验取值

围岩	坚硬稳固	中等坚固围岩	破碎围岩
K_{s}	≤2	2~3	3~4

（3）建（构）筑物拆除爆破地震的安全距离。建（构）筑物拆除爆破产生的地震波区别于岩土爆破的主要特点是：它的药包数量一般比较多，也比较分散，药量比较小，而且药包往往布设在建筑物及其基础上，因而爆破时产生的地震波是通过建筑物基础向大地传播的。尽管产生爆破地震波的机制两者有所差异，但是，对于爆源附近的建筑物来说，它所受到的地震波作用都主要取决于震源的大小、距离及地震波传播介质的条件，而震源的大小则与一次起爆的炸药量有关。

根据以上分析，为了反映拆除爆破特点，导出计算拆除爆破产生的地面质点峰值震动速度的经验公式，在式（11-1）的基础上，引入一个修正系数 K'

$$v_{\mathrm{j}}=K_1K'\left(\frac{Q^{\frac{1}{3}}}{R}\right)^{\alpha} \tag{11-7}$$

根据部分整体框架式建筑物拆除爆破测震资料的分析，式（11-7）中经验系数的取值范围为：175~230；α 为1.5~1.8；K'为0.25~1.0，离爆源近且爆破体临空面较少时取大值，反之取小值。

11.2.1.3　爆破地震效应的影响因素

影响爆破震动强度的因素很多，其中包括：

（1）微差间隔时间。实测波形分析表明，在毫秒延时微差爆破中，随着爆破规模的增大，延迟间隔也需要增长；毫秒延迟爆破引起的震动比齐发爆破具有幅值小、频率高、持续时间短的特点。如果两个波形互相叠加，其相位时差为 $0.5T_x$ 或 $(n+0.5)T_x$（n=1，2，3，…，n）时，叠加后的幅值最小，当相位差为 T_x 时，叠加后的幅值最大，理论和实测基本一致。

（2）孔网参数。利用大孔距、小排距、缩小抵抗线，适当控制孔深，超深值不宜过大时，爆破震动强度减弱。最小抵抗线小，爆破震动频率高，土层地震波衰减快，房屋响应震动小，底部地震剪力和竖向惯性力均小。

（3）最大安全药量。最大安全药量可按式（11-5）计算得出。控制最大一段起爆药量是降低爆破震动效应的最重要手段之一。

（4）预裂爆破和预裂效果。

（5）起爆顺序。根据工程实际，设计合理的起爆顺序，尽量使用形掏槽或“对角交叉”起爆，可使地震波在爆区内叠加。从爆破安全的整体状况来衡量，改变爆破方向将保护物置于侧向位置，更有利于爆破安全。

（6）起爆网路。在工程爆破中，起爆网路至关重要，起爆网路不合格将导致整个爆破工程的失败。就起爆时间而言，间隔时间过小，达不到减震和创造自由面的目的；间隔时间过大，则会造成前排炮孔飞石砸坏后排起爆线路并破坏后排孔，或产生飞石等。

（7）震动频率。爆破地震波震动频率与爆源到被保护建筑物的距离有关，在爆点附近地震波震动频率随距离增加而增加，达到极大值 $f_{\max}$ 后又下降，一直到 $r>(4\sim6)r_0$ 时频率才下降到其稳定值 f_c，以后高频波部分衰减较快而低频波部分衰减慢，在离爆源较远处主要是低频波部分呈现并起作用，且有 $f_{\max}=(3\sim5)f_c$。另外，爆破地震波的震动频率与药量有关。主频率是最大震幅对应的频率，爆破震动的主频率范围一般为0.5~200Hz。

对观测资料的分析表明，建筑物的受震破坏不但取决于地震波的幅值，而且与地震波的频率和持续时间有关。另外，建筑物的动力特性也起着重要作用，建筑物的形式、构造和施工质量千变万化、随地而异，尤其是建筑技术在不断发展，建筑物在不断更新，其固有频率各不相同，结构响应当然不同。所以，采用建筑物附近地面地震峰值作为其地震破坏的定量烈度工程标准，不能全面反映建筑物的抗爆破地震性能。

（8）建筑物的结构。不同建筑物的结构对爆破震动强度承受能力不一样，跨度大的建筑物和横梁容易出现裂缝，比较高的建筑物其顶部受到的震动比底部大，其关系为

$$v_1 = K_v v_z ;\qquad K_v = \frac{H}{H_i} \tag{11-8}$$

式中 v_1——某高度（或某层建筑物）的震动速度，cm/s；

v_z——建筑物地基处的震速，cm/s；

K_v——高度系数；

H——建筑物被测处的高度，m；

H_i——建筑物每层高度，一般取 3m。

11.2.1.4 降震措施

可以采取以下一些措施来控制和减弱地震的震动效应：

（1）采用微差爆破。国内矿山一些工程试验表明，采用微差爆破与齐发爆破相比，平均降震率为 50%（表 11-4），微差段数越多，降震效果越好。实验证明，段间隔时间大于 100ms 时，降震效果比较明显；间隔时间小于 100ms 时，各段爆破产生的地震波不能明显分开。

表 11-4 微差爆破降震效果

露天矿名称	对比条件	降震率/%
大连石灰石矿	2 段间隔式微差爆破与齐发爆破	44
大连石灰石矿	3 段间隔式微差爆破与齐发爆破	55
吉山矿区	2~15 段微差爆破与齐发爆破	56
铜山口铜矿	微差爆破与齐发爆破	65

（2）采用预裂爆破或开挖减震沟槽。在爆破体与被保护体之间，钻凿不装药的单排减震孔或双排减震孔，可以起到降震效果，降震率可达 30%~50%。减震孔的孔径可选取 35~65mm，孔间距不大于 25cm。

采用预裂爆破，与设置减震孔相比，可以减少钻孔量，并能取得更好的降震效果，但应注意预裂爆破本身产生的震动效应。预裂孔和减震孔都应有一定的超深，h 一般取 20~50cm。

当介质为土层时，可以开挖减震沟，减震沟宽以施工方便为前提，并应尽可能深一些，以超过药包位置 20~50cm 为好。

作为减震用的孔、缝和沟，应注意防止充水，否则不能起到降震效果。

对于建筑物拆除爆破，为了控制邻近爆破点的建筑物、地下管道、电缆不受爆破和塌落震动的影响，在爆破体和被保护体之间，开挖减震沟是十分必要和有效的。

（3）限制一次爆破的最大用药量。可参照式（11-3）、式（11-6），确定被保护建

（构）筑物爆破震动安全允许标准 V_j，可计算出一次爆破允许的最大用药量。当设计药量大于该值而又没有其他降震措施时，则必须减小一次爆破规模，采取分次爆破，将单次起爆最大用药量控制在允许范围内。

在复杂环境中进行多次爆破作业时，应从确保安全的单响药量开始，逐步增大到允许药量，并按允许药量控制一次爆破规模。

(4) 对于建筑物拆除爆破，应适当加大预拆除部位，以减少爆破钻孔数；对基础部位采用分部爆破拆除方式、低爆速炸药或采用静态破碎剂，均可控制和减弱爆破的震动效应，还可以通过改善爆破设计，如采用折叠式拆除爆破，来降低爆破震动影响。

(5) 对于拆除爆破，要重视建（构）筑物塌落造成的地面震动。对多层建（构）筑物，控制第一层解体尺寸是控制下落震动强度的关键。依次下落的高层构件在先下落构件的垫震作用下，可以减弱对地面的冲击；而对于烟囱、水塔等高耸建（构）筑物，塌落造成的地面震动强度是一个必须要控制的安全设计参数，在地面预铺松散的砂层、煤渣减震物，设计铺设减震埂，可以有效控制高大建筑物爆破塌落震动。

最后还应指出，在重要的和敏感的保护对象附近或爆破条件复杂地区进行爆破时，应进行爆破地震监测，以确保被保护物的安全。必要时，应对被保护对象在爆破震动作用下的受力状况进行分析和安全验算。

11.2.1.5 拾震器

拾震器是测量地面震动的仪器，其将地面的震动转换成电信号输出，一般又叫检波器、地震仪和传感器。拾震器按测量的物理量不同分为位移计、速度计和加速度计。拾震器的工作原理是利用“摆”在磁场中运动时切割磁力线，将“摆”的机械运动转换成电信号。而“摆”的机械运动是由地面震动引起的。当爆破地震发生时，地面上所有的物体都要随之运动。要观测地面运动的大小就要建立起一个相对地面运动静止的系统。根据牛顿力学定律，这个问题可以利用重物的惯性来解决。地震发生时，地表震动的同时带动地表上的物体运动。由于物体的惯性作用，在开始的瞬间，相对于地表为静止的重物仍保持不变。因此可以利用这种瞬时的相对静止来衡量地表运动的大小。

这个重物在拾震器中叫作“摆”。摆的一端装有一个线圈，在摆运动时线圈正好通过永久磁铁中间，如图 11-1 所示。当爆破产生的地震波到达时，地表发生运动，位于地面上的拾震器也随之发生运动。在地震开始瞬间，因摆有惯性，保持相对静止，这时，通过线圈的磁通量将发生变化，产生电动势，在线圈内产生感应电流；感应电流的大小取决于地面运动的大小，也就是说取决于地震的大小。将摆的机械运动能转换成电能的装置称为换能器。当地面运动趋向静止时，摆不会立即停下来，它将以本身的固有周期仍然往复运动，一直到能量完全消失为止。可以想象，如果摆还在震动时，地表又开始运动，那么地震仪上记录的震动由于混有摆的固有震动将不能反映出地面运动的真实情况。因此，必须消除摆固有震动的影响。这种装置在地震仪中叫阻尼器。当然，阻尼作用也会降低地震仪的灵敏度。拾震器是由摆、换能器和阻尼器三部分组成。我国生产的拾震器如图 11-1 所示，其性能见表 11-5。

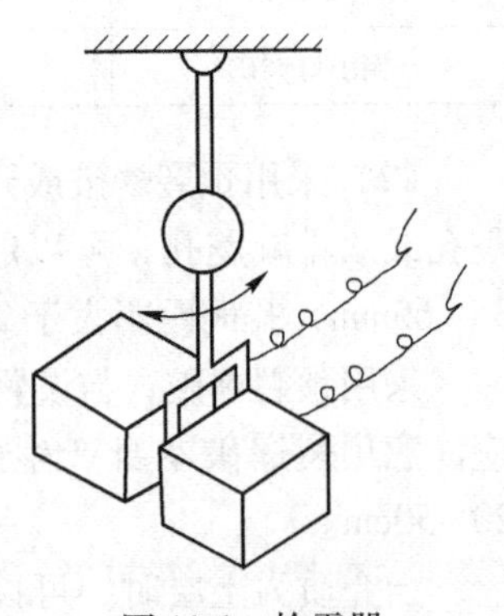

图 11-1 拾震器

表 11-5　拾震器的性能

<table>
<tr><th>拾震器型号</th><th>测量的物理量</th><th>测量范围</th><th>频率范围/Hz</th><th>震动方向</th><th>备注</th></tr>
<tr><td>701 型</td><td>位移</td><td>0.6~6.0mm</td><td>0.5~100</td><td>垂直和水平</td><td rowspan="10">CZ-2 测震仪垂直</td></tr>
<tr><td>65 型地震仪</td><td>速度</td><td>2.0mm</td><td><40</td><td>垂直和水平</td></tr>
<tr><td>维开克弱震仪</td><td>速度</td><td>2.0mm</td><td><40</td><td>垂直和水平</td></tr>
<tr><td>CD-1 传感器</td><td>位移、速度</td><td>1.0mm</td><td></td><td>垂直和水平</td></tr>
<tr><td>CD-7 传感器</td><td>位移</td><td>1.7~12mm</td><td></td><td>垂直和水平</td></tr>
<tr><td>RPS-66 加速度计</td><td>加速度</td><td>2g</td><td>1.25~2.0</td><td>垂直</td></tr>
<tr><td>QZY-IV 强震仪</td><td>加速度</td><td>0.03~1.0g</td><td></td><td>垂直</td></tr>
<tr><td>BBI-1 速度计</td><td>速度</td><td>1~200cm/s</td><td>1~100</td><td>垂直和水平</td></tr>
<tr><td>AⅡT-1 加速度计</td><td>加速度</td><td>2g</td><td>~500</td><td>垂直</td></tr>
<tr><td>电磁式速度计</td><td>速度</td><td></td><td>1.8~250</td><td>垂直和水平</td></tr>
</table>

11.2.1.6　测震仪

测震仪分为衰减器和放大器两类，即将输出的电信号衰减或放大的仪器。若地面的震动强度很大和拾震器的灵敏度较高，其信号不经过衰减，将导致部分波形记录超出记录纸的边界；反之，如果爆破后地面运动强度较小或拾震器灵敏度不够高，则输出信号常常需要经过放大器放大以后才能分辨和判读。

11.2.1.7　记录装置

记录装置是将拾震器测出的地面震动信号记录在记录纸、胶卷或磁带上的设备。若采用光线示波器作记录装置，将数值记录在记录纸或胶卷上，在读取参数时采用人工方式，则既费时间又不够精确。采用磁带记录，可以将磁带中的数据直接输入电子计算机系统中进行处理，既精确又省时间。测震仪系统方框图如图 11-2 所示。

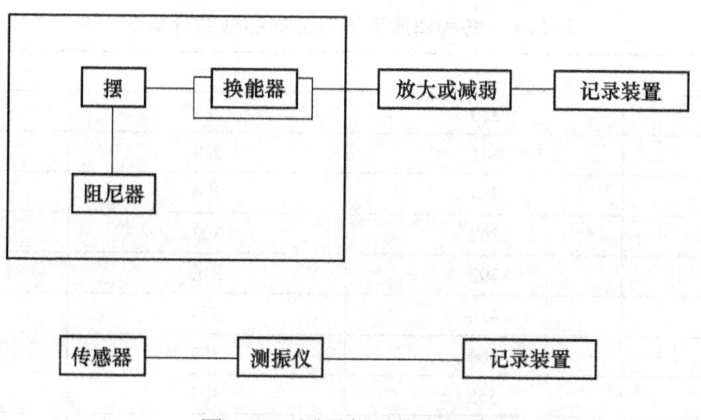

图 11-2　测震仪系统方框图

11.2.2　爆破空气冲击波

近年来工程爆破的规模不断增大，爆破冲击波同爆破地震效应等爆破公害一样，直接威胁人员、地面建筑物、地下构筑物以及设备和设施的安全，甚至会造成重大财产损失。

所以，有效地控制爆破冲击波的危害，已成为爆破工程技术中重大关注的问题之一。本节对爆破冲击波的形成机理、基本特征参数计算，以及有关爆破冲击波测试技术进行系统介绍。

11.2.2.1　爆破冲击波的形成机理

无论是结构物的接触爆破（包括岩土裸露装药爆破），还是非接触爆破，装药都是在空气中爆炸，而且会形成空气冲击波。从理论上讲，装药在空气中爆炸时，约有90%的爆炸能量转化为空气冲击波和噪声，留在爆炸产物中的能量不足10%。实际上，传给冲击波和噪声的能量大约占70%。对于岩土内部爆破，由于装填在炮孔、深孔和药室中的装药爆炸产生的高压气体通过岩石中的裂缝或孔口泄漏到大气中，冲击压缩周围的空气也会形成空气冲击波。

空气冲击波一般存在于爆源附近的一定范围内，对建筑物、设备和人员等会造成不同程度的危害，常常会造成爆区附近建筑物的破坏、人类器官的损伤和心理反应，而且当空气冲击波传播时，随着距离的增加，高频成分的能量比低频成分的能量衰减更快，这种现象常常造成在远离爆炸中心的地方出现较多的低频能量，这是造成远离爆炸中心的建筑物发生破坏的原因。因此，爆破作业时必须确定其危害的距离。

11.2.2.2　空气冲击波的基本特征

空气冲击波是一种强间断压缩波，它与声波相比有以下特点：

（1）在空气冲击波过后，受压缩的空气质点将离开原来位置，跟随空气冲击波的传播向前运动，形成爆风，即气浪。

（2）空气冲击波的传播速度恒大于当地的声速，并随空气冲击波强度而变，压力越波速越快。

（3）波阵面特征及参数。爆破产生的空气冲击波波阵面参数有超压Δp、密度ρ、温度T、冲击波速度v_c等（表11-6）。

表11-6　各种超压下波阵面诸参数的计算值

Δp/×98kPa	v_c/m·s^{-1}	T/K	ρ/kg·m^{-3}
0	340	288	1.25
0.01	341	289	1.253
0.1	354	296	1.34
0.2	367	303	1.42
0.4	392	316	1.58
0.6	416	329	1.73
1.0	460	353	2.01
2.0	555	405	2.61
3.0	635	455	3.09
4.0	707	503	3.49
5.0	772	552	3.81
10.0	1040	787	4.89
20.0	1430	1205	5.85
30.0	1730	1720	6.29

在空气冲击波传播过程中，其强度会因能量损耗随着传播距离的增加而逐渐减弱。

空气冲击波在某一固定点的压力变化曲线（即压力-时间变化曲线）如图 11-3 所示。由图可以看出，空气冲击波首先导致空气压力上升，形成正压区（压力高于大气压），之后因卸压作用渐变为负压区（压力低于大气压，且其绝对值远小于波阵面峰值压力）。

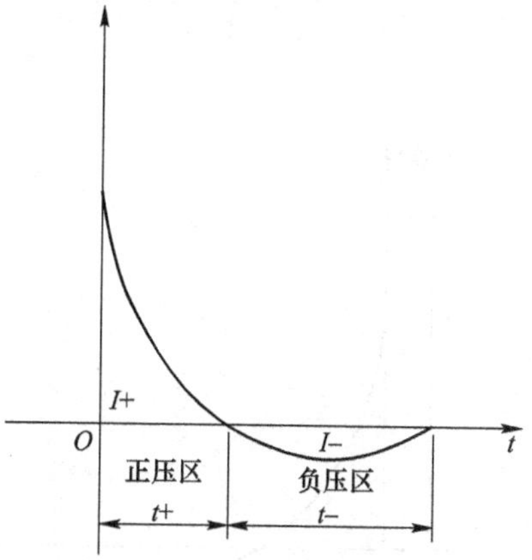

图 11-3　空气冲击波波阵面压力-时间关系

（4）地面建筑物的安全距离计算。一般松动爆破不考虑空气冲击波的安全距离，抛掷爆破空气冲击波的安全距离 R_0 按式（11-9）计算

$$R_0 = K_n\sqrt{Q} \qquad (11\text{-}9)$$

式中　R_0——空气冲击波的安全距离，m；

Q——装药量，kg；

K_n——与爆破作用指数和破坏状态有关的系数，取值见表 11-7。

表 11-7　K_n 取值

建筑物破坏程度	爆破作用指数 n		
	3	2	1
完全无破坏	5~10	2~5	1~2
玻璃偶然破坏	2~5	1~2	
门窗部分破坏	1~2	0.5~1	

在峡谷进行爆破时，沿山谷方向 K_n 值应增大 50%~100%，当被保护建筑物和爆源之间有密林、山丘时，K_n 值应该减少 50%。

（5）爆破大块时的人员安全距离计算。我国《爆破安全规程》规定，露天裸露爆破大块时，一次爆破的炸药量应不大于 20kg 并应按经验式（11-10）确定空气冲击波对掩体内避炮作业人员的安全允许距离。

$$R_k' = 25\sqrt[3]{Q} \qquad (11\text{-}10)$$

式中　R_k'——空气冲击波对掩体内避炮作业人员的安全距离，m；

Q——一次爆破炸药量，秒延时爆破取最大分段药量计算，毫秒延时爆破按一次爆破的总药量计算，kg。

11.2.2.3　空气冲击波超压的测量方法

测定某点空气冲击波压力随时间的变化曲线，典型的超压曲线如图 11-4 所示。测量系统的固有周期应远远小于冲击波的正压时间，否则会引起严重的削峰现象。常用的测量仪器有：

（1）膜片式压力自记仪。它由阻尼孔、波纹膜片和转动机构及记录玻璃片组成，如图 11-5 所示。它具有结构简单、使用方便、得数率高等优点，但由于固有频率低（400~600Hz），在小药量爆破中测量误差大。

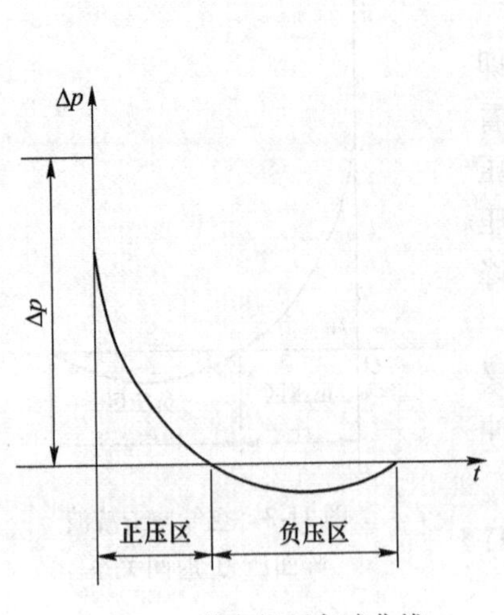

图 11-4 某点超压衰减曲线

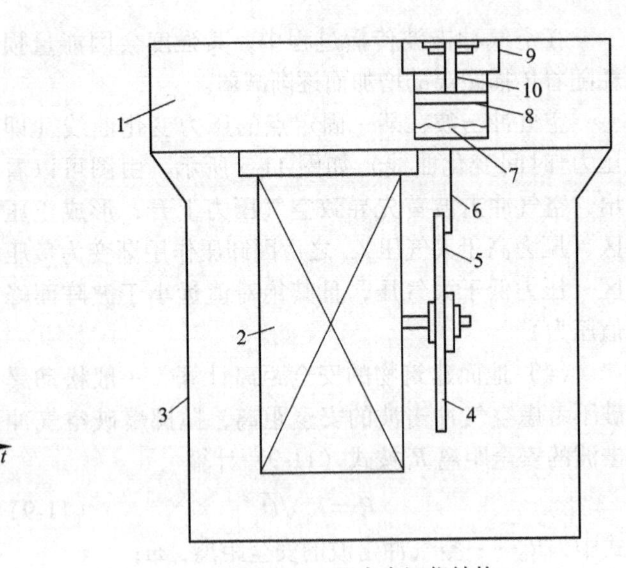

图 11-5 压力自记仪结构

1—面板；2—传动机构；3—壳体；4—玻璃片；5—小针；6—簧片；7—波纹膜片；8—阻尼板；9—压盖；10—阻尼孔

（2）应变式测压系统。它由应变式压力传感器（BPR-2）、动态应变仪（Y6D-3）、光线示波器（SC-16，振子用2500Hz）或磁带机组成，其构成如图 11-6 所示。这一系统的特点是操作简单、工作可靠，但由于 Y6D-3 及光线示波器的工作频率为 1500Hz，在测量中也存在较大的测量误差。

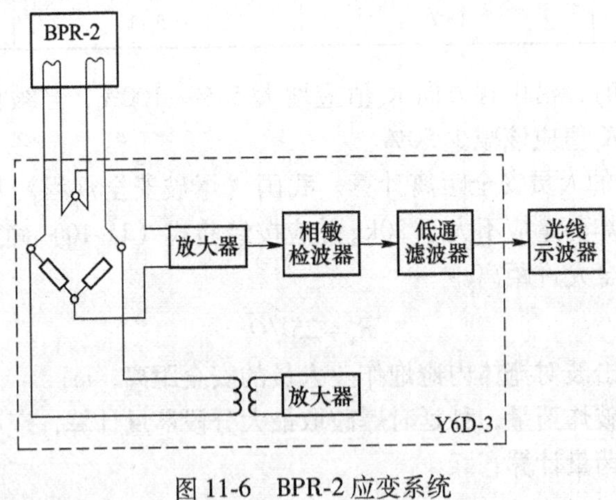

图 11-6 BPR-2 应变系统

（3）压电式测量系统。该系统由压电晶体传感器、前置放大器和电子示波器（或瞬态记录仪）组成，如图 11-7 所示。这一系统的频率高，在测量中操作麻烦。

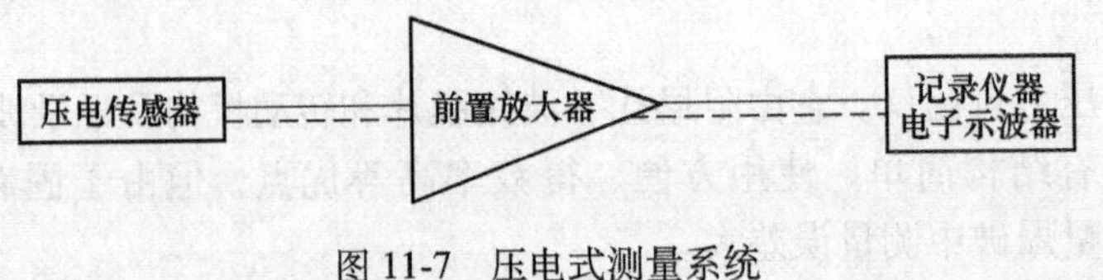

图 11-7 压电式测量系统

（4）地表大药量爆炸加工时，应该计算不同保护对象承受的空气冲击波超压值，并确定相应的安全允许距离。在平坦地形条件下爆破时，可按式（11-11）计算空气冲击波超压值

$$\Delta p = 14\frac{Q}{R_L^3} + 4.3\frac{Q^{\frac{2}{3}}}{R_L^2} + 1.1\frac{Q^{\frac{1}{3}}}{R_L} \tag{11-11}$$

式中 Δp——空气冲击波超压值，$\times 10^5$Pa；

Q——一次爆破的梯恩梯炸药总量，秒延时爆破为最大一段药量，毫秒延时爆破为总药量，kg；

R_L——为装药点至保护对象的距离，m。

空气冲击波超压的安全允许标准对人员取 0.02×10^5Pa，对建筑物按表 11-8 取值。空气冲击波安全允许距离按设计确定，设计时应考虑保护对象、所用炸药品种、地形和气象条件等因素。

11.2.2.4　空气冲击波对人员的损伤判据

空气冲击波对人员、建筑物的破坏作用是一个极复杂的问题。它不仅与作用在目标上空气冲击波波阵面上的压力、冲量、作用时间、波速等参量有关，而且与目标的形状、本身的强度等因素密切相关。

空气冲击波对人员的伤害，目前是以超压作为判据标准，对暴露人员的损伤程度见表 11-9。

还应指出的是，空气冲击波对人员的伤害，除了波阵面压力外，在其后面的爆轰产物气流也不可忽视。比如当超压达 $(0.3\sim 0.4)\times 10^5$Pa 时，气流速度达 60~80m/s，加之气流中往往还夹杂碎石等物，更加重了对人员的损害。

11.2.2.5　降低爆炸空冲击波的主要措施

有效防止强烈爆炸冲击波的主要措施有：

（1）采用毫秒微差爆破技术削弱空气冲击波的强度。实践表明，排间微差时间在 15~100ms 时效果最佳。

（2）严格确定爆破设计参数，控制抵抗线的方向，保证合理的堵塞长度和堵塞质量。

（3）尽可能不采用裸露爆破，对于裸露地面的导爆索、炸药用沙土覆盖，在建筑物拆除爆破、城镇浅孔爆破时，不允许采用裸露爆破，也不允许采用孔外导爆索网路。

（4）对于地质弱面和薄弱墙体给予补强以遏制冲击波的产生，必要时在附近预设挡波墙（砖墙、袋墙、石墙、夹水墙等）削弱爆炸冲击波。

（5）对于井巷掘进爆破，也可以采取“导”的措施，增加通道，扩大巷道断面，利用盲井来减弱主巷道的冲击波。

（6）在爆破作业时随时关注气候、天气情况，应在有利的天气条件下进行爆破。

11.2.2.6　爆破噪声控制

爆破时一部分炸药能量将转化为空气冲击波，其超压或冲量可能对爆区附近的人员或建（构）筑物设施安全产生影响。当空气冲击波的超压峰值小于 0.02MPa，空气冲击波衰减为噪声。

表 11-8 建筑物的破坏程度与超压关系

破坏等级	1	2	3	4	5	6	7
破坏等级名称	基本无破坏	次轻度破坏	轻度破坏	中等破坏	次严重破坏	严重破坏	完全破坏
超压 $\Delta p/\times10^5$Pa	<0.02	0.02~0.09	0.09~0.25	0.25~0.40	0.40~0.55	0.55~0.76	>0.76
玻璃	偶然破坏	少部分破成大块，大部分呈小块	大部分破成小块到粉碎	粉碎			
木门窗	无损坏	窗扇少量破坏	窗扇大量破坏，门扇、窗框破坏	窗扇掉落、内倒，窗框门扇大量破坏	门、窗扇摧毁，窗框掉落		
砖外墙	无损坏	无损坏	出现小裂缝，宽小于 5mm，稍有倾斜	出现 5~50mm 较大裂缝，明显倾斜，砖垛出现小裂缝	大于 50mm 的大裂缝，严重倾斜，砖垛有较大裂缝	部分倒塌	大部分到全部倒塌
木屋盖	无损坏	无损坏	木屋面板变形，偶见折裂	木屋面板、木檩条折裂，支座松动	木檩条折断，木屋架杆件偶见折断，支座错位	部分倒塌	全部倒塌
瓦屋面	无损坏	少量移动	大量移动	大量移动到全部掀动			
钢筋混凝土屋盖	无损坏	无损坏	无损坏	出现小于 1mm 的小裂缝	出现 1~2mm 宽的裂缝，修复后可继续使用	出现大于 2mm 的裂缝	承重砖墙全部倒塌，钢筋混凝土承重柱严重破坏
顶棚	无损坏	抹灰少量掉落	抹灰大量掉落	木龙骨部分破坏	塌落		
内墙	无损坏	板条墙抹灰少量掉落	板条墙抹灰大量掉落	砖内墙出现小裂缝	砖内墙出现大裂缝	砖内墙出现严重裂缝至部分倒塌	砖内墙大部分倒塌
钢筋混凝土柱	无损坏	无损坏	无损坏	无损坏	无破坏	有倾斜	有较大倾斜

表 11-9 空气冲击波超压对人员的损伤程度

等级	损 伤 程 度	超压/$\times 10^5$Pa
轻微	轻微挫伤肺部和中耳、局部心肌撕裂	0.2~0.3
中等	中度中耳和肺挫伤，肝、脾包膜下出血，融合性心肌撕裂	0.3~0.5
重伤	重度中耳和肺挫伤，脱臼，心肌撕裂，可能引起死亡	0.5~1.0
死亡	体腔，肝脾破裂，两肺重度挫伤	>1.0

在爆破作业中，当爆炸空气冲击波的超压降至 0.02MPa 以下时，冲击波蜕变为声波。声波以波动形式继续向外传播，并伴随着爆破噪声。爆破噪声虽然短促，但由于是间歇性的脉冲噪声，从而容易引起人们精神紧张，产生不愉快的感觉。特别是在城镇居民区应降低爆破噪声对周围居民生活、工作的影响。我国《爆破安全规程》（GB 6722—2003）规定，在城镇爆破中每一个脉冲噪声应控制在 120dB 以下（表 11-10）。

表 11-10 我国噪声控制标准

声环境功能类别	对 应 区 域	不同时段控制标准/dB（A）	
		昼夜	夜间
0 类	康复疗养区、有重病号的医疗卫生区或生活区；养殖动物区（冬眠期）	65	55
1 类	居民住宅、一般医疗卫生、文化教育、科研设计、行政办公为主要功能，需要保持安静的区域	90	70
2 类	以商业金融、集市贸易为主要功能，或者居住、商业、工业混杂，需要维护住宅安静的区域；噪声敏感动物集中养殖区，如养鸡场等	100	80
3 类	以工业生产、仓储物流为主要功能，需要防止工业噪声对周围环境产生严重影响的区域	110	85
4 类	人员警戒边界，非噪声敏感动物集中养殖区，如养猪场等	120	90
施工作业区	矿山、水利、交通、铁道、基建工程和爆炸加工的施工场区内	125	110

针对爆破噪声特性的研究成果，在爆破噪声控制中必须考虑声源、传播途径和接受者三个基本环节。具体控制方法如下。

A 从声源上加以控制

降低声源噪声是控制噪声最有效和最直接的措施。可采用多分段的装药爆破方式，尽量减少一次齐爆药量，以降低爆破噪声的初始能量。

（1）应尽量避免在地面敷设雷管和导爆索；不能避免时，应采取覆盖措施。

（2）采用延期爆破不仅能降低爆破的震动效应，还能降低爆破噪声。实践证明，只要药包布局合理，采用秒或毫秒延期爆破可降低噪声强度的 1/3~1/2。

（3）采用水封爆破。爆破时在覆盖物上面再覆盖水袋，不仅可以降噪，还可以防尘，是一种比较理想的方法。实践证明，水封爆破相比一般爆破可以降低噪声强度的 2/3。

（4）避免炮孔间的总延期时间过长。控制钻孔精度，使孔距、排距均匀一致，可防止出现后爆炮孔最小抵抗线过小而加大噪声的现象。

（5）控制一次爆破规模。

（6）合理安排爆破时间。把爆破安排在爆区附近居民上班或他们同意的时间内进行，同时避免在早晨或下午较晚时进行爆破，以减少因大气效应引起的噪声增加。

（7）严密填塞炮孔和加强覆盖，也可大大减弱爆破噪声。

B 从传播途径上加以控制

（1）设置遮蔽物或充分利用地形、地貌。在爆源与测点之间设置遮蔽物，如防护排架等，可阻碍和扰乱声波的正常传播并改变传播的方向，从而有效降低声波直达点的噪声级。

（2）注意方向效应。当大量炮孔以很短的延期时间相继起爆时，各单孔爆破产生的噪声可能会在某一特定的方向上叠加，从而形成强大的爆破噪声。爆破噪声在顺山谷或街道方向上的传播距离也会大大增加。因此，工程实际中应尽量避免出现这种现象，尽量使声源辐射朝向噪声大的方向，避开要求安静的场所。

11.2.3 爆破飞石和有毒气体

爆破飞石是指爆破时被爆物体中脱离主爆堆而飞散较远的个别碎块。爆破飞石往往是造成人员伤亡、建筑物和设备等损坏的主要原因。

11.2.3.1 爆破飞石产生的原因

（1）炸药单耗过大，达到预定破碎范围后，多余的爆破能量作用于个别碎石上，使其获得较大的动能而飞散。

（2）岩石结构弱面或地质条件不利。由于对介质内部的断层、裂隙、软弱夹层或原结构的工程质量、构造和布筋情况等不够了解，所用炸药在破碎一定量介质时其总能量有剩余，因此沿着这些结构弱面和地质构造面有时会产生飞石。

（3）最小抵抗线偏小或堵塞质量不好也容易产生飞石。

（4）炸药猛度过大，爆速过高易产生飞石。这种条件下产生的飞石，大多为自由面在应力波作用下因剥落作用产生的。这类飞石的特点是数量不多，但速度较快。

（5）起爆顺序不合理和延期时间过长，炮孔附近的碎石未清理或覆盖物质量不合格，都可能产生飞石。

（6）堵塞长度偏小，堵塞质量不高或堵塞物中有硬块时，都容易沿炮孔方向产生飞石。

11.2.3.2 爆破飞石的飞散距离

在露天进行爆破时，特别是进行抛掷爆破和用裸露药包或炮孔药包进行大块破碎时，个别岩块可能飞散得很远，常常造成人员和牲畜的伤亡和建筑物的破坏。根据矿山爆破事故统计，露天爆破飞石伤人事故占整个爆破事故的27%，个别飞石的飞散距离与爆破方法、爆破参数（特别是最小抵抗线的大小）、堵塞长度和质量、地形、地质构造（如节理、裂缝和软夹层等）以及气象条件有关。由于爆破条件非常复杂。要从理论上计算出个别飞石距离是十分困难的，一般采用经验公式或根据生产经验确定。

（1）硐室爆破时飞石的飞散距离

$$R_F = 20K_F n^2 W \tag{11-12}$$

式中 R_F——个别飞石的飞散距离，m；

n——最大一个药包的爆炸作用指数；

W——最大一个药包的最小抵抗线，m；

K_F——系数，取1.0~1.5。

对于山坡单侧抛掷爆破和最小抵抗线小于25m的爆破，计算结果与实际情况比较接近。

由于地形高差影响，飞石向下坠落后会弹跳一段距离，可用下式确定

$$\Delta L = R_F[2\cos^2\beta(\tan\alpha + \tan\beta) - 1] \tag{11-13}$$

式中 ΔL——弹跳距离，m；

R_F——个别飞石的飞散距离，m；

α——山坡坡面角；

β——最小抵抗线与水平线的夹角。

（2）露天台阶爆破飞石距离。正常台阶爆破，飞石一般不会太远。但是堵塞长度过小或最小抵抗线过小形成漏斗效应以及岩石中含有软夹层时，个别飞石可能飞散得很远。有时可能飞出1km。瑞典德汤尼克研究基金会对露天深孔台阶爆破的飞石问题进行了研究，提出了下面的经验公式来计算台阶爆破的飞石距离

$$R_F = (15 \sim 16)d \tag{11-14}$$

式中 d——深孔直径，cm；

R_F——飞石的飞散距离，m。

上述经验公式适用于炸药单耗达到0.5kg/m^{3}的爆破条件。

我国《爆破安全规程》规定，爆破时个别飞散物对人员的安全允许距离不应小于表11-11确定的。

表11-11 爆破个别飞散物对人员的安全距离

爆破类型和方法		最小允许安全距离/m
露天土岩爆破	潜孔爆破法破大块	300
	浅孔爆破	200（复杂地质条件下或为形成台阶工作面时不小于300）
	深孔爆破	按设计，但不小于200
	硐室爆破	按设计，但不小于300
水下爆破	水深小于1.5m	与露天土岩爆破相同
	水深大于1.5m	由设计确定
破冰工程	爆破薄冰凌	50
	爆破覆冰	100
	爆破阻塞的流冰	200
	爆破厚度大于2m的冰层或爆破阻塞流冰一次用药量超过300kg	300
爆破金属物	在露天爆破场	1500
	在装甲爆破坑中	150
	在厂区内的空场中	由设计确定
	爆破热凝结物和爆破焊接	由设计确定，但小于30
	爆破加工	由设计确定

续表 11-11

爆破类型和方法			最小允许安全距离/m
拆除爆破、城镇浅孔爆破及复杂深孔爆破			由设计确定
地震勘探爆破	浅井或地表爆破		按设计，但不小于100
	在深孔中爆破		按设计，但不小于30
沿山坡爆破时，下坡方向的个别飞散物安全允许距离应增大50%			

11.2.3.3 爆破有毒气体防护

工业炸药不良的爆炸反应会生成一定量的CO和NO。此外在含硫矿床中爆破，还可能出现H_2S、SO_2。上述4种气体都是有毒气体，凡炸药爆炸后含有上述4种中的一种或一种以上的气体叫炮烟。人吸入炮烟，轻则中毒，重则死亡。在我国的冶金矿山爆破事故统计中炮烟中毒的死亡事故占整个爆破事故的28.3%。

井下爆破后产生的高温炮烟不断向爆区周围扩散或者滞积在通风不良的单向工作面内，导致工作人员长时间不得进入。有毒气体的扩散范围受气象（如风向、风速、气温和高压等条件）、地形、相邻巷道的分布情况、炸药质量、总装药量及药包分布情况等因素的影响，其波及范围可根据经验公式确定。

（1）对于硐室爆破

$$R_1 = K\sqrt[3]{Q} \tag{11-15}$$

式中 R_1——有毒气体扩散范围，m；

Q——总装药量，t；

K——系数，均为160。

（2）对井下深孔爆破

$$R = \frac{0.833kiQb_a\sum V}{S} \tag{11-16}$$

式中 Q——总装药量，t；

k——考虑通风情况时的系数，自燃通风时，$n=1.0$，机械通风时，$n=0.8$；

i——爆区与崩落区接触数目系数，其取值见表11-12；

b_a——每千克炸药产生的有毒气体，m^3/kg；

$\sum V$——炮孔通过爆区巷道的总体积，m^3；

S——巷道断面面积，m^2。

表 11-12 爆区与崩落区接触面数目系数

接触数目	0	1	2	3	4	5
i	1.2	1.0	0.95	0.9	0.85	0.8

《爆破安全规程》规定地下爆破作业点的炮烟浓度不得超过表11-13所列标准。

（3）防治措施

1）加强炸药的质量管理，定期检查炸药质量。

2）不使用过期变质炸药。

表 11-13　地下爆破作业点有害气体允许浓度

有害气体		CO	N_nO_m	SO_2	H_2S	NH_3
允许浓度	按体积/%	2.4×10^{-4}	2.5×10^{-5}	5.0×10^{-4}	6.6×10^{-4}	4.0×10^{-3}
	按质量/$g\cdot m^{-2}$	30	5	15	10	30

3）加强炸药的防水和防潮，保证堵塞质量，避免炸药产生不完全的爆炸反应。

4）爆破后要加强通风，一切人员必须等到有毒气体稀释至《爆破安全规程》允许的浓度以下时，才准返回工作面。

5）对于煤矿井下，要通风良好，防止瓦斯积聚；要封闭采空区，以防氧气进入和瓦斯溢出；要按照规程进行钻孔、装药、填塞、起爆，以防止爆破引起瓦斯爆炸。

6）在露天爆破时，人员应在上风方向。

11.2.4　外来电流的危害及预防

凡是与专用的起爆电流无关而流入电雷管或电爆网络中的电流，都叫外来电流，当这种外来电流的强度达到某一值时就可能引起电雷管的早爆。因此，为了保证爆破作业的安全，在进行电爆作业时必须把外来电流的强度控制在允许的安全界限以内（即低于《爆破安全规程》中规定的安全电流）。因此，在进行电爆作业的准备工作时，应对流入爆区的外来电流的强度进行检测，以确定采取什么样的安全预防措施。

在爆破工地可能遇到的外来电流包括：

（1）由电爆引起的闪电和静电。

（2）由于电器绝缘不好和接地不当引起的大地杂散电流。

（3）由发射机发射的高频射频电。

（4）由交变电磁场引起的感应电流。

（5）由尘暴、雪暴以及用压气输送炸药颗粒引起的静电。

（6）由于不同的金属和导电体的接触或分离时产生的动电电流。

外来电流主要有雷电、杂散电流和感应电流等。

11.2.4.1　雷电影响

雷电是日常生活中最常见的电爆现象，云层积聚大量电荷，云体之间的正负电荷可能产生强烈放电现象。当云体距离地面很近时，就可能形成云地间放电。雷电放电时间非常短促，能量集中，放电的电流可高达几万到十几万安培。如果爆区被雷电直接击中，那么网路中的全部炮孔或部分炮孔就可能引起早爆。即使远离雷击点的爆区，由于闪电能产生强大的电流，也可能对地下或露天爆区的起爆系统带来引爆的危险。

（1）关于雷电引起的物理过程，归纳起来主要有以下几种：

1）直接击中爆区。也就是雷电对爆区起爆网路直接放电，或者对爆区地面放电，从而将药包直接引爆，这种过程不管是采用电力起爆网路还是非电起爆网路，都能直接引起药包的早爆。

2）雷雨云在爆区附近的上空运动使得爆区内的电场强度急速变化，从而引起电爆网路中的电荷位移，形成电流。当电流达到电雷管的点燃起始能时，就使网路引爆。

3）电雷管导线的绝缘能力低，易被高压电击穿。在被击穿的瞬间，网路与大地之间有电流通过，从而将雷管引爆。

（2）预防措施：

1）密切关注当地的天气。在雷雨季节进行露天爆破时宜采用非电起爆系统，不要采用电力起爆系统。

2）在露天爆区不得不采用电力起爆系统时，应在区域内设立避雷针系统。

3）如正在装药连线时出现了雷电，应立即停止作业，将全体人员撤离到安全地点，不要依靠短路或加强绝缘来防止早爆。

4）在雷电来临之前，应将一切通往爆区的导体（如电线和金属管道）暂时切断，以防止早爆。

5）应缩短爆破作业的时间，争取在雷电来临之前能够完成起爆。

11.2.4.2 杂散电流影响

凡流散在大地中的电流统称为杂散电流。杂散电流形成的原因主要是因为电源（如电池、发电机或变压器等）输出的电流经动力线路输入到各种用电设备以后，要利用一切可能通道返回电流。这些通道包括：

（1）与大地绝缘的专用导体，如电线和电缆。

（2）与大地不绝缘的导体，如运输的铁轨。

（3）大地本身。如果用电设备和电源之间的回路被破坏或切断，那么电流就要利用大地作为回路，从而产生强度很大的大地电流，即杂散电流。在一切采用架线式电机车运输的地方都使用铁轨作回路，如果铁轨与大地之间的绝缘不好，就可能有一部分电流流入大地，形成杂散电流。这是形成杂散电流的主要原因。

减少杂散电流危险的措施有：

（1）采用低感度的电雷管可以大大降低早爆的概率。

（2）减少电力牵引杂散电流危险性的最重要也是最必需的措施是使铁轨处于标准状态。必须经常检查铁轨轨缝的电阻，该处的电阻值不应大于3m长铁轨的电阻。

（3）在电机车运输的接触网路和动力与照明网路中，应采用各种措施，以减少产生事故状态的概率。

（4）降低架线式电机车牵引网路的总电阻，即降低铁轨接头的电阻。比如在两根铁轨接头的地方焊上一根铜导线，使回馈电流尽量沿铁轨返回电源，避免流散到大地中去。此外加强架空线连接点的绝缘，避免电流的漏损，都可起到减少杂散电流的作用。

（5）采用绝缘道碴或疏干巷道的办法，增加铁轨与大地之间的过渡电阻，以减少泄漏电流。

（6）不管采用何种型号的电雷管，都必须力求使爆破网路的导线尽量远离带电的铁轨，同样也要尽量远离各种可能偶尔带电的设备和金属装置。起爆网路距带电铁轨的距离和距单相电路的距离为10~30m时，杂散电流和漏电电流的危险性最低。

11.2.4.3 感应电流和静电的影响

（1）感应电流。从电学知道，交变电磁场可以在其附近的导体内产生感应电流。这种电磁场存在于动力线、变压器、高压开关和接地的铁轨附近，如果在这些导体或电源附近铺设电爆网路，就可能在电爆网络内直接感应出电流来，如果感应电流值超过了安全允许的界限，就可能引起电雷管的早爆。

感应电压需要一个完全闭合的电路才能形成电流，这样一个电路可以由若干个电雷管组成的电爆网路构成，如果它的位置离架空的动力线或其他交流电磁场太近，就能在电网路中产生感应电流。

为了防止感应电流对起爆网路的影响，应当采取以下一些措施：电爆网路附近有高压输电线时，不得使用普通电雷管；尽量缩小电爆网路的面积，电爆网路两根主线的间距不得大于15cm；尽量采用非电起爆法。

如果是水平极化作用（超短波和短波），起爆网路导线的布置应与电磁辐射源（无线电台）的辐射方向一致；如果是垂直极化作用（长波和中波），起爆网路的导线布置应与辐射方向垂直。这样做可以减少电磁辐射的影响。

位于输电高压线附近的电爆网路，以及与电气化铁路接触线靠近的电爆网路都可能因感应作用引起某些危险。

电磁感应的影响可以分为电和磁两部分。对于电的影响，在电爆网路的导线中产生的感应电压与不均衡电压值成比例，电爆网路感应电动势的大小与网路离开地面的高度成比例。电爆网路直接铺于地面上，可以使高压电网对起爆网路的影响降到最小。磁场产生的电动势与线路上电流变化幅度成正比。爆区与高压线的安全允许距离，见表11-14。

表11-14　爆区与高压线的安全允许距离

电压/kV		3~6	10	20~50	50	110	220	400
安全允许距离/m	普通电雷管	20	50	100	100			
	抗杂电雷管					10	10	10

（2）静电产生的原因。两个物体相互摩擦和接触过程中，位于接触面上的电子会从一个物体转移到另一个物体上，得到电子的物体就会带负电，失去电子的物体就会带正电，当这种静电荷积累到一定程度时，就可能产生放电，当放电电流强度达到一定值时，就可能引起电雷管的早爆。

（3）造成静电荷积累的原因：

1）由电爆在大气中产生的静电。

2）由尘爆和雪爆引起的静电。

3）由机械运转产生的静电。

4）由操作工人穿的化纤或其他绝缘工作服的相互摩擦产生的静电。

5）由压气装药系统产生的静电。

（4）静电的检测。由于静电的火花放电能力取决于带电电场能量的大小，因此确定静电引起电雷管和炸药粉尘的危险程度时，必须确定电场的能量，电场能量的大小用下式确定

$$W_e = \frac{1}{2} C_e U_e^2 \tag{11-17}$$

式中　W_e——电场能，J；

C_e——电容，F；

U_e——电压，V。

从上式可以看出，电压的大小是决定电场能量的主要参数，因此目前在判断静电的危险程度时，主要是测定静电电压的大小。目前国内测定静电电压的仪表有 Q_3-V 型高压静电电压表、KS-325 型集电式电位测定仪。

（5）静电的预防。要预防静电首先要弄清楚静电积累的原因。试验证明，对于压气装药，静电的积累与多种因素有关：

1）空气中的相对湿度。相对湿度愈小，静电荷积累愈多，静电压愈高；反之，相对湿度增加时，一方面使炸药本身的静电产生量减少，另一方面炸药颗粒之间表面部分溶解，黏附在输药软管壁上，增加了导电性，加速静电的泄漏，降低静电电压。

2）喷药速度。喷药速度提高，静电电压升高。当喷药速度为 5.0m/s 时，管壁表面会产生静电荷；喷药速度达到 20m/s，可能产生火花。另外，药粒愈细，也愈容易产生静电电荷。

3）输药管的材质。输药管的材质不同，产生的静电电压差别很大，采用绝缘性能好的胶皮管，容易产生静电积累。

4）岩石的导电性。炮孔孔壁表面岩石的导电性能好，并且潮湿时，在喷药过程中产生的静电电荷很容易泄漏进入大地中，使静电荷不容易积累。

5）装药器及其附属设备的导电性。装药器系统对地的电阻愈高，电荷愈不容易泄漏，电压愈高，静电危险性愈大。

人体的静电主要取决于衣服的导电性，如果衣服本身导电性差，则静电易于积累。

11.3 爆破安全管理原则

（1）安全第一原则。安全第一原则要求在进行生产和其他活动时把安全工作置于工作的首要位置。即当生产、环境或其他工作与安全发生矛盾时，要以安全为主，生产和其他工作要服从于安全，这就是安全第一原则的实质。

安全第一原则是爆破安全管理的基本原则，也是我国安全生产方针的重要内容。贯彻安全第一原则，就要求企业领导、生产技能或经济职能部门领导和员工把安全第一作为企业的统一认识和行动准则，高度重视爆破安全，以安全为本，将安全当作头等大事来抓，要把保证爆破安全作为完成各项任务、做好各项工作的前提条件，把安全生产作为衡量企业工作好坏的一项基本内容。在爆破设计、规划、施工时应首先想到安全，实时预测、预控安全技术措施，防止事故发生。

坚持安全第一原则，就要建立健全各级安全管理机构和生产责任制，从组织上、思想上、制度上切实把安全生产工作摆在首位，常抓不懈，形成标准化、制度化和经常化的安全生产工作体系。

（2）监督原则。监督原则是设置授权的职能机构和人员严格依照法规对爆破安全生产规范化行为进行监察管理。也就是说为了保证职工的身体健康和生命财产安全，使爆破安全生产法律、法规、标准和规章制度得到落实，切实有效地实现爆破安全生产，必须设置各级安全生产专职监督管理部门和专兼职人员，赋予必要的权力威严，以保证其履行监督职责，严肃认真地对爆破企业生产中守法和执法情况进行监督、检查，以发现揭露安全工作中的问题，督促问题的及时解决，或追究和惩戒违章失职行为。

监督主要包括国家监察、行业管理和群众监督等。爆破安全监察是安全生产、专项监督的一种形式，需要做到依法对各部门和企事业单位进行爆破安全监督检查、分析、整改，完善生产技术，搞好安全生产。行业管理是行业管理部门、生产管理部门和企业自身对企业爆破安全生产进行安全管理、检查、监督和指导，通过对安全工作的组织、指挥、计划、决策和控制等过程来实现爆破安全目标，起到安全生产管理的督导作用。群众监督是工会系统组织职工自下而上对爆破安全生产进行监督检查，协助、监督企业行政部门做好安全工作，提高群众遵章守纪的自觉性。

（3）因果关系原则。因果关系原则就是客观事物诸因素之间存在着发生相互作用的起因与结果联系。也就是说客观事物之间存在某因素诱发另一因素变化的原因关系。

爆破事故是许多因素互为因果而发生连锁作用的最终结果。爆破事故的发生与其原因有着必然的因果关系，事故的因果关系决定了爆破事故发生的必然性，即爆破事故因素及其因果关系的存在决定了爆破事故迟早必然要发生。

一般来说，爆破事故原因分为直接原因和间接原因。直接原因是在时空上最接近事故发生的原因，如人的原因和物的原因；间接原因是事故的关联致因，如爆破设计和控制技术缺陷，劳动组织、操作规范、教育、检查或应急预案不力等。

爆破事故的必然性包含着规律性。必然性来自因果关系，因此，应通过深入调查、预测和统计分析爆破事故因素的因果关系，发现爆破事故发生的规律性，找出主要矛盾，预先采取安全控制技术措施，变不安全条件为安全条件，把爆破事故消灭在早期萌芽起因阶段，这就是因果关系原则的实用性。

习　题

11-1　工程中的爆破危险源有哪些？

11-2　露天台阶深孔爆破，爆破飞石对人员的安全距离是多少？

11-3　简述爆破地震效应。

11-4　简述空气冲击波对人体损伤的分级及依据。

11-5　测杂散电流时应注意什么问题，哪些操作可以防止由杂散电流引起的早爆？

11-6　简述雷雨天气作业需要达到哪些操作要求。

11-7　简述爆破飞石的原因及控制方法。

11-8　为什么要制定爆破安全规程，有什么意义？

11-9　试述空气冲击波的基本原理。

11-10　在生产过程中，如何保证爆破安全，应该从哪方面入手？

参考文献

[1] 王玉杰. 爆破工程［M］. 武汉：武汉理工大学出版社，2018.
[2] 王晓雷. 爆破工程［M］. 北京：冶金工业出版社，2016.
[3] 徐颖，孟益平，吴德义. 爆破工程［M］. 武汉：武汉大学出版社，2014.
[4] 张云鹏. 爆破工程［M］. 北京：冶金工业出版社，2011.
[5] 高尔新，杨仁树. 爆破工程［M］. 徐州：中国矿业大学出版社，1999.
[6] 程平，郭进平，孙锋刚. 现代爆破工程［M］. 北京：冶金工业出版社，2018.
[7] 王明林. 爆破安全［M］. 北京：冶金工业出版社，2015.
[8] 郭兴明. 爆破安全技术［M］. 北京：化学工业出版社，2006.
[9] 张英. 精细化学品配方大全［M］. 北京：化学工业出版社，2001.
[10] 吴腾芳. 爆破材料与起爆技术［M］. 北京：国防工业出版社，2008.
[11] 翁春林. 工程爆破［M］. 2 版. 北京：冶金工业出版社，2008.
[12] 汪旭光. 中国工程爆破协会成立 20 周年学术会议 中国爆破新进展［M］. 北京：冶金工业出版社，2014.
[13] 璩世杰. 爆破理论与技术基础［M］. 北京：冶金工业出版社，2016.
[14] 黄寅生. 炸药理论［M］. 北京：北京理工大学出版社，2016.
[15] 翁春林，叶加冕. 工程爆破［M］3 版. 北京：冶金工业出版社，2016.
[16] 杨国梁，郭东明，曹辉. 现代爆破工程［M］. 北京：煤炭工业出版社，2018.
[17] 王海亮. 工程爆破［M］. 北京：中国铁道出版社，2008.
[18] 张敢生，孙俊鹏. 工程爆破［M］. 沈阳：东北大学出版社，2013.
[19] 庞旭卿. 工程爆破［M］. 成都：西南交通大学出版社，2011.
[20] 陈建平，高文学. 爆破工程地质学［M］. 北京：科学出版社，2004.
[21] 刘天生，王凤英，张晋红. 现代爆破理论与技术［M］. 北京：北京航空航天大学出版社，2016.
[22] 费鸿禄. 爆破理论及其应用.［M］2 版. 北京：煤炭工业出版社，2018.
[23] 高文蛟，陈学习. 爆破工程及其安全技术［M］. 北京：煤炭工业出版社，2011.
[24] 戴俊编. 岩石动力学特性与爆破理论［M］. 北京：冶金工业出版社，2013.
[25] 张敢生，戚文革. 矿山爆破［M］. 北京：冶金工业出版社，2009.
[26] 邹定祥. 土木工程岩石开挖理论和技术［M］. 北京：冶金工业出版社，2017.
[27] 杨明春. 爆破技术［M］. 北京：冶金工业出版社，2015.
[28] 汪旭光. 爆破设计与施工［M］. 北京：冶金工业出版社，2012.
[29] 李夕兵. 凿岩爆破工程［M］. 长沙：中南大学出版社，2011.
[30] 吴立，闫天俊，周传波. 凿岩爆破工程［M］. 武汉：中国地质大学出版社，2005.
[31] 韦爱勇. 工程爆破技术［M］. 哈尔滨：哈尔滨工程大学出版社，2010.
[32] 管伯伦. 爆破工程［M］. 北京：冶金工业出版社，1993.
[33] 戚文革，孙文武，杨和玉. 现代爆破技术［M］. 北京：北京理工大学出版社，2015.
[34] 邵鹏，东兆星. 中国矿业大学新世纪教材建设工程资助教材 控制爆破技术［M］. 徐州：中国矿业大学出版社，2004.
[35] 东兆星. 爆破工程［M］2 版. 北京：中国建筑工业出版社，2016.
[36] 周科平. 采矿过程模拟与仿真［M］. 长沙：中南大学出版社，2012.
[37] 门建兵，蒋建伟，王树有. 爆炸冲击数值模拟技术基础［M］. 北京：北京理工大学出版社，2015.
[38] 尚晓江，苏建宇. ANSYS/LS-DYNA 动力分析方法与工程实例［M］. 北京：中国水利水电出版社，2006.

[39] 时党勇，李裕春，张胜民. 基于 ANSYS/LS-DYNA 8. 1 进行显式动力分析［M］. 北京：清华大学出版社，2005.
[40] 石少卿，康建功，汪敏，等. ANSYS/LS-DYNA 在爆炸与冲击领域内的工程应用［M］. 北京：中国建筑工业出版社，2011.
[41] 石崇，张强，王盛年. 颗粒流（PFC5. 0）数值模拟技术及应用［M］. 北京：中国建筑工业出版社，2018.
[42] 杜广文，郭飞跃. 民爆器材安全管理［M］. 北京：北京理工大学出版社，2009.
[43] 顾毅成，史雅语，金骥良. 工程爆破安全［M］. 北京：中国科技大学出版社 ，2009.

冶金工业出版社部分图书推荐

书　　名	作　者	定价(元)
安全生产与环境保护（第2版）	张丽颖	39.00
安全学原理（第2版）	金龙哲	35.00
采矿CAD技术教程	聂兴信	39.00
采矿工程概论	占丰林	38.00
采矿系统工程	顾清华	45.00
采矿虚拟仿真教程	侯运炳	69.00
采矿学（第3版）	顾晓薇	75.00
采矿专业英语	毛市龙	39.00
地下采矿技术（第2版）	陈国山	48.00
粉末冶金工艺及材料（第2版）	陈文革	55.00
浮选	赵通林	30.00
金属功能材料	王新林	189.00
金属矿地下开采（第3版）	陈国山	59.00
矿山爆破技术（第2版）	陈国山	48.00
矿山地质技术（第2版）	刘洪学	59.00
矿石学基础（第2版）	王铁富	40.00
矿物化学处理（第2版）	李正要	49.00
矿物加工工程专业毕业设计指导	赵通林	38.00
矿物加工过程电气与控制	王卫东	49.00
离子吸附型稀土矿区地表环境多源遥感监测方法	李恒凯	69.00
露天采矿学	叶海旺	59.00
露天矿山和大型土石方工程安全手册	赵兴越	67.00
钛矿资源及采选	邹艳梅	38.00
特殊采矿技术	尹升华	41.00
铜尾矿再利用技术	张冬冬	66.00
稀土工艺矿物学	邱廷省	59.00
现代采矿理论与机械化开采技术	李俊平	43.00
选矿厂环境保护及安全工程	章晓林	50.00
岩矿鉴定技术	张惠芬	39.00
重金属污染土壤修复电化学技术	张英杰	81.00